Betriebs- und Wirtschaftsinformatik

Herausgegeben von
H. R. Hansen H. Krallmann P. Mertens A.-W. Scheer
D. Seibt P. Stahlknecht H. Strunz R. Thome

Uschi Leismann

Warenwirtschaftssysteme mit Bildschirmtext

Springer-Verlag
Berlin Heidelberg New York
London Paris Tokyo Hong Kong

Dipl.-Kfm. Dr. rer. oec. Uschi Leismann
Petersberger Hof 10, D-6600 Saarbrücken

ISBN 3-540-51844-4 Springer-Verlag Berlin Heidelberg New York
ISBN 0-387-51844-4 Springer-Verlag New York Heidelberg Berlin

Druck- und Bindearbeiten: Weihert-Druck GmbH, Darmstadt
2142-3140 - 543210 - Gedruckt auf säurefreiem Papier

Gliederung

A Einführung

A.I State of the Art

Die vorliegende Arbeit wurde von drei Entwicklungen geprägt:

1. Der Einführung des interaktiven Informations- und Kommunikationsdienstes Bildschirmtext (Btx):

Btx war vom Systemträger, der Deutschen Bundespost (DBP), als preiswertes, interaktives Medium geplant, um eine Form der Textkommunikation zwischen privaten Teilnehmern zu ermöglichen. Ein weiteres Anliegen war es, kommerziellen Systemteilnehmern (Informationsanbietern) einen direkten Kommunikationsweg zu privaten Teilnehmern zu ermöglichen und damit den Teilnehmern des Dienstes ein umfangreiches Angebot an Informationen direkt zugänglich zu machen.

Sehr rasch zeigte sich jedoch, daß sich Btx im privaten Nutzungsbereich kurzfristig nicht durchsetzen konnte, da sich bei den Anwendern Akzeptanzprobleme ergaben.
Katzsch faßt die Entwicklung des Btx-Marktes wie folgt zusammen: Der anfänglichen Btx-Euphorie ist Ernüchterung gefolgt. Von einem "Flop" zu reden, wäre dagegen genauso falsch. Das Konzept muß abgewandelt werden: Nicht aufwendig entwickelte "bunte Bilder" (vielleicht mit Ausnahme von der Corporate Identity legenden Leitseiten) sind gefragt, sondern ein Kommunikationsmedium, das - wie im Btx-Netz realisiert - ein offenes, jedermann zugängliches Netz mit genormten Protokollen darstellt. Wenn dieses Netz erst mit höheren Übertragungsleistungen wie im künftigen ISDN ausgestattet ist, wird Btx seinen Platz vor allem in der gewerblichen Wirtschaft einnehmen. Dieser Trend zeigt sich bereits jetzt: Stagnation bei den privaten Nutzern aufgrund noch zu hoher Gerätekosten, Wachstum bei den gewerblichen Nutzern und Anbietern (vgl. Katzsch 1986, S. 30 ff.).

Bei den gewerblichen Nutzern ist deutlich geworden, daß Btx traditionelle EDV-Technologien zur Datenübertragung, -verarbeitung und -speicherung ergänzen kann. Die Struktur des Dienstes mit niedriger Datenübertragsgeschwindigkeit und strikten Formatanforderungen sprechen nicht für Btx als Instrument der Massendatenverarbeitung.

Insgesamt ist die Entwicklung des Marktes für den professionellen Bereich positiv zu beurteilen. Dafür sprechen auch die Anbieter- und Teilnehmerzahlen der DBP (vgl. o.V. 1987b, S. 6).

2. Dem Strukturwandel der Handelsunternehmen bezüglich sich verändernder Betriebstypen und der Tendenz zu Unternehmenszusammenschlüssen in Form von Verbundgruppen:

Bedingt durch neuere Entwicklungstendenzen zur Polarisierung und Spezialisierung der Betriebstypen und der Verbundgruppen im Groß- und Einzelhandel (**Dynamik der Betriebstypen**) entstehen veränderte Strukturen in deren Aufbau- und Ablauforganisation. Eine wesentliche Entwicklung dabei ist, daß sich insbesondere kleine Handelsunternehmen, und dabei vor allem die des Einzelhandels, in Kooperationen und Verbundgruppen, wie Freiwillige Ketten und Einkaufsgemeinschaften, zusammenschließen, um dadurch in der Beschaffung und im Absatz Wettbewerbsvorteile gegenüber anderen Konkurrenten im Markt (vgl. Tietz 1988a, S. 373) zu erzielen. Das veränderte Verhalten der Unternehmen beim Absatz ihrer Produkte drückt sich sowohl im Prozeß der Marketingentwicklungen im Unternehmen und hier insbesondere bei Verbundgruppen als auch in den Auswirkungen des Marketing auf den Markt aus (vgl. Kroeber-Riel 1987a, S. 155). Aufgrund strategischer Maßnahmen können die Mitglieder eines solchen Unternehmensverbundes ihr wirtschaftliches Überleben sicherstellen.

3. Dem zunehmenden Einsatz sogenannter neuer Informations- und Kommunikationstechnologien in Verbindung mit konventioneller EDV-Technologie, die den Aufbau von Informations- und Kommunikationssystemen mit integrierenden Funktionen erlauben:

In der konventionellen EDV-Systemgestaltung erfolgte der Aufbau von Informations- und Kommunikationssystemen, die Informations- und Kommunikationsströme mit EDV-Unterstützung in Informations- und Kommunikationssysteme umsetzen, traditionell in Teilsystemen.
Nachteile dieser Teilsysteme waren die häufig redundante Datenerfassung und -speicherung, die Verarbeitung von veralteten Daten und damit eine geringe Informationstransparenz sowie ein geringer Spielraum für frühzeitiges Agieren am Markt durch Informationsvorteile.
Für die Errichtung von Teilsystemen spricht die geringere Komplexität der Systeme.
Umfassende Systeme wie geschlossene oder integrierte Systeme erfordern sinnvollerweise eine Datenerfassung am Ort ihres Entstehens, preiswerte, d.h. wirtschaftlich vertretbare Datenübertragungswege, Datenverarbeitungsanlagen und Datenendeinrichtungen.

Mit den bis Anfang der 80er Jahren verfügbaren Technologien war dieses Ziel nicht zu erreichen. Erst durch die Einführung neuer Übertragungswege, die neuartige Informations- und Kommunikatonsinfrastrukturen aufkommen ließen, durch preiswerte Hardware und Software sowie durch neue Technologien im Bereich der Datenerfassung können solche Systeme aufgebaut werden.
Insbesondere im Handel, wo Marktveränderungen, saisonale Effekte und Trends den wirtschaftlichen Erfolg eines Unternehmens jedes Jahr neu beeinflussen, besteht ein großes Defizit an durchgängigen Informations- und Kommunikationssystemen. Hinzu kommt der gestiegene Informationsbedarf derjenigen Handelsunter-

nehmen, die durch die Zusammenarbeit in Verbundgruppen und Kooperationen nicht nur innerbetriebliche, sondern auch verbundgruppenweite Informations- und Kommunikationssysteme benötigen.

Der **Einsatz neuer Informations- und Kommunikationstechnologien,** wie beispielsweise Scanning, neue Telekommunikationsnetze und -dienste der Deutschen Bundespost oder auch private herstellerspezifische Netze, ermöglicht es, bisher konventionell abgewickelte Kommunikationsvorgänge in Schrift und Sprache durch schnellere und kostengünstigere Techniken zu ersetzen.
Daraus entstehen neue Informations- und Kommunikationssysteme im Handel, die vor allem die Integration kleiner, wirtschaftlich schwacher und dezentral verteilter betrieblicher Einheiten in ein zentral aufgebautes EDV-gestütztes Warenwirtschaftssystem (WWS) unterstützen. Die dazu erforderlichen Kommunikationsinfrastrukturen müssen mit den Mitteln verfügbarer Technologien realisierbar sein. Dazu erscheint Btx in besonderem Maße geeignet, weil dieses System dann sinnvoll einzusetzen ist, wenn in Verbindung mit bestehenden EDV-Systemen wirtschaftliche Kommunikationswege geschaffen werden sollen, auf denen Daten und Informationen in kleinen Mengen an vielen dezentralen Stellen in aktueller Form jederzeit verfügbar gemacht werden sollen.

A.I.1 Ergebnisse der Btx-Forschung

Der Einsatz von Btx wurde zunächst in Feldversuchen erprobt. Schon damals wurden projektbegleitende Studien durchgeführt, die sich auch mit dem Einsatz von Btx im Handel befaßten. Vor allem spätere Untersuchungen, insbesondere die des BIFOA (Betriebswirtschaftliches Institut für Organisation und Automation) befaßten sich mit diesem Thema. Zunächst soll ein Überblick über bereits erzielte Ergebnisse in der Btx-Forschung gegeben werden.

Als erstes sind die Forschungsergebnisse im Projekt Btx-gestützte Informationssysteme (BTXIS) zu nennen. Dieses Projekt wurde von dem BIFOA in Köln in Zusammenarbeit mit der DBP durchgeführt. Wesentliche Teilgebiete, die dabei untersucht worden sind, waren:

-       Rationalisierung der betrieblichen Abläufe durch den Btx-Einsatz,
-       Aufbau rechnerverbundgestützter Btx-gestützter Informationssysteme,
-       Akzeptanz Btx-gestützter Informationssysteme,
-       Reduzierung des DFÜ-Volumens im Btx-Rechnerverbund.

Zusammengefaßt sind folgende Ergebnisse erzielt worden:

Btx ist zu einer bedeutsamen Technologie im Rahmen der geschäftlichen Kommunikation geworden. Das zahlenmäßig größte Potential von geschäftlichen Btx-Nutzern liegt im Mittelstand (vgl. Seibt 1987, S. 2). Voraussetzung für eine positive Akzeptanz des BTXIS ist die Realisierung des Rechnerverbundkonzepts mit einer preiswerten Rechnerverbund-Lösung unter 100.000,00 DM. Dabei ist insbesondere das Ergebnis einer Kostenvergleichsstudie im Rahmen des ADABIX (Anwendungsplanungen von Datex-P und Btx-Nutzern im geschäftlichen Bereich)-Projekts des BIFOA hervorzuheben, bei dem Datenübertragungkosten in alternativen Kommunikationsnetzen verglichen wurden.

Anhand einer bestehenden Anwendung der REWE-Handelsgruppe wurden Btx, das Fernsprechnetz, Datex-P und Datex-L verglichen. Dabei schneidet Btx mit 2,94 oder 2,28 DM (mit Format-Service) Kosten für ein ausgewähltes Bestellbeispiel am besten ab. Datex-L-Nutzer müssen für die gleiche Leistung bis 18,39 DM bezahlen. Datex-P schafft es im günstigsten Fall für 4,05 DM. Das Telefon schneidet besonders im Nahbereich gut ab. Wer über ein Modem des Typs DBT 03 verfügt, kann sehr billig kommunizieren. Nach direkter Anwahl des Rechners fallen unter Umgehung des Btx-Systems nur 1,99 DM Kosten an. Für weitere Distanzen ist diese Methode jedoch nur bedingt zu empfehlen, da eine einwandfreie Übermittlung nicht immer gewährleistet ist. Mit einem DBT 03 müssen im Nahbereich 2,39 DM bezahlt werden, bei weiteren Entfernungen sind es dann schon 16,83 DM. Das BIFOA rechnete mit einer 15minütigen Verbindungsaufnahme und bezog alle entstehenden Kosten mit ein.[1]

Erwähnenswert sind auch die Ergebnisse, die im Rahmen von Dissertationen erzielt wurden.

Als ausgewählte Arbeiten sind die Arbeit von Thomas Middelhoff über die Integrierte Planung von Kommunikationssystemen, dargestellt an der Einführung von Btx in einzelhandelsorientierte Filialsysteme und Verbundgruppen (vgl. Middelhoff 1987), und die Arbeit von Barbara Schmidt-Prestin über Btx in Unternehmen (vgl. Schmidt-Prestin 1986) zu nennen. Beide Autoren kommen über unterschiedliche Wege, in die Fallstudien bzw. empirische Befragungen mit einbezogen wurden, zu dem Ergebnis, daß Btx ein wichtiges Instrument zur Gestaltung von Informations- und Kommunikationssystemen im geschäftlichen Bereich ist.

Weitere Forschungsaktivitäten bewegen sich neben der Untersuchung der Rechnerverbund-Anwendungen auf dem Gebiet der technologischen Weiterentwicklung von Btx. Zu nennen sind hier das Projekt "Betriebsmittelversuch Multitel" (vgl. o.V. 1987a, S. 2) und der Betriebsversuch mit der Btx-Chipkarte, den die DBP mit der Gesellschaft für Zahlungssysteme (GZS) unternimmt.

---

1)   Zu den o.g. Forschungsergebnissen vgl. folgende ausgewählte Veröffentlichungen:
-     Seibt 1986,
-     Langen, Gartner, Rüschenbaum 1986,
-     o.V. 1986c, S. 11 - 13,
-     o.V. 1986g, S. 32 - 34.

A.I.2 Ausgewählte Btx-Anwendungen in der Praxis

Funktional lassen sich die Btx-Anwendungen der Praxis in drei Gruppen aufteilen:

1.   Anwendungen mit Informationscharakter, z.B. Datenbankdienst,

2.   Anwendungen mit Dialogcharakter, z.B. Außensteuerungssysteme,

3.   Anwendungen mit Dispositionscharakter, z.B. Ersatzteilbestellsysteme oder Transportdispositionssysteme.

Es besteht aber auch die Möglichkeit, die Btx-Anwendungen in der Praxis anhand der Informationsanbieter zu klassifizieren. Eine Klassifikationsmöglichkeit besteht dann wie folgt:

1.   Dienstleistungsunternehmen, wie Banken und Versicherungen, Verlage oder Wirtschaftsinformationsdienste,

2.   Handelsunternehmen, wie Versandhändler oder Großhändler mit Streckengeschäft,

3.   Industrieunternehmen im Bereich der Materialwirtschaft,

4.   Öffentliche Verwaltung.

Jeder der genannten Anwendungskategorien ist für den professionellen Btx-Einsatz relevant.

Den Zusammenhang zwischen den Gliederungsmöglichkeiten verdeutlicht Abbildung A.I.2.01.

Besonders erwähnenswert sind erste Anwendungen im Bankenbereich, bei denen wissensbasierte Systeme die Kundenberatung der Banken via Btx unterstützen.

Abbildung A.I.2.01 zeigt, daß für Btx ein vielfältiges und vielschichtiges Einsatzgebiet vorhanden ist. Allerdings deuten die zitierten Ergebnisse darauf hin, daß bisher jeweils nur Teilausschnitte Btx-gestützter Informations- und Kommunikationssysteme behandelt wurden.

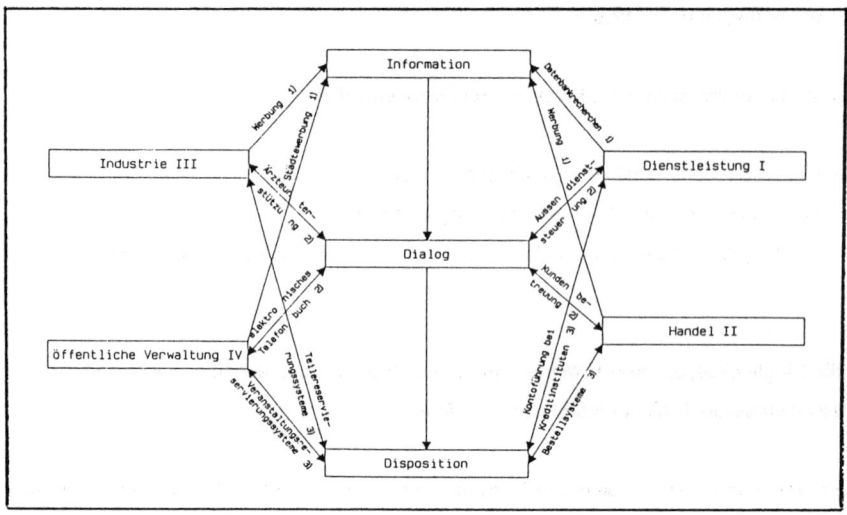

Abb. A.I.2.01: Gliederungsschema für Btx-Anwendungen[1]

Diese erstrecken sich im wesentlichen auf folgende Bereiche:

- Btx-Einsatz in Branchen,
- Btx-Einsatz in Betriebstypen,
- Btx-Einsatz in betrieblichen Funktionsbereichen,
- Btx-Einsatz in Nutzergruppen.

---

[1] Beispiele aus der Praxis finden sich in folgenden Literaturstellen oder Seiten im Btx-System:
ad I 1: o.V. 1986f, S. 32 - 33,
ad I 2: Iduna, Leitseite *38200#,
ad I 3: o.V. 1987e, S. 11 - 13,
ad II 1: o.V. 1986b, S. 5 - 6,
ad II 2: Eder 1986, S. 14 - 17,
ad II 3: Waldleitner 1986, S. 16 - 18,
ad III 1: o.V. 1987f, S. 27 - 28,
ad III 2: Schultze 1987, S. 25 - 26,
ad III 3: Kahl 1987, S. 36 - 38; o.V. 1985a, S. 13 - 15,
ad IV 1: o.V. 1985b, S. 13 - 15,
ad IV 2: DBP, Leitseite *1188a#,
ad IV 3: Gruber 1987, S. 92 - 95.

Darüber hinaus gibt es zahlreiche anwendungsbegleitende Untersuchungen[1] bezüglich der Höhe der Daten-übertragungskosten von Btx im Vergleich zu anderen Datenübertragungswegen. Übereinstimmend kommen die Autoren zu dem Ergebnis, daß Btx unter bestimmten Anwendungsvoraussetzungen das günstigste Daten-übertragungsinstrument ist.

A.II Zielsetzung

Ansätze zur Integration im Handel sind bereits diskutiert worden (vgl. dazu z.B. Zentes 1988a, S. 58 ff.).

Im Detail ausgearbeitete Konzepte oder Implementierungen scheiterten jedoch bisher daran, daß das Problem der Vernetzung im Handel bisher unzureichend gelöst worden ist. Jedoch ist gerade dieses Problem besonders vordringlich, da die Unternehmen im Handel unter dem Aspekt der Betriebstypenprofilierung zunehmend dazu tendieren, auf bestimmten Aktivitätenfeldern zu kooperieren oder sich in Verbundgruppen zu-sammenzuschließen.

Aufgrund der Erfahrungen mit Btx (vgl. Kapitel A.I), die dokumentieren, daß Btx zum Aufbau raumüber-brückender Informations- und Kommunikationssysteme im Handel geeignet ist, zeigt die vorliegende Arbeit neue Ansätze zur Gestaltung von Informations- und Kommunikationssystemen im Handel auf.

Die Gestaltungsalternativen sind so gewählt, daß gezeigt werden kann, welchen besonderen Beitrag Btx zur Integration von Informations- und Kommunikationssystemen im Handel leisten kann.

Zunächst wird anhand einer Strukturanalyse der Komponenten integrierter Informations- und Kommunika-tionssysteme von Verbundgruppen im Handel untersucht, welche Anforderungen an integrierte EDV-gestützte Informations- und Kommunikationssysteme im Handel gestellt werden.

Der Integrationsansatz umfaßt strukturelle Unterschiede in den Informations- und Kommunikationsbezie-hungen, inhaltliche Unterschiede und berücksichtigt darüber hinaus den variierenden Informationsbedarf der Systemnutzer. Letzterem Gesichtspunkt muß beim Aufbau eines integrierten Systems ebenfalls in Form von unterschiedlichen Aggregationsstufen bei der Datenaufbereitung Rechnung getragen werden.

Bei der Behandlung der Frage nach der optimalen Struktur von integrierten Informations- und Kommunika-tionssystemen von Verbundgruppen im Handel müssen auch die Gestaltungsalternativen der Systeme berück-sichtigt werden.

---

1) vgl. hierzu folgende ausgewählte Veröffentlichungen:
- o.V. 1986d, S. 56 - 58,
- Rohrer 1987, S. 188 - 192
- o.V. 1986a, S. 26 - 27,
- o.V. 1987i, S. 29 - 31,
- Zimmermann 1986, S. 13 - 15.

Allen Gestaltungsalternativen in Verbundgruppen des Handels ist gemeinsam, daß die Probleme der Raum-überbrückungsfunktion sowie der Kompatibilität unterschiedlicher EDV-Systeme bei den Partnern gelöst werden müssen.

Hinzu tritt die Frage nach der Wirtschaftlichkeit von EDV-gestützten Informations- und Kommunikations-systemen in Verbundgruppen des Handels.

Am Beispiel von Btx möchte die Verfasserin daher zeigen, wie integrierte Informations- und Kommunikations-systeme in Verbundgruppen des Handels gestaltet werden können. Btx wurde deshalb ausgewählt, weil es sich bei Btx um eine Infrastruktur handelt, welche die Eigenschaften eines Telekommunikationsdienstes und eines Telekommunikationsnetzes in sich vereint.

Für Btx sprechen auch die Anwendungsbeispiele und Erfahrungsberichte aus der Praxis im professionellen Be-reich, die zeigen, daß der Btx-Einsatz eine durchaus zweckmäßige Einrichtung im Bereich der EDV-gestützten Telekommunikation ist.

Bedauerlicherweise haben diese Erfahrungen und Erkenntnisse mit Btx noch keine breite Akzeptanz in der Öffentlichkeit gefunden, so daß es der Verfasserin auch ein Anliegen ist, mit der vorliegenden Arbeit einen Beitrag zur Akzeptanz der Btx-Anwendungen zu leisten.

Bei der Entwicklung unterschiedlicher Gestaltungsalternativen integrierter Btx-gestützter Informations- und Kommunikationssysteme von Verbundgruppen im Handel besteht der Kern darin, ein alle Bereiche eines Handelsunternehmens umfassendes mit Btx unterstütztes Informations- und Kommunikationssystem zu ent-wickeln. Ebenfalls berücksichtigt werden soll die Anbindung externer Marktpartner, wie Kunden, Lieferanten und Banken der Handelsunternehmen, so daß die Integration der Informations- und Kommunikationsbezie-hungen mit anderen Unternehmen realisiert werden kann.

Bei der Entwicklung werden daher folgende Prämissen zugrunde gelegt:

- Btx soll ein integriertes Informations- und Kommunikationssystem im Handel unterstützen,
- Btx soll in Verbindung mit konventionellen EDV-Techniken eingesetzt werden,
- möglichst viele Btx-Techniken sollen nebeneinander in das Btx-gestützte System integriert werden können. Diese können sein:
  -- Teilnahme am öffentlichen Btx-System als Anbieter,
  -- Errichtung einer Geschlossenen Benutzergruppe (GBG),
  -- Aufbau eines Btx-Inhouse-Systems,
  -- Btx-Seitenabfrage nach logischen Suchbegriffen,
  -- Einsatz von Telesoftware,
- die Wirtschaftlichkeit innovativer Technologien muß berücksichtigt werden,
- die an der Verbundgruppe beteiligten Betriebstypen sollen einen zukunftsorientierten Charakter auf-weisen.

Es ist Ziel zu zeigen, daß mit Hilfe des Btx-Systems in Betriebsformen mit räumlich entfernten Stellen und kleiner Betriebsgröße durchgängige EDV-gestützte Lösungen entwickelt werden können.

Die Durchgängigkeit eines integrierten Informations- und Kommunikationssystems vollzieht sich dabei auf drei Ebenen:

1.   zwischen den Arbeitsplätzen und Fachabteilungen innerhalb eines Unternehmens (Inhouse),

2.   zwischen den jeweiligen Unternehmen, die in einer Verbundgruppe zusammengeschlossen sind,

3.   zwischen der Verbundgruppe und den externen Partnern im Markt.

Wie bereits an anderer Stelle erwähnt, sind Beispiele aus der Praxis, in denen integrierte Informations- und Kommunikationssssysteme mit Btx realisiert worden sind, als durchgängige Lösungen noch nicht dokumentiert. Daher zeigt der letzte Teil dieser Arbeit am Beispiel eines Prototypen, daß Btx-gestützte integrierte Informations- und Kommunikationssysteme auch praktisch umgesetzt werden können.

A.III Aufbau der Arbeit

Die Arbeit besteht neben dem einleitenden Teil A aus vier weiteren Teilen. Der logische Aufbau der Teile orientiert sich an einer beim Softwareengineering gebräuchlichen Vorgehensweise in Form eines Phasenkonzeptes.
Jeder Teil besteht aus mehreren Kapiteln, die wiederum in Abschnitte untergliedert sind.

Teil B ist mit einer Projektplanungsphase vergleichbar. Er enthält eine Analyse der Komponenten integrierter Informations- und Kommunikationssysteme in Verbundgruppen des Handels und davon abgeleitet ein Anforderungsprofil für die Integrationsaufgaben o.g. Systeme.
Die Kapitel B.I bis B.III enthalten dabei die Grundlagen aus der Handelsbetriebslehre.
Den Überlegungen liegt zugrunde, daß die Steuerung der Warenwirtschaft ein zentrales Problem der Handelsunternehmen ist (vgl. dazu Zentes 1988a, S. 58). Daher werden zunächst die Begriffe Warenwirtschaft und WWS erläutert.
Sie werden in Kapitel B.II in ein Gesamtsystem der Unternehmenspolitik eingebunden. Diese Vorgehensweise wurde unter Berücksichtigung der Zielsetzung, ein alle Teilbereiche eines Unternehmens integrierendes Informations- und Kommunikationssystem aufzubauen, gewählt.
Kapitel B.IV befaßt sich mit Systematisierung der Informations- und Kommunikationsströme, die aus den Aktivitäten des Handelsunternehmens resultieren.

In Kapitel B.V, welches auf den Informations- und Kommunikationsströmen aus Kapitel B.IV aufbaut, wird neben den Grundlagen der Informations- und Kommunikationssysteme ihre Bedeutung erläutert. Danach wird ein Ansatz zur Strukturierung im Sinne des Integrationsgedankens vorgestellt.

Kapitel B.VI und B.VII zeigen ausgewählte Grundlagen, die bei der Entwicklung von EDV-gestützten Informations- und Kommunikationssystemen vorausgesetzt werden.

Teil C ist in der Definitionsphase des Softwareengineering-Prozesses angesiedelt. Er befaßt sich mit dem zweiten Komplex der Arbeit, der Verbindung des Btx-Einsatzes mit integrierten Informations- und Kommunikationssystemen von Verbundgruppen im Handel.

Die Ausführungen der Kapitel C.I und C.II erläutern, welches Anwendungsspektrum das Instrument Btx bietet, welche technischen Eigenschaften es besitzt und welche zahlreichen Verflechtungen mit anderen Instrumenten aus dem Bereich Telekommunikation bestehen.

Das Kapitel C.III baut logisch auf den Überlegungen der Kapitel B.I bis B.III auf. Daher wird zunächst der Btx-Einsatz in WWS analysiert. Ziel dieses Kapitels ist, genau zu untersuchen, welche Funktionen Btx in einem WWS übernehmen kann.

Da die Funktionen von Btx auch davon abhängig sind, auf welchen Betriebstyp das WWS bezogen ist, untersucht Kapitel C.IV in einem weiteren Schritt den Einfluß der Betriebstypen auf den Btx-Einsatz. In einer Detailanalyse ist es daher ebenso erforderlich, mögliche Ausprägungen der Verbundgruppen zu beachten, so daß in Kapitel C.IV auch diesem Aspekt Rechnung getragen wird.

Gemäß den Vorgaben, den Btx-Einsatz verbundgruppenweit in einem integrierten Informations- und Kommunikationssystem zu analysieren, enthält Kapitel C.V die Analyse der Btx-Einsatzmöglichkeiten in der gesamten Unternehmenspolitik.

Kapitel C.IV legt sehr starken Wert auf die einzelnen Funktionen innerhalb der Warenwirtschaft bzw. des WWS, und dies insbesondere deshalb, weil die Abwicklung und Steuerung der physischen Aktivitäten in einem Handelsunternehmen alle weiteren Entscheidungen der Unternehmenspolitik prägen.

Im Gegensatz dazu legt das Kapitel C.V weniger Wert auf Detailanalysen. Ziel dieses Kapitels ist es vielmehr, das gesamte Spektrum der Btx-gestützten Informationsversorgung abzudecken.

Kapitel C.VII spricht Aspekte der Wirtschaftlichkeit von Btx an. Eine Wirtschaftlichkeitsbetrachtung gehört zu den Aufgaben in der Definitionsphase. Obwohl keine quantitativ meßbaren Ergebnisse aufgrund eines fehlenden Analysebeispiels erzielt werden können, wird sie nicht nur der Vollständigkeit halber durchgeführt.

Es ist möglich, aufgrund der in der Literatur dokumentierten Beispiele einen weiteren Hinweis dafür zu erbringen, daß Btx in Zukunft seine Bedeutung für die geschäftliche Kommunikation ausbauen wird.

Teil D strukturiert die in Teil B sowie Teil C erzielten Ergebnisse in Form von Btx-gestützten Systemalternativen.

Dieser Vorgehensweise liegt bezüglich ihres logischen Aufbaus die Struktur der Kapitel B.IV und B.V zugrunde. Hat sich Teil C im wesentlichen mit der Darstellung der Informations- und Kommunikationsbeziehungen und ihrer Btx-gestützten Abwicklung in Verbundgruppen des Handels befaßt, erfaßt Teil D eine Umsetzung dieser Informations- und Kommunikationsbeziehungen in Systeme.

Zunächst wird in Kapitel D.I anhand der in Teil C erzielten Ergebnisse der Leistungsumfang Btx-gestützter Systeme und ihre charakteristischen Merkmale beschrieben.

In den Kapiteln D.II bis D.IV werden alternative Konzepte für Btx-gestützte integrierte Systeme in Verbundgruppen des Handels entwickelt. Die Konzepte beinhalten drei ausgewählte, für den Handel typische Entwicklungsstufen integrierter Informations- und Kommunikationssysteme.

Das geschlossene WWS ist das Grundsystem, welches durchgängig verbundgruppenweit die Anforderungen an integrierte Informations- und Kommunikationssysteme erfüllen kann.

Eine nächste Entwicklungsstufe bildet das integrierte WWS, welches die Informations- und Kommunikationsbeziehungen mit externen Marktpartner umschließt.

Die dritte Entwicklungsstufe ist das vollintegrierte Informations- und Kommunikationssystem, welches alle Bereiche der Unternehmenspolitik eines Handelsunternehmens unterstützt.

Bei den aufgezeigten Systemalternativen werden ein EDV-gestütztes Informations- und Kommunikationssystem bzw. mehrere EDV-gestützte Subsysteme vorausgesetzt, die durch Btx-Einsatz ergänzt werden.

Der letzte Teil E beschreibt einen Prototypen, der aus einem integrierten Btx-gestützten Informations- und Kommunikationssystem einer Verbundgruppe im Handel besteht.

Teil E enthält charakteristische Teile des Systementwurfs mit einem Pflichtenheft für das integrierte System. Darüber hinaus enthält dieser Teil eine kurze Beschreibung der Vorgehensweise bei der Implementierung des Softwareprototypen. Dieses letzte Kapitel E.IV nimmt Aufgaben der Implementierungsphase vorweg.

B Analyse integrierter Informations- und Kommunikationssysteme in Verbundgruppen des Handels

B.I Warenwirtschaft im Handel

Zwischen die Produktion von Waren durch die Hersteller und den Verbrauch durch die Konsumenten tritt der Handel als Vermittler. Er kauft Waren beim Hersteller ein, um sie meist unverändert und unter Gewinnerzielung dem Konsumenten nach dessen Wünschen zur Verfügung zu stellen. "Die Funktion des Handels besteht also generell darin, die Spannungen, die zwischen Herstellern und Verbrauchern existieren, zu überbrücken" (vgl. Wöhe 1984, S. 643).

Die Ware ist dabei das Objekt, auf das sich die Kräfte eines Handelsbetriebs konzentrieren. Unter den Produktionsfaktoren kommt ihr damit die Stellung eines Regiefaktors (vgl. Barth 1988, S. 73) zu. Daraus ergibt sich die Forderung, eine Optimierung des Warenflusses zu erzielen. Je schneller eine Ware das Unternehmen durchläuft, desto größere Mengen können innerhalb einer Zeiteinheit verarbeitet werden. Ein erhöhter Warenumschlag ist mit der Chance auf ein verbessertes Betriebsergebnis verbunden und daher anzustreben. Der Optimierungsprozeß braucht dabei nicht auf die innerbetrieblichen Abläufe beschränkt zu bleiben. Auch Lieferanten und Kunden können sinnvoll in dessen Gestaltung einbezogen werden und weitere Verbesserungen ermöglichen.

Der Begriff der **Warenwirtschaft** beinhaltet im überbetrieblichen Sinn ein Gesamtsystem der Warenverteilung von der Industrie über Verteilerzentren, Großhandlungen bzw. Zentralen, Einzelhandlungen bis hin zum Verbraucher bzw. Letztabnehmer oder Verwender. Dabei umfaßt dieses System:

- den Informationsfluß,
- den Warenfluß,
- den Zahlungsfluß.

Aus einzelbetrieblicher Sicht umfaßt die Warenwirtschaft die Aktivitäten, die mit der Beschaffung, dem Transport, der Lagerung und dem Absatz von Waren verbunden sind. Sie erstreckt sich auf Fertigwaren bzw. Endprodukte.

Im engeren Sinne bezieht man die Warenwirtschaft auf Institutionen des Handels.

Innerhalb des Systems Handelsbetrieb eilt dem Warenfluß ein Informationsstrom voraus, er begleitet und dokumentiert ihn. Nicht zuletzt dient er der Steuerung des Warenflusses.

Diese Funktionen lassen sich EDV-gestützt als WWS gestalten (vgl. Schinnerl 1986, S. 124). Die enge Verbindung zwischen physischer Distribution, d.h. dem Warenfluß, und der informatorischen Ebene der warenbezogenen Logistik im Handel (vgl. Zentes 1985b, S. 91) wird hieraus ersichtlich. Der Einsatz der EDV ist möglich, wenn der Formalisierungsgrad des Informationssystems weit genug fortgeschritten ist. Er bietet als

Ergänzung oder Ablösung manueller Tätigkeiten ein hohes Maß an Rationalisierungspotential. So können Handelsunternehmen mit mehreren tausend Artikeln in mehreren Betriebstypen die tägliche Datengewinnung und -verarbeitung nicht mehr ohne die Unterstützung der EDV bewerkstelligen.

B.I.1 Warenwirtschaftssysteme

Eine einheitliche Definition für WWS existiert bisher nicht in der Literatur. Häufig beinhalten Definitionen nur Teilaspekte, die der jeweilige Verfasser für besonders wichtig hält. So unterscheiden sie sich im wesentlichen durch den Standpunkt des Betrachters, d.h. ob sie aus der Sicht des Einzelhandels, der EDV-Industrie oder der Wissenschaft formuliert wurden, wobei selbst innerhalb der Industrie keine Einigkeit besteht. Schiffel erstellt nach ausführlicher synoptischer Betrachtung dieses Dilemmas eine Definition: "Warenwirtschaftssysteme erfassen alle Versorgungsobjekte mit Ausnahme der Dienstleistungen mengen- bzw. gewichts- und wertmäßig vom Wareneingang über die Lagerung bis zum Warenausgang" (Schiffel 1984, S. 42).

Eine weitere Definition ist folgende, die Grundlage der weiteren Ausführungen sein soll:

"Warenwirtschaftssysteme sind Verfahren, die darauf ausgerichtet sind:

- Warenbewegungsdaten in Menge und Wert rationell zu erfassen und zu verarbeiten und
- die daraus resultierenden Informations- und Kommunikationssysteme zur Steuerung und Überwachung des Warenflusses zu tragen" (Leismann 1986, S. 185).

Nach der Art und Weise der Informationsverarbeitung unterscheidet man konventionelle WWS mit Karteien und sonstigen klassischen organisatorischen Hilfsmitteln und computergestützte WWS.
In Unternehmungen des Groß- und Einzelhandels sind heute überwiegend letztgenannte Verfahren im Einsatz.
Gegenüber konventioneller Bearbeitung hat der EDV-Einsatz oder zumindest die Unterstützung bei wesentlichen Teilaufgaben folgende Vorteile:

- kürzere Bearbeitungszeiten,
- Vereinfachung des Datenerfassungsaufwands bei steigendem Sortimentsumfang,
- differenzierte Informationen über den Warenfluß,
- schnellere Verfügbarkeit aller gespeicherten Informationen,
- Vermeidung redundanter Datenerfassung.

Ein WWS umfaßt verschiedene Funktionselemente, als deren Ergebnis eine artikelgenaue mengen- und wertmäßige Verfolgung des Warenflusses vom Wareneingang bis hin zum Warenausgang steht.

Teilsysteme liegen dann vor, wenn eine EDV-Unterstützung nur in Teilbereichen des WWS stattfindet. Die computergestützte Bearbeitung kann in mehreren Bereichen unabhängig voneinander erfolgen, insbesondere dann, wenn das Unternehmen über dezentrale Betriebsstätten verfügt.

In der neueren Entwicklung besteht jedoch der Trend zur Integration aller warenwirtschaftlichen Funktionen zu einem **geschlossenen WWS**.

Geschlossene oder integrierte WWS umfassen Informationen über (vgl. Tietz 1987a, S. 735):

- Bestellvorbereitung oder Disposition und Entscheidungsregeln für Bestellungen, z.B. Limits,
- Bestellabwicklung,
- Wareneingang,
- Rechnungskontrolle,
- Warenauszeichnung, wo erforderlich,
- Lager- oder Ladenzuweisung,
- Lagerbestandsführung,
- Lagerstandortführung,
- Lagerentnahme, Auslagerung,
- Warenausgang,
- Lieferscheinerstellung und Rechnungserstellung,
- Zahlungsabwicklung,
- Information aus der körperlichen Inventur,
- sonstige Ergänzungen.

Als weitere Vorteile der computergestützten WWS können genannt werden:

- Rationalisierung der Buchhaltung,
- rationelle Rechnungsschreibung und Rechnungskontrolle,
- Verbesserung der Kalkulation und der Kennzahlen durch Artikelbeobachtung,
- bessere Vergleichbarkeit der Konditionen,
- Aufgliederung der Sortimente,
- Verbesserung der Absatzstrategien,
- Einstieg in die Erforschung der Preiselastizität,
- verbesserte Statistik zur optimalen Warenplatzbemessung und zur optimalen Warenpräsentation.

WWS beziehen sich also auf die Erfassung und Verarbeitung der warenbewegungsbegleitenden Daten.

Werden die einzelnen Vorgänge innerhalb eines WWS in ein EDV-System mit Zugriff auf eine unternehmens-weite Datenbank integriert, so entsteht neben dem EDV-gestützten System zur Abwicklung der Warenwirtschaft ein warenbegleitendes Informationssystem, das wesentlich zur Entscheidungsfindung im Handel beiträgt (z.B. verbesserte Disposition durch genaue Erfassung der Warenabgänge im Verkauf und die entsprechende Fortschreibung der Lagerbestände).

B.I.1.1 Elemente eines WWS

Die Elemente eines WWS sind je nach Branche, Betriebstyp und Handelsstufe unterschiedlich. In einem geschlossenen WWS bestehen folgende warenwirtschaftliche Funktionen, die als Elemente bezeichnet werden können (vgl. Leismann 1986, S. 185 f.):

-        Stammdatenverwaltung (STDV),
-        Wareneingang (WE),
-        Warenausgang (WA),
-        Disposition (DISP),
-        Bestellwesen (BEST),
-        Lagerbestandsführung (LGBF),
-        Inventur (INV),
-        Logistik (LOG),
-        Auftragsbearbeitung (AUF),
-        Informationswesen (MMIS).

Die artikelgenaue wert- und mengenmäßige Erfassung der Warenzu- und -abgänge bildet die Grundlage für ein entscheidungsorientiertes WWS. Daher können Wareneingang und Warenausgang als die zentralen Elemente eines WWS bezeichnet werden.

Aus den Elementen eines WWS und den betrieblichen Funktionseinheiten, die diese zu erfüllen haben, läßt sich ein Gesamtmodell für einen Handelsbetrieb ableiten. Den funktionalen Zusammenhang zwischen den betrieblichen Funktionseinheiten und den Elementen zeigt die folgende Abbildung B.I.1.1.01.

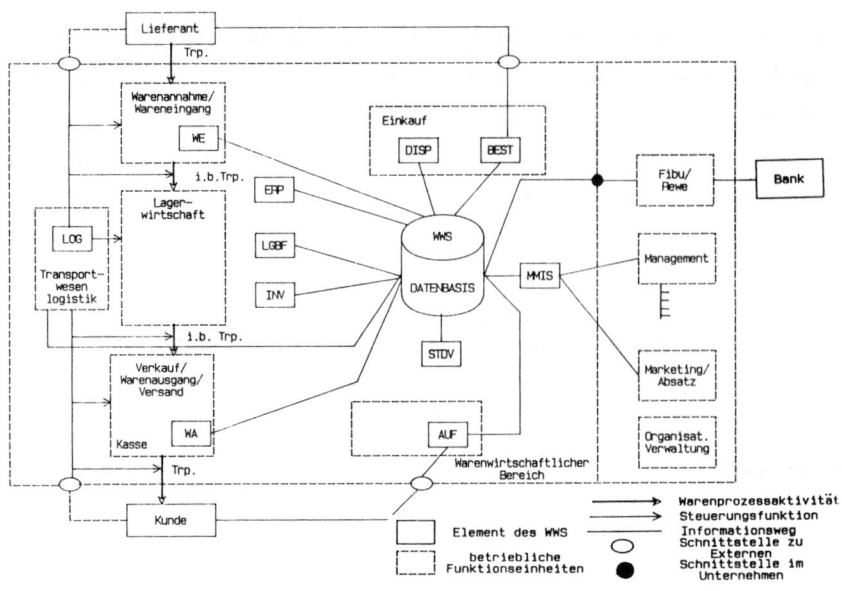

Abb. B.I.1.1.01: Die Elemente eines WWS und ihre Funktionen im Unternehmen

Stammdatenverwaltung:

Jedes Element eines WWS erfüllt Funktionen, die nur als Gesamtheit betrachtet, ein durchgängiges warenbegleitendes System bilden. Elemente eines WWS erfüllen sowohl Aufgaben auf der physischen als auf der informatorischen Ebene.

Das Fundament eines jeden Systems sind seine Stammdaten. Stammdaten, auch als feste Daten bezeichnet, sind zustandsorientierte Daten, und sie dienen der Identifizierung, Klassifizierung und Charakterisierung von Sachverhalten (vgl. Hansen 1983, S. 75).

Zum Zeitpunkt der Aufnahme von Stammdaten steht im allgemeinen ihr Löschungszeitpunkt noch nicht fest. Obwohl sie auf unbestimmte Zeit unverändert gespeichert werden sollen, können solche Daten auch geändert oder gelöscht werden, was aber ursprünglich nicht geplant ist (vgl. Scheer 1978, S. 168).

In WWS fallen unter Stammdaten in der Hauptsache Angaben über Artikel, Lieferanten und in Verbundgruppen über Anschlußhäuser bzw. Verbundgruppenmitglieder. Darüber hinaus können auch personen- und sachbezogene Angaben, wie beispielsweise Kundendaten sowie Kaufgewohnheiten der Kunden, als Stammdaten abgelegt werden.

Artikelstammdaten sind artikelspezifische Informationen, wie Artikelnummer, Artikelbezeichnung, Ein- und Verkaufspreise etc.

Lieferantenstammdaten beinhalten Informationen über die Lieferanten (Lieferantennummer, Name, Ort, ...). Darüber hinaus können bestellabhängige Lieferantendaten, wie Preis- und Rabattkonditionen, Skonti, verwaltet werden.

Entsprechend werden die Stammdaten von Anschlußhäusern in einer Anschlußhausverwaltung geführt. Dazu zählen Anschlußhausnummern, Inhaberdaten oder Abteilungen.

Werden die Stammdaten in einem Datenbanksystem gespeichert, ist jederzeit ein direkter Zugriff möglich. Online-Funktionen, wie Erfassen, Verändern, Anzeigen, Löschen, werden in der Regel über ein Bildschirmterminal abgewickelt. Der Zugriff erfolgt über Codes, wie beispielsweise Artikel- oder Lieferantennummern als Identifikationsnummern (vgl. Schulte 1981, S. 18).

Wegen der Forderung nach Aktualität der Stammdaten sollte ihre Pflege im Dialog erfolgen. Nur somit sind schnelle Zugriffe möglich.

Im folgenden werden die Bewegungsdaten eines WWS, wie Wareneingang, Warenausgang, Disposition, Bestellwesen u.a. vorgestellt. Auch für Bewegungsdaten besteht wie bei den Stammdaten die Forderung nach hoher Datenaktualität. Daher sollten auch Transaktionen, die mit den warenwirtschaftlichen Bewegungen verbunden sind, EDV-gestützt im Dialog abgewickelt werden.

Wareneingang:

Zentrale Aufgabe ist die artikelspezifische Wareneingangserfassung. Sie ist gekoppelt mit dem Abgleich der Bestellung und den damit verbundenen Fehlermeldungen (vgl. Kirchner, Zentes 1984, S. 21). Wareneingänge kommen geplant und ungeplant vor. Geplante Wareneingänge sind Lieferungen aufgrund von aufgegebenen Bestellungen, ungeplante Wareneingänge sind z.B. Rückgaben von Kunden.

Die geplanten Wareneingänge werden zum Zeitpunkt des Eintreffens quittiert, meist auf Lieferscheinen oder Lieferantenrechnungen. Die Wareneingangskontrolle erfolgt dann mit Hilfe einer Bestellkopie oder am Bildschirm gegen den bereits an der Rampe geprüften Lieferschein. Dabei wird am Terminal über eine Identifikationsnummer (Auftragsnummer) die zugehörige Bestellung abgerufen und mit dem Lieferschein (oder der Rechnung) verglichen.

Aufgaben der Wareneingangskontrolle sind im einzelnen:

- die Sicherstellung, daß vom Lieferanten berechnete Waren mengen- und qualitätsmäßig richtig eingegangen sind,
- die Schaffung der Grundlage für eine richtige und vollständige Erfassung aller Warenbewegungen für die Verkaufspreisbe- und -entlastung,
- die Bildung der Voraussetzungen, um noch nicht beglichene Verbindlichkeiten aus Warenlieferungen sowie den Soll-Stand feststellen zu können (vgl. Kramp 1981, S. 25).

Eine weitere Aufgabe, die dem Wareneingang zugeordnet ist, ist die Preisauszeichnung. Die Preisauszeichnung auf jedem Artikel wird aber an Bedeutung verlieren, wenn der Handel sich verstärkt zur Regaletikettierung hin bewegt. Dabei wird der Preis auf dem Regaletikett im Klartext angebracht, während am Produkt nur noch die vom Hersteller angebrachte Artikelidentifizierung zu finden ist. Im Check-out-Bereich wird mit Hilfe der Artikelidentifizierung der zum Artikel gehörende Preis abgerufen.

Warenausgang:

Eine artikelgenaue und aktuelle Erfassung der verkauften Ware am Warenausgang ist notwendig, um eine rationelle Warenwirtschaft zu gewährleisten. Ein wesentlicher Teil der Handelstätigkeit, nämlich das Verkaufen von Waren und Gütern, wird am Warenausgang vollzogen. Vom Warenausgang werden die Daten gemeldet, aufgrund derer eingekauft, bestellt und auch disponiert wird.

Abweichungen bei der Warenausgangserfassung können zwischen Groß- und Einzelhandelunternehmen auftreten. Im Großhandel ist die Warenausgangserfassung im allgemeinen wesentlich einfacher. Sie kann mit mobilen Datenerfassungsgeräten vollzogen werden. Im Einzelhandel ist die Warenausgangserfassung identisch mit der artikelgenauen Warenerfassung an der Kasse zum Verkaufzeitpunkt. Voraussetzung für die artikelgenaue Erfassung der Waren ist ihre genaue Auszeichnung.

Waren, die bereits vom Hersteller mit Europäischer Artikelnummer (EAN) oder mit OCR-Normschrift ausgezeichnet sind, können mit Scannern oder Lesestiften, die auch an mobile Datenerfassungsgeräte angeschlossen sind, erfaßt werden.

Waren, die nicht herstellerausgezeichnet sind, müssen im Wareneingang mit Etiketten versehen werden.

Ein weiterer Bestandteil, der zur Durchgängigkeit eines geschlossenen WWS beiträgt, ist der Einsatz von **Datenkassen** und **Datenwaagen** im Warenausgang.

Konventionelle Kassensysteme sind aufgrund ihrer begrenzten Speicherfähigkeit nicht dazu geeignet, alle Waren artikelgenau zu erfassen. Um diesen Bruch in der artikelgenauen Warenverfolgung zu vermeiden, werden **elektronische Datenkassen**, die im Stand-alone-Betrieb, Master-Slave-Betrieb oder Verbundbetrieb mit Hintergrundrechnern arbeiten, eingesetzt.

Die Erfassung der Artikeldaten erfolgt über Scanner, Lesepistolen oder konventionell manuell, wobei die manuelle Eingabe eine hohe Fehlerquote aufweist. Über die Artikelnummer wird auf die gespeicherten Preise zugegriffen (Price-look-up) und der Kassenzettel durch Textausdruck (Text-look-up) erklärungsfähiger gemacht.

Die Integration von **Waagensystemen** zur Erfassung der Frischwaren im Lebensmittelhandel ist ein weiteres Instrument eines geschlossenen WWS. Mit dem Einsatz von Datenwaagen mit integriertem Strichcodedruck wird auch die artikelgenaue Erfassung und das Scannen von lose abgepackten Artikeln im Frischwarenbereich möglich.

Warenbezogene Informationen lassen sich ohne erheblichen Aufwand mit Verkäuferdaten verknüpfen, so daß man Aussagen darüber machen kann, welche Artikel ein Verkäufer verkauft hat, welchen Umsatz ein Verkäufer erzielt hat usw. Die Erfassung der Verkäuferdaten kann wiederum auf verschiedenen Wegen erfolgen.

Peek & Cloppenburg-Verkäufer z.B. haben persönliche Aufkleber, die mit einer EAN-Codierung versehen sind. Dieser Aufkleber wird auf der verkauften Ware angebracht und an der Kasse erfaßt. So ist die Zuordnung von verkaufter Ware zu Verkäufern eindeutig möglich.

Wichtige Informationen für das Marketing erhält ein Handelsunternehmen, wenn es ihm gelingt, Kundendaten mit Warenverkaufsdaten zu verknüpfen, das heißt also, wenn es möglich ist, jeden verkauften Artikel eindeutig einem Kunden zuzuordnen. Dadurch eröffnen sich Perspektiven für das Direkt-Marketing. Im Einzelhandel liegt das Problem dabei darin, dem Einzelhandelskunden einen Anreiz zu bieten, die von ihm gewünschten Daten mitzuteilen. Eine Möglichkeit ist die Gewährung von Rabatten in Verbindung mit Kundenkarten, auf denen die gewünschten Informationen gespeichert sind und die dann bei jedem Kauf abgerufen werden können.

Disposition:

Die Disposition baut auf der Bestandsführung auf und entscheidet über die Wiederbeschaffung eines Artikels nach Zeitpunkt und Menge.

Ziel der Disposition ist es somit, die der zukünftigen Kundennachfrage nach einem Artikel entsprechende Menge zu ermitteln, wobei die Dispositionspolitik unter dem Zielkonflikt der Minimierung von Bestellkosten und Kapitalbindung einerseits und maximaler Verkaufsbereitschaft andererseits steht.

Die EDV-gestützte Disposition hat den Vorteil, daß Verfahren möglich gemacht werden, die manuell aufgrund eines hohen Rechenaufwands und eines großen Datenvolumens nicht durchführbar waren.

Die Voraussetzung für die Disposition - ob manuell oder computergestützt - sind gute Prognosen über die zukünftigen Bedarfszahlen der zu disponierenden Artikel.

Für eine computergestützte Erstellung von Bedarfsprognosen sprechen folgende Argumente (vgl. Scheer 1982a, S. 1 - 4):

- Möglichkeit der individuellen, artikelbezogenen Prognose, auch innerhalb eines großen Sortiments,
- automatische Anpassung des Prognosemodells bei Prognosefehlern,
- Dokumentation der Prognosegrundlagen,
- Basis einer effizienten Soll-/Ist-Analyse,
- Unabhängigkeit von der Person des Disponenten.

Im Hinblick auf die Rechnerunterstützung bei der Disposition unterscheidet man:

- manuelle Disposition,
- automatische Disposition,
- halbautomatische Disposition.

Der Abschluß der Disposition initiiert die Bestellschreibung. Die Daten der Bestellung bleiben gespeichert für die Wareneingangskontrolle.

Bestellwesen:

Disposition und Bestellung sind eng miteinander verbunden. Die Bestellung umfaßt die Lieferantenauswahl, die Bestellschreibung und die Bestellbestandsüberwachung (vgl. Scheer 1982a, S. 1). Aufgegebene Bestellungen werden in einer Bestelldatei gespeichert. Sie werden von dort aus zur termin- und mengenmäßigen Überwachung des Auftrags abgerufen.

Das Löschen erfolgt nach vollständiger Lieferung bzw. nach dem Überprüfen der Lieferantenrechnung.

Die Bestelldaten stehen sowohl der Kreditorenbuchhaltung als auch der Lagerbestandsverwaltung zur Verfügung (vgl. Schulte 1981, S. 132).

Rechnungsprüfung:

Wareneingangsrechnungen werden mit Hilfe von Soll-/Ist-Vergleichen kontrolliert. Der Soll-Rechnungsbetrag wird ermittelt, indem man mit Hilfe von früheren Rechnungen eine Eigenbewertung der Lieferung vornimmt. Der so ermittelte Rechnungsbetrag wird mit dem tatsächlichen Rechnungsbetrag verglichen.

Zur Erreichung maximaler Effizienz der Rechnungskontrolle sollte ein EDV-System über alle Möglichkeiten der Konditionenbearbeitung verfügen. Alle am Markt befindlichen Konditionen, wie:

- Auftragskonditionen,
- Zahlungskonditionen,
- Lieferantenkonditionen,
- Distributionskonditionen

sollten also im System gespeichert sein.

Abweichungen von Soll- und Ist-Rechnung lösen eine Fehlersuche aus. Zur Fehlerfindung wird jeder Rechnungsposten auf Soll- und Ist-Rechnung verglichen.

Ein rechnergestütztes System der Rechnungs- und Konditionenkontrolle erfordert (vgl. Kirchner, Zentes 1984, S. 21 - 23):

- die vollständige, systematische Erfassung aller Dispositionen und Konditionen im Einkauf,
- eine gezielte, systematische Warenkontrolle beim Wareneingang,
- das Erstellen von Proforma-Rechnungen auf der Basis tatsächlicher Lieferungen,
- die Überwachung der Reklamationen und Gutschriftenansprüche.

Lagerverwaltung:

Artikelgenaue Bestandsführung und -fortschreibung ist die Aufgabe der Lagerverwaltung.

Das Ziel des Lagerwesens ist die Optimierung des Verhältnisses von verfügbarem Warenbestand und Lagerkosten. Es soll immer soviel Ware am Lager gehalten werden, daß keine Lieferengpässe auftreten, unregelmäßige Beschaffungszeiträume ausgeglichen und die günstigsten Bezugsquellen gewählt werden.

Inventur:

Bei der Inventur, der körperlichen Bestandsaufnahme aller gelagerten Artikel, sollen Differenzen des physischen Lagerbestands mit dem Sollbestand laut EDV aufgedeckt werden. Übliche Inventurverfahren sind Stichtagsinventur und permanente Inventur.

Logistik:

Die Logistik umfaßt Beschaffungslogistik (Material- und Warenversorgung), innerbetriebliche Logistik (Lagerung, innerbetriebliche Güterbewegungen) und Absatzlogistik (Distribution).

Auftragsabwicklung:

Die Auftragsabwicklung im Nichtladenhandel findet sich vor allem im Groß- und Versandhandelsbereich und enthält folgende Schritte: Angebotserstellung, Auftragserfassung mit Plausibilitätsprüfungen, Auftragsreservierung, Rückstandsverwaltung, Terminierung der Warenauslieferung, Preisfindung, Richtscheinerstellung zur Kommissionierung, Druck von Warenbegleitpapieren, Fakturierung, Gutschriften/Stornos und Provisionsabrechnung.

Informationswesen:

Der Kreislauf des WWS schließt sich mit der Verbindung aller Funktionselemente durch das Informationswesen. Daher müssen alle Warenwirtschaftsdaten ausgewertet, analysiert und zweckgerecht aufbereitet werden. Bei den bisher beschriebenen Elementen eines WWS liegt die Hauptaufgabe im Erfassen, Speichern und Verarbeiten von Massendaten unter dem Aspekt, Rationalisierungsmöglichkeiten durch den EDV-Einsatz wahrzunehmen. Das Informationswesen, auch Marketing-Managementinformationssystem (MMIS) genannt, eröffnet allerdings noch weitere Rationalisierungspotentiale in den Bereichen Merchandising, Administration und Logistik (vgl. Zentes 1988a, S. 62)

Unüberschaubare Datenmassen besitzen nämlich wenig Aussagekraft, bzw. der Zeitaufwand für die Analyse von maschinell erstellten Endloslisten ist nicht gerechtfertigt, und können in der Regel wenig zur Entscheidungsfindung im Handel beitragen. Von der Aktualität und Genauigkeit der Auswertungen hängt die Qualität der daraus abgeleiteten Führungsentscheidungen wesentlich ab. Auswertung und Aufbereitung der Daten müssen zu einer Informationsoptimierung führen, d.h. Aussonderung redundanter Informationen und Bereitstellung relevanter Informationen für die Stellen, die sie benötigen.

Auswertungen, die ein informatorisches Trading up (vgl. Zentes 1988b, S. 179) bewirken, sind artikelbezogene Auswertungen, wie:

- Artikelerfolgsrechnungen,
- Renner- und Floplisten,
- Aktionenkontrolle,
- Artikel- und Warengruppenanalysen usw.

Wie schon an anderer Stelle erwähnt, liefern geschlossene WWS neben artikelbezogenen Daten auch eine Fülle verkäuferbezogener und kundenbezogener Daten. Diese Daten können mit statistisch-ökonometrischen Methoden - gestützt auf benutzerfreundliche Software - verdichtet, reduziert und verknüpft werden. Diese Verarbeitungen führen - wie erwähnt - zu (vgl. Zentes 1988b, S. 180):

- Wirkungsanalysen,
- Verbundanalysen,
- Segmentierungsanalysen usw.

Je stärker das Informationssystem des WWS in das gesamtbetriebliche Informationssystem integriert ist, desto umfassender können die Auswertungsergebnisse als gesamtbetriebliche Entscheidungsgrundlage genutzt werden.

B.I.1.2 Modularer Aufbau

WWS haben einen modularen Charakter (vgl. Tietz 1987a, S. 738). Das bedeutet, daß einerseits ein partieller Aufbau nach Elementen möglich ist und andererseits auch in einem geschlossenen WWS die Zusammensetzung der Elemente variieren kann, solange die Durchgängigkeit des Systems erhalten bleibt.
In Abhängigkeit von den betriebswirtschaftlichen und technologischen Faktoren sind zahlreiche Gestaltungsalternativen von EDV-gestützten WWS möglich. Einige ausgewählte Beispiele zeigen, wie die oben angesprochenen Kriterien die Gestaltung eines WWS beeinflussen.

B.I.1.2.1 Ausgewählte betriebswirtschaftliche Faktoren

Die nachfolgend vorgestellten Beispiele machen deutlich, daß man nicht von einem EDV-gestützten WWS als solches sprechen kann, sondern daß WWS den Oberbegriff für unternehmensspezifisch gestaltete Informations- und Kommunikationssysteme in der Warenwirtschaft bilden. Der modulare Aufbau von WWS fördert ihre unternehmensspezifische Anpassungsfähigkeit.

Um allerdings von Modularität sprechen zu können, müssen auch die damit verbundenen Anforderungen erfüllt sein. Sie bestehen vor allem darin, daß die Moduln eines bestimmten EDV-Systems untereinander verknüpft, gegeneinander ausgetauscht werden sowie auf eine gemeinsame Datenbasis zugreifen können. Dazu ist erforderlich, innerhalb des Systems einheitliche Schnittstellen zu definieren sowie die Vernetzung dezentral gehaltener Moduln zu gewährleisten.

Stellung eines Unternehmens in der Handelskette:

Im stationären Einzelhandelsunternehmen kauft der Kunde seine Ware im Laden des Einzelhändlers ein. Daher sind auch die Warenausgangserfassung sowie der Kassiervorgang am Point-of-sale erforderlich.

Im Großhandel, wo häufig kein direkter Kundenkontakt besteht (Streckengeschäft), wird der Warenausgang durch folgende Aktivitäten beschrieben:

- Kommissionieren der Ware,
- Lieferscheinschreibung,
- Rechnungsschreibung,
- Auslieferung,
- Zahlungsüberwachung.

Im Falle des Einzelhandels ist daher das Element Warenausgang vorhanden. Das oben beschriebene Großhandelsbeispiel hingegen erfordert das Element Auftragsabwicklung.

Betriebstyp:

Gehört ein Unternehmen zu den serviceorientierten Fachgeschäften, so sind Merkmale, wie Kundenstruktur, Zahl der Kunden, Kontakte pro Zeiteinheit, Sortimentsumfang, Sortimentstiefe u.ä. maßgeblich. Das serviceorientierte Fachgeschäft legt in der Regel großen Wert auf Stammkundschaft, deren Kaufgewohnheiten und Eigenheiten dem Verkaufspersonal im Idealfall bekannt sein sollten.

Daher ist auch die inhaltliche Ausgestaltung der Elemente eines WWS im serviceorientierten Fachgeschäft den charakteristischen Merkmalen dieses Betriebstyps angepaßt. Unter Berücksichtigung des Datenschutzes kann in einem serviceorientierten Fachgeschäft eine besondere, zusätzliche Aufgabe des Warenausgangs darin bestehen, auch für das Marketing relevante Kundendaten zu erfassen.

Beim Warenhaus hingegen, wo eine hohe Kundenfluktuation und das "schnelle Geschäft" die Regel sind, sollte der Warenausgang so gestaltet sein, daß ein schnelles Abkassieren möglich ist, welches artikelgenau die Verkaufsmengen erfaßt und an die Lagerlogistik weitermeldet, so daß eine hohe Verkaufsbereitschaft der Waren im Regal gewährleistet ist.

Kooperationsverhalten:

Kooperationsfelder im Handel, wie Beschaffung (z.B. Einkaufsgemeinschaften) oder Absatz (z.B. Franchisesysteme), können beispielsweise dazu beitragen, daß bisher isoliert geführte geschlossene WWS der Systempartner in ein verbundgruppenspezifisches WWS überführt werden. Die Umstrukturierung des warenbegleitenden Informationssystems kann sich dann so auswirken, daß diejenigen Elemente, für die eine Kooperation besteht, im WWS nur einmal vorhanden sind. Elemente, die auf der Ebene der Verbundgruppenmitglieder isoliert durchgeführt werden, befinden sich mehrmals im System.

Die Zusammenarbeit von Unternehmen auf bestimmten Kooperationsfeldern kann aber auch dazu führen, daß es Unternehmen, die bisher ihre Warenwirtschaft ganz ohne EDV-Unterstützung abgewickelt haben, durch den Zusammenschluß in einer Verbundgruppe ermöglicht wird, ein zentrales EDV-gestütztes WWS zu errichten, an welchem alle Kooperationsmitglieder partizipieren können.

Ähnliche Erweiterungsmöglichkeiten zu einem geschlossenen zentral geführten WWS einer Verbundgruppe ergeben sich dann, wenn die Einzelunternehmen wichtige Funktionen bereits EDV-gestützt als Teilsysteme realisiert, jedoch aus wirtschaftlichen oder organisatorischen Gründen kein EDV-gestütztes Gesamtsystem aufgebaut haben.

Allen drei Beispielen ist gemeinsam, daß Elemente (Funktionen), die zwingend vor Ort bei den beteiligten Kooperationspartner vorhanden sein müssen (z.B. der Warenausgang bei Kooperationspartnern des stationären Einzelhandels), im geschlossenen System mehrfach gehalten werden.
Die Verarbeitung und Speicherung der in den dezentralen Einheiten erfaßten Daten bzw. Informationen kann allerdings zentral erfolgen.
Voraussetzung für die verteilte Struktur von WWS in Verbundgruppen ist allerdings der Einsatz von Instrumenten der Datenfernübertragung, in einzelnen Fällen kann auch ein Datenträgeraustausch genügen.

B.I.1.2.2 Ausgewählte technologische Faktoren

Der technische Stand bzw. der Einsatz moderner Informations- und Kommunikationstechnologien in den betreffenden Handelsunternehmen prägt die Struktur des zum Einsatz kommenden WWS.

Soll ein EDV-gestütztes WWS in einem Unternehmen, das bereits über EDV (Hardware) verfügt, zum Einsatz kommen, so bieten sich zwei Alternative an:

1. Eigenentwicklungen,

2. Standardsoftware:

Beim Einsatz von Standardsoftware ist - unter der Voraussetzung, daß die bereits vorhandene Hardware beibehalten oder lediglich erweitert werden soll - folgende grobe Vorgehensweise erforderlich: Zunächst müssen unter den Angeboten an Standardsoftware am Markt die für das betreffende Betriebssystem, unter welchem die Hardware läuft, die relevanten Standardsoftwarepakete ermittelt werden.

Unter den geeigneten Standardsoftwarepaketen ist dasjenige herauszufiltern, welches bezüglich der betriebswirtschaftlichen Anforderungen des Unternehmens am besten geeignet ist.

Verfügt das Unternehmen bisher über keine EDV (Hardware) oder die bereits vorhandene Hardware soll nicht für Anwendungen in der Warenwirtschaft eingesetzt werden, ist der Freiheitsgrad bei der Auswahl der WWS-Software größer.

B.II Stellung der Warenwirtschaft innerhalb der Unternehmenspolitik des Handels

Während in Kapitel I der Handel aktivitätenorientiert beschrieben wird, skizziert dieser Abschnitt den Handel unter folgenden Gesichtspunkten:

1. Welche unternehmerischen Entscheidungen (Teilpolitiken) werden im Handel gefällt?
2. Welche Entscheidungsträger gibt es innerhalb der Unternehmen des Handels?
3. Wie wird die Warenwirtschaft bzw. das WWS durch Unternehmenspolitiken und deren Entscheidungsträger beeinflußt?

Der folgende Abschnitt B.II.1 beschreibt die Teilpolitiken des Handels, die auf der Basis der Warenwirtschaft das Geschehen in einer Institution des Handels festlegen.

Abschnitt B.II.2 zeigt mögliche Entscheidungsträger innerhalb des Unternehmens auf. Abstrahierend von einem konkreten Organisationsmodell werden die Entscheidungsträger auf drei Ebenen angesiedelt, der operativen, der dispositiven sowie der strategischen Ebene.

Im dritten Abschnitt dieses Kapitels schließlich wird eine Verbindung zwischen der Politik des Handelsunternehmens, den Entscheidungsträgern und den Aktivitäten im Handel hergestellt.

B.II.1 Unternehmenspolitik

Unter Unternehmenspolitik versteht man die Gesamtheit von Grundsatzentscheidungen, welche die Verhaltensweise einer Unternehmung als Ganzes bestimmen.

Die Unternehmenspolitik läßt sich in drei Teilbereiche gliedern (vgl. Tietz 1978, S. 178 ff.):

-    Leistungs- bzw. Handelsprogrammpolitik,
-    Managementpolitik,
-    Technologiepolitik.

Ein entscheidungsorientiertes Modell der Unternehmenspolitik ist gekennzeichnet durch drei Merkmale:

1.   Zielvorstellungen,
2.   Instrumentalvariablen,
3.   entscheidungsrelevanter Datenkranz.

Um Entscheidungen in der Unternehmenspolitik treffen zu können, ist allerdings eine genaue Kenntnis (vgl. Tietz 1975a, S. 10)

-    der Personen und Institutionen, die Handel betreiben,
-    der Tätigkeiten mit Waren und Diensten und
-    der Waren und Dienste selbst erforderlich.

Die Politik der Informationsgewinnung muß daher als selbständige Aufgabe innerhalb der Unternehmenspolitik betrachtet werden.

B.II.1.1 Politik der Informationsgewinnung

Die Beschaffung und Verarbeitung von Informationen ist Gegenstand der Politik der Informationsgewinnung, die einen Teil der Informationspolitik darstellt (vgl. Tietz 1978, S. 89).

Abbildung B.II.1.1.01 gibt einen Überblick über die Elemente einer Politik der Informationsgewinnung.

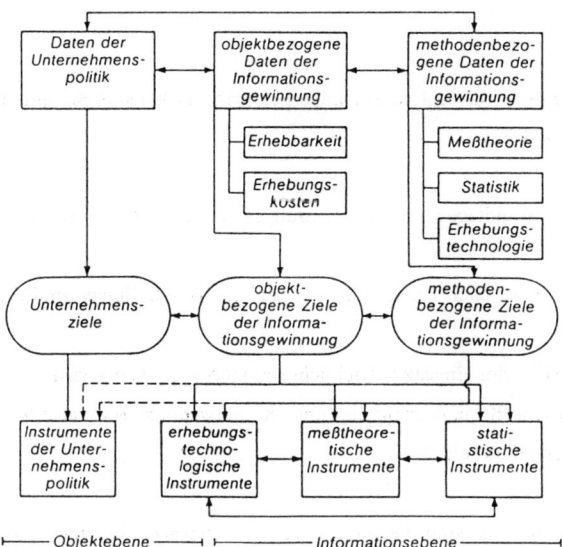

Abb. B.II.1.1.01: Elemente einer Politik der Informationsgewinnung

Quelle: Tietz 1978, S. 91

Neben den methodischen Instrumentarien der Meßtheorie und der Statistik, die im wesentlichen dazu dienen, die gewonnenen Daten nach allgemeingültigen Regeln in Informationen oder Daten umzusetzen, ist das erhebungstechnologische Instrumentarium der Bereich, welcher durch den Einsatz neuer Informations- und Kommunikationstechnologien wesentlich beeinflußt wird.

Gegenstand des erhebungstechnologischen Instrumentariums sind Erhebungsverfahren, -bedingungen, -dauer, -umfang, u.a. sowie die technischen Instrumente der Informationserhebung.

Sie alle wirken sich vor allem auf die Qualität der zu gewinnenden Daten aus.

B.II.1.2 Handelsprogrammpolitik

Die Handelsprogrammpolitik befaßt sich mit der Frage, was in Unternehmen gemacht werden soll. Sie umfaßt die vier folgenden Teilpolitiken (vgl. Tietz 1978, S. 178 ff.):

- die Grundstrukturpolitik, die sich mit den grundlegenden Entscheidungen befaßt, z.B. der Wahl des Standortes,
- die Marktpolitik, die sich mit den unternehmerischen Entscheidungen auf den Beschaffungs- und Absatzmärkten befaßt,
- die Faktorkombinationspolitik, mit deren Hilfe der Einsatz betrieblicher Faktoren gesteuert wird,
- die Finanzierungspolitik, die die erforderliche Kapitalgewinnung und die notwendige Kapitalverwendung unter Einhaltung der Liquidität sicherstellen soll.

Wichtige Zielsetzungen in der Handelsprogrammpolitik sind beispielsweise die Umsatzsteigerung durch Verminderung der Fehlmengen im Warenverkauf, Reduzierung der Lagerkosten (Verbesserung der Vorgehensweise in Disposition und Bestellwesen) oder Erhöhung der liquiden Mittel des Unternehmens.

Grundstrukturpolitik:

Im Rahmen der Grundstrukturpolitik werden die identitätsbestimmenden Merkmale von Betrieben und Betriebssystemen festgelegt. Die konstitutiven Elemente der Betriebe, Unternehmen und Verbundgruppen beschränken und bestimmen die markt-, faktor-und finanzpolitischen Entscheidungen (vgl. Tietz 1975b, S. 552).

Die Grundstrukturpolitik kann z.B. mit folgenden ausgewählten Instrumenten operieren:

- Markteinpassung (z.B. Stellung in der Handelskette, Zahl der Handelsstufen, Absatzreichweite und -basis, Beschaffungsreichweite und -basis, Standort, Branche),
- Betriebsgröße und Rechtsform,
- Programm- und Institutionenvariation (Diversifikation, Kooperation, Fusion),
- Schaffung der Faktorgrundlagen und Kapitalbasis (Personal-, Management-, Sachmittel-, Kapitalbasis),
- Sicherheitsbasis.

Gegenstand der Grundstrukturpolitik ist die zieladäquate Zusammenstellung der Instrumente im Hinblick auf die Zielsetzungen des Unternehmens. Die Grundstrukturpolitik bildet die Grundlage für weitere Entscheidungen in der Folgestruktur- und Ablaufpolitik. Daher ist die Grundstrukturpolitik der folgestruktur- und ablauforientierten Marktpolitik, Faktorkombinationspolitik und Finanzpolitik übergeordnet. Dies schließt allerdings Rückkopplungen der untergeordneten Politiken auf die übergeordnete nicht aus (vgl. Tietz 1975b, S. 558 ff.).

Die Grundstruktur determiniert die **Institutionen**, legt das **Warenprogramm** fest und bestimmt das Aktivitäten-gefüge.

Marktpolitik:

Die Marktpolitik beeinflußt die Aktivitäten im Absatz- und Beschaffungsmarkt. In marktwirtschaftlichen Systemen sind die Marktziele gewinnmaximierend orientiert oder auf angemessene Gewinnerzielung ausge-richtet.

Die Marktinstrumente werden nach der Marktrichtung in Absatzinstrumente und Beschaffungsinstrumente ge-gliedert. Es gibt Instrumente, die vorrangig und schwerpunktmäßig auf der Absatzseite oder auf der Beschaffungsseite wirken. Andere Instrumente können simultan wirken, d.h. sowohl absatz- oder beschaffungs-orientiert sein. Als Ergebnis der Kombination der Marktinstrumente unterscheidet man ein Beschaffungsmix, ein Absatz- oder Marketing-Mix sowie das totale Markt-Mix (vgl. Tietz 1975b, S. 551 ff.).

Aus der Sicht der Absatzpolitik lassen sich die Instrumente der Marktpolitik wie folgt gliedern:

-   waren- und dienstleistungsbezogene Instrumente (z.B. Produktgestaltung, Sortiments- und Produktliniengestaltung, Mengengestaltung),
-   entgeltbezogene Instrumente (z.B. Preis, leistungsbezogene Konditionen, finanzielle Konditionen),
-   nebenleistungsbezogene Instrumente (z.B. Kundendienst),
-   informations- und kommunikationsbezogene Instrumente (z.B. Sachwerbung, persönliche Werbung, Public Relations, Kontaktintensität und Präsentation, zeitliche Kontaktbereitschaft),
-   institutionenorientierte Instrumente (z.B. Absatzwege),
-   Warenprozeßinstrumente (z.B. Liefertermin, Lieferhäufigkeit, Liefermenge, Lieferservice) (vgl. Tietz 1978, S. 226 ff.).

Faktorkombinationspolitik:

Auf der Faktoreinsatzseite sind ebenfalls sowohl Marktdaten als auch betriebliche Daten zu beachten. Zu unterscheiden sind auch hier externe und interne Daten sowie freiwillig gesetzte und vorgegebene Daten.

Daten der Faktorkombinationspolitik beziehen sich auf den Beschaffungsmarkt, auf Personalrestriktionen und Flächenrestriktionen (vgl. Tietz 1975b, S. 552)

Die Instrumente der Faktorkombinationspolitik gliedern sich auf in:

-   Personal,
-   Fläche,
-   Fuhrpark und
-   Warenbestandspolitik.

Finanzierungspolitik:

Im Rahmen der Finanzierungspolitik sind Kapitalgewinnungs- und Kapitalverwendungspolitik zu unterscheiden. Der kombinierte Einsatz finanzpolitischer Instrumente wird als Finanzierungs-Mix bezeichnet. Die Finanzierungspolitik wird in der Regel aus den faktoreinsatz- und marktpolitischen Entscheidungen abgeleitet (vgl. Tietz 1975b, S. 553).

Die Finanzierungspolitik wird durch den Einsatz neuer Technologien im Bereich der Zahlungsverkehrssysteme, Cash-Managementsysteme und dem POS-Banking stark beeinflußt.

B.II.1.3 Managementpolitik

Die Managementpolitik besteht aus den kategorialen Teilpolitiken (vgl. Tietz 1976, S. 924):

-      Planungspolitik,
-      Organisationospolitik,
-      Führungspolitik,
-      Kontrollpolitik.

Die Planungs- und Kontrollpolitik einerseits und die Organisations- und Fuhrungspolitik andererseits weisen enge Bindungen auf.

Zwischen der Management- und der Handelsprogrammpolitik besteht die Verbindung, daß die Realisierung der auf das Handelsprogramm bezogenen betriebspolitischen Entscheidungen durch das Management ermöglicht wird.

Auch die Durchführungstechnologien werden durch das Management festgelegt (vgl. Tietz 1976, S. 12).

B.II.1.4 Technologiepolitik

Die **Technologie-** oder **Realisierungspolitik** umfaßt die Entscheidungen, mit deren Hilfe die zieladäquaten Vorschläge der Handelsprogramm- und der Managementebene in die Empirieebene übertragen werden, und zwar in konkreten Situationen mit bestimmten sachlichen, räumlichen und zeitlichen Bedingungen (vgl. Tietz 1976, S. 31).

Die Technologiepolitik dient der Durchführung von Handelsprogramm- und Managementaufgaben.

B.II.2 Bedeutung der Warenwirtschaft für die Unternehmenspolitik[1])

Die Warenwirtschaft nimmt eine zentrale Stellung im Rahmen der Unternehmenspolitik des Handels ein. Dabei bestehen zwischen der Unternehmenspolitik und den Bestimmungsfaktoren für die Warenwirtschaft zahlreiche Interdependenzen, die aus unterschiedlichen Sichtweisen systematisiert werden können.

Die Verbindung zwischen Unternehmenspolitik und Warenwirtschaft aus der Sicht der Planung:
Gegenstand der Planung ist das Aufstellen von Zielvorgaben im Rahmen der Managementpolitik, die aus den Vorschlägen der Handelsprogrammpolitik sowie der Technologiepolitik resultieren. Die Zusammenhänge im Planungssystem verdeutlicht Abbildung B.II.2.01.

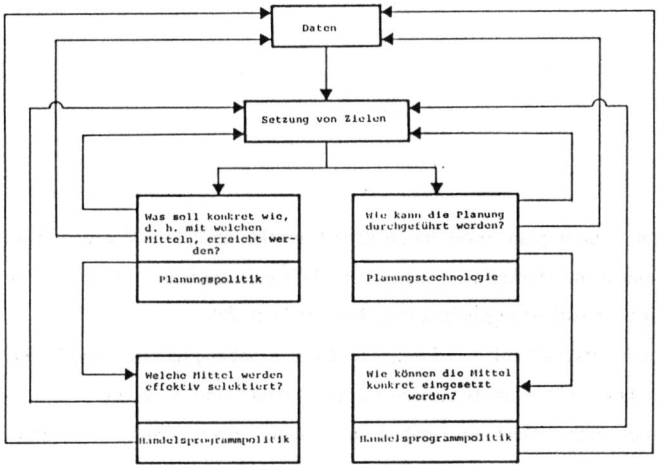

Abb. B.II.2.01:   Die Zusammenhänge im Planungssystem

Quelle: Tietz 1976, S. 121

Aus diesen Zielvorgaben resultieren konkrete Teilpläne, die nach ihrer Fristigkeit in kurzfristig, mittelfristig und langfristig untergliedert (zur Fristigkeit vgl. auch Kilger 1973, S. 18 ff.) werden können.
Die verschiedenen Teilpläne werden am Beispiel eines Filialunternehmens, dessen Struktur sich auch auf Verbundgruppen übertragen läßt, kurz dargestellt.

---

1)   Zu den folgenden Ausführungen finden sich in der Literatur nur vereinzelt Veröffentlichungen. Daher muß sich die Verfasserin auf die Angabe weniger Literaturstellen beschränken.

Langfristig festgelegt werden z.B.:

-   Personalbedarf des Unternehmens,
-   Finanzierung des Unternehmens mit Eigenkapitel und Fremdkapital und davon abhängig auch die umsatzbezogenen Investitionen,
-   die Zahl der Verkaufshäuser.

Die langfristige Planung beruht auf der Analyse externer Daten, wie Entwicklung der Konsumenten, der Gesamtwirtschaft und der Anbieter, sowie auf internen Daten des Unternehmens zu seiner wirtschaftlichen Entwicklung (vgl. Tietz 1976, S. 224).

Erst im Rahmen der kurzfristigen Planung werden die konkreten Zielvorgaben der einzelnen Filialen festgelegt. Sie betreffen finanzielle Ziele, wie:

-   Umsatzplan,
-   Kostenplan,
-   Gewinnplan.

Aus diesen Plänen leiten sich auch der Wareneinsatzplan sowie der Bruttoertragsplan ab. Diese Vorgaben sind die Basis für konkrete Handlungsanweisungen im Marketing. Sie bestehen beispielsweise aus Aktivitäten im Rahmen der Sortiments-, Preis-, Werbe- und Dienstleistungspolitik (vgl. Tietz 1976, S. 225).
Die Frage nach einer Einordnung der Warenwirtschaft läßt sich in diesem Zusammenhang dahingehend beantworten, daß sich aus dem Wareneinsatzplan sowie dem Bruttoertragsplan Menge und Wert der in einer Verbundgruppe eingesetzten Waren ergeben. Um diese Planvorgaben zu erfüllen, müssen dann die tiefergeordneten Ziele, wie:

-   Lieferantenauswahl (Beschaffungspolitik),
-   Lagerbewirtschaftung (Faktorkombinationspolitik),
-   Einsatz geeigneter Technologien zur Lagerbewirtschaftung

ausgewählt werden.

Die Verbindung zwischen Unternehmenspolitik und Warenwirtschaft aus der Sicht der Aufgabenträger:
Vereinfachend lassen sich drei Unternehmenshierarchien in Unternehmen festlegen:

1.   die operative Ebene mit Durchführungs- und Routineaufgaben ohne Entscheidungskompetenz,
2.   die dispositive Ebene mit Durchführungs- und Routineaufgaben mit Entscheidungskompetenz,
3.   die strategische Ebene mit Aufgaben der Unternehmensführung.

Unternehmenspolitik und deren Teilpolitiken vollziehen sich in der Regel auf der dispositiven (mittel- und kurzfristige Entscheidungen) sowie auf der strategischen (langfristige Entscheidungen) Ebene.

Die Realisation bzw. die Durchführung der Aktivitäten vollzieht sich auf der operativen Ebene, die mit der physischen Ebene gleichgesetzt werden kann.

Aus aufgabenorientierter Sicht hat die Warenwirtschaft die rationelle Abwicklung aller Geschäftsabläufe eines Handelsunternehmens zum Inhalt (vgl. Bierther 1983, S. 12). Aus der Durchführung des physischen Warenflusses entsteht allerdings eine große Flut von Daten, die erfaßt, verwaltet und ausgewertet werden müssen. Sie bilden wiederum die wesentliche Entscheidungsgrundlage für alle weiteren Aktivitäten in der Unternehmenspolitik.

Diese Daten lassen sich in der Regel nur durch den Aufbau eines unternehmensweiten EDV-gestützten Informations- und Kommunikationssystems zweckmäßig speichern und aufbereiten.

Abbildung B.II.2.02 verdeutlicht den Zusammenhang zwischen Unternehmenspolitik und Warenwirtschaft aus aufgabenorientierter Sicht.

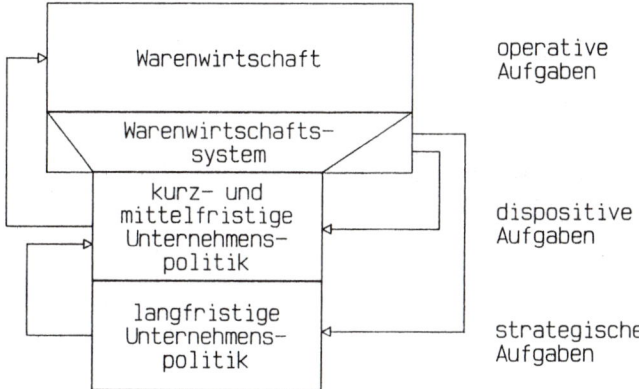

Abb. B.II.2.02:   Die Zusammenhänge zwischen Unternehmenspolitik, WWS und Warenwirtschaft aus aufgabenorientierter Sicht

Die Verbindung zwischen Unternehmenspolitik und Warenwirtschaft aus der Sicht der Ebenen der Unternehmenspolitik:

Technologiepolitik befaßt sich mit der Realisierung der in den - wie auch immer hierarchisch strukturierten - übergeordneten Teilpolitiken festgelegten Aufgaben (vgl. Tietz 1976, S. 29).

Tietz (vgl. Tietz 1976, S. 59) nennt als Probleme der Markt- und Faktorkombinationspolitik unter technologischem Aspekt die folgenden:

- Beschaffung,
- Lagerung,
- Umgruppierung,
- Manipulation,
- Transport,
- Absatz.

Diese sind deckungsgleich mit den Problemen, die der physische Warenfluß (physische Ebene der Warenwirtschaft) im Handel aufgibt.

Daher kann die Warenwirtschaft auch als Teilbereich der Technologiepolitik im Handel bezeichnet werden. Die EDV-technische Umsetzung der warenwirtschaftlichen Funktionen mit Datenerfassung, Datenhaltung und Datenaufbereitung im Rahmen eines WWS fällt ebenfalls in den Aufgabenbereich der Technologiepolitik. Abbildung B.II.2.03 soll die angesprochenen Zusammenhänge verdeutlichen.

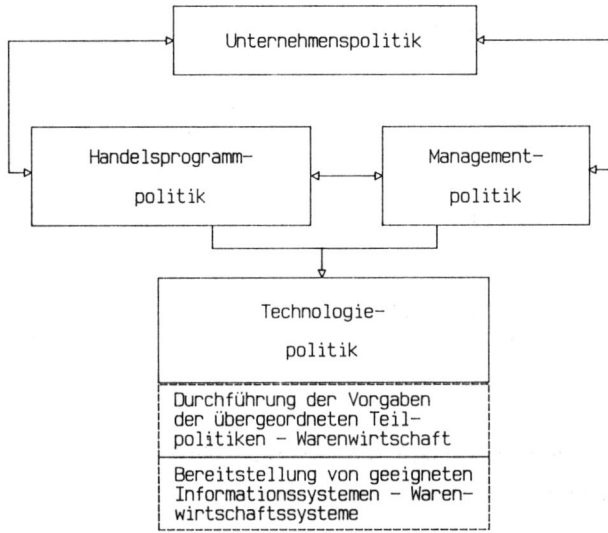

Abb. B.II.2.03: Die Zusammenhänge zwischen den Ebenen der Unternehmenspolitik, der Warenwirtschaft und dem WWS

B.III Charakteristika von Verbundgruppen im Handel

B.III.1 Typologie von Verbundgruppen

Die horizontale wie auch die vertikale Kooperation wird durch das Konzept des Nachteilsausgleichs begründet. Der kooperative Nachteilsausgleich wird durch das Franchising, der bisher straffsten Form der Kooperation, am vergleichsweise stärksten gewährleistet.

Kooperierende Unternehmen schließen sich in sogenannten Verbundgruppen zusammen.

Eine wichtige Eigenart der Kooperation im Vergleich zu Filialsystemen besteht darin, daß Kommunikation und Steuerung nach dem Konzept des Verständnisweges gestaltet sein müssen. Bei Filialisierung läßt sich in weitaus größerem Umfang der Anordnungsweg durchsetzen.

Die kooperierenden Unternehmen bleiben rechtlich und wirtschaftlich selbständig. Daraus ergeben sich bereits fundamentale Unterschiede in der Information und Kommunikation. "In kooperativen Systemen muß der Partner in viel stärkerem Umfang überzeugt werden als in konzentrierten Systemen" (Tietz 1981, S. 377).

Eine stabile Kooperation kann nur bei Harmonisierung der Vorgehensweise auf den betroffenen Teilgebieten zustande kommen.

Von vertikaler Kooperation wird gesprochen, wenn Unternehmen mehrerer Handelsstufen kooperieren.

Beispiele sind:

- Hersteller-Großhändler-Kooperationen,
- Hersteller-Einzelhändler-Kooperationen,
- Einzelhändler-Großhändler-Kooperationen.

Typische Kooperationsfelder sind:

- Absatz,
- Beschaffung,
- Lagerhaltung,
- außerbetrieblicher Transport,
- Standort,
- Fläche,
- Marktforschung,
- Bewältigung gemeinsamer Managementaufgaben.

In der Regel führt die Kooperation zu einer Umgliederung von Aktivitäten bei den Kooperationspartnern untereinander oder auch eine Verlagerung der Aufgaben auf Dritte.

Einkaufsgemeinschaften sind Gründungen von Einzelhändlern, von Großhändlern oder Herstellern einer Branche. Durch den gemeinsamen Einkauf will man sich die Vorteile des Filialprinzips bei rechtlicher Selbständigkeit zunutze machen. Die ursprüngliche Funktion der zentralen Warenbeschaffung wurde in vielen Fällen durch zusätzliche Funktionen ergänzt, z.B. Betreuung der Verbundgruppenmitglieder und Absatzförderung.

Freiwillige Ketten werden im Gegensatz zu den Einkaufsgemeinschaften von zwei Handelsstufen getragen. Die Initiative geht in der Regel von einem Großhändler aus, der mit mehreren Einzelhändlern Verträge abschließt. Bezüglich der Aufgabenstellung unterscheiden sich die Freiwilligen Ketten kaum von den Einkaufsgemeinschaften. Besondere Kennzeichen der Freiwilligen Ketten sind der Gebietsschutz für die Mitglieder, die Selektion von Betrieben durch bestimmte Aufnahmebedingungen und der Ausbau von Dienstleistungspaketen für die Mitglieder.

Eine intensivere Zusammenarbeit als bei Einkaufsgemeinschaften und Freiwilligen Ketten erfolgt im Rahmen des **Franchising**, das auf folgenden Merkmalen beruht:

1. Es wird eine vertraglich geregelte, auf Dauer angelegte Zusammenarbeit zwischen rechtlich selbständigen Unternehmen vereinbart.

2. Aufgrund des Vertrages erhält das eine Unternehmen (der franchisee = der Kontraktnehmer) gegen Zahlung eines einmaligen Betrages und/oder laufender Beträge die Genehmigung, unter genau festgelegten Bedingungen über bestimmte Rechte des anderen Unternehmens (des franchisors = des Kontraktgebers) zu verfügen.

3. Die Rechte, die Gegenstand des Vertrages sind, umfassen u.a. die Benutzung einer Marke oder des Firmennamens, die Erzeugung und/oder den Vertrieb einer Ware bzw. einer Warengruppe, die Verwendung eines Produktionsverfahrens oder einer Rezeptur und die Nutzung eines bestimmten Absatzprogramms.

4. Der Kontraktgeber unterstützt den Kontraktnehmer beim Aufbau und der Einrichtung sowie der laufenden Führung des Betriebes, in dem die im Vertrag festgelegten Rechte angewendet werden.

Gegenüber den Freiwilligen Ketten und den Einkaufsgemeinschaften besteht der Unterschied vor allem in der Intensität der vertraglich vereinbarten Zusammenarbeit.

Während die Grenzen zwischen Freiwilligen Ketten und Einkaufsgemeinschaften fließend sind, hebt sich das Franchising durch die starke Koooperationsintensität von diesen Systemen ab.

In diesem Zusammenhang spricht man auch von den klassischen Verbundgruppen Freiwillige Kette und Einkaufsgemeinschaft.

Der Beratungs- und Betreuungsdienst des Franchising ist stärker ausgebaut. Die Verträge werden streng eingehalten. Problempunkte sind die Kosten- und Ertragsverteilung, die Auswahl der Kontraktnehmer sowie die Kontrolle der Vertragseinhaltung.

Zur zukünftigen Entwicklung der Kooperationen kann man sagen, daß sie als "Gegenmaßnahme zur Konzentration" zunehmen wird. Dies gilt insbesondere für das straffe Franchising (vgl. Tietz 1986, S. 56 f.).

Die folgende Abbildung B.III.1.01 zeigt den Unterschied in den vertraglichen Vereinbarungen und Verpflichtungen bei den Vertragspartnern zwischen Franchising und Verbundgruppe.

Gegenstand	Franchising	Verbundgruppe
Vertragsdauer	Generell langfristig, klar geregelt	Auch langfristig, aber meist kurzfristige Kündigung möglich
Vertragsbeendigung	Oft genau festgelegt	Oft nicht eindeutig fixiert
Abhängigkeitsbeziehungen	Nach einer Phase der Stärke des Initiators eher Tendenz zur Gegenseitigkeit	Eher Abhängigkeit der Verbundgruppenzentrale vom Verbundgruppenmitglied
Bürgschaften	Bürgschaftsübernahme für den Franchisenehmer durch den Franchisegeber nicht die Regel	Bürgschaftsübernahme des Systemträgers für das Mitglied häufig anzutreffen
Gebietsexklusivität	Durch gemeinsame Vereinbarung geregelt und nicht einseitig veränderbar, meist mit Festlegung eines Planumsatzes verbunden, oft auch mit Festlegungen für die Zukunft aufgrund des Erreichens von Entwicklungszielen	Teilweise fest vereinbart als Geschäftsbereichsklausel, jedoch Probleme bei Filialgründungen durch Einzelhandelsmitglieder, schwere faktische Durchsetzbarkeit, eher Tendenzen zur Aufgabe der klassischen Geschäftsbereichsklausel
Konkurrenzausschluß	Im allgemeinen Programmausschließlichkeit vereinbart	Nicht selten Mitgliedschaft der Einzelhandelsmitglieder in mehreren Gruppen, Ausschließlichkeit schwer durchsetzbar
Kennzeichnungsrechte und -pflichten	Strikte Vereinbarungen, deren Einhaltung kontrolliert wird	Zwar Vorgaben, aber geringe Durchsetzbarkeit, bisweilen auch bewußter Verzicht der Gruppe auf Kennzeichnung der Mitglieder zur Förderung der Individualität
Einkaufsexklusivität	Tendenz zur Einkaufsexklusivität, aber teilweise auch bewußt gesteuerte Freiheitsgrade mit Wahl aus mehreren Vertragslieferanten	Tendenz zu hohen Bezugsraten, aber auch bewußte Zulassung von Freiräumen bei der Beschaffung, um Leistungsfähigkeit des Verbunds zu dokumentieren
Geschäftsausstattung	In der Regel einheitlich, Gestaltung mit Hilfe des Franchisegebers	Zwar Vorschriften mit gruppenspezifisch unterschiedlichem Durchsetzungsgrad
Gemeinschaftswerbung	Gemeinsame Vereinbarung über ein gemeinschaftlich zu finanzierendes und einzusetzendes Werbebudget	Abdeckung der Werbekosten eher über Aufschläge auf die zentral regulierten bzw. zentral gekauften Warenbezüge, eher geringe Werbezuschüsse der Mitglieder für einzelne Leistungen zu ihren Gunsten
Sortiment	Eindeutige Festlegung des Sortiments; innerhalb des Sortiments gibt es Freiheitsgrade in gegenseitiger Abstimmung	Versuche zur Arbeit mit modularen Sortimenten in einigen Fällen, eher große Sortimentsflexibilität
Dienstleistungen	Klare, verpflichtend abzunehmende Dienstepakete	Meist Angebot von Dienstleistungen ohne Abnahmeverpflichtung für das Mitglied

Abb. B.III.1.01: Ausgewählte Unterschiede zwischen klassischen Verbundgruppen des Handels und
Franchisesystemen
Quelle: Tietz 1985, S. 263

B.III.2 Begründung der Kooperationstendenzen im Handel

Ladensterben hält unvermindert an. So stand es in einer Zeitungsmeldung von AP vom 31. August 1988 (vgl. o.V. 1988m, S. 1). Weiter war zu lesen: "Im Jahr 2000 wird es in der Bundesrepublik Deutschland nach Angaben der Hauptgemeinschaft des Deutschen Einzelhandels (HDE) nur noch rund 50.000 Lebensmittelgeschäfte geben. 1970 waren es noch 173.000. Nach einer Untersuchung hält der Konzentrationsprozeß im Lebensmittelhandel unverändert an. Vor allem Tante-Emma-Läden sterben weiter." Diese Entwicklung, die bereits zu Beginn der 80er Jahre deutlich wurde (vgl. dazu auch Tietz 1980, S. 255), setzt sich immer deutlicher fort.

Isoliert am Markt auftretende Handelsunternehmen haben in immer verstärkterem Maße das Problem, mit technischen und marketingpolitischen Entwicklungen nicht standhalten zu können. Häufig sind wirtschaftliche, aber auch organisatorische Gründe die Ursache dafür.

Schließen sich jedoch Unternehmen zur Kooperation zusammen, so ergibt sich bei rechtlicher Selbständigkeit für jedes einzelne Mitglied einer Verbundgruppe die Möglichkeit, seine Position im Markt zu stärken und wirtschaftliche und organisatorische Vorteile aus der Kooperation zu ziehen. Ende der 70er Jahre vollzog sich der Wandel im Kooperationsverhalten des Handels. Kooperation wird zunehmend als Offensivstrategie zur Bewältigung der Anforderungen im Produktions- und Marketingbereich betrachtet (vgl. Tietz 1979a, S. 59), d.h. daß die Unternehmen des Handels sich zunehmend der Tatsache bewußt werden, daß sich auf dem Markt Entwicklungen vollzogen haben, deren Anforderungen mit den konventionellen Strategien nicht mehr zu erfüllen sind.

Veränderungen bestehen z.B. in:

- der nach Produkten oder Betriebstypen differenzierten Marktentwicklung mit Schrumpfungs-, Stagnations- oder Wachstumsmärkten (vgl. Kapitel B.III.3),
- dem Ziel- und Lebensstilpluralismus der Konsumenten mit veränderten Segmentierungsanforderungen an Waren und Dienstleistungen sowie an Betriebstypen,
- dem veränderten Wettbewerbsbewußtsein und Wettbewerbsverhalten von Industrie- und Handelsunternehmen (vgl. Tietz 1980, S. 251),
- der ständigen Fortentwicklung der EDV sowie den sogenannten neuen Informations- und Kommunikationstechnologien.

Aus den neuartigen Marktbedingungen resultiert eine Vielzahl von Kooperationspotentialen für Unternehmen des Groß- und Einzelhandels.

Neben das klassische Kooperationsfeld Beschaffung und weitere typische Kooperationsfelder, wie Marktforschung, Betriebstypenplanung und -entwicklung, Gebietsexpansion, Marktausschöpfung, Betriebsberatung,

Gruppenprofilierung, Eigenmarken, Kalkulation, Preisstellung und Preisaktivität (vgl. Tietz 1979a, S. 59), tritt eine zunehmende Zusammenarbeit beim Einsatz der EDV und neuer Informations- und Kommunikationstechnologien.

Durch die Kooperation entstehen Vorteile bei der Erledigung operativer, dispositiver und strategischer Aufgaben im Handel.

Operative Vorteile entstehen durch die gemeinsame Erledigung warenwirtschaftlicher Aufgaben durch die Verbundgruppe.

Dispositive und strategische Vorteile entstehen vor allem durch Kooperation im Marketing durch detaillierte Analysen und Auswertungen von Marktdaten. Dafür sind verbundgruppenweite Informations- und Kommunikationssysteme erforderlich, die häufig erst durch die Nutzung gemeinsamer technischer Ressourcen möglich werden.

B.III.3 Auswirkungen der Betriebstypendynamik im Handel auf die Verbundgruppen

Eine weitere Charakteristik von Verbundgruppen ist das Streben nach einem einheitlichen und eindeutigen Auftreten ihrer Mitglieder gemäß ihrer Zugehörigkeit zu einem Betriebstyp (zu den Betriebstypen vgl. die Ausführungen in Kapitel C.III.1.1 und C.III.2.1). Dieses Streben wird häufig als Profilierungsstrategie (vgl. Tietz 1978, S. 251) bezeichnet.

Sie beruht auf den folgenden Grundkonzepten (zu den betriebswirtschaftlichen Betriebstypentheorien als Erklärungsansatz für die Betriebstypenprofilierung und Betriebstypendynamik im Handel vgl. Tietz 1985, S. 1317 - 1338):

- dem situativen Marketing- und Managementkonzept,
- dem sequentiellen Marketing- und Managementkonzept,
- dem personalistischen Marketing- und Managementkonzept (vgl. Tietz 1978, S. 251; ders. 1988b, S. 227).

Situatives Marketing bedeutet dabei die Strukturorientierung des Unternehmens an den internen und externen Daten des Unternehmens, wobei das Management restriktiv auf die Entscheidungen des Marketings und umgekehrt wirkt.

Sequentielles Marketing bringt zum Ausdruck, daß das Marketing den Veränderungen des Marktes sowie unternehmensinternen Veränderungen angepaßt wird. Der optimale Zeitpunkt für eine Strategieänderung muß analysiert werden und entsprechend in den Aktivitäten des Marketing seinen Niederschlag finden.

Das **personalistische Marketing** schließlich bedeutet die stärkere Berücksichtigung der Mitarbeiter der Unternehmen sowie der Kunden und Lieferanten.

Die Ursachen für diese Entwicklung sind vielschichtig und werden in folgender Abbildung B.III.3.01 wiedergegeben:

Werte	Technik	Recht	wirtschaftliche Daten	Betriebstyp
Erdölschock 1973 und 1979 mit starken Verhaltensänderungen	Fortschritte der Bautechnik	ab 1970 bis heute Bundesbaugesetz 1971 § 11.3 Baunutzungsverordnung 1.10.1977 Gesetzeshypertrophie	Abkühlung des Wirtschaftswachstums Aufkommen struktureller Arbeitslosigkeit Hohe internationale Verflechtung	Ladenpassagen Stadtsanierung Geschäftszentren
Hohe Preissensibilisierung	Neue Medien Scanning Bildschirmtext Cable-TV			Fachmärkte Ansätze zu Teleshopping

Abb. B.III.3.01: Einflußfaktoren auf die Einzelhandelsdynamik

Quelle: Tietz 1985, S. 1326

Verbundgruppen oder auch Filialisten sind in besonderem Maße geeignet, sich diesen Entwicklungen anzupassen, weil durch die Zusammenarbeit der rechtlich selbständigen Unternehmen auf bestimmten Kooperationsfeldern eine effiziente Umstrukturierung der Aktivitäten erfolgen kann. Im Idealfall kann die Kooperation auf allen unternehmenspolitischen Ebenen erfolgen.

B.IV Informations- und Kommunikationsströme im Handel

B.IV.1 Bedeutung des Faktors Information

Nachdem unsere Gesellschaft 500 Jahre brauchte, um den Sprung von der mittelalterlichen Agrargesellschaft zur Industriegesellschaft zu bewältigen, vollzieht sich gegenwärtig in viel kürzerer Zeit der Wandel von der Industriegesellschaft zur Informationsgesellschaft. Das ist eine Gesellschaft, in der das Anbieten von Information ein wesentlicher Erwerbszweig ist, in der der Informationskonsum einen großen Teil des Konsums ausmacht (vgl. Kroeber-Riel 1987b, S. 257; zur Informationsgesellschaft vgl. auch Naisbitt 1984, S. 24; Kroeber-Riel 1988, S. 3).

Auslösender Faktor ist die rasante Entwicklung in der Mikroelektronik, die den Schritt in das Informationszeitalter erst ermöglicht. Der Computer gilt als augenfälligster Indikator für die Informationsgesellschaft, weil durch ihn die Möglichkeiten, Daten zu erfassen, zu speichern, aufzubereiten, abzufragen, weiterzugeben und letztendlich zu Informationen zusammenzusetzen, erheblich gestiegen sind.

Auch Meffert sieht in den neuen Informationstechnologien alle Voraussetzungen erfüllt, um von einer Schlüsseltechnologie zu sprechen:

"-   ein breites Anwendungsfeld, d.h. sie haben Einfluß auf eine große Zahl von Individuen, Branchen und Nationen;

-    ein großes Potential anwendungstechnischer Möglichkeiten, d.h. sie bilden eine breite Grundlage für technologische Weiterentwicklungen;

-    tiefgreifende soziale Entwicklungen, d.h. sie führen zu einer nachhaltigen Beeinflussung der sozialen Strukturen, Verhaltensweisen und Normen;

-    Produktivitätssteigerung und Schaffung neuer Absatzmärkte, d.h. sie bringen eine nachhaltige Verbesserung von Kosten-Nutzen-Relationen mit sich" (Meffert 1984, S. 461).

Grundlegend für die Bewertung der neuen Informationstechnologie als Schlüsseltechnologie ist jedoch der Stellenwert der Information selbst. Ihr wird mehr und mehr die Stellung des 4. Produktionsfaktors beigemessen. Dies hat zur Folge, daß zur klassischen Dreiteilung der Produktionssektoren in Landwirtschaft, produzierendes Gewerbe und Dienstleistungen ein vierter Sektor in Form der Informationsbetriebe hinzukommt.

Eine weitere strukturverändernde Auswirkung der Verfügbarkeit von Information für die Wirtschaft wird darin bestehen, daß zeitliche und räumliche Dimensionen "viel von ihrer Barrierewirkung" (Späth 1985, S. 70) verlieren, was zu einer Internationalisierung, Entmaterialisierung und Parallelisierung des Informationsflusses führen wird.

Harper hat den Stellenwert der Information wie folgt formuliert: "To manage a business well is to manage its future; and to manage its future is to manage information" (Harper 1961, S. 1).

Die Bedeutung des Faktors Information im Handel wird durch den Konzentrationsprozeß der letzten Jahre verstärkt. Im Wettbewerb wird sich das Unternehmen behaupten können, das frühzeitig Entwicklungen seiner Umwelt und damit Risiken und Chancen erkennt und entsprechende Aktionen oder Reaktionen durchsetzt.

Einen weiteren Vorteil kann man durch ein präzises Wissen um die Wirkungszusammenhänge der eigenen Unternehmensgrößen erlangen, da es sich um kontrollierbare Einflußgrößen handelt. Voraussetzung dafür ist allerdings eine ausreichende Ausstattung der Entscheidungsträger mit den relevanten Daten. Sie kann nur durch ein Informationssystem geschaffen werden, denn "je komplexer die Unternehmung selbst wird, umso schwieriger gestaltet sich der Versuch, die innerbetrieblichen Leistungs- und Informationsbeziehungen mit den sie umgebenden Entscheidungs- und Kontrollsystemen zu überblicken" (Szyperski, Nathusius 1975, S. 164).

B.IV.2 Definitionsproblematik

Die Informationstheorie verwendet eine sehr breite Basis zur Erklärung des Begriffes Information. Meffert (vgl. Meffert 1975, S. 2) definiert Information als "jedes Zeichen oder Signal, das die Organisation für Steuerung und Regelung ihrer Tätigkeiten verwenden kann". Die Information unterscheidet sich damit durch ihre Zweckorientierung von einer Nachricht und einem Signal.

In bezug auf die Funktion in einer Unternehmung könnte man Information als "zweckorientiertes Wissen" bezeichnen, das einen Entscheidungsträger mit großer Wahrscheinlichkeit beeinflußt.

Eine Schwierigkeit der Begriffsbestimmung des Faktors Information liegt auch in der Tatsache begründet, daß der Informationsbegriff oftmals nur formal erfaßt wird, was für eine betriebswirtschaftliche Definition wenig geeignet scheint.

Eine zweite Schwierigkeit liegt in der Problematik der Abgrenzung zwischen Information und Kommunikation sowie in der Interdependenz mit dem Begriff der betriebswirtschaftlichen Entscheidung (vgl. zu dem Problem der Begriffsbestimmung, Scheer 1978, S. 157 - 159; Mohn 1973, S. 14 - 16; Deutschmann 1982, S. 46 - 53; Steinbrink 1976, S. 41 - 45). Die Begriffe Information und Kommunikation werden in der Literatur, wenn überhaupt, sehr unterschiedlich definiert.

Information entsteht aus Kommunikation; Information ist ein Teilbereich der Kommunikation (auf den informationstheoretischen Hintergrund soll in dieser Arbeit nicht weiter eingegangen werden, der interessierte Leser wird auf folgende Literatur verwiesen: Wittmann 1959, S. 14; Scheer 1978, S. 21 - 22; Steinbrink 1976, S. 12 - 84; Shannon, Weaver 1962).

Kommunikation umfaßt Informationsübertragung im weitesten Sinne. Damit ist Informationsübertragung innerhalb des menschlichen Organismus ebenso gemeint, wie die hier interessierenden Übertragungen von Mensch zu Mensch, Mensch zu Maschine und Maschine zu Maschine.

Voraussetzung für eine erfolgreiche Kommunikation ist, daß Sender und Empfänger die gleiche Sprache, den gleichen Code oder einen gemeinsamen Zeichenvorrat nutzen. Ferner hat dies Einfluß auf die Kommunikationsart (Form, Inhalt und Häufigkeit) sowie auf das Kommunikationsmedium (vgl. Gablers Wirtschaftslexikon 1984a, Sp. 2422).

Ein weiteres Problem besteht darin, den **Datenbegriff** gegen Information abzugrenzen:

Hansen (vgl. Hansen 1981, S. 72) bezeichnet als Daten Zeichen oder kontinuierliche Funktionen, die zum Zweck der maschinellen Verarbeitung Informationen aufgrund bekannter oder unterstellter Abmachungen darstellen.

Unter Verarbeitungsaspekten lassen sie sich nach folgenden Kriterien einteilen, die in Abbildung B.IV.2.01 dargestellt sind.

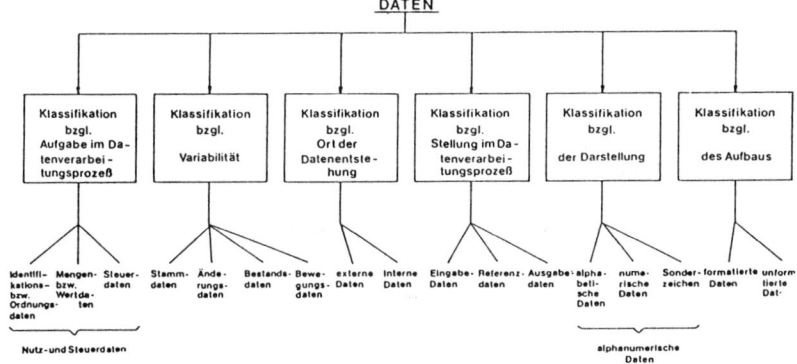

Abb. B.IV.2.01: Überblick über die Klassifikation von Daten
          Quelle: Hansen 1981, S. 72

Informationsbegriff und Datenbegriff weisen auch dahingehend Interdependenzen auf, daß zwischen formatierten und unformatierten Daten unterschieden werden kann. Formatierte Daten haben einen fest vereinbarten Aufbau, der für unformatierte Daten nicht vorgeschrieben ist (vgl. Hansen 1981, S. 76).

Zur Systematisierung der Begriffe Information, Kommunikation und Daten können folgende Fälle unterschieden werden:

Fall A: **unidirektionale (einseitig gerichtete) Informationen**

Sie haben häufig Weisungscharakter und liegen häufig in Form von Handlungsanweisungen der Ablauforganisation vor, die schriftlich fixiert sind (Dokumente).

Fall B: bidirektional ausgetauschte Informationen und Kommunikation mit unstrukturiertem Charakter

Sie können mündlich, fernmündlich, schriftlich oder auch EDV-gestützt ausgetauscht werden und unterliegen keinen festgelegten Regeln.

Fall C: bidirektional austauschbare Informationen und Kommunikation mit strukturiertem Charakter (Datenaustausch)

Dieses dritte Kriterium betrifft alle Datenerfassungsvorgänge, die an eine verarbeitende Stelle in schriftlicher (Formulare) oder EDV-gestützter Form (Masken) gemeldet bzw. übertragen werden. Häufig erhält die Quelle eine Rückmeldung (vgl. Abbildung B.IV.2.02).

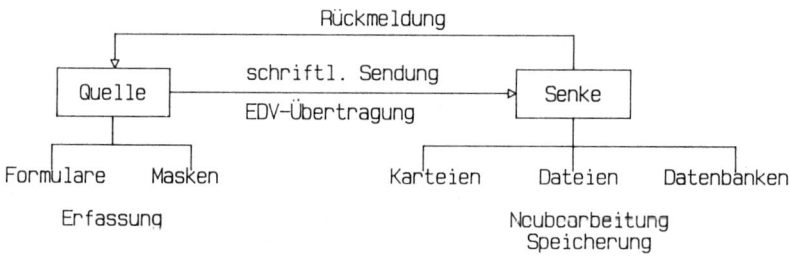

Abb. B.IV.2.02: Vereinfachtes Prinzip des strukturierten Informationsaustauschs

B.IV.3 Informationsmanagement

Die zentrale Bedeutung der Information und die begrenzte Fähigkeit des Menschen, große Datenmengen zu verarbeiten, begründen die Forderung nach einer intensiven Betreuung dieses Faktors. Dies hat zur Entstehung des **Informationsmanagements** geführt, dessen Inhalt die Bewirtschaftung von Informationen ist. Man unterscheidet folgende Bereiche (vgl. Hübner 1984, S. 12):

- die Informations-Bedarfsplanung,
- das Informations-Ressourcen-Management und
- das Informations-System-Management.

Innerhalb der Informationsbedarfsplanung erfolgt eine Analyse des informatorischen Ist-Zustandes eines Unternehmens. Unter Berücksichtigung der vorhandenen Mängel wird dann ein Plan erstellt, der mögliche Bedarfe des Gesamtunternehmens und seiner Teilbereiche enthält. Ein wichtiger Punkt ist z.B. die Festlegung, in welchem Umfang interne und externe Daten benötigt werden. Er stellt u.a. eine Vorgabe dar, wie die Gestaltung eines rechnergestützten Informationssystems vorzunehmen sein wird.

Das wesentliche Kriterium für die Unterteilung in interne und externe Informationen ist die Beeinflußbarkeit der Daten durch das Unternehmen. Die innerbetrieblichen Daten stellen zumeist kontrollierbare Einflußgrößen dar, die in der Regel vom Unternehmen selbst erfaßt werden. Der EDV-Einsatz begann daher in diesem Bereich - in Form des Rechnungswesens - und ist in der Entwicklung weiter fortgeschritten als die Bearbeitung externer Daten. Die außerbetrieblichen Daten entziehen sich der Kontrolle des Unternehmens. Es handelt sich dabei um gegebene Umweltbedingungen und Veränderungen in der Umwelt. Ihre Gewinnung ist bisher erheblich schwieriger und aufwendiger als die interner Informationen. Die neuen Informations- und Kommunikationstechnologien bieten hier Potentiale zu einer effektiven Nutzung außerbetrieblicher Informationen.

Das Informations-Ressourcen-Management behandelt die Information gleichsam als Produktionsfaktor, wie die Waren, die Betriebsmittel, das Personal. Dabei stellt sich die grundsätzliche Frage, inwieweit eine selbständige Bewirtschaftung erfolgt oder externe Dienste in Anspruch genommen werden. Zu den Aufgaben gehört die Effektivitätskontrolle - d.h. welchen Beitrag der Bereich zum Gesamterfolg oder der Wettbewerbsfähigkeit des Unternehmens liefert - ebenso wie die Bearbeitung der Prozesse Informationsgewinnung, -verarbeitung und -speicherung. Ein zentrales Problem der Informationsgewinnung ist die Verwendung von Primär- und Sekundärdaten. Im Rahmen der Informationsverarbeitung werden die Transformationsprozesse unter Berücksichtigung verschiedener Aufgabenstellungen festgelegt. Die Informationsspeicherung beinhaltet die Gestaltung der Datenlagerung, die hinsichtlich der Aspekte Kostengünstigkeit, Flexibilität, Zugriffsfreundlichkeit u.a. zu optimieren ist.

Die Aufgabe des Informations-System-Management ist die benutzerfreundliche Gestaltung des Systems. Die Kenntnis der Benutzeranforderungen ist eine elementare Voraussetzung für den Entwurf und die erfolgreiche Realisierung von Informationssystemen, die zunehmend strategische und dispositive Komponenten enthalten. "Benutzeranforderungen sind sämtliche Anforderungen an die Qualität und die Quantität der Ausgabedaten und daraus abgeleitet an die Verarbeitungsprozesse und die Eingabedaten" (Splettstößer 1977, S. 26). Zusätzlich kann die Analysephase der Informations-Bedarfsplanung unterstützt werden, da die Benutzerwünsche aus der Kenntnis dieses Zustands und dessen Schwachstellen resultieren.

Zusammenfassend läßt sich die Aufgabe des Informationsmanagements damit beschreiben, die richtige Information in der richtigen Aufbereitung zum richtigen Zeitpunkt dem richtigen Mitarbeiter zur Verfügung zu stellen (vgl. Kirchner, Zentes 1984, S. 16). "Ziel des strategischen Informationsmanagements ist es, das Informationswesen bewußt als Instrument des Wettbewerbs einzusetzen. Diese Zielsetzung geht weit über die bisher vorherrschenden Bemühungen hinaus, EDV-Systeme zur Beschleunigung von Informationsverarbeitungsprozessen und als Instrument der Rationalisierung einzusetzen" (Hübner 1984, S. 11).

B.IV.4 Informations- und Kommunikationsströme in der Warenwirtschaft

Die in Abschnitt 2 dieses Kapitels vorgenommene Klassifikation für Informationsaustauschbeziehungen im Handel läßt sich für die Vorgänge in der Warenwirtschaft verfeinern.

In Kapitel B.I.ff. sowie in Kapitel B.II.2 wurden bereits die Warenwirtschaft sowie ihre Bedeutung für die Unternehmenspolitik diskutiert. Dabei wurde untersucht, welche Aufgaben in der Warenwirtschaft anfallen und wie sie bewältigt werden können.

Gleichzeitig wurde herausgestellt, daß mit den physischen Aktivitäten ein Informationsfluß verbunden ist. Je exakter die warenwirtschaftlichen Informationen erfaßt, verarbeitet und gespeichert werden können, desto besser können auch die warenwirtschaftlichen Aktivitäten auf der physischen Ebene durchgeführt werden.

Mit anderen Worten ist das Management der Warenwirtschaft vom Management der warenwirtschaftlichen sowie der damit in Verbindung stehenden unternehmensspezifischen Informationen abhängig.

Daher ist es Ziel der bisherigen Ausführungen gewesen, den Faktor Information zu charakterisieren und im Umfeld relevanter Begriffe zu systematisieren. Bezieht man nun die in diesem Kapitel bereits erzielten Ergebnisse über den Faktor Information auf die warenwirtschaftlichen Informationen, so erhält man ein Grundmodell der Kommunikation für die Warenwirtschaft in einer Verbundgruppe, wie es in Abbildung B.IV.4.01 dargestellt ist.

Zur Vereinfachung der Darstellung wurde angenommen, daß die physische Warenwirtschaft aus den Aktivitätenbündeln:

- Wareneingang,
- innerbetrieblicher Transport,
- Lagerbewirtschaftung (inkl. Lagermanipulation),
- Warenausgang.

besteht.

Ferner unterstellt das Modell, daß physische (operative) Warenwirtschaft Bestandteil der Technologiepolitik und damit von den Entscheidungen der übergeordneten Ebenen Handelsprogramm und Management (dispositive und strategische Ebenen) abhängig ist.

Die Abbildung B.IV.4.01 zeigt, welche drei Typen von Informations- und Kommunikationsbeziehungen bei der Abwicklung der Warenwirtschaft innerhalb einer Verbundgruppe des Handels herausgearbeitet werden können. Dabei kommt es nicht auf die Vollständigkeit aller bestehenden Informations- und Kommunikationsströme an, sondern vielmehr darauf, daß gezeigt wird, daß mehrere Typen von Informations- und Kommunikationsbeziehungen im Gesamtgebilde Verbundgruppe bestehen.

Ebenso ist herauszustellen, daß die Informations- und Kommunikationsbeziehungen grundsätzlich zwischen allen Einheiten der Unternehmen bestehen können und auch externe Marktpartner an den Informations- und Kommunikationsprozessen beteiligt sind.

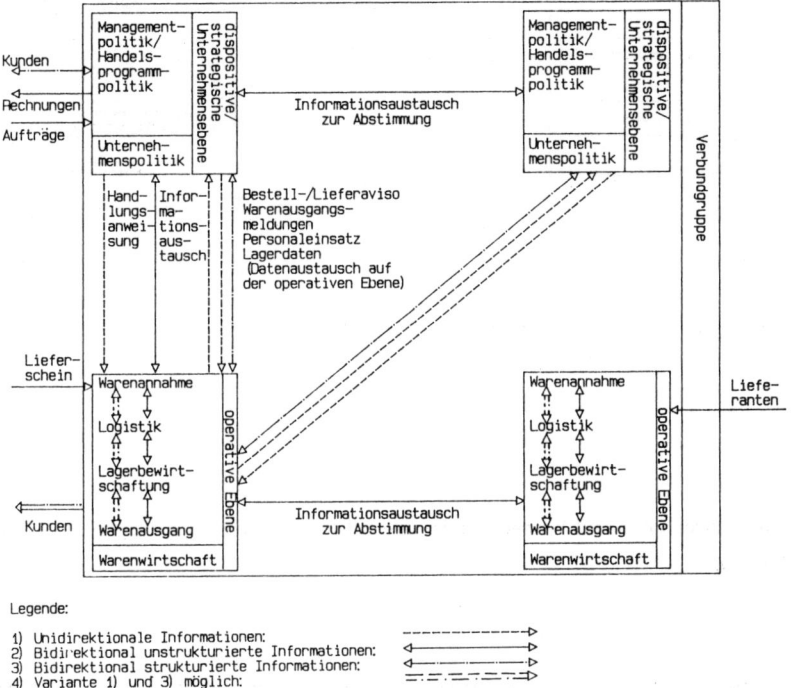

Abb. B.IV.4.01: Informations- und Kommunikationsmodell für die Warenwirtschaft in einer Verbundgruppe

B.IV.5 Informations- und Kommunikationsströme in der Unternehmenspolitik

Die Informations- und Kommunikationsströme in der Unternehmenspolitik sind in hohem Maße vom Zentralisationsgrad der Organisationsstruktur sowie der Organisationsform beeinflußt (die Organisationsformen des Handels sollen nicht weiter ausgeführt werden. Typische Organisationsformen des Handels, wie z.B. Matrixorganisation als Regional- oder Betriebstypenkonzept sind in der einschlägigen Fachliteratur dargestellt. Der interessierte Leser sei auf folgende Stellen in der Literatur verwiesen: Tietz 1976, S. 597 ff.; Bidlingmayer 1973).

Um die Informations- und Kommunikationsprozesse in der Unternehmenspolitik darzustellen, läßt sich Abbildung B.IV.4.01 aus dem vorangehenden Abschnitt B.IV.4 erweitern.

Abbildung B.IV.5.01 zeigt das erweiterte Informations- und Kommunikationsmodell für die gesamte Unternehmenspolitik.

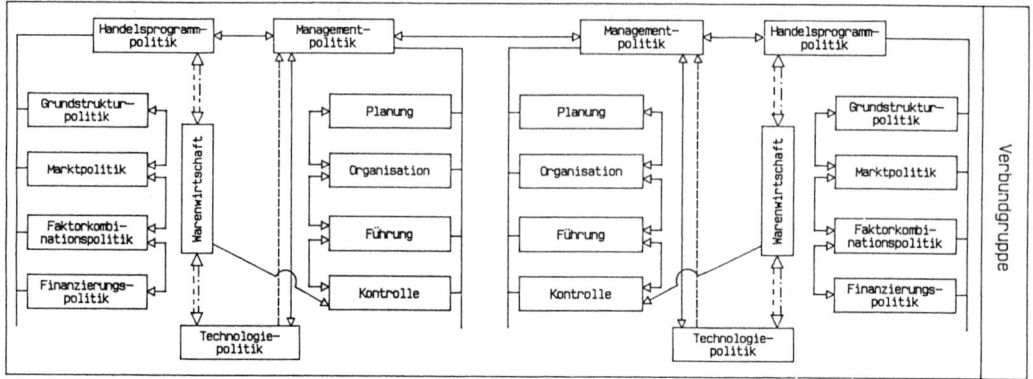

Abb. B.IV.5.01: Erweitertes Informations- und Kommunikationsmodell für die Unternehmenspolitik in einer Verbundgruppe

Die Erweiterung des Grundmodells besteht darin, daß zwischen den dispositiven/strategischen Einheiten der Unternehmenspolitik ebenfalls Informations- und Kommunikationsprozesse stattfinden und diese mit den korrespondierenden Einheiten innerhalb der Mitglieder der Verbundgruppe abgestimmt werden müssen.

Unidirektional ausgerichtete Informationen zwischen den dispositiven/strategischen Einheiten sind z.B. Sitzungsprotokolle, die in einen Verteiler eingestellt werden, unternehmens- oder betriebsinterne Arbeitspapiere mit oder ohne Weisungscharakter, Berichte aus Verkaufs-, -beratungsgesprächen etc. Im Bereich des Informations- und Kommunikationsaustauschs zwischen Verbundgruppe und externen Partnern im Markt sind zusätzlich alle Informationen zu nennen, die von externen Institutionen zur Verbesserung der Information der Verbundgruppe bei Entscheidungen in der Verbundgruppe dienen (z.B. Informationen von Marktforschungsinstituten, anderen Informationsanbietern).

Bidirektional unstrukturierte Informationen sind alle Informations- und Kommunikationsströme innerhalb von Verbundgruppen, bei denen mündlich, fernmündlich oder auch schriftlich Nachrichten ausgetauscht werden.

Die Betonung liegt dabei auf dem interaktiven Austausch von Information und Kommunikation, die keinen formellen im Unternehmen (in der Verbundgruppe) festgeschriebenen Regeln unterworfen sind.

Bidirektional strukturierte Information (Datenkommunikation) betrifft alle Instanzen, Fachabteilungen oder Stellen der dispositiven und strategischen Ebenen der Unternehmenspolitik, die mit dem Erstellen, Ändern oder Verarbeiten von formatgebundenen Listen befaßt sind.

Die Möglichkeit, daß erstellte Listen geändert und an den Erstellenden in aktualisierter Form zurückgegeben werden können, wird durch den bidirektionalen Charakter der Datenkommunikation ausgedrückt.

Ein Beispiel ist die Zusendung eines Lieferavisos durch eine dispositive Ebene an die operative Ebene, die bei der Warenannahme die qualitative und quantitative Prüfung der Waren durchführen wird. Nach dieser Aktivität muß der tatsächliche Wareneingang an die dispositive Stellen zurückgemeldet werden.

Die Betrachtung der Informations- und Kommunikationsströme in der Warenwirtschaft sowie der gesamten Unternehmenspolitik und deren Systematisierung bildet die Basis für die Planung von zieladäquaten Informations- und Kommunikationssystemen.

B.V Realisierung der Informations- und Kommunikationsströme durch Informations- und Kommunikationssysteme im Handel

B.V.1 Informations- und Kommunikationssysteme

Im wissenschaftlichen Sprachgebrauch werden als **Systeme** die unterschiedlichsten Tatbestände bezeichnet. Unter einem System im Sinne der Kybernetik und der Systemtheorie ist eine Menge von geordneten Elementen zu verstehen, die bestimmte Eigenschaften besitzen und durch Relationen miteinander verknüpft sind. Die Art und Menge dieser Relationen bestimmen die Struktur bzw. die Organisation des Systems (vgl. Gablers Wirtschaftslexikon 1984b, Sp. 1540).

Das System stellt eine bestimmte Betrachtungsweise dar, zu der es über- und untergeordnete Ebenen gibt. Eine höhere Ebene ist beispielsweise ein Über- oder Metasystem, untergeordnete Ebenen sind Subsysteme und Elemente. Diese können allerdings wiederum als "System" betrachtet werden, womit eine detailliertere Betrachtung eines komplexen Problems ermöglicht wird.

Auf die Wirtschaftswissenschaften übertragen, kann z.B. ein Unternehmen als System aufgefaßt werden, das aus mehreren verbundenen Elementen, den verschiedenen Unternehmensbereichen besteht. Die Teilbereiche können jedoch zur genaueren Betrachtung und Analyse selbst als System betrachtet werden.

Allgemein kann ein **Informationssystem** als ein systematisch geordnetes Netz informationeller Beziehungen verstanden werden, das zwischen den Elementen:

- Mensch (als Benutzer),
- informationsverarbeitenden Maschinen,
- Daten und
- Methoden (Programme)

mit dem Ziel etabliert wird, den Informationsbedarf der Beteiligten zu decken (vgl. Koreimann 1973, S. 53). Nach Lutz spricht man von einem **Kommunikationssystem**, wenn die Kommunikationsprozesse formalisiert sind (vgl. Lutz 1977, S. 14 - 15).

Ein Informationssystem ist also der formale Teil des gesamten betrieblichen Kommunikationssystems. Enger eingegrenzt ist ein Informationssystem in einem Unternehmen als Summe aller geregelten und ungeregelten betriebsinternen und -externen Informationsbeziehungen zu verstehen sowie als deren technisch und organisatorische Einrichtungen zur Informationsgewinnung und -verarbeitung (vgl. Gablers Wirtschaftslexikon 1984a, Sp. 2153).

Damit nimmt das Informationssystem Einfluß auf verschiedene Bereiche der Unternehmung, da es den Informationsfluß, die Informationswege und entsprechende Voraussetzungen organisatorischer und technischer Einrichtungen bedingt.

Die Aufgabe eines Informationssystems besteht in der rechtzeitigen Versorgung der Entscheidungsträger mit allen notwendigen und relevanten Informationen.

Ist das Kommunikationssystem so weit formalisiert, daß der Nachrichtenaustausch zwischen verschiedenen Computern oder zwischen den verschiedenen Elementen eines Computers stattfindet, so spricht Lutz von einem computerorientierten Informationssystem (CIS). Vom Kommunikationssystem zum CIS findet als eine zunehmende Formalisierung statt. Wenn im folgenden von Kommunikations- oder Informationssystemen gesprochen wird, so sind dabei computerunterstützte Systeme gemeint (vgl. Scheer 1978, S. 21 ff., s. auch S. 157 ff.).

B.V.2 Aufbau von Informations- und Kommunikationssystemen

Ein Informationssystem besteht aus Daten-, Modell- und Methodenbank, wie in Abbildung B.V.2.01 dargestellt ist.

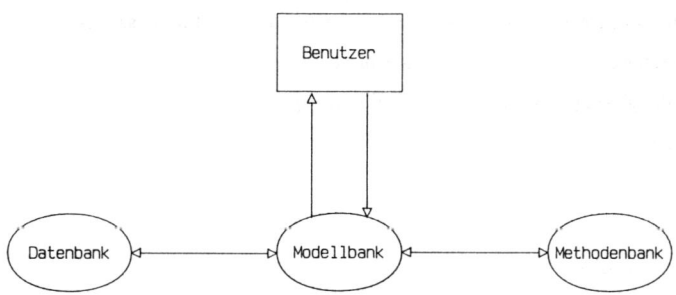

Abb. B.V.2.01:   Aufbau eines Informationssystems

Quelle: Scheer 1978, S. 158

In der Methodenbank sind die verschiedenen Computerprogramme gespeichert, die für betriebswirtschaftliche Planungs- und Entscheidungsprobleme eingesetzt werden können. In der Modellbank sind konkrete Strukturen für betriebswirtschaftliche Modelle erfaßt. Erst das Zusammenwirken der drei Komponenten Daten-, Modell- und Methodenbank ermöglicht die Lösung einer betriebswirtschaftlichen Aufgabe (vgl. Scheer 1978, S. 158).

In der Datenbank sind die benötigten Daten einschließlich ihrer logischen Strukturen abgelegt (vgl. Scheer 1988a, S. 4). Sie übernimmt die redundanzarme Speicherung, die zentrale Verwaltung und Pflege aller betrieblichen Daten. Durch leicht erlernbare Anfragesprachen sind Datenbanksysteme zugänglich (vgl. Scheer 1983, S. 34).

Eine Methodenbank umfaßt die Gesamtheit aller gespeicherten Methoden (Methodenbasis), z.B. Operations-Research-Verfahren wie statistisch-mathematische Datenanalyseverfahren, Netzplantechnik u.a. und deren Beschreibung.

Kriterien für die Benutzerfreundlichkeit von Methodenbanken sind (vgl. Scheer 1983, S. 40):

-   Reichtum der Methodensammlung,

-   Methodendokumentation,

-   Datensicherung und Datenschutz,

-   Interpretationshilfen,

-   Auswahlhilfen.

Die Nutzung von Methodenbanken im Dialog wird durch sogenannte Benutzer- und Planungssprachen vereinfacht.

Die Modellbank beinhaltet die Gesamtheit aller gespeicherten Modelle und deren Beschreibung. Sie gibt Hinweise auf die Art der in das Modell einzubeziehenden Zeitreihen, Modellparameter und geeignete Methoden (vgl. Mertens, Griese 1982, S. 39). Die Modellbank regelt auch die Beziehungen zwischen einzelnen Modellen, denn neben Prognosemodellen sind auch Tourenplanungsmodelle, Lagerhaltungsmodelle und Transportoptimierungsmodelle zur Speicherung zu empfehlen (vgl. Heinzelbecker 1985, S. 77).

Bei dem oben vorgestellten Konzept eines Informationssystems werden Gestaltungsaspekte, wie örtliche und zeitliche Steuerung des Informationsflusses, nicht berücksichtigt.

Die folgende Abbildung B.V.2.02 zeigt eine abweichende Einteilung.

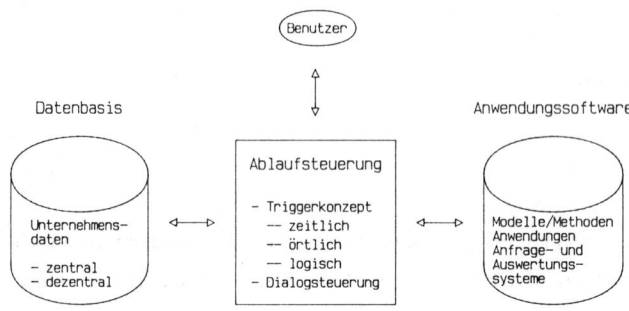

Abb. B.V.2.02:   Computergestütztes Informationssystem

Quelle: Scheer 1987, S. 188 f.

Auf Informations- und Kommunikationssysteme im Handel angewendet bedeutet die in Abbildung B.V.2.02 vorgenommene Einteilung, daß bezüglich der Datenbasis, der Ablaufsteuerung und der Software folgende Verteilung besteht:

Datenbasis:

Sie enthält die Stamm- und Bewegungsdaten, die aus dem informativen Warenfluß resultieren. Diese betreffen fünf Kreisläufe (vgl. Zentes 1983, S. 5):

-   Kasseninformationen,
-   Wareninformationen,
-   Lieferanteninformationen,
-   Personalinformationen (Aktionsdaten),
-   Kundeninformationen.

Weitere wesentliche inhaltliche Bestandteile der Datenbasis sind:

-   Personal (Stammdaten),
-   Betriebsmittel.

Im Idealfall besteht die Datenbasis aus einem Datenbanksystem, wodurch die Forderung nach Datenintegration (vgl. Scheer 1988a, S. 596) erfüllt ist.

Ablaufsteuerung:

In diesem Zusammenhang ist hervorzuheben, daß zur Dialogsteuerung, die im wesentlichen bei Batch-orientierten Betriebssystemen aus dem Transaktions-Monitor (zum Begriff der Transaktion vgl. Endres 1983, S. 552 f.) zur Steuerung der online-Dialoge besteht, die Kommunikationskomponente bei Verbundgruppen oder verteilten Systemen hinzutritt. Sie hat die Aufgabe, die logische Verbindung zwischen der System-Anwendungssoftware und dem Daten(fern)übertragungsnetz zu regeln.

Anwendungssoftware:

Typische Anwendungssoftware bei modernen EDV-Systemen des Handels sind das WWS sowie Buchhaltungs- und Abrechnungssysteme in der Kreditoren-/Debitorenbuchführung.

B.V.3 Bedeutung der Informations- und Kommunikationssysteme für die Unternehmenspolitik im Handel

Das Konzept der Informationssysteme ist aus dem Zwang zum Durchdenken komplexer Informations- und Kommunikationsströme entstanden. Der innovative Charakter dieses Konzepts beruht mehr auf einem veränderten Problembewußtsein als darauf, daß es bisher keine strukturierten Informationen gegeben hat. Alle formalisierten und formatgebundenen technologischen Hilfsmittel der Unternehmenssteuerung sind zugleich auch Gegenstand der Informationssysteme.

Ziel der Informationssysteme ist eine Informations- und Kommunikationsoptimierung. Jede Stelle und Abteilung des Unternehmens soll die Informationen erhalten, die sie benötigt, um ihre Sachaufgaben zielgerecht erfüllen zu können. Informationen ermöglichen und stützen die Aktivitäten in der Leistungsprogramm-, Management- und Technologieebene (vgl. Tietz 1978, S. 425).

Abbildung B.V.3.01 zeigt die Beziehungen zwischen Unternehmenspolitik und Informationssystemen.

Die Bedeutung der Informationssysteme für die Unternehmenspolitik ist vielschichtig.

Einerseits sind Informationen eine Technologie für alle unternehmerischen Phänomene, andererseits wird durch die Steuerung der Information eine Beeinflussung von Daten, Zielen und Instrumenten erreicht. Somit hat das Informationssystem auch unternehmenspolitische Wirkung (vgl. Tietz 1976, S. 925).

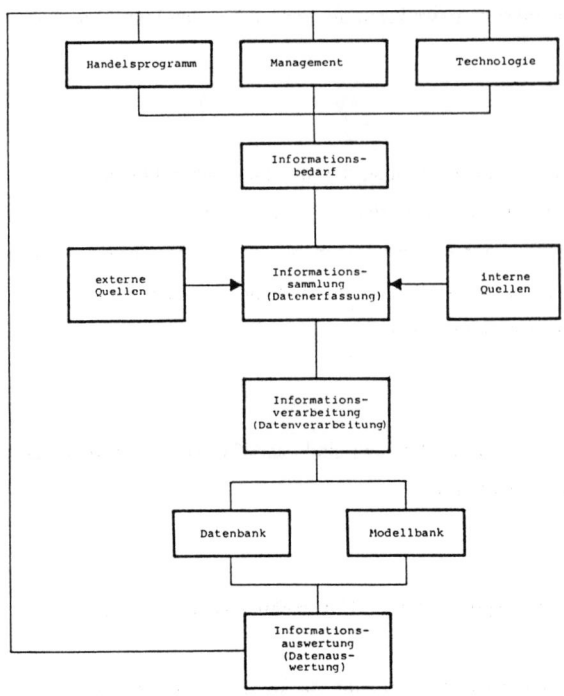

Abb. B.V.3.01: Beziehungen zwischen Unternehmenspolitik und Informationssystemen

Quelle: Tietz 1976, S. 926

An Beispielen aus der Technologiepolitik und der Managementpolitik wird im folgenden gezeigt, welche Funktionen Informations- und Kommunikationssysteme in der Unternehmenspolitik wahrnehmen.

Die Technologiepolitik hat die Aufgabe, die Informations- und Kommunikationssysteme zu realisieren. Im Rahmen der Technologiepolitik muß darüber entschieden werden, welche Technologien ausgewählt werden und wie sie miteinander verknüpft werden.

Die Entscheidungssituation in der Technologiepolitik ist gekennzeichnet durch die Daten der Grundstruktur-politik, wie Betriebsgröße, Zahl der Handelsstufen, Rechtsform, Kapitalbasis u.a.

Weiterhin sind auch die Anforderungen und Möglichkeiten des Einsatzes neuer Informations- und Kommuni-kationstechnologien in der Leistungsprogrammpolitik und der Managementpolitik zu beachten.

Nicht zuletzt müssen auch die finanziellen Gegebenheiten berücksichtigt werden.

Ziel der Technologiepolitik soll sein, die neuen Informations- und Kommunikationstechnologien so einzusetzen, daß die Markt- und Managementziele erfüllt werden können, ohne daß eine Über- oder Unterinformation der am Informations- und Kommunikationsprozeß des Unternehmens beteiligten Organisationseinheiten, wie Fachabteilungen oder Stellen, entsteht.

Ergebnis der Technologiepolitik soll ein funktionierendes Informations- und Kommunikationssystem sein, welches:

1. formale und informale Informations- und Kommunikationsströme innerhalb des Unternehmens realisieren und

2. die operativen, dispositiven und strategischen Organisationseinheiten mit den für sie relevanten Informationen versorgen kann.

Darüber hinaus müssen neben den Anforderungen aus handelsbetrieblicher Sicht auch EDV-orientierte Forderungen, wie redundanzarme Datenspeicherung, Datensicherheit, Organisation der Zugriffsberechtigung, Aktualität der Daten u.a., erfüllt sein.

Die Managementpolitik hat die Aufgabe, das Unternehmensgeschehen zu planen, zu organisieren, durchzuführen und zu kontrollieren.

Eine wichtige Entwicklung in der Managementpolitik ist die Aufgabe des Informationsmanagements (vgl. Abschnitt B.IV.3), welche auch mit dem Begriff Informationslogistik beschrieben wird.

Informationslogistik integriert die Zielgruppen der Information in ein zusammenhängendes System. Gleichbedeutend mit der Weiterleitung von Informationen ist die Abwicklung von daran anschließenden Transaktionen, wie Zahlungsverkehr, Bestellabwicklung u.a.

Anders ausgedrückt beantwortet und stellt Informationslogistik die Frage, welcher durchschnittliche Informationsbestand bei den eigenen Mitarbeiter, bei den Partnern im Markt, also insbesondere beim Handel, beim Verbraucher oder sonstigen Zielgruppen aufrechterhalten werden muß, um Interesse für das Unternehmen zu erwecken oder um Kaufbereitschaft zu entfachen, wachzuhalten und letztendlich in Orders umzuwandeln.

Die Steuerung und Kontrolle des Informationsbestandes bei den absatzentscheidenden Zielgruppen ist gleichzeitig eine der wesentlichsten und sträflichst vernachlässigten Managementdisziplinen (vgl. Keysselitz 1981, S. 411).

Der strategische Wert von Information und Kommunikation auf der Managementebene kommt aus zwei Richtungen (vgl. Groß 1985, S. 41):

-   dem richtigen Einschätzen und gezielten Erfüllen der wettbewerbskritischen Erfolgsfaktoren und
-   der genauen Kenntnis und der zielgerichteten Beeinflussung des Leistungserstellungsapparats.

Die Komplexität der Probleme, die das Informationsmanagement zu lösen hat, soll am Beispiel der WWS verdeutlicht werden.

Innerhalb der Unternehmenshierarchie kann man verschiedene Ebenen unterscheiden. Wesentliches Kriterium ist die Entscheidungskompetenz, d.h. die sachliche und fachliche Zuständigkeit. Im Rahmen dieser Arbeit beschränkt sich die Einteilung der Organisationsstruktur in vertikaler Richtung auf (vgl. Tietz 1976, S. 138):

-      das Low-Management,
-      das Middle-Management und
-      das Top-Management.

Das Low-Management arbeitet in erster Linie auf der operativen Ebene des Unternehmens. Für ein Handelsunternehmen bedeutet dies eine Konzentration auf die Bereiche der Warenwirtschaft. Die schon erwähnten Beziehungen zwischen Managementebenen und den Phasen des Managementprozesses Planung, Organisation, Durchführung und Kontrolle kann man in der Darstellungsform einer Matrix beschreiben (vgl. Abbildung B.V.3.02). Dabei lassen sich Gewichtungen vornehmen, die die unterschiedlichen Anteile der einzelnen Phasen am Managementprozeß der jeweiligen Ebene zum Ausdruck bringen. So betätigt sich das Low-Management in großem Umfang in der Durchführungsphase und in der Kontrollphase. Die Planung hat in den Bereichen Bestellwesen, Wareneingang, Lagerhaltung und Warenausgang weniger Bedeutung und ist in der Hauptsache auf kurzfristige Abläufe beschränkt. Die Konzeption findet auf dieser Ebene keine Anwendung.

	Low-Management	Middle-Management	Top-Management
Planung	gering	stark	stark
Organisation	gering	mittel	stark
Durchführung	stark	gering	gering
Kontrolle	stark	stark	stark

Abb. B.V.3.02: Einflußfaktoren der Managementebenen auf die Phasen des Managementprozesses

Das Middle-Management ist bestimmt durch den funktional orientierten, dispositiven Bereich. Hier werden die Aktivitäten zur Planerfüllung festgelegt. Die Planungsphase und die Kontrollphase besitzen etwa gleiche Bedeutung, die Durchführungsphase nimmt dagegen einen geringeren Umfang ein. Die Planung umfaßt vor allem den mittelfristigen Horizont, reicht aber zum Teil schon in den langfristigen hinein. Die Konzeption findet höchstens in der Form Berücksichtigung, daß diese Ebene an der Erarbeitung beteiligt wird. Die Entscheidung selbst bleibt bei der Unternehmensführung.

Die Aufgabe der Unternehmensführung übernimmt das Top-Management. Alle betrieblichen Abläufe müssen hier koordiniert werden. Die Konzeption ist der vorherrschende Tätigkeitsbereich, dem die Kontrolle folgt. Die

Planung wird weitestgehend delegiert, wobei sich der verbleibende Rest auf langfristige Aufgaben beschränkt. Die Durchführungsphase ist auf dieser Ebene von untergeordneter Bedeutung.

Aus den bisherigen Ausführungen wird ersichtlich, daß der Informationsbedarf der einzelnen Ebenen sehr unterschiedlich sein muß, da die Aufgaben und Arbeitsschwerpunkte in verschiedenen Bereichen liegen. Ein Informationssystem in der Warenwirtschaft, das alle Ebenen mit den notwendigen Daten versorgt, muß dementsprechend komplexen Anforderungen genügen.

B.V.4 Struktur der Informations- und Kommunikationssysteme

Um heute im Markt bestehen zu können, müssen Handelsunternehmen in der Lage sein, flexibel auf die Veränderungen des Marktes zu reagieren (vgl. Wiemann 1986, S. 112).

Um effiziente Entscheidungen im Unternehmen treffen zu können, muß das Management allerdings auch zuverlässige Informationen über alle relevanten

- externen Daten (Marktdaten) und
- internen Daten (Unternehmens-/Verbundgruppendaten)

besitzen (Informationstransparenz). Die Idealvorstellung eines Unternehmens im Handel auf die Zielsetzungen eines Informationssystems sei an dieser Stelle kurz wiedergegeben: "Am besten wäre ein Informationssystem, welches alle Unternehmensbereiche, Führungs- und Entscheidungsebenen umfaßt" (Groß-Blotekamp 1980, S. 230).

Diese allgemeine Zielsetzung umfaßt viele Teilziele, die erreicht werden müssen:

- Es soll eine verbesserte Informationsgewinnung ermöglicht werden.
- Es soll die Datenerfassung einheitlich gestaltet werden.
- Durch weniger Mehrfacherfassungen und damit geringeren Datenredundanzen sollen Rationalisierungserfolge erzielt werden.
- Die ungesteuerte Informationsflut und sogenannte "Datenfriedhöfe" muß abgebaut werden.
- Es ist wünschenswert, die Teilziele in der Form zu errichten, daß keine "Insellösungen" entstehen (vgl. Heinzelbecker 1985, S. 99 ff.).
- Unter dem EDV-Aspekt sei als Zielsetzung eine verbesserte Benutzerfreundlichkeit gefordert.

Sowohl in der Literatur wie auch in der Praxis wird darauf hingewiesen, daß die EDV ein wichtiges Instrument für Controlling (vgl. Horvath 1986, S. 81), Kostenrechnung und auch Warenwirtschaft ist. Ferner kommt eine sinnvolle Gestaltung von Informationssystemen heute ohne EDV-Unterstützung kaum aus (vgl. Meffert 1975, S. V; Heinzelbecker 1974, S. 39).

Von daher ist es wichtig zu sehen, in welchen Bereichen und in welchem Maß die EDV in dem jeweiligen Unternehmen eingesetzt wird. Dabei müssen die Kapazitäten von Hard- und Software berücksichtigt werden.

Dieser Grundforderung konnte aufgrund ihrer darüber stehenden Komplexität bisher kaum Rechnung getragen werden. Es gibt zwar viele Handelsunternehmen, die inzwischen den Stellenwert entscheidungsrelevanter Informationen und damit die Notwendigkeit eines geeigneten Informationssystems erkannt haben. Oft reichen nämlich die isoliert betrachteten Zahlen des Rechnungswesens für die Informationsversorgung der strategischen und taktischen Unternehmensplanung und Unternehmensführung nicht mehr aus (vgl. Glaser 1975, S. 19).

Den existierenden Informationssystemen in den Unternehmen fehlt jedoch vielfach die Verzahnung und Bindung untereinander (vgl. Tietz 1978, S. 427). Äußerungen wie: "Wir zahlen irrsinnig viel Geld, sind modern eingerichtet, mit großer EDV, aber was ich an Informationen bekomme, ist nicht zu gebrauchen ..., dabei liegen Computerunterlagen stapel- und zentnerweise herum, die niemand anschaut, da nichts drinsteht, was gebraucht wird, um den Betrieb zu steuern" (Groß-Blotekamp 1980, S. 230), zeugen von einem fehlgesteuerten Informationssystem.

B.V.4.1 Typisierung der Informations- und Kommunikationssysteme

Die im Abschnitt IV vorgenommene Systematisierung der Informations- und Kommunikationsströme im Handel hat gezeigt, daß neben inhaltlichen Unterschieden auch formale Unterschiede in den Informations- und Kommunikationsbeziehungen bestehen, die die Gestaltung der Informations- und Kommunikationssysteme beeinflussen.

So implizieren die drei definierten Informations- und Kommunikationstypen unidirektionale Informationen (Fall A), bidirektional unstrukturierte Informationen (Fall B) und bidirektional strukturierte Informationen (Fall C) auch häufig den Aufbau von drei unterschiedlichen unternehmensspezifischen Systemen mit EDV-Unterstützung.

Unidirektionale unstrukturierte Informationen (Fall A) (vgl. Abschnitt V.ff.) werden in der Regel durch ein EDV-gestütztes internes oder externes Retrieval-System realisiert. Ursprünglich bezog sich der Begriff Information Retrieval nur auf die Literaturdokumentation. Es bezeichnet dort den Prozeß des Durchsuchens eines Dokumentenbestandes, wobei der Begriff Dokument im weitesten Sinne benutzt wird, um diejenigen Dokumente zu identifizieren, die ein bestimmtes Thema behandeln (vgl. Claassen u.a. 1986, S. 11; vgl. dazu auch Scherff 1988, S. 3).

Nach Scherff (vgl. Scherff 1988, S. 3 ff.) bezeichnet Information Retrieval aber auch das ganze Gebiet, das die Probleme und Lösungen der zweckmäßigen Erschließung, Ordnung und Speicherung von Informationsdarstellung für ihre spätere Wiedergewinnung einbezieht (vgl. dazu auch Panyr 1987, S. 16; Schneider 1986, S. 284). Das Angebot an Information-Retrieval-Systemen am Markt wird auch unter dem Begriff "Online-Datenbanken" zusammengefaßt.

Online-Datenbanken sind Datenbanken, die (vgl. Kmunche 1988, S. 9)

- öffentlich für jeden zugänglich sind,
- über Datennetze genutzt werden können,
- vom Inhalt her für Unternehmen interessant sind und
- kommerziell vertrieben werden.

Neben diesen Systemen zur externen Informationssuche muß es vor allem in Verbundgruppen Informationssysteme zur verbundgruppenweiten Information geben. In ihnen müssen wichtige unternehmensinterne Dokumente archiviert werden und für die jeweilige Zielgruppe abrufbar sein.

Bidirektional unstrukturierte[1] Informationen (Fall B) werden EDV-gestützt über sogenannte Mailbox-Systeme abgewickelt. Gerade in diesem Bereich erfolgt eine starke Unterstützung und Funktionserweiterung durch den Einsatz neuer Informations- und Kommunikationstechnologien.

Das Mailbox-System wird vielfach auch als "Elektronische Post" bezeichnet. Es besteht aus einem EDV-System, das über Telefonleitungen oder über ein Netzwerk mit Teilnehmern verbunden werden kann (vgl. Zimmermann 1988, S. 34). Dabei wird für jeden Teilnehmer ein elektronisches "Postfach" verwaltet, in dem Nachrichten empfangen werden können. Neben der elektronischen Empfänger-Empfänger-Kommunikation kann die gleiche Mitteilung an mehrere Empfänger (Verteiler) versendet werden (vgl. Hartmann 1987, S. 56).

Mailboxen können aber darüber hinausgehende Funktionen, die Schreibtischarbeiten, Postkorb bearbeiten, Ablage, Terminkalender führen u.a. ähneln, wahrnehmen. Über die Mailbox-Schnittstelle ist ebenfalls auch Information Retrieval bei Online-Datenbanken möglich. Betriebsintern werden die elektronischen Postfächer über lokale Netze verbunden, betriebsübergreifend über Datenfernübertragungsnetze der Deutschen Bundespost (zur Funktionsweise der Mailbox-Systeme wird auch auf die Ausführungen in Kapitel C.I.4.1.4 verwiesen).

---

1) Anmerkung der Verfasserin:
Bereits in Abschnitt B.IV.4 wurde zwischen strukturierten und unstrukturierten Daten unterschieden. Gleichbedeutend mit strukturiert ist die Eigenschaft unformatiert. Strukturierte Informationen entsprechen einer bestimmten logischen Struktur; ebenso korrespondieren formatierte Daten mit bestimmten Datenformaten, die von der Anwendungssoftware oder gegebenenfalls der Systemsoftware vorgegeben sind, um im Rahmen von EDV-gestützten Informations- und Kommunikationssystemen die rechnerintegrierte Verarbeitung bei Übertragungsvorgängen sicherzustellen.

Mailbox-Systeme erfüllen somit alle Anforderungen, die im Rahmen der bisher mündlichen, fernmündlichen oder schriftlichen unformatierten Information und Kommunikation abgewickelt wurden, auf EDV-gestütztem Wege.

Bei bidirektional formatierten Informationsbeziehungen (Fall C) werden Datenverarbeitungsanlagen jeder Größe und lokale oder Weiterverkehrsnetze eingesetzt, um die Anforderungen sowohl im betriebsinternen oder auch betriebsübergreifenden Bereich abzudecken.

Die Problematik der drei angesprochenen Fälle besteht auch im Falle der EDV-Unterstützung darin, daß es gelingen muß, diese drei Funktionen benutzerfreundlich in eine einheitliche Oberfläche zu integrieren.

Eine durchgängige Benutzerschnittstelle erspart Schulungsaufwand und reduziert Akzeptanzprobleme (vgl. Steinbach 1987, S. 28).

Darüber hinaus besteht die Forderung nach Datenintegration und Funktionsintegration.

Im Rahmen der Stapelverarbeitung trennte man in der Regel Datenerfassung, Sachbearbeitung und Datenverarbeitung streng voneinander. Im Rahmen der Dialogverarbeitung werden diese Funktionen dagegen an einem Bildschirmarbeitsplatz vereinigt. Der Sachbearbeiter erfaßt Daten, führt Kontrollfunktionen am Terminal aus und steuert den Rechenablauf. Es entfallen aufwendige Transportvorgänge zwischen Datenerfassung, Rechenzentrum und Sachbearbeiter, so daß auch eine wesentliche Beschleunigung des Ablaufs eintritt.

Neben der Integration von Dateneingabe und Verarbeitung können im Rahmen der Dialogverarbeitung aber auch solche Arbeitsfolgen an einem Arbeitsplatz integriert werden, die im Zuge der Ausnutzung von Vorteilen einer höheren Spezialisierung durch Arbeitsteilung getrennt worden waren. Durch die Vereinfachung der Vorgänge bei EDV-Unterstützung schrumpfen die Vorteile der Arbeitsteilung und die Nachteile des erhöhten Koordinationsaufwands, und die Nachteile der zeitlichen Verzögerung durch Übertragungs- und Einarbeitungszeiten lassen sich bei einer Reintegration der Funktionen vermeiden (vgl. Scheer 1987, S. 37).

Gegenüber der Datenintegration, die bereits durch den Einsatz von Datenbanksystemen erreicht werden kann, besteht bei einer Funktionsintegration die Besonderheit, daß alle Funktionen von einem Arbeitsplatz ausgeübt werden. Funktionsintegration wird aber nur dann erreicht, wenn auch die notwendigen Datenübertragungstechnologien zur Verfügung stehen.

Diese Forderung in Verbindung mit Redundanzarmut besteht für alle Subsysteme unabhängig davon, welcher Funktionskreislauf oder Adressatenkreis angesprochen ist.

B.V.4.2 Funktionen der Informations- und Kommunikationssysteme

Die Zahl und der Inhalt der EDV-gestützten Subsysteme in einem Unternehmen oder einer Verbundgruppe werden auch durch die inhaltliche Aufgabenstellung und die Funktion der Informationsströme bestimmt.

So entstehen aus dem physischen Warenfluß folgende Informationen (vgl. Zentes 1984a, S. 34):

- Kasseninformationen,
- Wareninformationen,
- Lieferanteninformationen,
- Personalinformationen und
- Kundeninformationen.

Diese werden in Kasseninformationssysteme, Wareninformationssysteme, Lieferanteninformationssysteme, Personal- und Kundeninformationssysteme eingeteilt.

Aus der Abwicklung des Zahlungsverkehrs mit Banken entstehen Zahlungsinformationssysteme.

Auf den übergeordneten Ebenen der Unternehmenspolitik entstehen ebenfalls Subsysteme, wie Marketinginformationssysteme, Managementinformationssysteme u.ä.

Die aufgezählten Subsysteme bestehen innerhalb eines EDV-Systems häufig nebeneinander, wobei auch die Daten in vielen Fällen mehrfach abgespeichert sind.

Ziel bei der Errichtung paralleler Subsysteme soll, wie im vorigen Kapitel bereits ausgeführt, allerdings sein, Datenintegration und, wo möglich, Funktionsintegration zu berücksichtigen.

Daneben ist ein über den Subsystemen liegendes System so zu gestalten, daß durch eine einheitliche Benutzeroberfläche der Zugang zu dem Subsystem benutzerfreundlich ermöglicht wird.

B.V.4.3 Aggregationsstufen der Informations- und Kommunikationssysteme

Informations- und Kommunikationssysteme richten sich an operative, dispositive und strategische Ebenen in den Unternehmen.

Aufgrund der qualitativen und quantitativen Daten- und Informationsflut sowie der unterschiedlichen Adressaten besteht zunächst einmal die Frage nach der Relevanz von Informationen.

Die Entscheidung darüber hängt im hohen Maße davon ab, ob die Informationen für eine Entscheidung

- überhaupt erforderlich sind (Informationsbedarf) und
- von dem Entscheidungsträger auch nachgefragt werden (Informationsnachfrage).

Weiterhin ist der Aggregationsgrad der Auswertungen sowie der Rhythmus der Informationserstellung relevant. Bezüglich des Aggregationsgrads wird in Anlehnung an Scheer (vgl. Scheer 1988a, S. 2) in:

-   mengenorientierte operative Systeme,
-   wertorientierte Abrechnungssysteme,
-   Berichts- und Kontrollsysteme,
-   Analyseinformationssysteme und
-   Planungs- und Entscheidungssysteme

unterschieden.

Diese lassen sich auch in Form einer Informationspyramide darstellen, wie Abbildung B.V.4.3.01 zeigt.

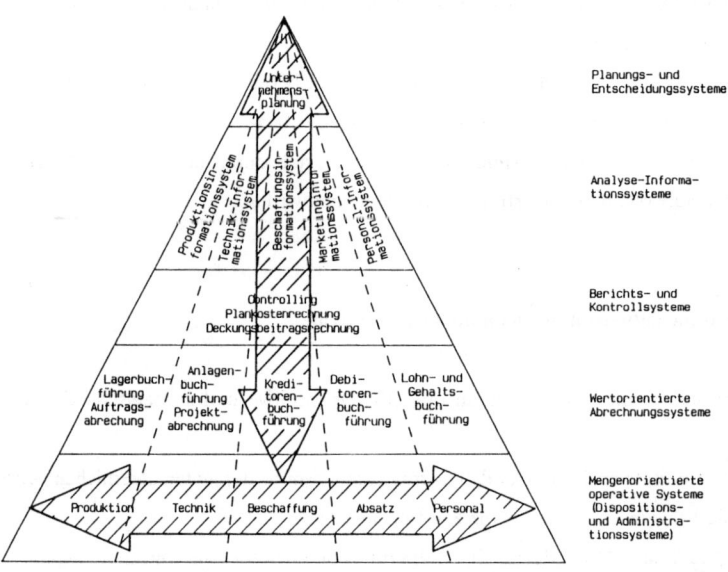

Abb. B.V.4.3.01: Darstellung der Informationssysteme nach ihrem Detaillierungsgrad
Quelle: Scheer 1988c, S. 18

Auf das Kernstück der Aktivitäten des Handels, die Warenwirtschaft (vgl. Meuser 1985b, S. 23) und die darauf aufbauenden WWS bezogen, lassen sich die einzelnen Aggregationsstufen wie folgt beschreiben:

Typisch für mengenorientierte Systeme im Handel sind Warenbedarf und Wareneingang, im Funktionsbereich Beschaffung sowie im Bereich Absatz artikelgenaue Warenausgangserfassung.

Die wertorientierten Systeme bauen auf den mengenorientierten Systemen auf (vgl. Scheer 1988a, S. 2).

Berichtssysteme vermitteln dem Benutzer Informationen, welche im wesentlichen aus den Daten zusammengestellt werden, die Administrations- und Dispositionssystem einspeichern. Sie können entsprechend ihrer Funktion unterschieden werden (vgl. Mertens, Griese 1982, S. 14).

Nachfolgend sind einige wichtige Berichtssysteme aufgeführt:

- reine Berichtssysteme,
- Berichtssysteme mit Ausnahmemeldungen,
- reine Ausnahmeberichtssysteme, auch Signalsysteme genannt,
- Abfrage- bzw. Auskunftssysteme mit Standardabfrage,
- Abfragesysteme mit freien Abfragen,
- Dialogsysteme ohne Entscheidungsmodell.

Ein besonderes Problem im Umkreis der Berichtssysteme stellen die Controlling-Systeme im Handel dar. Bei der Entwicklung von Controlling-Systemen beschäftigte man sich vornehmlich mit Industrieunternehmen. Auch in der betriebswirtschaftlichen Literatur wurde das Thema "Controlling im Handels- und Dienstleistungsbereich" bisher nur sprächlich behandelt (vgl. Vikas 1985, S. 477). Dies liegt zum einen daran, daß im Handel lange Zeit kein großes Interesse an entscheidungsorientierten Steuerungs- und Informationssystemen bestand; vor allem aber daran, daß die Kosten- und Leistungsrechnung als ein zentrales Element des Controlling primär für die Industrieunternehmen ausgebaut wurde. Die Unterschiede zwischen Handel und Industrie beziehen sich hauptsächlich auf den Berich der Kostenrechung. So wird für den Produktionsbereich von einer Kostenrechnung, im Vertriebs- und Dienstleistungsbereich von einer Deckungsbeitragsrechnung ausgegangen (vgl. Hagen 1987, S. 263).

In der vierten Verdichtungsstufe werden Informations- und Analysesysteme erstellt.

Typische Beispiele aus dem Handel sind Absatz- und Beschaffungsmarktforschung (externe Quellen) oder die Warenausgangsanalyse im internen Bereich.

Auf der höchsten Verdichtungsstufe schließlich stehen die Planungs- und Entscheidungssysteme, die auch als Management-Informationssysteme bezeichnet werden können.

Management-Informationssysteme sind eng verbunden mit den sogenannten Entscheidungsunterstützungssystemen oder Decision Support Systemen. Es besteht ein enger Zusammenhang zwischen Planungssprachen und Decision Support Systemen (DDS). Darunter versteht man im Prinzip einfache, flexibel handbare Verfahren (Tabellenrechnen, Nutzwert- und Risikoanalyse, Verhaltensgleichungen), die dialogorientiert zur Unterstützung schlecht strukturierter Entscheidungsprobleme eingesetzt werden, und zwar sowohl bei der Planung als auch bei der Disposition (vgl. Stahlknecht 1985, S. 317). Die Organisation des Mensch-Maschine-Dialogs erlaubt es, die Vorzüge des Menschen und des Computers gleichzeitig zur Geltung zu bringen, wobei sowohl der Partner Mensch als auch der Partner Computer im Dialog jeweils die Aufgaben übernimmt, für die er relativ besser geeignet ist.

Die Rechenanlage ist im Vorteil durch ihre hohe Verarbeitungsgeschwindigkeit und -sicherheit und durch die Möglichkeit, eine große Menge von quantitativen Daten zu speichern. Der Mensch ist überlegen durch seine Kreativität, durch seine Lernfähigkeit, durch seine Fähigkeit, Muster zu erkennen (pattern recognition), durch seine Fähigkeit, relevante Information durch Assoziation aufzufinden, und durch die Eigenschaft, Risiken und Unsicherheiten relativ gut abwägen und in Wahrscheinlichkeitszahlen umdeuten zu können.

Wegen des schlecht strukturierten Charakters der zu unterstützenden Probleme besteht ein fließender Übergang zu den Expertensystemen.

Auch unter dem Gesichtspunkt, daß Subsysteme mit unterschiedlichen Aggregationsstufen in ein Gesamtsystem eingebunden werden können, besteht die Forderung nach einem integrierten Gesamtsystem unter einer einheitlichen Benutzeroberfläche.

Ebenso wichtig ist die gemeinsame Datenbasis.

Somit besteht ein integriertes Gesamtsystem im Handel aus drei Komponenten:

1. Integration der Subsysteme mit unterschiedlichen Kommunikationsformen,

2. Integration der Subsysteme mit unterschiedlichen betrieblichen Funktionen und

3. Integration der Subsysteme mit unterschiedlichen Aggregationsstufen.

Abbildung B.V.4.3.02 zeigt die Anforderungen an integrierte Informations- und Kommunikationssysteme.

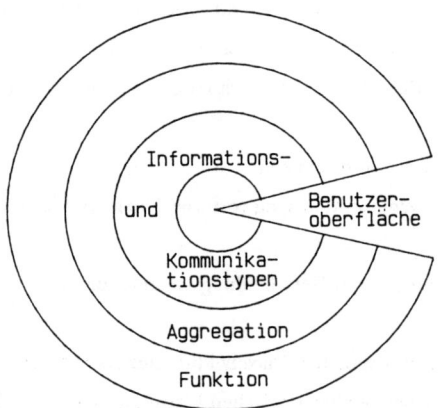

Abb. B.V.4.3.02: Anforderungen an unternehmensweite integrierte Informations- und Kommunikationssysteme

B.VI Entwurf von Informations- und Kommunikationssystemen

B.VI.1 Grundlagen des Systementwurfs

Die Gestaltung betriebswirtschaftlicher EDV-gestützter Informations- und Kommunikationssysteme unterliegt ebenso wie andere Software-Produkte den Anforderungen des Software-Engineering.

Bedingt durch die zunehmende Komplexität moderner Datenverarbeitungssysteme und die wachsende Bedeutung von Managementtätigkeiten bei der Systementwicklung werden Softwareprojekte heute generell in Phasen abgewickelt.

In jeder Phase werden verschiedene Tätigkeiten geplant und ausgeführt (Planung, Ausführung) und genau definierte Teilprodukte erstellt, die vor dem Start der nächsten Phase überprüft und gegebenenfalls überarbeitet werden (Kontrolle). Wichtig für jede Phase ist damit eine klare Definition des inhaltlichen Geschehens und der zu erstellenden Teilprodukte oder Dokumente.

Die Einteilung eines Softwareprojektes in verschiedene Phasen bezeichnet man als Phasenkonzept oder Software Life Cycle. Ein Phasenkonzept ist nicht eindeutig festgelegt. Vielmehr machen Definition und Benennungen der Einzelphasen die Charakteristika eines Phasenkonzeptes aus.

Die Phasengliederung dient neben der Verringerung der Komplexität auch als organisatorisches Hilfsmittel zur Managementkontrolle des Entwicklungsprozesses. So steht am Beginn und Ende jeder Phase jeweils eine Managemententscheidung, in der festgelegt wird, was in der betreffenden Phase realisiert werden soll (Zielentscheidung) bzw. ob das gesteckte Ziel erreicht ist (Kontrollentscheidung) und die Phase damit als abgeschlossen gelten kann (vgl. Hermann 1983, S. 33 f.).

Nur durch eine Gliederung eines Softwareprojektes in klar definierte Phasen bleibt dieses überschaubar und vergleichsweise einfach zu handhaben.

Ein Phasenkonzept hat damit sowohl in programmiertechnischer als auch organisatorischer Hinsicht eine wichtige Funktion.

Die existierenden Phasenkonzepte unterscheiden sich durch die inhaltliche Definition, die Benennung und die Anzahl der Einzelphasen. Die Phasengliederung ist nicht fest vorgegeben, sondern unter anderem abhängig von der Größe und Art des Softwareprojektes. So gilt in der Regel: Je größer das Projekt ist, umso feiner sollte die horizontale Aufgliederung in Phasen sein (vgl. Stetter 1984, S. 193). Auch der Anteil jeder Phase an der Gesamtprojektzeit ist in starkem Maße abhängig von der zugrundeliegenden Phasenaufteilung und der Art des Projektes.

Da jedes Projekt individuell verschieden ist, ergeben sich bei der Aufteilung eines Projektes in Phasen somit einige Variationsmöglichkeiten, unter denen der Projektleiter die für ihn optimale Gliederung finden muß. Es ist jedoch immer zu beachten, daß für jede Phase die zu verrichtenden Tätigkeiten und die zu erstellenden Teilprodukte klar definiert sind.

Die einzelnen Entwicklungsphasen können sich in der Praxis zuweilen zeitlich überlappen. Dann sollte aber zwischen den Phasen eine gewisse Unabhängigkeit bestehen. So ist es zum Beispiel nicht sinnvoll mit der Kodierung zu beginnen, wenn der Programmentwurf noch nicht abgeschlossen ist. Generell sollte man versuchen, erst dann mit einer neuen Phase zu beginnen, wenn die vorhergehende Phase von der Projektleitung als abgeschlossen betrachtet wird (vgl. Metzger 1981, S. 13).

Die einzelnen Entwicklungsphasen laufen nicht streng sequentiell ab. Vielmehr bestehen zwischen den Phasen Rückkopplungen, da während des gesamten Entwicklungsprozesses Änderungen auftreten können (vgl. Bersoff, Henderson, Siegel 1980, S. 43).

Einen Überblick über Möglichkeiten der Phaseneinteilung bei Softwareprojekten gibt die folgende Abbildung B.VI.1.01.

Autor	Phasenbezeichnung								
Stetter [1]	Vorplanung	Spezifikation	Konstruktion	Implementation	Integration	Installation	Wartung		
Boehm [2]	Feasibility Study	Requirements	Product Design	Detailed Design	Coding	Integration	Implementation	Maintenance	
Bersoff, Henderson, Siegel [3]	System concept formulation	Advanced development/ validaton	Detailed Design	First article development	Production/ deployment	Operational state			
De Marco [4]	Feasibility Study / Unit testing	Analysis / Subsystem testing	Hardware Study / Integration	Preliminary Design / System testing	Detailed Design / Acceptance testing	Coding / Parallel Operation			
Heilmann [5]	Systemplanung	Systemstudie	Systementwurf	Programmentwurf	Systemeinführung	Systemunterstützung			
Reus [6]	Initialisierung	Vorstudie	Organisations-untersuchung	Systemkonzeption	Detailfest-legung	Programmierung Programmtests	Systemtests	Inbetrieb-nahme	Systemnutzung
Metzger [7]	Definitionphase	Designphase	Programmingphase	System test phase	Acceptance phase	Installation and operation phase			
End [8]	Projektvorschlags-phase	Planungsphase I	Planungsphase II	Realisierungsphase I	Realisierungsphase II	Einsatzphase			
Martin [9]	Concept	Feasibility Study	Requirements Definition	Design	Coding and Checkout	Testing	Integration	Operational Test & Evaluation	Deployment and Maintenance

Abb. B.VI.1.01: Überblick über verschiedene Phasenmodelle[1]

In dieser Arbeit zeigen die nachfolgend aufgeführten Phasen somit nur eine grundsätzliche Möglichkeit der Phasengliederung. Die Bezeichnungen der ersten fünf Phasen wurden in Übereinstimmung mit Balzert (vgl. Balzert 1982) zumindest begrifflich übernommen. Die Systempflege- und Wartungsphase wurde als den Lebenszyklus eines Softwareproduktes abschließende Phase hinzugefügt.

---

[1]
- Stetter 1984, S. 191 - 208,
- Boehm 1981, S. 36,
- Bersoff, Henderson, Siegel 1980, S. 47,
- De Marco 1982, S. 19 - 21,
- Heilmann o. J.,
- Metzger 1981, S. 12 - 15,
- End 1985, S. 24,
- Martin 1981, S. 63.

B.VI.2 Planungsphase

Die Planungsphase stellt den Beginn des Lebenszyklusses des Software-Produktes dar. Bevor mit der eigentlichen Entwicklung begonnen werden kann, müssen zuerst planerische und kalkulatorische Aufgaben gelöst werden (vgl. Balzert 1982, S. 74).

Man könnte diese Phase auch als Projektvorschlags-, Projektauswahl- oder Initiierungsphase bezeichnen. Im Zuge der Voruntersuchungen soll überprüft werden, ob das Projekt zum gegenwärtigen Zeitpunkt mit bestehenden Verfahren hard- und softwaretechnisch realisierbar ist. Zu diesem Zweck muß das entsprechende Projekt zunächst einmal in geeigneter Weise fest umrissen werden (vgl. Steinbuch 1981, S. 19 ff.), wobei auch sinnvolle Alternativen in Betracht gezogen werden sollten. Dies geschieht in der Regel in der sogenannten Durchführbarkeitsstudie (vgl. Stetter 1984, S. 152).

In der Planungsphase entstehen fünf Teildokumente (vgl. im folgenden auch Balzert 1982, S. 54 f. und 74 ff.):

- Projektplan (Teil I),
- Grobes Pflichtenheft (Lastenheft),
- Funktionshandbuch (Teil I),
- Benutzerhandbuch (Grundkonzeption),
- Testdokumentation (Planungsphase).

Das "**Grobe Pflichtenheft**", das auch als "**Lastenheft**" bezeichnet wird (vgl. Scheibl 1985, S. 155), stellt die sogenannte Sollkonzeption dar und wird im Anschluß an die Ist-Analyse erstellt.

B.VI.3 Definitionsphase

Tätigkeiten, die in der Definitions- oder Spezifikationsphase ausgeführt werden, dürfen nicht in bezug auf ihre Wichtigkeit unterschätzt werden. Das Scheitern vieler Projekte ist oftmals in der zu oberflächlichen Behandlung der exakten Definition von Produktanforderungen zu sehen (vgl. Keider 1979, S. 35). Man bezeichnet diese Tätigkeiten auch als "Requirements Engineering" (vgl. Balzert 1982, S. 95).

Anforderungen an ein neues Produkt sind in der Regel zunächst noch vage, verschwommen, ungeordnet, unverständlich und zum Teil widersprüchlich. Die Aufgabe des Definitions- bzw. Spezifikationsprozesses ist es, ein klares, konsistentes, vollständiges und realisierbares Anforderungsdokument (Pflichtenheft in Endversion) zu erstellen (vgl. Balzert 1982, S. 95).

Als Dokumente der Definitions- bzw. Spezifikationsphase sind folgende zu nennen (vgl. Balzert 1982, S. 96):

- Projektplan (Teil II),
- Pflichtenheft,
- Funktionshandbuch (Teil II),
- Begriffslexikon (Teil I),
- Benutzerhandbuch (Teil I),
- Produktmodell,
- Testdokumentation (Definitionsphase).

Das **Pflichtenheft** enthält die detaillierte, verbale Beschreibung aller Anforderungen, die das zu entwickelnde Software-Produkt aus der Sicht des Auftraggebers zu erfüllen hat (vgl. Balzert 1982, S. 102).

Es gibt an, was das geplante System leisten soll, was es nicht darf, warum das System überhaupt erforderlich ist und welche Grundannahmen hinter seiner Planung stecken. Ausdrücklich nicht zum Inhalt des Pflichtenheftes zählt die Frage, wie die Lösung realisiert wird, denn dies ist erst die Aufgabe des nachfolgenden Entwurfs (vgl. Sneed 1986, S. 30).

Eine mögliche Gliederung des Pflichtenheftes könnte in Anlehnung an die spätere Programmdokumentation (DIN 66230) in einer verkürzten Form ausfallen.

B.VI.4 Entwurfsphase

Das Ziel dieser Phase ist die Erstellung eines konstruktiven "Bauplanes" des Programmsystems. Sie stellt somit die Brücke zwischen den Analytikern und den Programmierern dar. Der Entwurf selbst beschreibt den Weg der EDV-mäßigen Lösung des vorgegebenen fachlichen Problemkomplexes (vgl. Mahnke 1986, S. 10).

Die Entwurfs- bzw. Konstruktionsphase dient dazu, die in den Anforderungen definierte Aufgabe in einzel-realisierbare Moduln zu zerlegen und die Bedeutung dieser Moduln sowie deren Schnittstellen zu definieren (vgl. Stetter 1984, S. 155). Die Moduln stellen somit die einzelnen funktionalen Lösungsträger dar, deren Kommunikation (Input-Output-Austausch) über die jeweiligen Modulschnittstellen zu erfolgen hat. Die Schnittstellengestaltung sollte daher mit der gleichen Sorgfalt ausgeführt werden, wie der Entwurf der Moduln selbst (vgl. Metzger 1981, S. 20 f.).

In den beiden vorausgehenden Phasen stand im Mittelpunkt der Betrachtung die Frage, "was" zu entwickeln ist. In der Entwurfsphase ändert sich die Schwerpunktfrage, denn diese heißt nun, "wie" das Programmsystem zu entwickeln ist.

Der Produktentwurf setzt sich aus folgenden Teildokumenten zusammen (vgl. Balzert 1982, S. 187):

- Projektplan (Teil III),

- Funktionshandbuch (Teil III),

- Begriffslexikon (Teil II),

- Benutzerhandbuch (Teil II),

- Systemdokumentation,

- Testdokumentation (Entwurfsphase).

Das **Funktionshandbuch (Teil III)**, das **Benutzerhandbuch (Teil II)** und der **Projektplan (Teil III)** werden weitergeführt, verfeinert und präzisiert. Das **Begriffslexikon (Teil II)** wird ebenfalls aus den vorgelagerten Phasen übernommen und ständig ergänzt bzw. erweitert.

Das eigentliche Schlüsseldokument der Entwurfsphase ist jedoch in der sogenannten "**Systemdokumentation**" (vgl. Balzert 1982, S. 187 f.), oder mit einem anderen Begriff als "**Design Specification**" bezeichnet, zu sehen. In diesem Dokument wird der gesamte konstruktive Entwurfsplan des zu entwickelnden Software-Produktes festgehalten. Sämtliche Moduln werden detailliert mit Aufgabe, Aufbau, Funktionsweise und Schnittstelle beschrieben. Zu unterscheiden sind insbesondere Funktions- und Datenmoduln, denn ebenso entscheidend wie der Entwurf von Algorithmen ist auch das entsprechende Design der Datenstrukturen (vgl. Yourdon 1975, S. 51).

B.VI.5 Implementierungsphase

Die Implementierung ist für sich betrachtet, die technisch einfachste Entwicklungsphase, da die Entwicklungsentscheidungen zù diesem Zeitpunkt abgeschlossen sein sollten und demzufolge kaum noch anfallen. Hier erfolgt die Umsetzung der Entwurfskonstruktion in lauffähige Moduln (vgl. Stetter 1984, S. 156) und die Realisierung des eigentlichen Programms. Die Programmiertätigkeiten sind zentraler Inhalt dieses Entwicklungsabschnitts (vgl. Balzert 1982, S. 369).

Den abschließenden elementaren Tätigkeitsbereich stellt der praktische Test des lauffähigen Programmsystems dar (vgl. Steinbuch 1981, S. 302 - 306).

Teildokumente der Implementierung sind (vgl. Balzert 1982, S. 55 und 369):

- Projektplan (Teil IV),

- Funktionshandbuch (Teil IV),

- Begriffslexikon (Teil III),

- Benutzerhandbuch (Teil III),
- Quell- und Objektprogramm,
- Testdokumentation (Implementierung und finale Tests).

Schwerpunktmäßig ist dazu anzumerken, daß der **Projektplan IV** die anderen Pläne komplettiert und abschließt. Neben Vorgehens- und Realisierungsplänen der Phase sind insbesondere die Pläne bezüglich der abschließenden Tests von ausschlaggebender Wichtigkeit. Ebenfalls zum Abschluß innerhalb des Projektes kommen nun das **Funktionshandbuch** und das **Begriffslexikon**, da die Problemanforderungen erfüllt sind.

Das **Benutzerhandbuch** muß am Ende dieser Phase zur Übergabe an die Abnahme und Einführung des entsprechenden Software-Produktes in seiner Endfassung vorliegen. Ohne dieses Dokument ist eine Abnahme durch den Kunden praktisch unmöglich.

B.VI.6 Abnahme- und Einführungsphase

In der Abnahme- und Einführungsphase erfolgt die Endabnahme des Software-Produktes durch den Auftraggeber sowie dessen Installation und Inbetriebnahme in der jeweiligen Zielumgebung (vgl. Cho 1980, S. 6). Zur Demonstration der Leistungserfüllung erfolgen nun die sogenannten "Akzeptanztests", die vor Ort bei dem Kunden und unter dessen Mitwirkung ausgeführt werden sollten (vgl. Metzger 1981, S. 158).

Die Dokumente dieser Phase sind (vgl. im folgenden Balzert 1982, S. 369 - 420):

- Abnahmeprotokoll,
- Einführungsprotokoll.

B.VI.7 Wartungs- und Pflegephase

Wartung und Pflege des Software-Produktes fallen nicht mehr in den zeitlichen Rahmen der eigentlichen Projektentwicklung. Sie sind jedoch notwendig, weil Software einerseits nicht fehlerfrei realisiert werden kann und andererseits sehr leicht verändert werden kann und zum Teil muß.

Die Wartungs- und Pflegephase setzt sich nun als letzte Phase dieses Modells bis zum Ende des Lebenszyklusses des entsprechenden Software-Produktes fort.

Dokumente dieser Phase sind (vgl. Balzert 1982, S. 54):

- Wartungshandbuch,
- Änderungshandbuch und
- Fehlerhandbuch.

Im **Wartungshandbuch** sind alle im Verlaufe des Nutzbetriebes anfallenden Pflegeroutinen mit Zeitpunkt, Art und technischem Bezug festzuhalten.

Das **Änderungshandbuch** enthält entsprechend seinem Wortsinn alle nachträglichen Verbesserungen, Erweiterungen und Korrekturen.

Das **Fehlerhandbuch** ist schließlich der lückenlose chronologische Nachweis aller aufgetretenen Fehlersituationen und deren Auswertungen.

B.VII Ausgewählte Instrumente bei der Gestaltung von Informations- und Kommunikationssystemen

Hauptzielsetzung moderner Informations- und Kommunikationssysteme von Verbundgruppen im Handel ist der Aufbau eines unternehmensweiten durchgängig gestalteten Systems mit einheitlicher Datenbasis, welches unter einer benutzerfreundlichen Oberfläche Information und Kommunikation

- am richtigen Ort,
- in der geeigneten Aufbereitung und Menge,
- aktuell

sicherstellt.

Ansätze zu solchen sogenannten integrierten Systemen wurden bereits in den 60er Jahren entwickelt, sie scheiterten jedoch damals an den noch unzulänglichen EDV-Möglichkeiten. Mit fortschreitender EDV-Technik erscheint ein solches Konzept zunehmend realisierbar.

Dazu tragen die sogenannten neuen Informations- und Kommunikationstechnologien wesentlich bei. Mit ihrer Hilfe und den konventionellen EDV-Techniken und Technologien wird es möglich, die Information (sowie die Kommunikation) in einem einheitlichen EDV-gestützten System zu **erfassen**, zu **übertragen**, zu **verarbeiten** und zu **speichern**.

B.VII.1 Ausgewählte Technologien zur Informationserfassung

Scanning:

Ein Scanner ist ein Gerät für das automatische Lesen und Umwandeln von Daten in eine computergerechte Form (vgl. Verlagsgruppe Deutscher Fachverlag 1983, S. 107). Er wird im Handel zur Erfassung von Waren-, Verkäufer- und Kundendaten eingesetzt. Es gibt mobile Scanner, das sind die sogenannten Lesestifte oder Lesepistolen und stationär im Kassentisch eingebaute Geräte. Am weitesten verbreitet sind Scanner als POS-Systeme, wo sie mit computerunterstützten Datenkassen oder Datenkassen mit eigener Intelligenz kombiniert werden.

Scanner lesen entweder OCR-Klarschrift oder die strichcodierten 13stellige EAN (Europäische Artikelnumerierung) oder aber auch beides. Die 13 Stellen der EAN setzen sich wie folgt zusammen (vgl. Domdey 1983, S. 5):

-   die ersten beiden Ziffern stehen für das Herkunftsland der Ware,
-   die folgenden fünf markieren den Hersteller und basieren auf der bundeseinheitlichen Betriebsnummer, die die CCG-Zentrale für Coorganisation in Köln vergibt,
-   die weiteren fünf bestimmt der Hersteller zur Identifizierung des Produktes,
-   die 13. Stelle enthält eine Prüfziffer.

Nachdem die Artikelnummer in den Kassencomputer eingelesen wurde, greift dieser auf die artikelspezifischen Daten im angeschlossenen Speicher zurück und registriert den Abverkauf dieses Artikels.

In einem geschlossenen WWS erfolgt eine Datenerfassung durch Scanning auch beim Wareneingang und bei der Lagerverwaltung, wobei dort in der Regel mobile Handlesegeräte eingesetzt werden (vgl. Tonn 1983, S. 23). Ein Problem stellte lange Zeit das Scanning bei auszuwiegenden Frischwaren dar. In letzter Zeit wurden jedoch Waagen konstruiert, die einen Selbstklebebon ausdrucken, der neben den üblichen Standardangaben auch ein scannfähiges Strichcodesymbol aufweist (vgl. o.V. 1983, S. 77).

Auf diese Weise kann auch gewichtsabhängige Frischware voll in ein geschlossenes WWS integriert werden.

Mobile Datenerfassung (MDE):

Die mobilen Datenerfassungsgeräte sind universeller einsetzbar als die elektronischen POS-Systeme. Sie erheben die Daten dort, wo sie entstehen, also z.B. im Lager oder am Regalplatz (vgl. Tietz 1982, S. 60).

Die Daten werden entweder mit einer alphanumerischen Tastatur oder mit einem Lesestift eingegeben und im Gerät computergerecht aufgearbeitet und gespeichert.

Zweck der MDE ist es:

- regelmäßig,
- dezentral,
- in ihrer Struktur gleiche,
- an verschiedenen Orten und/oder
- zu verschiedenen Zeiten anfallende Daten
- durch einen einmaligen Vorgang am Ursprungsort
- EDV-gerecht zu erfassen und zu speichern
- und kurzfristig einer datensammelnden Zentrale zu übermitteln (vgl. Giehl, Ophoven 1982, S. 73).

Mobile Datenerfassungsgeräte lassen sich im Außendienst, bei der Inventur, der Disposition und der Plazierungskontrolle im Unternehmen einsetzen.

Während die MDE-Systeme bisher einer einkanaligen Informationsübermittlung dienten, ist die heutige MDE-Technik interaktiv: Sie ermöglicht auch den Abruf von in Datenbanken gespeicherten Informationen. Die mobilen Datenerfassungsgeräte werden damit zu mobilen Datenterminals. Von jedem beliebigen Punkt aus kann über das öffentliche Telefonnetz und neuerdings auch über das Datex-P-Netz mit Computern und Datenbanken kommuniziert werden. So können stets aktuellste Preise, Kundenstammdaten und Lieferantenkonditionen abgefragt werden.

Mit zunehmender Verbreitung des Btx ergeben sich in diesem Zusammenhang neue Möglichkeiten.

Zur MDE lassen sich auch mobile Funkterminals einsetzen (vgl. Computer-Gesellschaft Konstanz mbH o.J., S. 4). Hierbei handelt es sich um ein dialogfähiges, programmierbares Terminalsystem, das Daten erfaßt, überprüft, speichert, überträgt und empfängt. Die Datenübertragung kann über Funk mit einer Reichweite von maximal 4 km ablaufen. Anwendungsgebiete sind beispielsweise die Bestelldatenerfassung oder die Steuerung von Lagerbewegungen.

Schließlich sind auch noch die mobilen Spracheingabegeräte zu erwähnen (vgl. Computer-Gesellschaft Konstanz mbH o.J., S. 5). Hiermit wird eine Datenerfassung parallel zum Arbeitsprozeß ermöglicht. Das Gerät in Form eines Kopfhörers mit Mikrofon kann fest an eine EDV-Anlage angeschlossen sein oder die Daten per Funk übertragen. Einsatzmöglichkeiten sind beispielsweise der Warenein- und -ausgang oder das Lagerwesen.

OCR-Klarschriftlesegeräte:

Diese Geräte erfassen schnell und sicher Daten, die platzsparend auf OCR-Klarschrift-Etiketten aufgebracht sind. Sie werden zum Lesen von Etiketten bei der Verkaufsdatenerfassung, bei der Erfassung von Lagerbewegungen, in Banken usw. eingesetzt.

Automatische Lagerbestandserfassung:

Ein in den USA entwickeltes Regalsystem ist mit druckempfindlichen Sensoren ausgerüstet. Diese sind mit einem Computer verbunden, der die Gewichtsimpulse automatisch in Stückzahlen umrechnet. Eine Regalanalge mit 20 Einheiten kostet einschließlich Computer 300.000 US-Dollar, jedes zusätzliche Regal 275 Dollar (vgl. Tietz 1983, S. 72).

Ein solches System könnte die MDE im Lager überflüssig machen.

Elektronische Sortieranlagen:

Die französische Firma Matériel Arboriculture Fruitière, Montaban, hat eine elektronische Sortieranlage entwickelt. Hierbei wird die Größe von Früchten durch eine elektronische Bildanalyse, der Reifegrad durch ein optisches Farbmeß-System erfaßt. So können Früchte automatisch nach Gewicht, Größe und Reifegrad sortiert und die Daten unternehmensintern verarbeitet werden (vgl. o.V. 1984, S. 33).

B.VII.2 Ausgewählte Aspekte der Informationsverarbeitung im Handel

Jedes Unternehmen, das die EDV-gestützte Informationsverarbeitung im Handel plant, wird vor das Problem der optimalen Auswahl aller EDV-Komponenten gestellt.

Hardware und Software sollen den Anforderungen des Unternehmens bestmöglich genügen.

Aus der vielschichtigen Problematik der Datenverarbeitung im Handel können nur einige Aspekte angesprochen werden.

Wichtig für diese Arbeit sind die Gestaltung der Rechnerhierarchie, die Organisation der Datenverarbeitung sowie die Auswahl der Anwendungssoftware, da alle weiteren Ausführungen bezüglich der Untersuchung des Btx-Einsatzes die Kenntnis alternativer Datenverarbeitungskonzepte voraussetzen.

B.VII.2.1 Rechnerhierarchien

Eng verknüpft mit den Rechnerhierarchien ist das Problem zentrale Datenverarbeitung versus dezentrale Datenverarbeitung (vgl. dazu auch Mertens 1985).

Zentral orientierte Einsatzformen umfassen Stand-alone-Systeme bis hin zu zentralen Verbundsystemen (vgl. Renner 1985, S. 66).

Dezentrale Einsatzformen umfassen Stand-alone-Systeme, Multi-user-Systeme, Terminal-Systeme, lokale Datenverbundsysteme und externe Datenverbundsysteme (vgl. Renner 1985, S. 65).

Zentrale Datenverarbeitung liegt dann vor, wenn alle Daten in einem zentralen EDV-System abgespeichert sind und deshalb auch Entscheidungen in der Nähe dieses Systems zu fällen sind (vgl. Lucas 1981, S. 55 ff.). Die entscheidungsbezogenen Vorteile einer Zentralisation liegen in der Ausnutzung von Bündelungseffekten oder der Verfügbarkeit qualitativ anspruchsvoller Managementtechniken (vgl. Scheer 1987, S. 72).

Eine dezentral orientierte Datenverarbeitung liegt dann vor, wenn die Teilaufgaben der Dateneingabe, der Datenverarbeitung und der Datenausgabe überwiegend dezentral unterstützt werden. Für die Bestimmung des geeigneten Dezentralisierungsgrades sollten neben diesen datenverarbeitungstechnischen Kriterien weiterhin arbeitsplatzbezogene, aufgabenbezogene und dateibezogene Dezentralisierungskriterien berücksichtigt werden (vgl. Renner 1985, S. 66).

Aus dem Dezentralisierungsgedanken ergibt sich auch das Konzept des Distributed Data Processing (DDP), der sogenannten verteilten Datenverarbeitung. Sie konnte erst in der Praxis Fuß fassen, als neue EDV-Verarbeitungstechnologien, wie Supermikros, Minis, Abteilungsrechner, RISC-Architekturen und UNIX-Maschinen zunehmend in die Praxis Einzug hielten (vgl. Hörmann 1987, S. 46).

Damit ergeben sich z.B. die sogenannten Drei-Rechner-Ebenen, PC, Mittlere Datentechnik und Großsysteme.

Auf die Anwendungen bezogen heißt dieses Konzept, daß es zukünftig zentrale Hosts, Abteilungsrechner und Arbeitsplatzrechner geben wird (vgl. dazu auch Dworatschek 1986, S. 511 ff.).

Auf der Basis dieser Drei-Rechner-Ebenen-Philosophie muß darüber entschieden werden, wie Handelsunternehmen mit dezentralen Konzepten EDV-technisch ausgestattet werden sollen.

Dabei ist auch zu entscheiden, welche Arten der Datenerfassung in das System zu integrieren sind.

Neben o.g. Kriterien spielen auch Kosten- und Wirtschaftlichkeitsaspekte eine große Rolle.

Aber auch Fragen des Projektmanagements, wobei auch die Mitarbeiterschulung bei der Einführung wichtig ist, dürfen nicht unberücksichtigt bleiben.

B.VII.2.2 Organisationsformen von WWS auf der Basis von Rechnerhierarchien

In Verbundgruppen sind die unterschiedlichsten Formen der Organisation von WWS denkbar. Die Möglichkeiten, die sich durch das Konzept des Distributed Data Processing und durch die Datenübertragungsdienste der Deutschen Bundespost ergeben, beeinflussen die Hierarchie im WWS.

Die vielen Möglichkeiten, Warenwirtschaftsfunktionen zwischen Anschlußhaus und Zentrale aufzuteilen, lassen sich z.B. unter drei Typen von WWS zusammenfassen.

Man unterscheidet:

- zentral organisierte WWS,
- zentral-dezentral organisierte WWS (Mischform),
- dezentral organisierte WWS.

Je größer die wirtschaftliche Selbständigkeit ist, die sich die Mitglieder einer Verbundgrupe bewahrt haben, desto dezentraler wird das WWS organisiert sein.

Je mehr Warenwirtschaftsaufgaben in der Gruppenzentrale wahrgenommen werden, desto stärker ist die Stellung der Zentrale gegenüber seinen Mitgliedern. Umgekehrt gilt das gleiche.

Im zentral organisierten WWS wird die Warenwirtschaft komplett bei den Mitgliedern durchgeführt, während die Zentrale Serviceleistungen zur Verfügung stellt.

Zwischen den beiden oben erwähnten Alternativen besteht das zentral-dezentral organisierte WWS, in welchem die Funktionen der Warenwirtschaft zwischen Zentrale und Verbundgruppenmitglied aufgeteilt sind.

Je nach der Verteilung der warenwirtschaftlichen Aktivitäten tendiert diese Organisationsform entweder zur zentralen oder dezentralen Lösung.

Rechnerhierarchie im zentral organisierten WWS:

Lediglich die Warenausgangserfassung liegt beim zentral organisisierten WWS im Aufgabenbereich des Verbundmitgliedes. Vor Ort wird also kein Rechner benötigt. Die erfaßten Daten werden mittels Datenfernübertragung oder Datenträgeraustausch dem zentralen Rechner übermittelt.

Die Rechnerhierarchie hat grundsätzlich folgendes Aussehen (vgl. Abbildung B.VII.2.2.01).

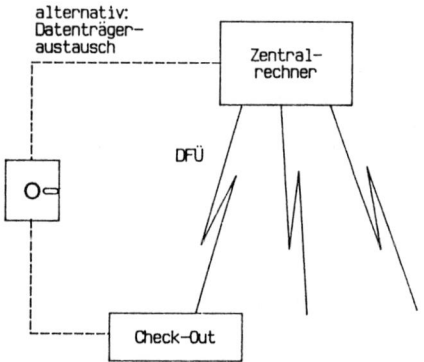

Abb. B.VII.2.2.01: Rechnerhierarchie im zentral organisierten WWS

Rechnerhierarchie im zentral-dezentral organisierten WWS:

Die Aufgabenverteilung im zentral-dezentral organisierten WWS erfordert sowohl in der Zentrale als auch im Anschlußhaus ein bestimmtes Maß an Datenverarbeitungsintelligenz. Während bei sehr starker Tendenz zu zentralen Lösungsansätzen eine Datenkasse im Anschlußhaus ausreichend ist, benötigt das Anschlußhaus bei stärkerer dezentraler Ausrichtung einen Hintergrundrechner, der eine größere Speicherkapazität als Datenkassen hat und Datenverarbeitungsaufgaben der Warenwirtschaft bewältigen kann.

Die vom Hintergrundrechner verdichteten Daten werden per Datenfernübertragung an die Zentrale übermittelt.

Ein mögliches Konzept zeigt die Abbildung B.VII.2.2.02.

77

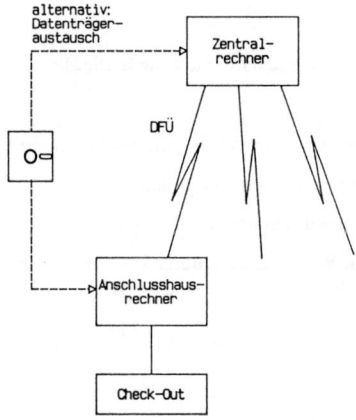

Abb. B.VII.2.2.02: Rechnerhierarchie im zentral-dezentral organisierten WWS

In großen Gruppen besteht die Möglichkeit, die Daten regional noch einmal zu verdichten, um sie dann erst dem Zentralrechner zu übermitteln. In diesem Fall senden mehrere Anschlußhäuser ihre Daten an einem regionalen Rechner, der sie verdichtet an die Zentrale weitergibt. Ein solches Konzept ist z.B. sinnvoll, wenn die Verbundgruppe über regionale Läger verfügt (vgl. Abbildung B.VII.2.2.03).

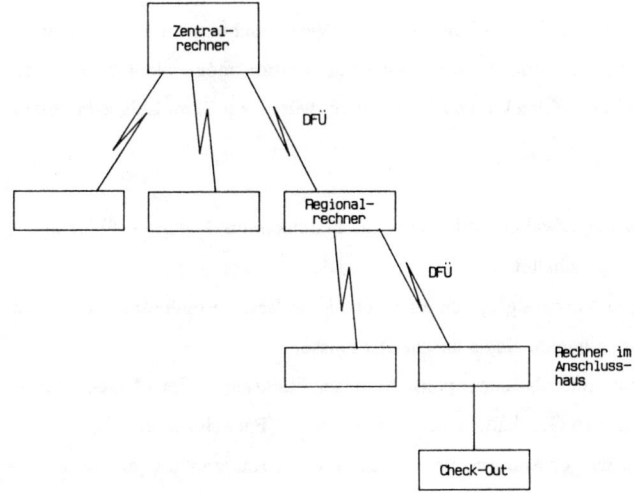

Abb. B.VII.2.2.03: Rechnerhierarchie mit regionaler Datenverdichtung

Rechnerhierarchie im dezentral organisierten WWS:

Das dezentral organisierte WWS stellt eine Inhouselösung dar. Die Warenwirtschaft wird ausschließlich im Anschlußhaus abgewickelt.

Die Daten für die Erstellung zentralseitig angebotener Serviceleistungen werden per Datenfernübertragung oder Datenträgeraustausch übermittelt, um dort im Zentralrechner verarbeitet werden zu können.

Bei dieser Lösung bestimmt die Betriebsgröße und der Umfang der Warenwirtschaftsaufgaben die Größe der EDV-Anlage. Die Palette der einsetzbaren EDV-Technologien reicht vom Personal-Computer bis zur hochgerüsteten Anlage der mittleren Datentechnik (vgl. Abbildung B.VII.2.2.04).

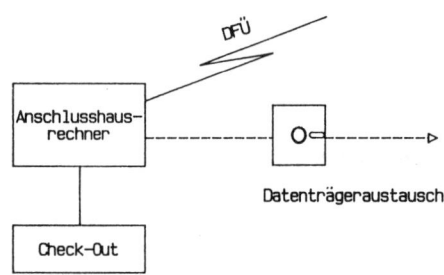

Abb. B.VII.2.2.04: Inhousekonzept

Konfiguration in der Check-Out-Ebene:

Bei den vorangegangenen Überlegungen wurde die Check-Out-Ebene aus Vereinfachungsgründen jeweils als Block dargestellt. Auf dieser Ebene bestehen jedoch eine Vielzahl von Konfigurationsmöglichkeiten, insbesondere in Betrieben, die mehrere Kassenplätze in der Check-Out-Ebene haben, wie dies z.B. im Lebensmitteleinzelhandel der Fall ist.

An dieser Stelle sei noch einmal ausdrücklich erwähnt, daß moderne Datenkassen Datenfernübertragung durchführen können, ohne daß ein Rechner eingeschaltet ist.

Dieser Umstand macht die zentrale Lösung in Verbundgruppen auch für kleine Betriebseinheiten interessant, weil sie zur Nutzung der EDV lediglich eine intelligente Kasse anschaffen müssen.

Erwähnenswert ist der Einsatz von Mikrocomputern als Kassenplatz. In dieser Funktion ist der Mikrocomputer überall dort einsetzbar, wo nur ein Kassenplatz pro Geschäftseinheit benötigt wird (Facheinzelhandel).

Der Vorteil des Mikrocomputers liegt darin, daß er während des Tages zwar als Kassenplatz, jedoch in kundenlosen Zeiten für andere Verarbeitungsvorgänge genutzt werden kann, so für Bestandsabfrage, Artikelpflege usw. (vgl. Meuser 1985a, S. 16).

B.VII.2.3 Ausgewählte Aspekte der Softwareauswahl

Unter dem Integrationsgedanken, der ein vollintegriertes Informations- und Kommunikationssystem im Handel unter einheitlicher Benutzeroberfläche (vgl. Kapitel B.V) verlangt, ist es besonders schwierig, geeignete Standardanwendungssoftware für die vielfältigen Subsysteme zu finden. Dies wird vor allem deshalb scheitern, weil der Zwang zur Gesamtintegration verlangt, daß die Teilsysteme nach einem modularen Konzept entwickelt werden, das es zuläßt, alle Moduln zu einem Gesamtsystem zusammenzufassen.

Während in der Anfangszeit der EDV hauptsächlich hardwaretechnische Gesichtspunkte die Auswahl des EDV-Systems bestimmten, so sind heute hauptsächlich Softwareeigenschaften maßgebend. Insbesondere die Anwendungssoftware, die die "produktive" Leistung des Systems erbringt und die von der Unternehmung geforderten Aufgaben erfüllen soll, spielt bei der Konzeption des EDV-Systems eine immer größere Rolle. Nicht zuletzt sind Kostengesichtspunkte dafür verantwortlich, da sich die Kostenrelation Hardware:Software zuungunsten insbesondere der Anwendungssoftware verschiebt (vgl. Schulte, Steckenborn 1981, S. 97 f.).

Anwendungssoftware kann individuell erstellt werden durch qualifiziertes Personal der eigenen Unternehmung oder durch Softwarehäuser. In jedem Fall ist eine benutzerindividuelle Aufgabenlösung Merkmal dieser Programme.

Standardprogramme hingegen sind ohne Bindung an einen bestimmten Benutzer für den Einsatz bei unterschiedlichen Anwendern konzipiert. Ein großer Teil der Standardsoftware wurde ursprünglich als Individuallösung erstellt und nach Änderungen als Standardprogramm angeboten, nur wenige sind "echte" Standardprogramme (vgl. Scheer 1982b, S. 10 ff.).

Für das wichtigste Subsystem im Handel, das WWS, soll beispielhaft die Auswahl von Standardsoftware aufgezeigt werden.

In die Warenwirtschaft hielten Standardprogramme erst relativ spät Einzug, da aufgrund der Komplexität und der vielfältigen, betriebsindividuellen Lösungen der Warenwirtschaft Programme für einen größeren Anwenderkreis schwer erstellbar waren.

Es zeigt sich auch heute noch, daß kein Standardprogramm für die Warenwirtschaft vollkommen universell einsetzbar ist, da die Anforderungen der Handelsunternehmungen sehr unterschiedlich sind. Die Programme weisen immer einen Bezug zu einer bestimmten Branche oder Eignung für einen bestimmten Handelstyp auf.

Es sind viele Entscheidungskriterien denkbar, die für die Auswahl von Standardsoftware bestimmend sind (vgl. Englert 1977, S. 320):

1.	Flexibilität	14.	benötigte minimale Hardware-Konfiguration
2.	Zuverlässigkeit/ Betriebssicherheit	15.	Benutzerfreundlichkeit
3.	Modularität	16.	Anwendungsspektrum
4.	Kompatibilität/ Portabilität	17.	Übergabekonditionen
5.	Integration	18.	Serviceleistungen
6.	Implementierungsaufwand	19.	Zusätzliche Leistungen (Schulung, Einführung)
7.	Implementierungszeit	20.	Vertragsbedingungen
8.	Preis	21.	Programmdokumentation
9.	Preisvergleich (Vergleich mit den Kosten einer Eigenentwicklung)	22.	Hinweis auf Verwendung moderner Methoden
10.	Lieferzeit	23.	Ansehen des Produzenten
11.	Programmaufbau	24.	Anzahl der Installationen
12.	Programmiersprache(n)	25.	Referenzen
13.	Kernspeicherbedarf	26.	Garantieleistungen

Zur Bewertung dieser Entscheidungskriterien existieren formale Verfahren (vgl. Frank 1980, S. 113 ff.). Auf sie soll in dieser Arbeit nicht eingegangen werden.

Sova und Piper (vgl. Sova, Piper 1985, S. 49) haben Einflußfaktoren auf den EDV-Einsatz im Handel entwickelt.

Aus diesen Einflußfaktoren lassen sich Entscheidungskriterien ableiten, die im folgenden unterschieden werden in:

1. betriebliche Entscheidungskriterien:

Dabei handelt es sich um Anforderungen, die aufgrund von Merkmalen eines Unternehmens an die Software gestellt werden und bei der Softwareauswahl als Entscheidungskriterium dienen.

Beispiele sind:

- Handelsart (Groß-/Einzelhandel),
- Branche,
- Organisation des Handelsunternehmens,
- Betriebs-/Unternehmensgröße,
- Datenbasis für Dispositions-/Bestellverfahren,
- Warenart/Sortimentsaufbau,
- Nachfragebedarf der Artikel,
- Zielsetzung des EDV-Einsatzes.

2. produktbezogene Entscheidungskriterien:

Das sind Merkmale oder Leistungen, die die Software aufweist und durch die sich das Programm für den Einsatz in einem bestimmten Unternehmen eignet.

Beispiele sind:

-   Dispositions- und Prognoseverfahren*),
-   Bestelloptimierungsverfahren*),
-   Flexibilität,
-   Integrationsfähigkeit zu anderen Subsystemen des Handels,
-   Benutzerfreundlichkeit.

Neben der Entscheidung für Eigenentwicklung oder Standardsoftware bietet sich auch die Alternative einer gemischten Lösung an. Sie ist dann zweckmäßig, wenn die angebotenen Standardlösungen über Schnittstellen zu einer höheren Programmiersprache, wie z.B. "C", verfügen. Abbildung B.VII.2.3.01 soll dies verdeutlichen.

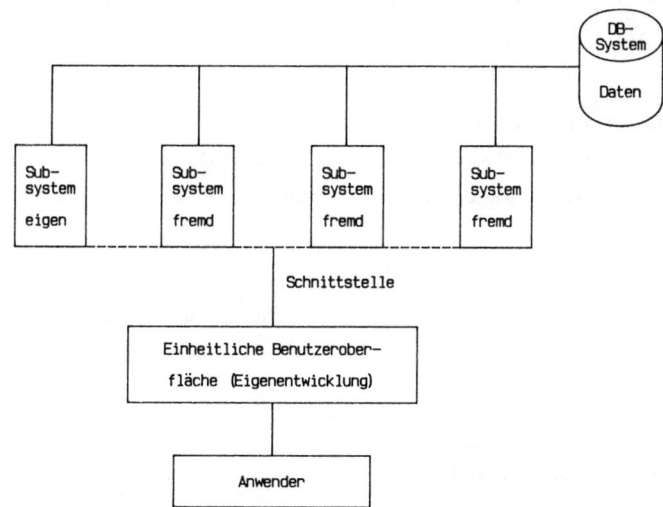

Abb. B.VII.2.3.01: Lösungsansatz für ein integriertes Gesamtsystem

---

*) Für Verbundgruppen des Handels hat die Disposition und das Bestellwesen eine Sonderstellung, da auf diesen Teilbereichen das am häufigsten genutzte Kooperationsfeld liegt. Von dieser Ausgangssituation können sich die Verbundsysteme auf anderen Kooperationsfeldern weiterentwickeln.

Ein weiterer Aspekt, auf den bereits an anderer Stelle hingewiesen wurde, ist der Einsatz geeigneter Datenbanksysteme. Auch hier besteht die Forderung, daß die Datenbanksysteme mit den EDV-gestützten Subsystemen kompatibel sein sollten, um eine gemeinsame Datenbasis zu schaffen.

Der Aufbau von Datenbanksystemen:

Datenbanksysteme lösen die in der Praxis noch weit verbreitete Dateiverarbeitung ab und sind Voraussetzung für die bereits mehrfach erwähnte Datenintegration.

Datenbanksysteme bestehen aus drei Teilen:

- der logischen Struktur der Daten,
- der Struktur der Daten auf den Speichermedien,
- dem Datenbankmanagementsystem (DBMS), welches die Verbindung zwischen beiden herstellt. DBMS sind Softwarepakete, die die komplexen Daten- und Speicherstrukturen berücksichtigen und unter Zuhilfenahme der im Betriebssystem integrierten Zugriffsmethoden den Zugang zu den gespeicherten Daten ermöglichen (vgl. Scheer 1978, S. 138).

Der Entwicklungsprozeß eines Datenbanksystems beginnt bei der Datenmodellierung, bei der alle zu speichernden Daten in eine logische Beziehung zueinander gebracht werden (Entwurf einer Datenstruktur). Heute wird dieser Prozeß meistens mit Hilfe des Entity-Relationship-Modells durchgeführt. Eine solche Datenstruktur wird in ein Datenbankmodell überführt.

Moderne Datenbankmodelle sind entweder netzwerkorientiert oder relational.

Im Anschluß daran erfolgt erst mit Hilfe der Data Description Language die Überführung in das Datenbanksystem.

B.VII.3 Ausgewählte Technologien zur Informationsspeicherung

Der Vollständigkeit halber wird auch auf ausgewählte Entwicklungen im Bereich der Speicherungstechnologien hingewiesen. Ihre Bedeutung steht nur im mittelbaren Zusammenhang mit WWS:

Das Haupteinsatzgebiet ist die Information der Kunden durch die Unternehmen des Handels.

Videotechnik:

Die Videokassette ist ein elektromagnetisches Speichermedium, auf das optische und akustische Signale aufgenommen werden können.

In den Unternehmen wird die Videotechnik zur Produktdemonstration und zur Eigenwerbung verstärkt eingesetzt, ebenso existieren bereits lokale Stadt-Videoprogramme, die in Schaufenstern verschiedener Unternehmen ablaufen und somit völlig neue Werbemöglichkeiten darstellen.

Im unternehmensinternen Bereich wird Video zur Mitarbeiterschulung eingesetzt.

Mikrofilm:

Neben der konventionellen Belegverfilmung gibt es die Möglichkeit des COM (Computer Output on Mikrofilm). Hierbei werden keine Vorlagen verfilmt, sondern digitale Informationen eines Computers in lesbare Zeichen umgewandelt und sofort auf Mikrofilm statt auf Papier gebracht (vgl. Schott 1983, S. 21 ff.). Der entstandene Film wird entweder als Rollfilm archiviert oder geschnitten, wodurch die sogenannten Mikrofiche entstehen.

Bei COM wird automatisch eine Fundstellenspeicherung im Computer vorgenommen, die es erlaubt, jederzeit und sehr schnell auf abgespeicherte Stellen zurückzugreifen (vgl. Bauernfeind 1982, S. 317). Konventionell verfilmte Belege, wie Rechnungen, müssen dagegen nachträglich datenerfaßt werden, etwa anhand der Kunden- und Rechnungsnummern.

Da durch den verstärkten Einsatz moderner Informations- und Kommunikationstechnologien auch mit einem starken Anstieg der elektronischen Post (so z.B. durch Mailbox-Systeme) zu rechnen ist, bietet das COM-Verfahren die Möglichkeit, diese Post sofort zu archivieren.

Bildplatte und optische Speicher:

Im Jahre 1982 wurde in der Bundesrepublik Deutschland die Bildplatte eingeführt, wobei dem Laser Vision-System von Philips die größten Chancen eingeräumt wurden (vgl. Tietz 1983, S. 59).

Haupteinsatzgebiet wird der Bereich Verkauf werden, wo die Bildplatte zur Verkaufsunterstützung und Produktdarstellung eingesetzt werden kann. Im Versandhandel kann die Bildplatte einmal den Katalog ersetzen.

Unternehmensintern kann die Bildplatte als Speichermöglichkeit beispielsweise für einen Ersatzteilkatalog eingesetzt werden (vgl. Tessar 1982, S. 138).

Für den kommerziellen Bereich gibt es eine Version, auf der wahlweise oder gemischt je Plattenseite 54.000 Standbilder oder bis zu 36 Minuten Laufbilder gespeichert werden können, die jeweils gezielt abrufbar sind (vgl. Brepohl 1983, S. 432).

Die Bildplatte ist somit auch bei der Mitarbeiterschulung anwendbar, wobei zu den Vorteilen, die bereits bei der Videotechnik angesprochen wurden, noch die folgenden hinzukommen:

-       schnellerer Zugriff auf bestimmte Stellen durch selektiven Abruf und
-       unbegrenzte Abspielbarkeit durch Laserabtastung.

Eine Weiterentwicklung der Bildplatte stellen die optischen Speicher dar. Diese nähern sich der unteren Grenze der Speicherdichte des menschlichen Gehirns (vgl. Gergely 1983, S. 142).

Mit Hilfe des elektrooptischen Speicherverfahrens DOR (Digital Optical Recording) ist es möglich, auf einer DOR-Platte von 12 Zoll Durchmesser 30.000 DIN A 4-Seiten zu speichern, die durch einen Leser jederzeit abrufbar sind, wobei die Zugriffszeit unter einer halben Sekunde liegt (vgl. Loewenheim 1983, S. 75). Die Daten sind in digitaler Form auf der Platte gespeichert.

Mit dieser Technik lassen sich elektronische Archive mit riesigem Speichervolumen und schnellster Zugriffszeit auf kleinstem Raum realisieren. Herkömmliche Belege werden mit Hilfe eines Blattlesers digitalisiert und gespeichert. Ein komplettes System bietet Philips unter der Bezeichnung "Megadoc" an, wobei hier daran gedacht wird, neben der bereits heute realisierten Speicherung von Texten, Daten und Bildern in naher Zukunft auch Sprache in digitalisierter Form auf der DOR-Platte zu archivieren (vgl. Munter 1983, S. 82).

B.VIII Zusammenfassung und Konsequenzen

B.VIII.1 Zusammenfassung

Abschnitt B.I hat gezeigt, daß die Warenwirtschaft Mittelpunkt der physischen Aktivitäten des Handels ist. Aus den physischen warenwirtschaftlichen Aktivitäten resultieren auf der informatorischen Ebene Informationsstrome, die als WWS abgebildet werden.

Die Steuerung sowie die Entscheidung über Veränderungen in der Warenwirtschaft übernehmen die einzelnen Ebenen der Unternehmenspolitik, wobei der Managementpolitik eine wesentliche Bedeutung zukommt.

Die Stellung eines Unternehmens im Markt und seine warenwirtschaftlichen Aktivitäten hängen aufgrund der gesamtwirtschaftlichen Entwicklung stark von seinem Kooperationsverhalten und der Zugehörigkeit zu einem bestimmten Betriebstyp ab.

Ziel eines Unternehmens muß es daher sein, durch ein geeignetes Kooperationsverhalten und eine genau definierte Betriebstypenstrategie Rationalisierungspotentiale zu erkennen und sie umzusetzen.

Daher ist ein wichtiges Ziel, alle relevanten Informations- und Kommunikationsströme im Handel zu analysieren, um ein geeignetes verbundgruppenspezifisches Informations- und Kommunikationssystem aufzubauen.

Hauptforderung ist die Integration aller Möglichkeiten des Informations- und Kommunikationsaustauschs in ein vollintegriertes EDV-gestütztes Informations- und Kommunikationssystem im Handel.

Daneben besteht auch die Forderung nach der Integration aller nach Funktionsbereichen gegliederten Informationen in dieses System.

Als letztes muß auf der Basis der vorhandenen Informationen gewährleistet sein, daß im Sinne eines optimalen Informationsmanagements integrierte Teilsysteme entwickelt werden, die die Informationen in Abhängigkeit von den Adressaten in entsprechend aggregierter und aufbereiteter Form zur Verfügung stellen.

Bei der Entwicklung eines Informations- und Kommunikationssystems im Handel sind die Anforderungen des Softwareengineerings sowie die technischen und organisatorischen Gestaltungsinstrumente zu beachten.

B.VIII.2 Konsequenzen

Bei der Entwicklung eines Btx-gestützten Informations- und Kommunikationssystems ist nun unter Berücksichtigung des Integrationsgedankens zu analysieren, welche geeigneten Einsatzpotentiale sich für Btx ergeben.

C Analyse des Btx-Einsatzes innerhalb der Komponenten integrierter Informations- und Kommunikationssysteme in Verbundgruppen des Handels

C.I Bedeutung von Btx

Teil C der vorliegenden Arbeit befaßt sich mit der Untersuchung der Einsatzmöglichkeiten von Btx innerhalb der Komponenten eines integrierten Informations- und Kommunikationssystems von Verbundgruppen im Handel.

Btx ist ein interaktiver Dienst, bei dem die Teilnehmer elektronisch gespeicherte, textorientierte Informationen abrufen, Datenverarbeitungsleistungen und andere Dienste bestimmter Anbieter in Anspruch nehmen sowie Mitteilungen an von ihnen bestimmte Teilnehmer elektronisch übermitteln können (vgl. Hansen 1981, S. 419).

Bezüglich der Informations- und Kommunikationsmöglichkeiten von Btx wird in der Literatur grundsätzlich wie folgt systematisiert (vgl. Meffert 1983, S. 20):

1. Informationsfunktion von Btx:
   Speicherung und Abruf von Informationen, z.B. durch Informationen für den einzelnen oder für mehrere Teilnehmer,

2. Dialogfunktion von Btx:
   Zugriff zur Datenverarbeitung und Dialog mit dem Rechner,

3. Dispositionsfunktion von Btx:
   Einsatz von Btx zur individuellen bzw. kollektiven Disposition. Als Beispiele seien genannt: Warenbestellungen, Reservierungen, Buchungen, Geldüberweisungen.

Daraus lassen sich fünf Nutzungsaspekte des Btx-Systems ableiten (vgl. Kragler 1982, S. 99):

- einseitige Informationen an Teilnehmer,
- Kommunikation in Geschlossenen Benutzergruppen (GBG),
- Dialog zwischen Teilnehmern/Anbietern,
- hausinterne Kommunikation (Inhouse-Systeme),
- Dialog im Rechnerverbund.

In Verbindung mit der Anwendung von Informations- und Kommunikationssystemen kann Btx wie folgt eingesetzt werden:

- in Ergänzung zu EDV-gestützten Informations- und Kommunikationssystemen,
- als alleiniger Träger von Informations- und Kommunikationssystemen,
- als Ersatz für EDV-gestützte Informations- und Kommunikationssysteme.

Eine Kombination zwischen Btx und EDV läßt dann alle Formen der strukturierten und unstrukturierten Kommunikation und Information in jeder Richtung (unidirektional, bidirektional) zu.

C.I.1 Informationsfunktion

Nach Meffert (vgl. Meffert 1983, S. 20) besteht die Informationsfunktion in der Speicherung und im Abruf von Informationen für den einzelnen oder für mehrere Teilnehmer. Abrufinformationen bestehen aus Informationen mit unidirektionalem Charakter in nicht strukturierter Form.

Beispiele für allgemein relevante Abrufinformationen sind aktuelle Übersichtsinformationen über Nachrichten, Sportereignisse, Wirtschaft, Lokalberichte, Notdienste und Lotto/Toto. Zu den Behördeninformationen zählen Angaben von Besuchszeiten, Sitzungsterminen von Kommunalparlamenten, Adressen- und Straßenverzeichnissen und lokalen Verordnungen. Reise- und Verkehrsinformationen enthalten Vakanzabfragen, Urlaubsreisen, Reisewetterdienste, Freizeitvorschläge und Fahrplanauskünfte. In Informationen der Wirtschaft werden Branchenverzeichnisse, Konditionen und Devisen-, Wertpapier- und Rohstoffkurse angeboten. Sonstige sind die Abfrage von kulturellen Veranstaltungen, Bestseller und Neuveröffentlichungen und haushaltsrelevante Auskünfte über Kleinanzeigen, Immobilien und Stellenangebote.

Abrufinformationen für bestimmte Teilnehmergruppen beinhalten Angebote für gewerbliche Verbraucher mit Herstellerverzeichnissen und internen Fernsprechauskünften, Informationen für freie Berufe, darunter Medikamentenverzeichnisse für Ärzte, Rechtsauskünfte für Rechtsanwälte und Steuerberatung, für Vereinsmitglieder stehen Veranstaltungshinweise und Satzungsänderungen bereit.

Der Btx-Einsatz im Handel bietet beispielsweise folgende Möglichkeiten:
Btx stellt aktuelle Informationen über Sonderangebote und Saisonschlußverkaufsmaßnahmen bereit, ohne die Erstellung von Sonderwerbemitteln abzuwarten.
Speziell im Versandhandel wird über Einkaufsvorteile der einzelnen Vertriebswege informiert. Der Einsatz von Bildplatte und Btx verbessert Produktdarstellungen sowohl im stationären als auch im Versandhandel mittels Stand- und Bewegtbildern als Verkaufshilfe, Darstellen von Katalogbildern, Modenschauen und Do-it-yourself-Arbeitsabläufen (vgl. Tessar 1982, S. 50).

C.I.2 Dialogfunktion

Indirekter Dialog erfolgt über den Informationsaustausch und via Electronic Mail zwischen Einzelpersonen oder innerhalb einer GBG in Form des bidirektionalen Informationsaustauschs. Die Nutzung von Electronic Mail erlaubt den Informationsaustausch auf dafür vorgesehenen und vorformatierten Mitteilungsseiten. Dadurch wird der Umfang der Nachricht pro Seite begrenzt. Sollen weitere Nachrichten versandt werden, müssen zusätzliche

Mitteilungsseiten ausgefüllt werden. Innerhalb des Electronic Mails können strukturierte ebenso wie frei formulierte Nachrichten ausgetauscht werden.

Die interaktive Dialogvorgangsverarbeitung erfolgt in Informationsbearbeitungsprozessen mit unterschiedlicher Intensität der EDV-Unterstützung unter Einsatz des Rechnerverbundes. Typisch für die Dialogfunktion ist der Informationsaustausch im bidirektionalen Sinne zur Übernahme der Zeitüberbrückungsfunktion. Oft werden dabei integrierte EDV-Anwendungen für Datenbankabfragen, Auftragsbestellungen und Auftragsbearbeitung benutzt. Anwendungsbeispiele sind die Bestellungen eines Einzelhändlers beim Großhändler mit direkter Rückfrage über den gewünschten Liefertermin, die Platzbuchung beim Reiseveranstalter inclusive direkter Auftragsbestätigung und das Simulieren/Generieren von Entscheidungsalternativen mittels vorgegebener Rechenmodelle z.B. bei Auswahl der Finanzierungsstrategie als Grundlage für Bauvorhaben.

Weitere Nutzungsmöglichkeiten innerhalb der Dialogfunktionen sind Weiterbildung, Schulungen, Eignungstests, Heimkurse, Preisrätsel und Computerspiele (vgl. Meffert 1983, S. 21).

Für den Handel bedeutet der Btx-gestützte Dialog, daß individuelle Informationswünsche und Kundenanforderungen durch die Einrichtung von Antwortseiten beantwortet werden und die Entgegennahme von Rückfragen und Bestellungen unabhängig von der Präsenz im Laden erfolgt. Im stationären Handel, der sein Sortiment auf Direktvertriebsmöglichkeiten überprüfen muß, wird sich die Wettbewerbssituation wegen des erweiterten Absatzradius verschärfen, da der Kunde nicht mehr preisgünstige Geschäfte aufsuchen muß, sondern über Btx Angebote bestellen kann.

C.I.3 Dispositionsfunktion

Btx kann dispositive Aufgaben als Vertriebsweg bei Bestellungen/Reservierungen und als Vertriebsmittel bei Produktinformation und -beratung wahrnehmen. Eigenständige Verkaufs-Bestellsysteme rationalisieren den Vertrieb bei Hersteller- und Handelsunternehmen (vgl. Meffert 1983, S. 125).

Über Anschluß an den Externen Rechner der Zentrale können Handelsniederlassungen ihre Lagerbestände und Verkaufsdaten der Hauptzentrale übermitteln. Auf Dispositionslisten werden genaue Angaben über Artikelbezeichnung und -nummer, Bestand, Bestellvorschlag, durchschnittlicher Absatz, Prognosewerte und vorhandene Aufträge eingetragen. Für Sammelbestellungen bietet sich die Zusammenfassung der Artikel nach Lieferanten an. Die Zentrale kann anhand der Dispositionslisten größere Bestellmengen realisieren und Verfahren zur Absatzprognose und Ermittlung von Bestellmengen anwenden. Die Disposition über Btx impliziert bei WWS die Einrichtung einer GBG aus Datensicherheitsgründen. Durch Btx-Einsatz im Lagerverbundsystem können Lagerbestände in den dezentralen Niederlassungen verringert werden. Auftretende Engpässe können über online-Verarbeitung mit der Zentrale direkt angezeigt und ausgeglichen werden.

Bezüglich der Bankleistungen können aktuelle Kapitaldispositionen durch Überspielen der laufenden Bankguthaben und Kassenbestände von Tochterfilialen an die Hauptgesellschaft getroffen werden (vgl. Scheer 1987, S. 65 - 67, 94).

C.II Standortbestimmung von Btx

Dazu ist es zunächst einmal erforderlich, Btx im Umfeld der konkurrierenden Dienste zur Datenübertragung und -verarbeitung zu analysieren. Nach einer solchen Analyse kann eine Standortbestimmung von Btx vorgenommen werden, die hilfreich ist, um effiziente Anwendungsschwerpunkte für Btx aufzuzeigen.

C.II.1 Technik des Btx-Systems

C.II.1.1 Systemarchitektur

Am 26. November 1981 erhielt die IBM Deutschland den Auftrag von der Deutschen Bundespost, die Btx-Zentralen für den Regeldienst einzurichten (vgl. Hölsken 1983, S. 7 f.) (vgl. Abbildung C.II.1.1.01).

Das Konzept sieht eine hierarchische Rechnerstruktur auf zwei Ebenen (Leitzentrale, A-Zentralen mit Konzentratoren) vor. Bei der Planung des Btx-Dienstes ging es darum, die jeweiligen Vorteile der zentralen und dezentralen Informationssysteme zu vereinigen, ohne zugleich auch ihre Nachteile in Kauf nehmen zu müssen (vgl. Hölsken 1983, S. 8 f.).

Die Leitzentrale:

Standort der Leitzentrale ist Ulm. In dieser Leitzentrale wird der gesamte Btx-Dienst von zwei duplizierten Rechnereinheiten (IBM Typ 3083) gesteuert und kontrolliert.

Die Aufgaben bestehen im einzelnen aus:

- Speicherung der Originaldaten,
- Speicherung der Teilnehmerdaten,
- teilnehmerbezogener Speicherung der Abrechnungsdaten,
- Kontrolle des gesamten Netzwerkes (vgl. Utpadel 1983, S. 168).

Die beiden Rechner teilen sich die Aufgaben, der eine arbeitet als Kommunikationsrechner, der andere als Verwaltungsrechner. Dabei ist die Modellgröße so gewählt, daß bei Ausfall eines Rechners alle kritischen Funktionen vom anderen Rechner übernommen werden können (vgl. Hölsken 1983, S. 13).

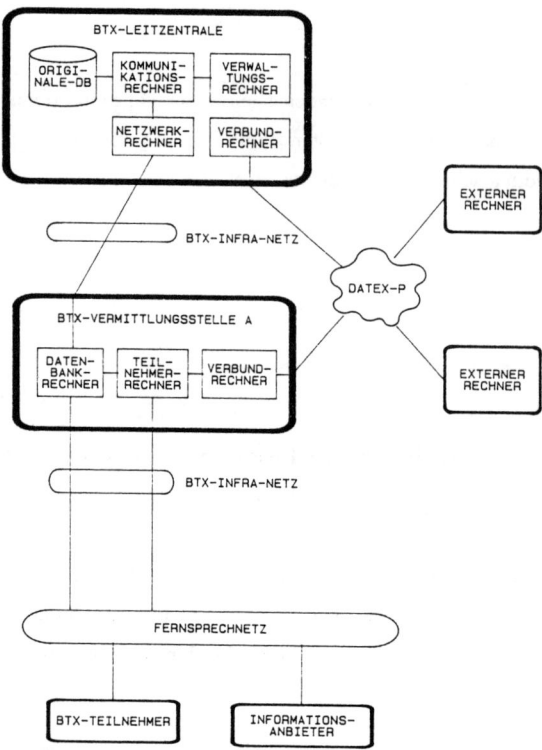

Abb. C.II.1.1.01: Btx-Infrastruktur

Die Vermittlungsstellen vom Typ A:

Eine Vermittlungsstelle vom Typ A besteht aus 2 Datenbankrechnern und 2 Verbundrechnern, die zusammen die mittlere Ebene der Hierarchie bilden, und maximal 6 Teilnehmerrechnern auf der untersten Ebene. Alle Rechner sind vom Rechnertyp IBM Serie /1. Eine Btx-Vermittlungsstelle ist mit multiplen Prozessoren ausgelegt, die über eine Prozessor-Ringleitung miteinander kommunizieren. Die Prozessoren sind mit unterschiedlichen peripheren Geräten ausgestattet. Der Zugang von Teilnehmern erfolgt grundsätzlich über die Teilnehmerrechner, während der Datenbankrechner den Zugang zur Btx-Leitzentrale ermöglicht (vgl. Hölsken 1983, S. 11).

Erwähnenswert ist das Konzept des sogenannten Paging. Die Seitenoriginale werden in der Grunddatenbank der Btx-Leitzentrale gehalten. Die Datenbanken, der Datenbankrechner und Teilnehmerrechner arbeiten mit Teilkopien. Erfolgt eine Abfrage auf eine zur Zeit in der untersten Ebene nicht zwischengespeicherte Seite, so wird diese von einer höheren Ebene abgerufen und anschließend in der Page-Datei gespeichert (vgl. Hölsken 1983, S. 13).

So wird ermöglicht, daß 95 bzw. 98 % (DB-Rechner) der Abfragen aus der eigenen Page-Datei befriedigt werden können. Ist die Speicherkapazität in einer der unteren Ebenen erschöpft, so werden diejenigen Seiten, die in letzter Zeit am wenigsten gefragt waren, durch die aktuellen angeforderten Seiten ersetzt (Seitenverjüngungskonzept). Die Verbundrechner verbinden die Teilnehmer mit den externen Informationsanbietern, wogegen die Verbundrechner der Leitzentrale die externen Informationsanbieter der Btx-Leitzentrale zum Zwecke des Austauschs von Btx-Seiten verbinden (vgl. Hölsken 1983, S. 19).

C.II.1.2 Rechnerverbundsysteme

Hardwarekomponenten:

Die Verbindungsstrukturen zwischen dem Externen Rechner eines Informationsanbieters und dem öffentlichen System sind von der Deutschen Bundespost festgelegt. Variationsspielraum besteht im hardwaretechnischen Aufbau des Externen Rechners eines Informationsanbieters. Dabei besteht grundsätzlich die Wahl zwischen dem Einsatz eines Mikrocomputers oder einem Großrechner.

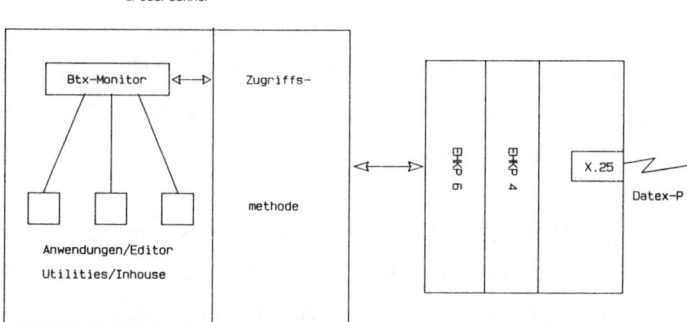

Abb. C.II.1.2.01 Mainframe-Lösung

Die in Abbildung C.II.1.2.01 gezeigte Konfiguration empfiehlt sich vor allem bei Btx-Anwendungen, die auf existierende große Datenbestände zugreifen müssen, wie Bank- und Versicherungsanwendungen oder Bestellsysteme im Handel.

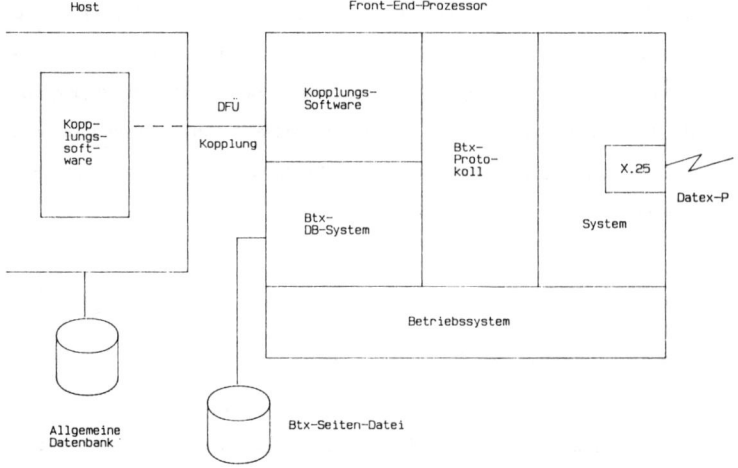

Abb. C.II.1.2.02: Dedizierte Minicomputer-Lösung

Bei spezialisierten Btx-Anwendungen begrenzten Umfangs (vgl. Abbildung C.II.1.2.02) empfiehlt sich die Installation eines speziellen Btx-Systems in Hardware und Software. Diese Lösung ist in den meisten Fällen unproblematischer als die der Integration von Btx-Anwendungen in die Großrechnerumgebung.

Das Konzept des Btx-Vorrechner-Systems (vgl. Abbildung C.II.1.2.03) ist eine besondere Variante der zuvor genannten Lösung. Der Btx-Vorrechner besteht ebenfalls aus einem Mini-Rechner mit Btx-Software. Er ist zusätzlich mit einer Kommunikationskomponente zum Datenaustausch mit einem Mainframe ausgestattet.

Der Vorteil gegenüber der Mainframe-Lösung liegt darin, daß am Datenbestand und an den Anwendungen der Großrechner keine Änderungen vorgenommen werden müssen, auf die dort existierenden Datenbestände aber dennoch zugegriffen werden kann.

- Der Mikrocomputer als Externer Rechner:
  Diese Lösung empfiehlt sich dann, wenn nur wenige Anwendungen im Externen Rechner laufen werden und die Zahl der gleichzeitigen Sitzungen begrenzt ist (ca. 8 - 16 Sitzungen). Die Frage nach der Anzahl der gleichzeitig mit dem PC-ER möglichen Sitzungen kann bei dieser Einsatzform nicht unabhängig von den Anwendungen beantwortet werden (vgl. Schindler 1985, S. 29).

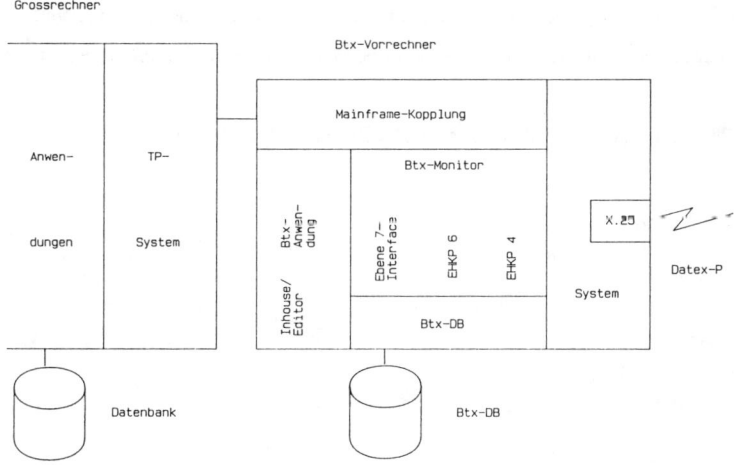

Abb. C.II.1.2.03: Btx-Vorrechner-Lösung

-     Der Mikrocomputer im Front-End-Externen Rechner-Konzept:

    Diese Variante entspricht im Aufbau der dedizierten Minicomputer-Lösung. Der besondere Vorteil liegt im geringen Preis eines Minicomputers.

In Anlehnung an das ISO-Referenzmodell (zum ISO-Referenzmodell vgl. die Ausführungen in Kapitel C.II.6.2) besteht die Protokollstruktur für den Btx-Rechnerverbund aus folgenden Komponenten:

-     dem X.25-Netzzugangsprotokoll,
-     dem Transportmodell EHKP4,
-     dem Präsentationsprotokoll EHKP6, das durch ein sogenanntes Präsentationsimage (PI) für Btx erweitert wurde,
-     dem Btx-Anwendungsprotokoll für Seitenzugriff-, Datensammel- und Dienstzusatzfunktionen auf der Ebene 7.

Ein Sessionsprotokoll ist zunächst im Btx-Rechnerverbund nicht vorhanden, deswegen müssen Elemente dieser Ebene in der Anwendung wahrgenommen werden (vgl. Gerhard 1983, S. 8 f.).

Eine Btx-Anwendung und ein Btx-Terminal kommunizieren nicht direkt miteinander, sondern über die zugehörigen PI.

Sie bestehen aus mehreren Einzelelementen, sogenannten Strukturelementen, in denen auf dem Bildschirm anzuzeigende Daten, Btx-Seitenattribute, der momentane Kommunikationsstatus usw. abgespeichert sind.

Die Strukturelemente sind in einer Baumstruktur angeordnet und individuell adressierbar durch ihre Positionszahl in dieser Struktur. Das EHKP6-Protokoll hat die Aufgabe, die Inhalte des PI der Strukturelemente in der Btx-Vermittlungsstelle und im Externen Rechner gleichzuhalten (vgl. Gerhard 1983, S. 19).

94

Der Vorteil der Protokolle liegt in deren Allgemeinheit, deswegen müssen Anwendungsprogramme und Datenbanksysteme in den Externen Rechnern nicht an spätere Generationen von Btx-Endgeräten angepaßt werden (vgl. Döring 1983, S. 103).

Die folgende Abbildung C.II.1.2.04 gibt einen Überblick über die Btx-Protokollstruktur.

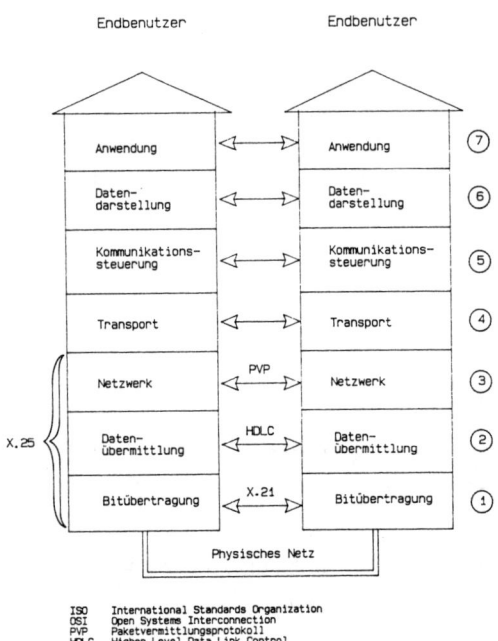

Abb. C.II.1.2.04: Protokollstruktur für den Btx-Rechnerverbund

Software-Komponenten:

Für die Behandlung der Btx-Protokollstruktur empfiehlt es sich, auf standardisierte Produkte zurückzugreifen. Die Wahl auf standardisierte Produkte fällt auch deshalb, weil diesen in Verbindung mit der entsprechenden Hardware bereits die Zulassungen von ZZF (Zentralamt für Zulassungen im Fernmeldewesen der DPB) erteilt worden sind.

Darüber hinaus müssen die Schnittstellen zwischen Btx-Kommunikationssoftware und der Anwendungssoftware auf EDV-Ebene entsprechender Software abgedeckt werden.

Bei Front-End-Externen Rechner-Konzepten sowie bei dedizierten Mainframe-Lösungen müssen darüber hinaus folgende Schnittstellen bedient werden:

- Schnittstelle Mainframe-Vorrechner zur Maschine-Maschine-Kommunikation,
- Schnittstelle zwischen Front-End-Externer Rechner und dem Btx-Terminal zur Anpassung der Benutzerschnittstelle.

Besonderheiten des Btx-Rechnerverbundbetriebs:

"Durch die Nutzung des Btx-Systems im privaten Bereich ist bei vielen angebotenen Dienstleistungen über Btx die Forderung eines 24-Stunden-Betriebs gegeben. Damit die hohen Anforderungen an die Datenverarbeitung erfüllt werden können, muß bei der Hardware zumindest eine Duplexkonfiguration zur Verfügung stehen, die durch eine geeignete Software gekoppelt ist, damit beim Umschalten ein Re-Start, beim Ausfall eines Rechners oder seiner Komponenten, in Millisekunden gewährleistet ist (vgl. Pflüger 1983, S. 156). Die Ausfallsicherheit stellt an die Software besondere Anforderungen, da sich Software-Instabilitäten noch unangenehmer bemerkbar machen als Maschinenausfälle. Ein besonderer Umstand, der bei allen online-Systemen auftritt, ist, daß die Zentrale keine Steuerungsmöglichkeiten über das Nachrichtenvolumen, das pro Zeiteinheit zu verarbeiten ist, besitzt. Belastungs- bzw. Verarbeitungsspitzen, wie sie schon im Telefonnetz bekannt sind, müssen elastisch vom Gesamtsystem aufgefangen werden und dürfen nicht über Warteschlangen, die sich erst nach einiger Zeit abbauen und zu entsprechenden Wartezeiten beim Benutzer führen, von dem System abgefangen werden (vgl. Pflüger 1983, S. 156).

C.II.1.3 Inhouse-Systeme

Für größere Organisationen mit einem entsprechend ausgedehnten eigenen Telefonnetz oder sonstigen bereits bestehenden Datenkommunikationsnetzen kann es vorteilhafter sein, Btx-Dialoge ausschließlich in ihren eigenen (privaten) Netzen abzuwickeln. Hierbei wird im Dialogverkehr die öffentlichen Btx-Zentralen umgangen, was eine Verkürzung der Antwortzeiten zur Folge haben und darüber hinaus bei ausschießlicher Nutzung der privaten Übertragungswege zu sehr niedrigen Nachrichtentransportkosten führen kann (vgl. Lazak 1984b, S. 323).

Es werden Rechner eingesetzt, die die Btx-Dialogführung unabhängig von den öffentlichen Btx-Zentralen zulassen. Sie besitzen einen sogenannten Btx-Port, d.h. die Btx-Leitungen können direkt ohne Zwischenschaltung der öffentlichen Zentralen an den Inhouse-Rechner angeschlossen werden. Der Inhouse-Rechner besteht aus denselben Hardware- und Softwarekomponenten wie ein Externer Rechner mit Ausnahme des sogenannten Btx-Ports.

Diese privaten Systeme können über die Fernsprechleitung und dem dazugehörigen Modem ebenfalls Zugang zum öffentlichen Betrieb haben; die EDV-Anlage kann ebenfalls über Datex-P als Externer Rechner im öffentlichen System auftreten. Die besonderen Vorteile liegen darin, daß

-       bereits vorhandene Nebenstellenanschlußleitungen benutzt werden können,
-       Btx-Datensichtgeräte 50 - 90 % billiger sind als EDV-Terminals,
-       die betreffenden Mitarbeiter keine spezielle EDV-Ausbildung, sondern lediglich eine kurze Einarbeitung benötigen.

C.II.1.4 Telesoftware

Unter Telesoftware versteht man in codierter Form auf Btx-Seiten abgelegte Programme, die nach Abruf aus dem Btx-System in einem Mikrocomputer oder intelligenten Dekoder geladen und genutzt werden können.

Intelligente Dekoder nennt man Geräte, die fähig sind, Software für weitere Verwendung zu empfangen und zu speichern (vgl. Kragler 1982, S. 9.5).

C.II.1.5 Darstellungsumfang des CEPT-Standards

Möglichkeiten:

Auf dem Alphamosaikprinzip beruhen alle nach dem englischen Prestel ausgerichteten Videotex-Systeme, also auch Btx. Die Grundlage für dieses Verfahren bildet die Unterteilung des vorgegebenen alphnumerischen Zeichenfeldes in 6 Einzelfelder (2 x 3 Punktmatrix) und eine dadurch erreichte graphische Auflösung von 80 x 72 Punkten pro Videotex-Seite im Prestel-Standard. Die Vorteile der als "Blockgraphik" bezeichneten Darstellung sind ein geringer Speicherbedarf im Endgerät und in der Datenbank sowie ein relativ problemloser Bildaufbau. Deutliche Nachteile ergeben sich allerdings aus der äußerst groben, meist ungenügenden Bildauflösung (vgl. Kragler 1982, S. 8.1). Mit der Einführung des CEPT-Standards wurde dann die Auflösung durch den Übergang auf eine 12 x 10 Bildpunkte große Zeichenmatrix wesentlich verbessert.

Die wichtigste Anforderung an den neuen internationalen Standard war die Abdeckung aller lateinischen Schriften Europas sowie die Beseitigung von Restriktionen im graphischen Bereich (vgl. Danke 1983, S. 6).

Die wichtigsten Eigenschaften des CEPT-Standards sind:

-       Zeichenvorrat:
        Der Basis-Zeichenvorrat umfaßt 320 Zeichen aller lateinischen Buchstaben Europas sowie die wichtigsten Standardzeichen. Die Umlaute und akzentuierten Buchstaben werden dabei nach der Kompositionsmethode erzeugt. Feste Graphikzeichen, wie Mosaikelemente, Schrägflächen und Linien-

zeichen sowie einige graphische Zusatzzeichen (Kreise, Schraffur) ergänzen den alphanumerischen Zeichensatz.

DRCS-Zeichen:

Von den DRCS- (Dynamically redefinable character sets) oder FDZ- (frei definierbare Zeichen) Zeichen stehen 94 zur Verfügung. Sie stellen einen veränderbaren Zeichen-Generator dar, so daß einmal übertragene Zeichen beliebig oft verwendet werden können. Das Grundraster beträgt 10 x 12 Zeichen, so daß - nimmt man die Ladezeit in Kauf - auch Graphiken mit außerordentlich feiner Auflösung dargestellt werden können. Besondere Eignung haben diese Zeichen für Firmenzeichen, Signets oder Piktogramme.

Attribute:

Die Attribute werden wie Buchstaben als Codeworte übertragen; sie benötigen keinen eigenen Leerplatz, sondern können in eine Schreibstelle auch zusätzlich zu einem Buchstaben, wenn erforderlich, auch mehreren, eingetragen werden.
Es stehen 8 Grundfarben zur Verfügung, die in voller oder reduzierter Intensität darstellbar sind. Darüber hinaus können je Bild 16 Farbtöne aus einer Palette von 4096 Farben frei ausgewählt und verwendet werden.
Weitere Attribute ermöglichen u.a. die Vergrößerung von Schriftzeichen (doppelte Höhe, doppelte Breite, doppelte Größe, Unterstreichen, Drei-Phasen-Blinken, Verdecken, Markieren und Schützen von Bereichen) (vgl. Danke 1983, S. 8). Die Gesamtzahl der Attribute einschließlich Zeilentabellenwechsel ist auf 40 je Zeile begrenzt.

Formate:

Durch die codierte Übertragung der Darstellungstechniken und die Verwendung von Zeichengeneratoren in den Dekodern kann der Dekoderhersteller die Zeichenauflösung und den Schrifttyp selbst festlegen. In der Praxis allerdings ist durch das Grundraster der DRCS-Zeichen die Bildauflösung auch für die festen Zeichen vorbestimmt. Als Standardformate stehen 20 x 40, 24 x 40 Zeichen zur Verfügung. Die horizontale Bildauflösung läßt es auch zu, Dekoder für die Wiedergabe von 80 Zeichen pro Zeile auszurüsten und sie somit als kombinierte Daten- und Btx-Terminals einzusetzen.

Erweiterungsmöglichkeiten:

Der CEPT-Btx-Standard ist so angelegt, daß die Protokolle für jede Erweiterung offengehalten werden. Für eine Anwendung des alphageometrischen Verfahrens, einem Verfahren, bei dem die einzelnen Bildpunkte des gesamten Bildschirms individuell angesteuert werden, und zwar durch geometrische Grundbefehle, erfolgt eine Anlehnung an das graphische Kernsystem (GKS).
Für alphaphotographische Verfahren, die der bildpunktweisen Faksimileübertragung ähneln, ist noch kein Darstellungsverfahren festgelegt (vgl. Danke 1983, S. 10).

-   Übertragung:

    Alle Informationen, die im Rahmen des Btx-Dienstes übertragen werden, sind als 8-bit-Worte codiert. Auf diese Weise können 256 verschiedene Aktionen ausgelöst werden (vgl. Danke 1983, S. 11).

C.II.1.6 Exkurs: Btx-Endgeräte

Hardware-Komponenten:

Das Modem bildet die Schnittstelle zwischen dem öffentlichen Netz der DBP und den Endeinrichtungen des Anwenders. Es wandelt binäre Datensignale in frequenzmodulierte Tonfolgen zur Übertragung über das Fernsprechleitungsnetz um. Die DBP bietet für Teilnehmer das Automatikmodem DBT 03, wahlweise auch für Handwahlbetrieb, sowie die Modemgeräte D1200 S 05 und D1200 S 10 (12) für Anbieter an.

Der Dekoder steuert den Datentransfer zwischen dem Modem und den Btx-Einrichtungen, speichert Zeichen und Seiten und steuert die Anzeige von Btx-Seiten.

Btx-Endgeräte sind:

-   Btx-Fernsehgeräte mit integriertem oder mit Beistelldekoder und Fernbedienung oder alphanumerischer Tastatur,
-   Bildschirmtelefone, das sind Kombinationen von Komfortfernsprechapparaten mit Btx-Endgeräte-Komponenten, wie Dekoder, Kleinbildschirm, Tastatur und Zusatzeinrichtungen, z.B. Drucker,
-   Btx-Terminals, auch als Dekoder-Monitore bezeichnet, dabei handelt es sich um spezielle Btx-Monitore mit integrierten Dekodern und alphanumerischer Tastatur für den professionellen Einsatz,
-   Intelligente Dekoder, auch programmierbare Intelligente Dekoder (MUPID), sie vereinen Hardware-Dekoder und Mikrocomputerfunktionen in einem Gehäuse,
-   Mikrocomputer mit Hard- und Softwaredekodern als eigenständiges Endgerät für den autarken Netzzugang,
-   Editierstationen, das sind Btx-Terminals mit spezieller Editiertastatur zum Erstellen von Btx-Seiten.

Zusatzeinrichtungen sind alle Geräte, die nicht für den autarken Zugang zu Btx zugelassen oder geeignet sind.

Beispiele sind:

1. Mikrocomputer, die nicht mit einem zugelassenen Hardware- oder Softwaredekoder ausgerüstet sind,
2. Speichermedien, insbesondere Diskettenlaufwerke und Plattenspeicher,
3. Drucker und Plotter zum Ausdrucken von Informationen oder auch von Btx-Seiten mit Farbdarstellung,
4. graphische Zusatzeinrichtungen als Ergänzung professioneller Editierstationen, z.B. Graphiktablett, Scanner- und Videokameras, Btx-Scop zur Projektion von graphischen Vorlagen usw.,
5. Bildplattengeräte und Videorecorder zur gemeinsamen Ausgabe von Btx-Informationen und Bildern fotographischer Qualität.

Hardware-Konfigurationen:

Aus diesen einzelnen Komponenten lassen sich anwenderspezifische Konfigurationen zusammenstellen. Dabei besteht die Mindestausstattung zur Teilnahme an Btx aus einem von der DBP gemieteten Modem, einem Dekoder, einem Sichtgerät (Fernseher oder Monitor) und einer Bedieneinheit (Fernbedienung oder Tastatur). Für den Zugang zum Btx-System ist zudem ein Fernsprechanschluß erforderlich.

Private Teilnehmer verwenden überwiegend die oben genannte Mindestausstattung mit Fernsehgerät und Fernbedienung. Als zusätzliche Einrichtungen können alphanumerische Tastatur, Home- oder Mikroccomputer und Speichermedien eingesetzt werden. Alternativ ist die Verwendung eines Bildschirmtelefons oder eines MUPID mit herkömmlichem Fernsehgerät möglich.

Professionelle Teilnehmerstationen bestehen typischerweise aus einem Modem (DBT 03 oder D1200 S 05), Btx-Terminal (Dekoder-Monitor) als Sichtgerät für Btx-Seiten mit alphanumerischer Tastatur, ergänzt durch Mikrocomputer, Speichermedien, Drucker und gegebenenfalls Bildplattenspieler und Videorecorder.

Professionelle Anbieterstationen unterscheiden sich von der unter 2. genannten Konfiguration durch die Verwendung des Anbietermodems D1200 S 10 bzw. S 12, einer Editierstation und graphischen Zusatzeinrichtungen als Editierhilfen.

Aspekte der rechnerunterstützten Btx-Benutzung:

Im Endgerätebereich konzentriert sich die Rechnerunterstützung auf den Einsatz von Mikrocomputern. Diese sind einsetzbar als Element einer privaten oder professionellen Teilnehmerstation sowie als Element von professionellen Anbieterstationen.

Funktional betrachtet unterstützt der Mikrocomputer in Teilnehmerstationen das Btx-Systemhandling, die Offline-Informationsspeicherung und -verarbeitung sowie die Informationsverarbeitung durch Anwenderprogramme.

Informationsanbietern steht umfangreiche Editier- und Graphikunterstützung in Form von preiswerter Standardsoftware zur Verfügung. Sie ist für alle Mikrocomputer-Typen erhältlich.

C.II.2 Btx im Umfeld der klassischen Medien

Als klassische Medien werden Zeitungen, Bücher und sonstige Druckerzeugnisse mit höherer Auflage bezeichnet (vgl. Kragler 1982, S. 3.0.1). Als Medium, d.h. als Träger der Information, fungiert ein fester Stoff, das Papier. Hinzu tritt das weitere Merkmal, daß bei den Printmedien das Attribut Massenmedium hinzutritt, d.h. diese Medien sind nicht individuell belegbar (vgl. Kragler 1982, S. 3.0.1). Unter diesem Aspekt läßt sich die eindeutige Aussage treffen, daß Btx nicht als neuartige Ergänzung in die Gruppe der klassischen Medien gehört. Der Unterschied zwischen den klassischen Medien und Btx besteht darin, daß der aktive Part vom Sender auf den Empfänger übergeht und somit nicht der Empfänger, sondern der Sender beim Kommunikationsvorgang ein Teil einer "Masse" ist (vgl. Seetzen 1983, S. 88). Der Empfänger (Btx-Teilnehmer) muß den Anstoß zur Aussendung einer

Botschaft geben. Somit werden die Rollen (Sender, Empfänger) beim Einsatz von Btx vertauscht. Btx ist ein Abrufmedium, es setzt Aktionen und Entscheidungen der Teilnehmer voraus (vgl. Grunert 1984, S. 14).

Da aber viele Nutzungsmöglichkeiten von Btx in parallelen Nutzungsformen zur Presse bestehen (vgl. Ratzke 1982, S. 188), muß bei der Untersuchung der Einsatzmöglichkeiten von Btx in Informations- und Kommunikationssysteme dieser Aspekt berücksichtigt werden.

Die scheinbare Parallelität resultiert vor allem aus dem vorgeschriebenen Format, in welches Informationen abgelegt werden können, was auch als Btx-Seiten-Format bezeichnet wird.

C.II.3 Btx im Umfeld der neuen Medien

Das Innovative der neuen Medien, wie Satellitenrundfunk, Kabelrundfunk, Btx, Bildplatte und Videoband liegt zum einen in neuen Formen der Signalübertragung über Funk, Kabel und Fernsprechnetz, zum anderen in neuartigen Methoden der Informationsspeicherung sowie in der Weiterentwicklung und in der Verkopplung klassischer Technologien. Unter marktorientierten Gesichtspunkten läßt sich bei den neuen Medien auch ein neuer Stil, der insbesondere bei der Werbung deutlich wird, erkennen. "Er ist aufreizend und unterhaltsam, sensualistisch, schnell und dynamisch" (Kroeber-Riel 1989, S. 5). Aufgrund der Bildauflösung von Btx und der damit verbundenen Darstellungsmöglichkeiten ist Btx nur beschränkt geeignet, diesem Trend zu folgen.

Die neuen Medien lassen sich ebenfalls unter mehren Blickrichtungen (vgl. Kragler 1982, S. 3.0.4; Meffert 1983, S. 1 ff.) klassifizieren. Diese können z.B. sein:

- die Art der Übertragungsmethoden,
- die Art der Informationsträger oder
- die Art der Übertragung (seriell/parallel).

Den Untersuchungen soll die Klassifikation nach der Art der Informationsträger, wie sie in Abbildung C.II.3.1.01 dargestellt ist, zugrundeliegen.

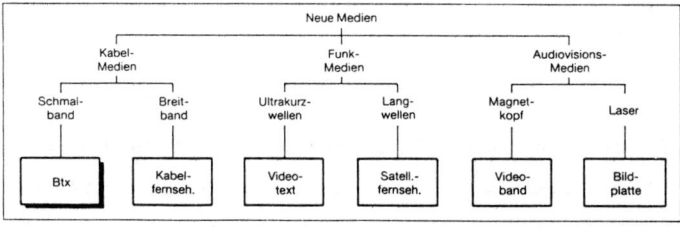

Abb. C.II.3.1.01: Klassifikation der neuen Medien nach der Art der Informationsträger

Quelle: Kragler 1982, S. 3.0.4; Meffert 1983, S. 2

Bei der weiteren Untersuchung werden wie bereits in Abschnitt C.I.3 ff. nur diejenigen Medien näher beschrieben, mit denen Btx im Hinblick auf die Ziele der Gesamtuntersuchung unmittelbar konkurriert oder Substitutionsbeziehungen bestehen.

C.II.3.1 Teletexte

Für jegliche Form von Textkommunikation, die elektronisch übermittelt und auf dem Bildschirm visualisiert wird, kann nach Ratzke der Oberbegriff Teletext verwendet werden. Videotexte, Kabeltexte sowie Btx zählen zu den Teletexten, die zu beliebiger Zeit den individuellen Zugriff auf spezifische Einzelinformationen nach Katalog erlauben (vgl. Wilitzki 1982, S. 10).

C.II.3.2 Videotextsysteme

Bei Videotextverfahren und technisch gleichartigen Formen der elektronischen Textübermittlung werden Schriftinformationen aus einem zentralen Textspeicher in einen unendlichen Zyklus gleichzeitig mit dem Fernsehsignal in der vertikalen Austastlücke ausgestrahlt und mit Hilfe eines im Empfänger eingebauten Dekoders auf dem Fernsehschirm sichtbar gemacht. Der Abruf geschieht wie beim Btx-Verfahren mit Hilfe einer Zahlentastatur. Auf jeder Seite oder Tafel können 24 Schriftzeichen zu je 40 Zeichen übermittelt werden. Die Zeichen können in weiß oder in sechs Farben sowie in doppelter Buchstabengröße dargestellt werden. Die Übertragungsgeschwindigkeit beträgt 6,9375 Megabit/s. Das Übermittlungsvolumen ist je Fernsehsignal auf 100 Schriftseiten begrenzt. Die maximale Zugriffszeit beträgt bei dieser Quantität etwa 24 s (vgl. Ratzke 1982, S. 213 f.)

In der Bundesrepublik Deutschland bieten die Rundfunkanstalten und Zeitungsverlage Videotext an. Ein Feldversuch vom 01.06.1980 - 31.05.1983 ging dem offiziellen Videostart voran. Die Akzeptanz des Videotextsystems, das nicht dialogfähig ist, war nach dem ersten Jahr in Feldversuch gering. Nach Untersuchungen des Marplan-Institutes, das vom Süddeutschen Rundfunk beauftragt war, interessierten sich nach einem Jahr im Feldversuch nur 5 % der Befragten dafür (vgl. Ratzke 1982, S. 215 f.).

Wirtschaftsunternehmen sind von der Gestaltung von Informationsangeboten, die durch Videotext verbreitet werden, ausgeschlossen. Es besteht eine starke Ähnlichkeit zum Btx-Angebot der Zeitungsverleger (vgl. Wilitzki 1982, S. 216).

Kabeltextsysteme:

Im Gegensatz zu Btx, das im schmalbandigen Fernmeldenetz übertragen wird, nutzt der Kabeltext die gesamte Bandbreite eines Kupfer oder Glasfaserkabels. Bei der Nutzung eines Kanals im Kabeltext sind Tausende von Seiten, im Kabelfernsehkanal mindestens 20.000 Seiten (d.h. 200 Magazine à 100 Seiten) in derselben Zeit abrufbar. Die Übermittlungszeit beträgt somit 1.000 Seiten/s. Durch eine derart schnelle und umfangreiche Übermittlung von Texten ergeben sich ungewöhnliche Möglichkeiten für ein beliebig variierbares Informationsangebot sowohl vom Inhalt als auch von der Zahl der Anbieter her. Man unterscheidet drei mögliche Formen:

Einfache Kabeltextübermittlung:

Bei einer Datenrate von 7 MB/s, einer 16-Bit-Codierung und 12.000 gespeicherten Seiten ist eine maximale Zugriffszeit von 5 s für die Seiten erforderlich, die einmal je Zyklus übertragen werden. Trotz des fehlenden Rückkanals ist ein dialogähnlicher Suchvorgang möglich (vgl. Ratzke 1982, S. 228).

Kabeltextabruf:

Dem Benutzer steht ein Rückkanal, der breitbandig oder auch schmalbandig denkbar ist, zur Verfügung, mit dessen Hilfe er wie bei Btx gewünschte Texte aus zentralen oder dezentralen Datenbanken abrufen kann.

Individualkabeltext:

Unter Zuhilfenahme einer Zentrale können Kabeltextbenutzer miteinander in Verbindung treten. Die abgerufenen Texte können nicht, wie beim Kabeltextabruf, von allen anderen Teilnehmern mitgelesen werden. Die technischen Voraussetzungen für Kabeltextanwendungen sind großflächige Verkabelung.

Beurteilung:

Teletexte bieten folgende Vorteile:

- Übermittlung hochaktueller Texte, die jederzeit schnell zu ergänzen, zu ändern, zu erneuern oder zu löschen sind,
- gezieltes, schnelles, redundanzfreies Auffinden der gewünschten Information mit Unterstützung durch elektronische Rechner,
- Verknüpfungsmöglichkeiten mit Datenbanken,
- schriftliche Kontaktmöglichkeit mit anderen Teilnehmern (nicht bei Videotext),
- nur geringer Energie- oder Rohstoffverbrauch,
- kostengünstige, da körperlose Informationsübermittlung,
- große Übersichtlichkeit durch Farben und Graphiken,
- Materialisierbarkeit der flüchtigen Bildschirminformation durch preiswerte Drucker,
- preiswerte Archivierbarkeit der Information auf Ausdrucken, Magnetspeichern oder einfachen Audiokassetten.

Die Nachteile sind:

- relativ geringe Textmenge auf jeder Bildschirmseite darstellbar, dadurch anstelle des gewohnten, übersichtlichen räumlichen Nebeneinander der Information ein zeitliches Nacheinander,
- geringere Möglichkeiten der großflächigen visuellen Darstellung,
- keine ständige Verfügbarkeit, da Abruf der Information an ein Gerät gebunden ist.

Aufgrund der höheren technischen Qualität von Breitbandnetzen können technische Grenzen überwunden werden, die sowohl das Vidoetextsystem als auch das Btx-System aufgrund der Übertragung im schmalbandigen Fernmeldenetz aufweist.

Kabeltext bietet eine höhere Übertragungsgeschwindigkeit und eine optisch anspruchsvollere Bildqualität. Kabeltext bietet den höchsten Nutzungskomfort, der in der Gestaltung sogar die Übermittlung von Bildern ermöglicht (vgl. Wilitzki 1982, S. 17).

Da eine großflächige Anwendung aufgrund der langsam voranschreitenden Verkabelung nicht in naher Zukunft liegt, wird der Einsatz von Btx noch lange nicht durch Kabeltexte ersetzt.

C.II.4 Btx im Umfeld der Telekommunikationsdienste

Auch bezüglich der Einordnung von Btx in Telekommunikationsdienste bestehen einige Abgrenzungsprobleme, da sich die Definitionsmerkmale von Btx mit unterschiedlichen Telekommunikationsdiensten überlappen.

Allgemein ist die Telekommunikation ("Tele", griech.: Fern...; "Kommunikation", lat.: Mitteilung, Verbindung, Verkehr) eine Kommunikationsform, die über die normalen menschlichen Hör- und Sichtweiten hinausgeht. Sie dient der Informationsübertragung von Mensch zu Mensch, von Mensch zu Maschine (und umgekehrt) oder auch von Maschinen untereinander mittels nachrichtentechnischer Übertragungsverfahren (vgl. Kragler 1982, S. 3.0.2). Telekommunikation beinhaltet die Übertragung von Sprache, Daten, Text, Festbild, und Bewegtbild. Innerhalb der Telekommunikation kann zwischen den privat genutzten und den kommerziell genutzten Diensten unterschieden werden. Abbildung C.II.4.01 zeigt eine solche Unterscheidung.

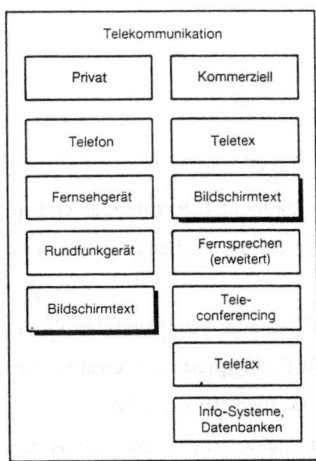

Abb. C.II.4.01: Telekommunikationsdienste im privaten und wirtschaftlichen Bereich

Quelle: Kragler 1982, S. 3.0.3

Eine weitere Unterscheidungsmöglichkeit besteht zwischen den Diensten zur Individual- oder Massenkommunikation (vgl. Abbildung C.II.4.02).

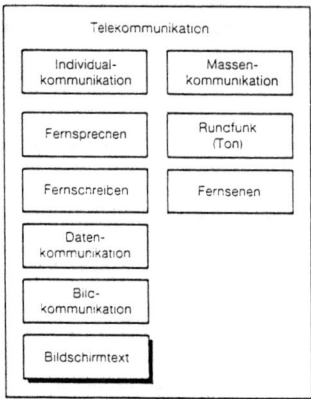

Abb. C.II.4.02:   Telekommunikationsdienste zur Massen- und Individualkommunikation
                  Quelle: Kragler 1982, S. 3.0.3

Die in diesem Abschnitt C.II.4 gewählte Systematisierung der Telekommunikationsdienste besteht bezüglich ihrer Einsatzbereiche im kommerziellen Bereich. Diese Einteilung wurde deswegen gewählt, weil damit der Zusammenhang zum Aufbau eines Informations- und Kommunikationssystems für Verbundgruppen des Handels gewahrt bleibt.

C.II.4.1 Telefax

Telefax - zu deutsch Fernkopieren - ist ein vom CCITT (Comité Consulatif International Télégraphique et Téléphonique) standardisierter Dienst der Faksimileübertragung, der als neuer Dienst der Deutschen Bundespost am 01.01.1979 eingeführt wurde (vgl. Fellbaum, Hartlep 1983, S. 22).
Es gibt vier unterschiedliche Gerätetypen, wobei die Gruppen 1 bis 3 nach CCITT standardisiert sind. Die Geräte der Gruppe 1 und 2 arbeiten nach analogen Modulationsverfahren, die digitalen Fernkopierer der Gruppe 3 arbeiten mit redundanzreduzierenden Quellencodierungsverfahren (vgl. Fellbaum, Hartlep 1983, S. 226).
Die Übertragungszeiten der digitalen Geräte liegen wesentlich unter denen der analog arbeitenden (vgl. Anlage 7). Da das zukünftige Telekommunikationsnetz für alle Dienste digital sein wird, ist den Geräten der Gruppe 3, und später auch der Gruppe 4, der Vorzug zu geben (vgl. Fellbaum, Hartlep 1983, S. 228).

C.II.4.2 Telex

Telex (Teleprinter Exchange Service) ist die internationale Bezeichnung für das Fernschreiben. Es ist der zur Zeit bedeutendste öffentliche Teilnehmerdienst für die elektronische Textkommunikation und wurde 1933 eingeführt. Die Bundesrepublik Deutschland verfügt mit mehr als 150.000 Teilnehmern über das größte zusammenhängende Telexnetz der Welt (vgl. Fellbaum, Hartlep 1983, S. 239).

Das elektronische Datenvermittlungssystem EDS ermöglicht: Kurzwahl, Direktruf und Hinweisgabe.

C.II.4.3 Teletext

Teletextdienst ist die CCITT-Bezeichnung für Bürofernschreiben, also ein Textkommunikationsdienst. Der gebührenpflichtige Betrieb läuft seit dem 01.03.1982, im Herbst 1979 begann der erste Feldversuch.

Im Rahmen einer stehenden Teletextverbindung kann auch eine Datenfernverarbeitung abgewickelt werden, für welche die Fernmeldeverwaltung keine Prozedur vorschreibt. Geplant ist auch der Zugang zu Anschlüssen des übrigen Datexnetzes.

C.II.4.4 Telebox

Unter dem Namen Telebox bietet die Deutsche Bundespost die Möglichkeit eines persönlichen Mitteilungsaustauschs mit ständiger Erreichbarkeit von Kommunikationspartnern im Inland an (vgl. Tietz 1986b, S. 143).

Dieser Dienst kann über die öffentliche Wählnetze erreicht werden. Voraussetzung für den Zugang zur Telebox ist ein asynchronisches Datenendgerät (300 und 1.200 bit/s). Abgewickelt wird der Dienst über besondere Vermittlungsstellen auf der Basis von CCITT-Standards.

Wesentliche Teilleistungen des Systems sind (vgl. Tietz 1986b, S. 144):

- Abfrage von Kopfzeilen vorliegender Mitteilungen,
- Lesen der Mitteilungen,
- Beantworten der Mitteilungen,
- Weiterleiten der Mitteilungen unter Beifügen von Zusätzen,
- Eingeben von abzusendenden Mitteilungen,
- Versenden von Mitteilungen an eine oder mehrere Telebox-Adressen,
- Editieren und Formatieren von Texten,
- Speichern von Mitteilungen und Texten,
- Schwarzes Brett,
- Unterstützungsfunktionen,
- Verzeichnisse.

C.II.4.5 Sonstige

Sonstige Dienste, wie Teleconferencing oder Informationssysteme von Datenbanken, sollen in diesem Abschnitt nicht erwähnt werden, weil sie entweder bereits an anderer Stelle (vgl. Teil B ff. oder auch Abschnitt C.I.2 ff.) beschrieben worden oder für den Gesamtzusammenhang nicht relevant sind.

C.II.4.6 Zusammenfassung

Der Einsatz eines oder mehrerer Dienste in Kombination wird von der Notwendigkeit, Daten, Texte oder graphische Vorlagen in einer bestimmten Zeit zu übertragen, abhängen.

Der ökonomische Effekt besteht bei den Diensten Telefax, Telex und Teletext hauptsächlich in der Substitution des körperlichen Brieftransportes (vgl. Dallmer, Thedens 1981, S. 966), wogegen die körperliche Archivierung bestehen bleibt.

C.II.4.7 Integration von Btx in die Telekommunikationstechnologien

Btx und Telex:

Seit 1987 ist es möglich, unter der einheitlichen Btx-Oberfläche auch Zugang zum Telex-System zu erhalten. Wesentliches Merkmal ist, daß der Zugang zum Telex-Netz ebenfalls über das Btx-Netz erfolgt. Damit ist die Einfachheit und kostengünstige Situation von Btx mit einem seit Jahrzehnten weltweit eingeführten Kommunikationsdienst realisiert (vgl. o.V. 1987j, S. 25).

Im Sinne des Integrationsgedankens aus Teil B sind bei der Verbindung von Btx mit Telex bereits erste Ansätze realisiert, die unterschiedliche Kommunikationsformen in ein einheitliches Netz zu überführen.

Die Verbindung Btx und Telex ist mittlerweile auch über private Telex-Anbieter realisiert.

Btx und Telebox:

Ihre Verbindung ist für Ende 1988 geplant (vgl. o.V. 1988c, S. 15). Durch die künftige Verbindung von Telebox mit dem Btx-Mitteilungsdienst wird den Nutzern beider Dienste die Möglichkeit geboten, untereinander über die Systemgrenzen hinweg Mitteilungen austauschen zu können. Was bisher in der Videotex-Welt mit Ausnahme des Gateways nach Frankreich noch Zukunftsmusik ist, wurde beim Telebox-Dienst schon verwirklicht: der internationale Verbund (vgl. o.V. 1988c, S. 15).

Auch bei dieser Verbindung Telebox zu Btx liegt der besondere Vorteil wie bei Telex darin, daß der Btx-Nutzer ohne eine Erweiterung seines Btx-Endgerätes oder seines Zugangsnetzes einen zusätzlichen Telekommunikationsdienst nutzen kann.

C.II.5 Btx im Umfeld der Telekommunikationsnetze

Eine weitere Beziehung besteht zwischen Btx und den Netzen zur Informationsübertragung bzw. den Netzen, die den Kommunikationsaustausch ermöglichen. Die folgende Abbildung C.II.5.01 verdeutlicht den Zusammenhang zwischen Btx und den Netzen.

Die zahlreichen Interdependenzen beruhen vor allem darauf, daß Btx weder einem Netz noch einem Dienst zuzuordnen ist. Vielmehr ist Btx eine Infrastruktur, die verschiedene Dienste und Netze zusammenfaßt.

C.II.5.1 Datenübertragung im Fernsprechnetz mittels Modem

Das analoge Fernsprechnetz ist das Netz mit der größten Flächendeckung. Durch die analoge Übertragungstechnik ist es aber einer Reihe von Einschränkungen unterworfen. Zum entscheidenden Nachteil, daß nur analoge Signale übertragen werden können, kommen Beschränkungen durch Dämpfungen und bei der Sendeleistung sowie in seiner Benutzung zu beachtende Eigenschaften wie Wählverzug, Durchschaltezeiten, Gruppenlaufzeiten und übertragungstechnisch bedingte Laufzeit- und Dämpfungsverzerrungen.

Trotz dieser Einschränkungen wird das Fernsprechnetz aber aufgrund seiner Verbreitung und der preisgünstigen Übertragungsmöglichkeit auch häufig für die Datenübertragung genutzt. Dazu sind Umsetzeinrichtungen und an ihnen realisierte Schnittstellen nötig, damit die binär codierten Datensignale im analogen Fernsprechnetz übertragen werden können. Diese Umsetzeinrichtungen heißen international DCE (data-circuit-terminating-equipment) oder nach ihrer Funktion auch Modem (vgl. Arnold 1981, S. 92 ff.).

Ein Modem setzt digitale Gleichstromsignale um für Übertragungswege, die nur Wechselstromsignale transportieren, wie beispielsweise das Telefonnetz. Ebenso demoduliert das Modem am Ende des Übertragungsweges das Nutzsignal (vgl. Dumitriu 1985, S. 74).

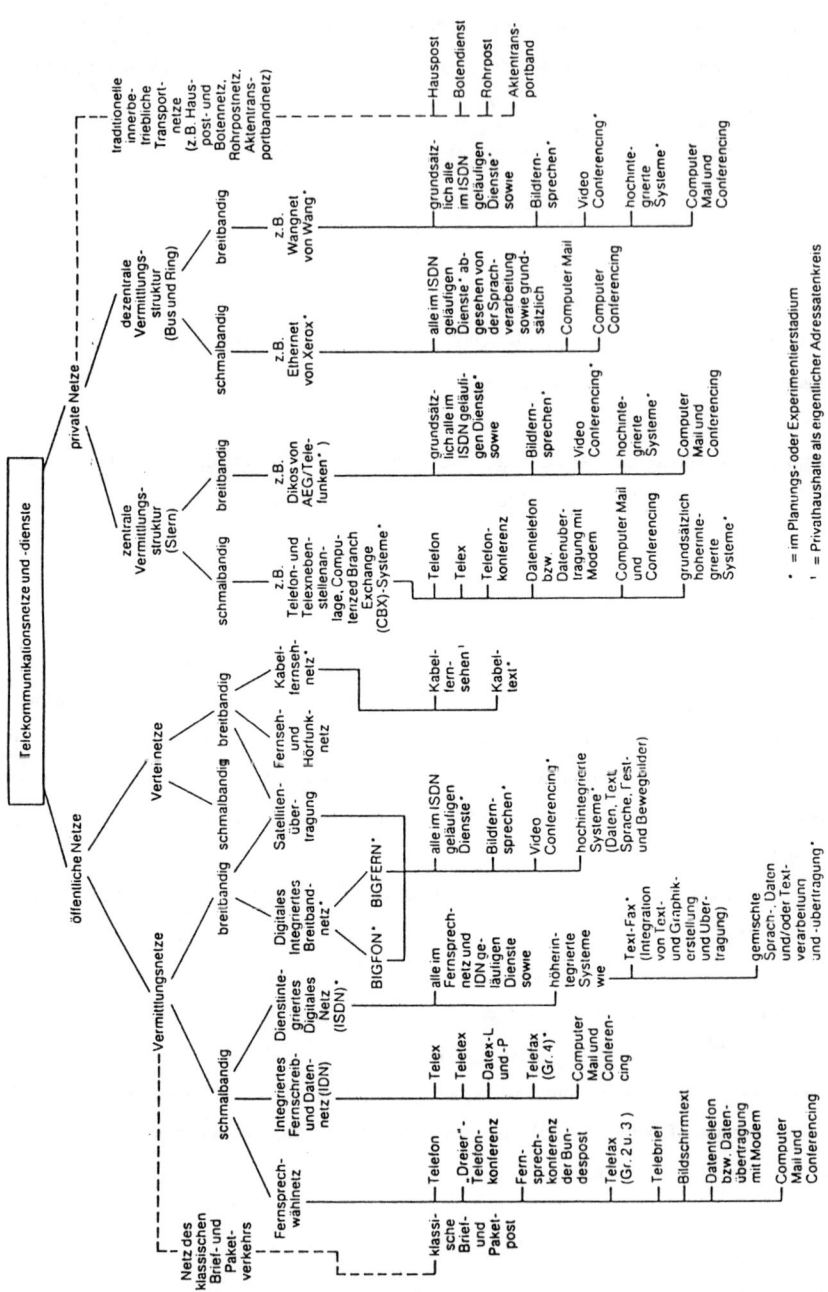

Abb. C.II.5.01: Telekommunikationsnetze und -dienste

Quelle: Picot, Anders 1983, S. 188

Ein Modem muß als Abschluß des Fernsprechnetzes für die Datenübertragung die notwendigen vermittlungstechnischen, übertragungstechnischen sowie betrieblichen Funktionen erfüllen, damit Datenübertragung über das Fernsprechnetz möglich wird. Modems werden von der Deutschen Bundespost als posteigene Einrichtung zur Verfügung gestellt und stehen in mehreren Geschwindigkeitsklassen zur Auswahl. So sind Übertragungsraten von 10 Zeichen/s bis 4.800 bit/s möglich. Für Modems wird eine monatliche Gebühr berechnet. Die Gebühren bei Datenübertragung werden - wie beim Fernsprechen üblich - in Gebühreneinheiten abgerechnet. Neben dem Einsatz posteigener Modems ist auch die Verwendung privater Akkustikkoppler möglich (vgl. Der Bundesminister für das Post- und Fernmeldewesen 1986b, S. 8).

Über Wählverbindungen des Fernsprechnetzes stehen dann alle Gegenstellen zur Verfügung, die mit dem Modem ausgerüstet sind. Dabei sind beliebige Datenendeinrichtungen anschließbar, sofern diese die genormten Schnittstellen haben.

Über einen Rück- oder Hilfskanal mit Übertragungsgeschwindigkeiten von 5 bzw. 75 bit/s ist ein interaktiver Dienst möglich. Mit Hilfe von posteigenen Zusatzeinrichtungen ist neben manuellem auch automatischer oder einseitig automatischer Betrieb möglich (vgl. Bundesministerium für das Post- und Fernmeldewesen 1983).

Da die posteigenen Modems internationalen Empfehlungen entsprechen, ist eine Datenübertragung ins Ausland möglich. Auch Zugänge zu Datennetzen mit Paketvermittlung sind realisierbar (Datex-P, Transpac, Telenet etc.).

C.II.5.2 Datenübertragung im IDN

Das integrierte Text- und Datennetz ist ein Netz für Text- und Datenübertragung auf digitaler Basis. Im IDN werden die Dienste Telex, Teletex, Datex-L, Datex-P und Hauptanschluß für Direktruf (HfD) angeboten. Auf die spezifischen Datennetze Datex-L, Datex-P und HfD soll näher eingegangen werden.

C.II.5.2.1 Datenübertragung im Datex-L-Netz

Datex-L stellt Datendienste mit Leitungsvermittlung zur Verfügung. Dabei erfolgt die Datenübertragung nach Durchschaltung einer Leitung zwischen den Anschlüssen. Während der gesamten Verbindungsdauer steht diese Leitung ausschließlich für die Datenübertragung zwischen den verbundenen Datenstationen zur Verfügung. Datex-L hat verschiedene Benutzerklassen mit unterschiedlichen Übertragungsgeschwindigkeiten. Es können nur Datenendeinrichtungen mit gleicher Übertragungsgeschwindigkeit über Wählverbindungen miteinander verbunden werden (vgl. Der Bundesminister für das Post- und Fernmeldewesen 1986b, S. 8). Anwender können zwischen Geschwindigkeiten von 300 bit/s bis 64 kbit/s wählen.

Hauptanschlüsse für den Datex-L-Dienst können an jedem Ort in der Bundesrepublik Deutschland zu den gleichen Bedingungen eingerichtet werden. Kennzeichnend für den Datex-L-Dienst sind die schnelle Verbindungsherstellung in weniger als einer Sekunde, die hohe Dienstgüte mit einer Bitfehlerwahrscheinlichkeit von kleiner 10, die leistungsfähige Duplexverbindung sowie der bedarfsgerecht geschaltete, codetransparente Datenübertrgungsweg. Des weiteren werden im Datex-L-Netz die Zusatzleistungen Kurzwahl, Gebührenübernahme, Direktruf, Teilnehmerbetriebsklasse und Anschlußkennung geboten.

Die Gebühren für den Datex-L-Anschluß sind abhängig von der Benutzerklasse, d.h. der Übertragungsgeschwindigkeit, die bereitgestellt wird. In Abhängigkeit davon ist die relativ niedrige Grundgebühr zu zahlen. Die Gebühr für die Datenübertragung ist abhängig von der Verbindungsdauer und der Datenrate (vgl. Hillebrand 1981, S. 114 ff.).

C.II.5.2.2 Datenübertragung im Datex-P-Netz

Datex-P ist das paketvermittelte Datennetz der Deutschen Bundespost. Es vermittelt und überträgt nur genormte Datenpakete, die der CCITT-Empfehlung X.25 entsprechen. Netzwerke im Bereich der Paketvermittlung wurden gegen Ende der 60er und in den 70er Jahren entwickelt und brachten viele bedeutende Verbesserungen für die Datenkommunikation mit sich. Paketvermittlungssysteme vereinigen die Vorteile der statistischen Multiplexer unter ihrer vollen Ausnutzung der Übertragungswege mit der Möglichkeit der Leitweglenkung (Alternative Routing) und umfassenden Netzwerk-Verwaltungseigenschaften (vgl. Northern Telecom o.J.c, S. 7).

Im Gegensatz zur konventionellen, fortlaufenden Datenübermittlung über leitungsvermittelte oder geschaltete Leitungen teilt ein Paketvermittlungssystem den Datenfluß in Blöcke (sogenannte Pakete) auf. Dadurch wird die mehrfache Belegung ein und derselben Übertragungsleitung ermöglicht, indem Datenblöcke verschiedener Meldungen diese sozusagen im "Reißverschlußverfahren" nutzen. So lassen sich die technischen und finanziellen Aufwendungen in vernünftigen Grenzen halten (vgl. AEG AG o.J., S. 3).

Die Pakete haben eine genormte Form und sind mit Adressen versehen. Im Paket "Verkehrsanforderung" ist die Zieladresse enthalten. Über sie wird zwischen den kommunizierenden Datenanschlüssen eine über sogenannte logische Kanäle geführte virtuelle Verbindung aufgebaut. Diese setzt sich aus mehreren Teilstrecken zusammen, die über logische Kanalnummern miteinander verknüpft werden. Auf den unterschiedlichen Teilstrecken erfolgt die Datenübertragung in der Regel auch mit unterschiedlichen Geschwindigkeiten. Anders als im leitungsvermittelten Netz sind also auch Verbindungen zwischen Anschlüssen unterschiedlicher Übertragungsgeschwindigkeiten möglich. Da die Datenpakete zeitlich verschachtelt sind, können im Datex-P-Netz auf einer physikalischen Leitung bis zu 255 Verbindungen gleichzeitig (multiplex) bestehen.

Damit verschiedenartige Endeinrichtungen miteinander kommunizieren können, müssen sie die gleichen Kommunikationsprotokolle befolgen. Das bei Datex-P verwendete Protokoll ist die CCITT-Empfehlung X.25, die die ersten drei Schichten des ISO-Referenzmodells beschreibt. Um eine volle Kompatibilität zu erreichen, müssen allerdings noch weitere Vereinbarungen oberhalb der dritten Ebene getroffen werden (vgl. Deutsche Bundespost 1986, S. 4).

Das Rückgrat des Datex-P-Netzes bilden die Datexvermittlungsstellen (DVST-P) und die zwischen ihnen verlaufenden Verbindungsleitungen. Das von der DBP eingesetzte Vermittlungssystem ist das von der Northern Telecom entwickelte S1-10, das auch im Schweizer TELEPAC und im kanadischen TELEPAC verwendet wird (vgl. Northern Telecom o.J.b, o.S.

Als leistungsstarke Prozessoren erkennen die Vermittlungsstellen jedes ankommende Datenpaket, kopieren es, prüfen es auf Fehler und leiten es weiter zu seinem Bestimmungsort. Die Kopie wird erst gelöscht, nachdem der Empfang der Daten quittiert worden ist (vgl. Northern Telecom o.J.a, S. 2).

Weitere wesentliche Bestandteile des Datex-P-Netzes sind die Datex-P-Hauptanschlüsse zur Paketvermittlung mit den Datenstationen und den Anschlußleitungen zu den Datexnetzknoten. Des weiteren gibt es Zugänge zu dem Datex-P-Netz, die aus anderen Fernmeldenetzen mit Wählbetrieb (Fernsprechnetz, Datex-L) erreichbar sind.

Wie Datex-L so hat auch Datex-P mehrere Benutzerklassen. Diese ergeben sich aus den unterschiedlichen Übertragungsprozeduren. Der Basisdienst Datex-P 10 stützt sich auf die CCITT-Empfehlung X.25 und erlaubt den Anschluß paketorientierter Datenendeinrichtungen. Datex-P 20 ist der Dienst für den Anschluß zeichenorientierter Endgeräte nach CCITT-Empfehlung X.28. Die Dienste Datex-P 32 und Datex-P 42 sind für Datenendeinrichtungen, die mit bestimmten synchronen, zeichenorientierten Übertragungsverfahren betrieben werden. Für die zeichenorientierten Endgeräte, die nicht nach X.25 arbeiten, sind sogenannte PADs (Packet Assembler/Disassembler) nötig, die die Nachrichteninhalte in Pakete umwandeln und die unterschiedlichen Übertragungsgeschwindigkeiten verarbeiten.

Datenendeinrichtungen, die über Datex-P-Hauptanschlüsse Datex-P 10 an das paketvermittelte Datennetz der DBP angeschlossen sind, senden und empfangen ihre Daten in Form genormter Datenpakete mit den synchronen Datenübertragungsgeschwindigkeiten 2.400, 4.800, 9.600 bit/s.

Für die anderen Datex-P-Dienste sind die Übertragungsgeschwindigkeiten langsamer. Die Post bietet im Datex-P-Netz besondere Leistungen an, die es erlauben, die Datenübertragung jeweils optimal auf die jeweilige Anwendung abzustimmen. Auf diese besonderen Leistungen soll hier nicht weiter eingegangen werden, da sie nicht zum grundsätzlichen Verständnis der Funktionsweise von Datex-P nötig sind.

Für Datex-P bietet die DBP die Gebühren nach Geschwindigkeit und zu übertragender Datenmenge an.

C.II.5.2.3 Datenübertragung über festgeschaltete Verbindungen

Die festgeschalteten Verbindungen (Standleitungen) werden im öffentlichen Direktrufnetz zwischen sogenannten "Hauptanschlüssen für Direktruf" (HfD) angeboten. Das öffentliche Direktrufnetz wurde 1973 von der DBP eingeführt. Teilnehmer, die miteinander Daten austauschen wollen, können über digitale, festgeschaltete Verbindungen (Direktverbindungen) verbunden werden.

Im Direktrufnetz werden Übertragungsgeschwindigkeiten von 50 bit/s bis 2 Mbit/s angeboten. HfD-Anschlüsse sind grundsätzlich voll duplexfähig. Bezüglich des Übertragungsverfahrens bestehen seitens der DBP keine Vorschriften oder Einschränkungen. Im allgemeinen senden die zu einer Direktrufverbindung zusammengeschalteten HfD mit derselben Übertragungsgeschwindigkeit. Auch mehrere HfD können über digitale Knoteneinrichtungen miteinander verbunden werden. Für die Verbindung von EDV-Anlagen oder Datenkonzentratoren mit Nebenstellenanlagen eines Teilnehmers im Ortsnetz stellt die DBP Datenverbundleitungen zur Verfügung (vgl. Albensöder 1987, S. 95 ff.)

C.II.5.2.4 Internationale Mietleitungen und internationale Festverbindungen

Auf Wunsch vermietet die DBP in Zusammenarbeit mit den ausländischen Fernmeldebehörden internationale Mietleitungen. Das Angebot reicht von analogen Fernsprechleitungen mit einer Bandbreite von 3.100 Hz bis zu digitalen Leitungen mit einer Übertragungsgeschwindigkeit von 64 kbit/s. Auch die Übertragung via Satellit ist möglich, wobei sogar 2 Mbit/s-Verbindungen bereitgestellt werden. Für internationale Mietleitungen ist in Abhängigkeit von der Übertragungsgeschwindigkeit eine feste Gebühr zu zahlen, zu der ein monatlicher Zuschlag für die Ortszuleitung hinzukommt.

Internationale Festverbindungen sind festgeschaltete Leitungen, deren Gebühren vom internationalen Datenverkehr abhängig sind. Die Mindestgebühr entspricht etwa der Gebühr vergleichbarer Mietleitungen. An diese Mindestgebühr werden nach bestimmten Regeln verkehrsabhängige Gebühren angerechnet (vgl. Der Bundesminister für das Post- und Fernmeldewesen 1986b, S. 9). Die Übertragungsgeschwindigkeit entspricht der in HfD-Leitungen.

C.II.5.2.5 Datenübertragung in privaten herstellerspezifischen Netzen

Neben den von den Fernmeldebehörden bereitgestellten öffentlichen Netzen für den Datenfernverkehr gibt es auch private Weitverkehrsnetze.

Diese beruhen entweder auf internationalen Standards, wie auf der CCITT-Empfehlung X.25, oder sogenannten "proprietary standards" des Netzherstellers. Aufgrund rechtlicher und wirtschaftlicher Beschränkungen sind bei privaten Weitverkehrsnetzen aber lediglich die Netzzugänge und die Vermittlungsknoten in privater Hand. Die Leitungen, die die Vermittlungsknoten miteinander verbinden, sind bei den Fernmeldeverwaltungen gemietet. Es wäre weder rechtlich erlaubt noch wirtschaftlich durchführbar, diese Verbindungsleitungen selbst zu verlegen.

Die Auswirkungen der ISDN-Einführung auf private Netze hängen davon ab, wie leicht die Netzübergänge zu realisieren sind. Für Netzwerke, die der CCITT-Empfehlung X.25 folgen, sind Netzübergänge sicher einfacher zu konzipieren als für herstellerabhängige Netzwerke mit anderen Architekturen wie beispielsweise SNA von IBM.

C.II.5.3 Datenübertragung im ISDN

ISDN (Integrated Digital Network) ist das neue diensteintegrierende Fernmeldenetz der Deutschen Bundespost.

Entwicklung des ISDN aus dem digitalen Fernsprechnetz:

Bereits seit 1980 stellt der Einsatz digitaler Datenübertragungssysteme im regionalen Fernnetz sowie im Ortsverbindungsnetz den Regelfall beim Aufbau neuer Verbindungsleitungen dar. Hierbei handelt es sich um 2 Mbit/s-Systeme auf Kabel mit symetrischen Adern, 34 Mbit/s-Systeme für Koaxial- und Glasfaserkabel und 140 Mbit/s-Systeme ausschließlich für Glasfaseranlagen.

Aufgrund der reduzierten Betriebskosten digitaler Systeme wurde 1987 auch mit dem nennenswerten Austausch vorhandener analoger Systeme begonnen. Seit 1985 sind hochkanalige Systeme für die Weitverkehrsebene verfügbar (565 Mbit/s-Leitungsausrüstungen für Koaxialkabelanlagen). Zukünftig erfolgen Erweiterungen in allen Ebenen des Fernnetzes zur Deckung des Fernverkehrszuwachses bei allen Fernmeldediensten grundsätzlich durch digitale Übertragungssysteme.

Um die Vorteile der Digitalisierung voll zum Tragen zu bringen, muß der Einsatz digitaler Übertragungssysteme von der Digitalisierung der Vermittlungstechnik begleitet werden. Dadurch werden Zeitaufwendungen für Analog-/Digitalübergänge vermieden und die erzielbaren Vorteile durch Kostensenkungen voll nutzbar gemacht. So wurde im Jahre 1985 mit der Beschaffung digitaler Orts- und Fernvermittlungstechnik begonnen. Bis 1990 soll zur ausschießlichen Beschaffung digitaler Vermittlungstechnik übergegangen werden. Die vollständige Digitalisierung der Fernvermittlungsstellen ist bis zur Jahrhundertwende vorgesehen, während die vollständige Digitalisierung der Ortsvermittlungsstellen bis zum Jahre 2020 abgeschlossen sein soll. In den kommenden Jahren ist aufgrund der hohen Zuwachsraten im Fernverkehr eine deutliche Prioritätensetzung zugunsten von digitaler Vermittlungstechnik (DIVF) zu erkennen (vgl. Der Bundesminister für das Post- und Fernmeldewesen 1986a, S. 20 - 23).

Auch völlig losgelöst von der Diensteintegration im ISDN betrachtet, ist die Digitalisierung des Fernsprechnetzes wirtschaftlich und betrieblich vorteilhaft (vgl. Der Bundesminister für das Post- und Fernmeldewesen 1984a). Dies gilt auch deshalb, weil das digitale Übertragungsnetz eine wesentliche Komponente des Integrierten Text- und Datennetzes bildet.

Die heutigen Fernmeldenetze sind dienstspezifische Netze. Sie sind jeweils auf die Erfordernisse eines Fernmeldedienstes ausgerichtet. Die Errichtung und Erhaltung solcher Spezialnetze ist teurer als ein Universalnetz, da mit zunehmender Spezialisierung hinsichtlich der Dienstmerkmale die Zahl der potentiellen Kunden sinkt, die Netze aber trotzdem flächendeckend sein müssen. Zudem muß die Fernmeldeindustrie für diese Netze spezielle Einrichtungen entwickeln, die wegen der geringen Netzgröße in nur kleiner Stückzahl gefertigt werden können und somit relativ teuer sind. Risiken in der Planung und der Dienstentwicklung sind weitere Faktoren, die die Kosten negativ beeinflussen. Schließlich kann das Nebeneinander mehrerer Spezialnetze zu einer Empfindlichkeit gegen Laststöße führen, da in der Regel keine gegenseitige Aushilfe in der Verkehrsabwicklung der Netze erfolgen kann (vgl. Der Bundesminister für das Post- und Fernmeldewesen 1984b, S. 7).

Für die Integration bisheriger und neuer Fernmeldedienste in ein einziges vorhandenes Netz besteht folglich ein großes wirtschaftliches Bedürfnis, wenngleich das Diensteangebot in den bestehenden Spezialnetzen für viele Anwender rein technisch gesehen optimal ist. Die besten Voraussetzungen für die Integration bringt das Fernsprechnetz mit. Es ist das flächenmäßig am dichtesten ausgebaute Netz und hat die bei weitem größte Teilnehmerzahl. Seine technischen Einrichtungen sind nicht hochspezialisiert und daher vergleichsweise preiswert. Außerdem sind die technischen Parameter weitgehend international, so daß keine nationalen Sondereinrichtungen erforderlich werden (vgl. Irmer o.J., S. 2 - 3).

Die wesentlichen Bestandteile des digitalisierten Fernsprechnetzes sind digitale Übertragungstechnik, digitale Orts- und Fernvermittlungstechnik und die Zentralkanalzeichenangabe (zur Technik der digitalen Technik vgl. Dumitriu 1985, S. 28).

Die Digitalisierung des Fernsprechnetzes einschließlich der Teilnehmeranschlußleitung ist wohl die wichtigste Voraussetzung für ein ISDN. Von großer Bedeutung sind aber ebenfalls einheitliche international genormte Schnittstellen, über die ein Teilnehmer Zugang zu den verschiedenen Diensten im ISDN erhalten kann.

Wesentliche Bestandteile im ISDN:

Der ISDN-Basisanschluß für einen Teilnehmer sieht in beiden Richtungen je zwei 64 kbit/s-Basiskanäle und einen 16 kbit/s-Steuerkanal vor. Mit Hilfe des Echokompensationsverfahrens können diese Kanäle auf der gewöhnlichen

Kupferdoppelader der Teilnehmeranschlußleitung mit einer Nettobitrate von 144 kbit/s übermittelt werden. Außerdem ist - vor allem zum Anschluß größerer Nebenstellenanlagen - ein Primärmultiplexanschluß definiert, der aus einer Digitalsignalverbindung mit 2 Mbit/s besteht. Dabei werden 30 funktionale Basiskreise mit einer Bitrate von je 64 kbit/s wechselseitig betrieben und erlauben so das transparente Übermitteln von digitalen Informationsströmen (vgl. Martin 1987, S. 30).

C.II.5.3.1 Dienste im ISDN

Im ISDN können künftig alle bestehenden und neuen Telekommunikationsdienste angeboten werden, die mit einer Standardübertragungsgeschwindigkeit von 64 kbit/s auskommen. An einem ISDN-Basisanschluß können bis zu acht Endgeräte für verschiedene Dienste angeschlossen werden. Alle diese Endgeräte sind aber unter einheitlicher Rufnummer zu erreichen. Die Dienstekennung erfolgt durch ein Dienstekennungssignal, das im 16 bit/s-Signalisierungskanal des Basisanschlusses übertragen wird. Zwei Dienste können aufgrund der zwei Basiskanäle des Basisanschlusses jeweils gleichzeitig genutzt werden.

Auch der Dienstewechsel während einer Verbindung ist möglich. So kann z.B. ein Telefongespräch unterbrochen werden, um über den gleichen Basiskanal eine Fernkopie zu schicken, die die bisher rein sprachliche Kommunikation visuell unterstützen soll. Nach der Übermittlung der Fernkopie ist ein problemloses Rückwechseln zum Fernsprechen möglich. Durch die schnelle Übertragungsrate im ISDN wirkt sich die Unterbrechung des Ferngesprächs auch nicht negativ aus. Über den anderen freien Basiskanal des Basisanschlusses kann zur gleichen Zeit ein anderer Dienst in Anspruch genommen werden.

Neben dem Dienstewechsel ist im ISDN auch ein Gerätewechsel möglich. Hierbei wird eine bestehende Verbindung innerhalb des Basisanschlusses an ein anderes Endgerät des gleichen Dienstes übergeben. Über den Signalisierungskanal (D-Kanal) wird der ISDN-Vermittlungsstelle der Wunsch zum Gerätewechsel mitgeteilt, den diese dann in Sekundenbruchteilen realisiert.

Auf die bereits angebotenen und in naher Zukunft zu erwartenden Dienste soll im einzelnen kurz eingegangen werden.

ISDN-Fernsprechen (vgl. Siemens AG o.J., S. 6):
Im ISDN wird Fernsprechen wesentlich komfortabler und hat einen gesteigerten Nutzwert. Durch die ISDN-Technologie werden zahlreiche neue Dienstemerkmale ermöglicht. Voraussetzung für die Realisierung dieser neuen Dienste ist die Signalisierung im D-Kanal des Basisanschlusses.

Telefax im ISDN:
Die entscheidende Verbesserung im Telefaxdienst besteht in der signifikanten Verkürzung der Übertragungszeit. Diese Verbesserung ist weit wichtiger als eine noch höhere Auflösung der Fernkopierer.
Parallel zur Fernkopie kann ein zweiter Dienst genutzt werden, da zwei Basiskanäle zur Verfügung stehen. So können beispielsweise geschäftliche Telefongespräche durch das parallele Übermitteln einer Grafik wirkungsvoll unterstützt werden.

Teletex im ISDN:

Der Telexdienst (Bürofernschreiben) beinhaltet die elektronische Textübertragung direkt aus der Schreibmaschine, aus dem PC oder Textverarbeitungssystem oder gar einer großen EDV-Anlage, wobei im Gegensatz zum Fernschreibdienst (Telex) der volle Zeichenvorrat der Schreibmaschine zur Verfügung steht. Im ISDN wird für die Übermittlung einer DIN A 4-Seite weniger als eine Sekunde benötigt, während die Übertragung heute noch etwa 10 Sekunden dauert. Die kurze Übertragungszeit wirkt sich besonders positiv aus, wenn man während eines Telefongesprächs auf dem B-1-Kanal ein Schriftstück übermitteln will und der B-2-Kanal besetzt ist. Dann kann man Telefon und Telex auf dem B-1-Kanal laufen lassen, und die Unterbrechung wirkt sich kaum störend aus.

Datenübertragung im ISDN:

Von wenigen Ausnahmen abgesehen läuft der Datenverkehr heute mit niedrigen Geschwindigkeiten ab. Im ISDN wird die Datenübertragung einheitlich mit der hohen Geschwindigkeit von 64 kbit/s erfolgen, und neue Leistungsmerkmale stehen zur Verfügung. Die Datenübertragung kann außerdem zu den vergleichsweise günstigen Grund- und Verkehrsgebühren des Fernsprechdienstes erfolgen, wodurch ISDN ein verlockendes Angebot für die Datenfernverarbeitung ist (vgl. Bohm 1987, S. 75).

Btx im ISDN:

Die DBP arbeitet derzeit an einem Integrationskonzept für Btx und ISDN. Das bestehende Btx-System soll in seiner Grundstruktur unverändert erhalten bleiben, der Systemzugang soll aber durch eine ISDN-Anschlußtechnik erweitert werden.

Neue Leistungsmerkmale und Performance-Verbesserungen ergeben sich natürlich nur für den direkten Anschluß am ISDN.

Die Vorteile für Btx im Betrieb mit ISDN sind allerdings gravierend. So wird die Übertragungsdauer für eine Btx-Seite gegenüber einem Analoganschluß etwa um das 50fache verkürzt. Btx hat heute eine Übertragungsgeschwindigkeit von max. 1.200 bit/s. Durch die ISDN-Bitrate von 64 kbit/s wird die Übermittlungszeit für Btx-Daten von z.B. 20 Sekunden auf weniger als 0,5 Sekunden verkürzt. Der Zuwachs an neuen Funktionsmerkmalen wird für den Btx-Dienst durch das ISDN vergleichsweise gering sein. Allerdings macht die hohe Übertragungsrate einen schnelleren Bildaufbau möglich. Dadurch könnte mit der geometrischen und fotografischen Darstellungsweise gemäß europäischem Standard gearbeitet werden. Hierfür ist aber noch ein beträchtlicher Anpassungsaufwand in den Btx-Vermittlungsstellen erforderlich. Die vollständige Nutzung des bestehenden Btx-Standards und die Weiterentwicklung der Vermittlungsstellen sowie der Endgeräte ist allerdings erst für Ende 1993 vorgesehen (vgl. o.V. 1988n, S. 4). Erst langfristig, d.h. mit der Einführung des Breitband-ISDN werden neue Funktionsmerkmale für das Btx-System hinzukommen. Dann wird der Abruf von Farbfotodarstellungen oder gar Filmsequenzen möglich sein.

Fernzeichnen im ISDN:

Fernzeichnen ist ein völlig neuer Dienst, der im ISDN erstmalig zur Verfügung gestellt wird. Dabei werden auf einem speziell entwickelten Zeichentableau mit Papier und Bleistift oder mit einem elektronischen Griffel handschriftlich kurze Texte oder Skizzen erstellt und über einen B-Kanal übertragen. Dies kann auch sprachbegleitend zu einem Telefonat geschehen, wobei die Übertragung der Zeichen in dem zweiten B-Kanal erfolgt (vgl. Siemens AG o.J., S. 15).

Bildübertragung im ISDN:

Neben dem Fernzeichnen hat auch die Bildübertragung im ISDN Premiere. Mit der Übertragungsgeschwindigkeit von 64 kbit/s sind Festbildübertragungen und langsame Bewegtbilder (Bildwechsel alle 8 Sekunden) möglich.

Fernwirken im ISDN:

Hinter dem Begriff Fernwirken verbirgt sich eine Reihe bedeutsamer Anwendungen, wie z.B. Alarme, Fernüberwachen, Prozeßdatenübermittlung und Zählerablesen.

C.II.5.3.2 Integration im ISDN

Die Integration im ISDN vollzieht sich auf zwei Ebenen: auf der Netzebene und auf der Diensteebene.

Integration auf der Netzebene:

ISDN beruht auf einer offenen Netzarchitektur. Wie es bisher bei den Diensten Telefon, Telefax, Teletex möglich ist, daß die Teilnehmer der jeweiligen Dienste untereinander kommunizieren können, so soll es nach der flächendeckenden Einführung des ISDN möglich werden, daß jeder Computeranwender mit jedem anderen Computer und Terminal Daten, Texte und Grafiken austauschen kann (vgl. Stadtherr 1988, S. 28)
Die Realisierung des offenen Systems erfolgt durch die Definition eines einheitlichen Standards, der auf dem ISO-/OSI-Referenzmodell basiert. Dadurch werden auch Schnittstellenempfehlungen notwendig; besondere Bedeutung kommt dabei denjenigen Schnittstellen zu, die den Endstellenbereich vom Vermittlungsbereich trennen (vgl. Stadtherr 1988, S. 29).

Integration auf der Diensteebene:

ISDN integriert Text-, Sprache-, Grafik- und Bildübertragung in einem Netz. Daher wird es möglich, über einen ISDN-Anschluß, der einem bisherigen Doppelanschluß entspricht, acht Endgeräte anzuschließen (vgl. Frensch 1988, S. 4). Zwei Dienste können gleichzeitig genutzt werden; während einer bestehenden ISDN-Verbindung ist es auch möglich, den Dienst zu wechseln.
Einschränkend ist zu bemerken, daß die Integration auf der Diensteebene weiterhin mehrere Endgeräte erforderlich macht, so daß keine einheitliche Benutzeroberfläche gewährleistet ist.

C.II.5.3.3 Ausblick auf das Breitband-ISDN

Bereits das Schmalband-ISDN gehört zu den bedeutendsten technologischen Entwicklungen der letzten Jahrzehnte, die die heutige Verwendung von Telekommunikationdiensten und Computern tiefgreifend beeinflussen (vgl. Northern Telecom o.J.d). Dennoch ist bereits zum heutigen Zeitpunkt zu erkennen, daß ein starker Bedarf für die Anwendung breitbandiger Nutzungsformen besteht, die bei einer Übertragungsrate von 64 bit/s nicht möglich sind. Die Errichtung eines Breitbandnetzes ist folglich für die Zukunft Notwendigkeit. In Pilotprojekten wie BIGFON wurde bereits jetzt die technische Realisierbarkeit bewiesen.

Nach der Einführung des 64 kbit/s-ISDN, zu dem parallel ein Breitband-Vorläufernetz errichtet wird, muß neben dem Einsatz breitbandiger digitaler Übertragungs- und Vermittlungstechnik insbesondere das gesamte Liniennetz bis hin zum Teilnehmeranschluß in Glasfasertechnik ausgebaut werden. Bereits seit 1986 wird zur Deckung des Regelbedarfs an breitbandigen Stromwegen im Fernnetz und zur Schaffung des notwendigen Netzvorlaufs für das Breitband-ISDN nur noch Glasfaserkabel verlegt (vgl. Thomas 1987, S. 12).

Ob das Breitband-ISDN aber tatsächlich wie vorgesehen 1990 realisiert werden kann, ist aber noch nicht mit absoluter Sicherheit vorherzusagen. Im Gegensatz zum Schmalband-ISDN steht für das Breitband-ISDN kein "Trägernetz" zur Verfügung (wie das Fernsprechen für das Schmalband-ISDN), so daß die Standardisierung ungleich komplexer ist.

Im Breitband-ISDN werden alle Schmalbanddienste des ISDN angeboten. Hinzu kommt aber eine Vielzahl von möglichen Bitraten bis zu 140 kbit/s.

C.II.5.4 Standardisierung und Normung in der Datenübertragung

Im Bereich der DFÜ sind nicht nur die Leitungen, die die physische Datenübertragung sicherstellen, relevant, sondern auch die Standards und Normen, die eine einheitliche logische Datenübertragung sicherstellen. Einige ausgewählte sollen hier kurz vorgestellt werden:

X.400:

Die Voraussetzungen für ein allseits offenes System der elektronischen Mitteilungsübermittlung liefert das unter der Bezeichnung OSI-7-Schichtenmodell bekannte Wirkungsschema eines Kommunikationsprozesses. Auf dieser Basis entstanden in den frühen 80er Jahren die Empfehlungen der X.400-Serie als Definition der Schicht 7 des OSI-Modells (vgl. Kruschel 1987, S. 56). Über X.400 können Grafik, Sprache, Bild oder Daten übertragen werden (vgl. Kruschel 1988, S. 38). Das schließt die Zusammenarbeit mit Telefax, Telex, Teletext, Telebox oder Btx ein.

OSITOP:

OSITOP baut ebenfalls auf dem OSI-7-Schichtenmodell auf und wird in seiner Anwendbarkeit alle 7 Schichten durchdringen. OSITOP will ein Sprachrohr sein für die Bedürfnisse und Prioritäten von Anwendern. Damit sollen die internationale Standardisierung, die Produktentwicklung und die Telekommunikationsdienste beeinflußt werden, umso rasch wie möglich die Voraussetzungen zu schaffen, damit heterogene Systeme miteinander vernetzt werden können (vgl. Nottebohm 1987, S. 58).

X/OPEN:

Das Betriebssystem UNIX trat seinen Siegeszug mit dem Anspruch an, die Portierung von Anwendungsprogrammen auf Rechner unterschiedlicher Hersteller zu vereinfachen oder überhaupt erst zu ermöglichen. Unterschiedliche Ableitungen aus dem ursprünglichen Betriebssystem und deren Weiterentwicklung durch verschiedene Hersteller führten zu unterschiedlichen UNIX-Versionen. Einheitlichkeit und Portierbarkeit der unter UNIX entwickelten Programme schienen in Gefahr.

Neben der Schaffung einer einheitlichen Basis zur einfachen Portierung von Anwendungen war und ist die Internationalisierung von UNIX ein wesentliches Anliegen der X/OPEN-Gruppe.

Zur Internationalisierung gehören z.B. das Format des Datums, die unterschiedliche Ausgabe von Meldungen oder die nationalen Besonderheiten von Zeichensätzen (vgl. Feenstra 1987, S. 59).

C.II.5.5 Lokale Netze

Wie aus Abbildung C.II.5.01 hervorgeht, zählen auch die lokalen Netze zu den Telekommunikationsnetzen. Sie werden allerdings im Gegensatz zu den bisher vorgestellten Netzen von privaten Herstellern getragen und unterliegen daher nicht dem Postmonopol.

Daher ist auch der Einfluß von herstellerabhängigen Entwicklungen auf den Einsatz von Datenendeinrichtungen und der davon abhängigen Kommunikationssoftware erheblich stärker. Ebenso kann auch der Funktionsumfang zwischen den Netzen verschiedener Hersteller stark variieren.

Um eine Standortbestimmung von Btx im Umfeld der lokalen Netze vornehmen zu können, ist es daher erforderlich, die Btx-Inhouse-Infrastruktur mit der Infrastruktur lokaler Netze zu vergleichen.

C.II.5.5.1 Begriffsabgrenzungen

Der Gesamtkomplex Interne Netzwerke für innerbetriebliche Anwendungen läßt sich in drei Gruppen klassifizieren (vgl. Höring u.a. 1985, S. 36 - 44; Voß 1984, S. 158 - 163):

-      Datenverarbeitungsnetze,
-      Local Area Networks und
-      Fernsprechnebenstellenanlagen.

Bei den Datenverarbeitungsnetzen handelt es sich um herstellerspezifische Netze. Sie dienen dazu, sowohl die Rechner und ihre entfernt aufgestellte Peripherie, als auch verschiedene Rechner eines Herstellers miteinander zu verbinden.

Im Gegensatz zu den herstellerspezifischen EDV-Netzen sollen an lokale Netzwerke (LANs) die Endgeräte unterschiedlicher Hersteller angeschlossen werden. Die folgende Definition, die auch in dieser Arbeit zu Grunde gelegt wird, wurde von den Institutionen IEEE und ECMA vorgelegt.

Ein "Local Area Network" ist ein Datenkommunikationssystem, welches die Kommunikation zwischen mehreren unabhängigen Geräten ermöglicht. Ein LAN unterscheidet sich von anderen Arten von Datennetzen dadurch, daß die Kommunikation üblicherweise auf ein in der Ausdehnung begrenztes geographisches Gebiet, wie ein Bürogebäude, ein Lagerhaus oder ein Campus-Gelände, beschränkt ist. Das Netz stützt sich auf einen Kommunikationskanal mittlerer oder hoher Datenrate, welcher eine durchweg niedrige Fehlerrate besitzt. Das Netz befindet sich im Besitz und Gebrauch einer einzelnen Organisation.

Dies steht im Gegensatz zu Fernnetzen (Wide Area Networks), die Einrichtungen in verschiedenen Teilen eines Landes miteinander verbinden oder als öffentliche Kommunikationsmittel benutzt werden (vgl. Racke 1987, S. 232 ff.). Nach dieser Definition ermöglicht ein LAN die Kommunikation zwischen mehreren unabhängigen Endgeräten. An ein LAN können die Geräte verschiedener Hersteller angeschlossen werden. Dies bedeutet jedoch nicht, daß jede an das Netz angeschlossene Station auch mit jeder kommunizieren kann. Sichergestellt ist bis heute lediglich die Kommunikation zwischen den Endgeräten eines Herstellers.

Die Nebenstellenanlagen wurden ursprünglich nur zur Vermittlung der mündlichen Kommunikation innerhalb eines Firmengeländes benutzt. Mit dem öffentlichen Fernsprechnetz sind sie über eine oder mehrere Amtsleitungen verbunden.

Durch technische Zusatzeinrichtungen (Modems, Akustik-Koppler u.a.) dienen die Nebenstellenanlagen heute auch als Verbindung zwischen Datenendgeräten. Diese Möglichkeit wird auch bei einem Btx-Inhouse-System genutzt (vgl. Voß 1984, S. 158).

C.II.5.5.2 Netztopologien

Bei einem **sternförmigen Netzwerk** hängt die Leistungsgrenze und die Zuverlässigkeit stark von der zentralen Einheit ab. Fällt diese aus, so kommt es zu einem Totalausfall des Systems. Eine geringe Ausfallwahrscheinlichkeit kann normalerweise durch hohe Güte der Zentralisation bzw. durch Redundanz gewährleistet werden (vgl. Pest 1982/83, S. 276).

Die Stern-Struktur kommt bei lokalen Netzwerken nur in Ausnahmefällen vor. Im Gegensatz dazu besteht bei den über eine private Btx-Zentrale gesteuerten Btx-Inhouse-Systemen eine sternförmige Zuordnung der Endgeräte. Die Qualität des Btx-Systems hängt somit unmittelbar von der Ausfallsicherheit des zentralen Rechners ab.

Bei der **Ring-Struktur** wird der alles bestimmende Zentralknoten vermieden. Die Zuverlässigkeit des Gesamtsystems hängt von den einzelnen Anschlüssen ab. Wenn nur eine einzige Station an irgendeiner Stelle des Rings ausfällt, kann das gesamte Netz zusammenbrechen, denn die Bitströme werden bei der Datenübertragung von Knoten zu Knoten weitergegeben und schließlich von dem Adressaten aus dem Ring herausgenommen. Dem Totalausfall des Systems kann man durch die Bereitstellung einer zweiten Ringleitung oder dem Einbau eines Umgehungsschalters (Bypass Relay) entgegenwirken (vgl. Kauffels 1984b, S. 41).

Der Vorteil dieser Struktur liegt in der geringen Leitungsanzahl und dem minimalen Zuwachs der Leitungsanzahl bei einer Erweiterung. Die Gesamtausdehnung des Systems kann relativ groß sein. Die Übertragungsgeschwindigkeit sinkt jedoch mit der Anzahl der angeschlossenen Stationen, da die Daten an jeder Station regeneriert werden und dadurch Verzögerungszeiten entstehen (vgl. Höring u.a. 1985, S. 66 f.).

Das **busorientierte Konzept** ist diejenige Lösung, die bei der überwiegenden Mehrzahl der heute angebotenen Netzwerke zum Einsatz kommt. Bus-Netze besitzen eine maximale Ausdehnung von etwa 2,5 km, während Ringsysteme wesentlich größere Ausdehnungen zulassen. Dies ist jedoch nicht auf die Topologie, sondern auf die verwendeten Übertragungsmedien und die eingesetzten Zugriffsverfahren zurückzuführen (auf eine nähere Erläuterung der Zugriffsverfahren soll in diesem Zusammenhang verzichtet werden. Der interessierte Leser wird auf folgende Literaturstellen verwiesen: Blaesner 1985, S. 253 ff.; Kühn 1984, S. 208 ff.; Höring u.a. 1985, S. 80 - 84) zurückzuführen.

Werden bei den Ringsystemen Ersatzschaltungen für den Ausfall einer Station installiert, so dürfte die Ausfallsicherheit bei Ring- und Bussystemen in etwa gleich sein.

Als Vorteile dieser Realisierung sind zu nennen (vgl. Pest 1982/83, S. 276):

- keine Störung des Netzwerk-Betriebs bei Ausfall von Stationen,
- direkte Kontaktaufnahme der Stationen untereinander,
- einfacher Aufbau,
- verhältnismäßig preiswerte Realisierung,
- sehr hohe Datenübertragungsraten.

C.II.5.5.3 Integration in lokalen Netzen

Im Hinblick auf die Anforderungen von Verbundgruppen im Handel sind lokale Netze nur dann geeignet, wenn ein entsprechender Zugang zu Fernnetzen besteht (z.B. durch eine X.25- oder X.400-Schnittstelle). Dies ist umso eher der Fall, desto mehr sich der Aufbau des Netzes an allgemeinen Empfehlungen, wie z.B. dem ISO-/OSI-Referenzmodell orientiert.

Btx-Inhouse-Systeme dagegen gewährleisten jederzeit aufgrund der Btx-Infrastruktur den Zugang zu einem offenen flächendeckenden Fernnetz.

Bezüglich ausgewählter Faktoren (vgl. hierzu auch Franck 1986, S. 173 ff.) im innerbetrieblichen Bereich, wie:

- dezentrale individuelle Auswertungsmöglichkeiten,
- gemeinsame Nutzung von Betriebsmitteln,
- hoher Datendurchsatz in der Massendatenübertragung,
- Einsatz von komfortablen Electronic-Mail-Funktionen,

können lokale Netze Btx-Inhouse-Systemen überlegen sein. Die Überlegungen müssen grundsätzlich auch auf die Datenendeinrichtungen ausgedehnt werden. Um redundante Ausführungen zu vermeiden, wird der Leser auf die Ausführungen in Kapitel C.II.6.2 verwiesen.

C.II.6 Btx im Umfeld von EDV-Systemen

Btx-gestützte Informations- und Kommunikationssysteme unterscheiden sich von konventionellen EDV-gestützten Informations- und Kommunikationssystemen dadurch, daß der Btx-Teilnehmer unter der einheitlichen Btx-Benutzeroberfläche und unter Nutzung nur eines Netzes, dem Btx-Infranetz, mit den Daten einer Datenbank, Modellen aus einer Modellbank und Methoden aus einer Methodenbank kommunizieren kann (vgl. dazu auch Scheer 1987, S. 140).

Unter einer einheitlichen Benutzeroberfläche wird verstanden, daß der Benutzer mit den gleichen Kommandos, Bildschirmmasken und Eingabeformaten mit unterschiedlichen Subsystemen kommunizieren kann.

Ein weiterer wesentlicher Vorteil des Btx-Systems besteht darin, daß es sich bei dem Btx-Netz um ein offenes Netz handelt, bei dem Kompatibilität von EDV-Anlagen unterschiedlichster Hersteller besteht.

Abbildung C.II.6.01 verdeutlicht diesen Zusammenhang. Hervorgehoben werden muß dabei, daß ein Btx-gestütztes Informations- und Kommunikationssystem nur auf der Basis eines EDV-gestützten Systems errichtet werden kann. Btx besitzt lediglich die Fähigkeit, konventionelle Systeme zu erweitern.

C.II.6.1 Systemarchitekturen

C.II.6.1.1 Geschlossene Systeme

Unter geschlossenen Systemen versteht man im allgemeinen herstellerspezifische Netze, die:

- in der Regel mit einer Orientierung auf nur einen Verarbeitungsrechner mit einer strikt hierarchischen, zentralen Struktur ausgestaltet sind und
- zugunsten einer geringen Komplexität so ausgelegt sind, daß nur Geräte dieses einen Herstellers problemlos angeschlossen werden konnten (vgl. Franck 1986, S. 8).

Die geschlossenen Systeme stoßen wegen der sprunghaft ansteigenden Zahl installierter Datenverarbeitungsanlagen und deren neuen Einsatzmöglichkeiten in teilweise sich überschneidende Anwendungsgebiete. Nach und nach werden an immer mehr Arbeitsplätzen Leistungen benötigt, die auf unterschiedlichen Rechenanlagen angeboten werden (vgl. Franck 1986, S. 222).

Ein Lösungsansatz wäre, mehrere Datenendgeräte an einem Arbeitsplatz parallel zu betreiben. Ein noch größeres Gewicht erhält die Forderung nach Überwindung der Inkompatibilität und Zentralisation durch den Einsatz dezentraler Arbeitsplatzrechner (PC oder Mikrocomputer; vgl. Franck 1986, S. 222).

Ein Beispiel für eine geschlossene Netzarchitektur ist SNA (Systems Network Architecture).

SNA ist eine hierarchische, 1974 eingeführte (vgl. Meijer 1987, S. 1) Netzarchitektur der IBM und wurde für die Kommunikation von IBM-Produkten entwickelt. Ursprünglich als Struktur für ein Terminalnetz konzipiert, wurde sie zu einer funktionsfähigen Rechnernetzarchitektur erweitert.

SNA ist, wie das ISO-/OSI-Modell, in sieben Schichten definiert (vgl. IBM Corporation 1985, S. 3), die denen des Basisreferenzmodelles aber nicht vollständig entsprechen.

SNA ist also im Gegensatz zu ISO/OSI eine geschlossene Netzwerksystemarchitektur, soll aber als sogenannte Open-Ended-Architecture für Erweiterungen und Verbesserungen geeignet sein (vgl. Welzel 1986, S. 244 ff.).

Vergleichbar dem 7-Schichtenmodell von ISO stellen die einzelnen Schichten für übergeordnete Ebenen Dienste zur Verfügung und fordern von untergeordneten Schichten Dienste an (vgl. IBM Corporation 1985, S. 4), um die zugeteilten Aufgaben erfüllen zu können.

C.II.6.1.2 Offene Systeme

Kommunikation zwischen zwei oder mehreren Rechnern - unabhängig von der Hardware und den jeweiligen Betriebssystemen - ist nur dann möglich, wenn sich die Kommunikationspartner nach außen allgemein anerkannten Kommunikationsregeln unterwerfen (vgl. Giese u.a. 1985, S. 5).

Während bei geschlossenen Systemen herstellerspezifischer Netzwerke eine eigene Kommunikationsregel (z.B. IBM mit SNA) geeignet ist, wird vor allem für den Anschluß an Weitverkehrsnetze oder bei der Kopplung unterschiedlicher Rechner oder lokaler Netze ein herstellerübergreifendes abstraktes Modell wichtig.

An ein Modell, das diese Anforderungen erfüllen soll, werden drei grundlegende Bedingungen gestellt (vgl. Görgen u.a. 1984, S. 11):

1.   Freiheit von speziellen Realisierungsvorgängen,

2.   Flexibilität gegenüber technologischen Entwickungen,

3.   Möglichkeit der Integrität späterer Benutzeranforderungen.

Ein solches abstraktes Modell ist das ISO-/OSI- (Open System Interconnection) oder Basisreferenzmodell, das von der International Standardization Organization entwickelt worden ist (vgl. o.V. 1988k, S. 45).

Auf ihm basieren auch die EHKP (Einheitlich Höhere Kommunikationsprotokolle), die bei Btx Anwendung finden.

ISO-/OSI-Referenzmodell:

Das Basisreferenzmodell ist eine offene Netzarchitektur, die allen Rechner- und Netzsystemen, die diese Kommunikationsregel verwenden, eine Kommunikation ohne Kompatibilitätsprobleme gestattet. "ISO/OSI" ist hierarchisch mit sieben übereinandergeordneten Schichten aufgebaut und strukturiert komplexe Übertragungsprobleme.

Durch die Benutzung eines jeweiligen Schichtenprotokolls und den Diensten einer direkt untergeordneten Schicht erbringt jede Schicht spezielle Dienste für die Datenübertragung (vgl. Fleischmann 1987, S. 192 ff.).

Während die Kommunikation auf logischer Ebene immer nur zwischen zwei gleichen Schichten geführt werden kann (horizontale Kommunikation), verläuft der tatsächliche Datentransport vertikal: bei der Sendestation von oben nach unten, bei der Empfangstation von unten nach oben (vgl. Wertmann 1982, S. 79).

Das ISO-/OSI-Modell besitzt grundsätzlich zwei Funktionen:

1.   eine datenverarbeitungsorientierte, anwendungsbezogene Funktion,
2.   eine transportorientierte Funktion.

Die erste Funktion wird in den Schichten "Fünf" bis "Sieben", die zweite in den unteren vier Schichten erfüllt (vgl. Schmitz, Hasenkamp 1981, S. 90 f.).

Die nachfolgende Abbildung zeigt schematisch den Aufbau des Basisreferenzmodelles sowie die Bezeichnungen der einzelnen Schichten (die einzelnen Ebenen werden in der Literatur nicht einheitlich benannt, bezeichnen aber immer dasselbe Ebenenobjekt). Abbildung C.II.6.1.2.01 zeigt das ISO-/OSI-7-Schichtenmodell.

Eine Änderung der von der ISO definierten Architektur, insbesondere eine Veränderung der Schichtenteilung ist nicht zulässig; die Protokollkonversion kann dann zu großen Problemen führen. Jedoch ist eine Unterteilung der Ebenen in Unterschichten möglich. Eine Untergliederung der Schichten ist dann zweckmäßig, wenn Netzwerkkonzepte nicht in der Lage sind, die komplexen Schichten "en bloc" zu bearbeiten (vgl. Spaniol 1982, S. 1 ff.).

Application Layer:

Die **Applikationsebene** (Anwendungsschicht) ist die oberste Schicht des Basisreferenzmodells. Neben der Verarbeitung von Daten durch die jeweilige Anwendungssoftware (vgl. o.V. 1988k, S. 44 ff.) werden in dieser Ebene Dienste erbracht, die in offenen Systemen die Zusammenarbeit von bestimmten Applikationsprozessen erlauben. Damit wird z.B. der Zugriff auf externe Datenbanken gesteuert. Die angebotenen Dienste können reinen Kommunikationscharakter aufweisen; solche Dienstleistungen sind beispielsweise die Identifikation der Kommunikationspartner, Vereinbarungen über die Kostenübernahme für die Kommunikation und eine Verfügbarkeitsnachfrage des gewünschten Kommunikationspartners (vgl. Görgen u.a. 1984, S. 44 ff.).

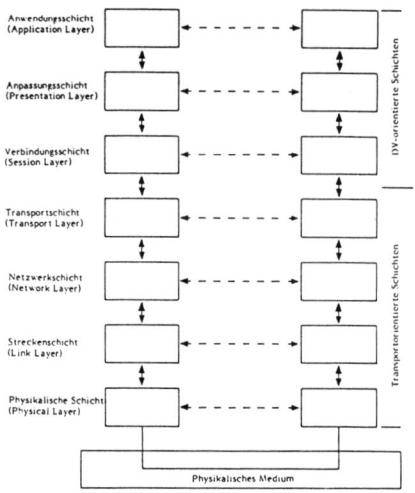

Abb. C.II.6.1.2.01: Das ISO-/OSI-Schichtenmodell

Quelle: Schmitz, Hasenkamp 1981, S. 91

Presentation Layer:

Diese Schicht (auch Anpassungs- oder Darstellungsschicht), in der alle Dienste für die oberste Ebene bereitgestellt werden (ein Teil der zu erfüllenden Aufgaben wird, wie bei den anderen Ebenen auch, an die darunterliegenden Schichten abgegeben), regelt zwischen den Anwendern Vereinbarungen über die Datenstrukturen (vgl. Giese u.a. 1985, S. 1 ff.). Insbesondere werden syntaktische Differenzen angeglichen (vgl. Zimmermann 1981, S. 52), ohne den Nachrichteninhalt zu verändern.

Eine weitere wichtige Aufgabe ist die Steuerung des Auf- und Abbaus der Verbindung zwischen den Anwendern (vgl. Görgen u.a. 1984, S. 45).

Da die Präsentationsebene eng mit der Anwendungsschicht zusammenarbeitet, werden ihre Eigenschaften von der Schicht 7 stark beeinflußt. Deshalb ermöglicht die Anpassungsschicht (vgl. Meißner 1985, S. 74):

1. eine Unabhängigkeit von Zeichensatz, Datendefinition, Systemcodes, Dateiformation etc.,

2. Funktionen zur Festlegung der Eigenschaften der Präsentationsebene sowie der OSI-Syntax und

3. Transferfunktionen.

Kommunikationspartner innerhalb der Presentation Layer sind als Funktionseinheiten sowohl Hard- als auch Software (vgl. Schmitz, Hasenkamp 1981, S. 93).

Session Layer:

Die **Session Layer** oder **Kommunikationssteuerungsschicht** ermöglicht die Kommunikationseröffnung, indem sie den Dialog synchronisiert und den Datenaustausch verwaltet (vgl. Zimmermann 1981, S. 52). In diesem Sinne wird eine logisch virtuelle - jedoch keine wegbeschreibend physikalische - Verbindung aufgebaut, überwacht und nach dem Übertragungsende wieder abgebaut. Hierfür wird eine **Akte**, die die für die jeweilige Kommunikation relevanten Daten (z.B. Partnerkennung) enthält, angelegt.

Die weiteren Dienste der Kommunikationssteuerschicht sind eine Fehlermeldungsaufgabe an die nächst höhere Ebene sowie die Verteilung des Senderechtes und eine Aktivitätsabgrenzung für den Dialog (vgl. Görgen u.a. 1984, S. 41).
Kommunikationspartner der Session Layer sind neben der Hardware in der Regel Betriebssystemfunktionseinheiten (vgl. Schmitz, Hasenkamp 1981, S. 94).

Transport Layer:

Die **Transportschicht** bildet die höchste Ebene der transportorientierten Schichten. Umfassende Transportdienstleistungen befreien die anwendungsorientierten Ebenen von allen transportorientierten Aufgaben und stellen Teilnehmerverbindungen zwischen den Teilnehmern her.
Die Transportebene sorgt für eine kostengünstige und effektive Ausnutzung des Übertragungsmediums.
Als Endsystemverbindung wird in diesem Bereich des Modelles anhand eines speziellen Protokolles die **Ende-zu-Ende-Kontrolle** zwischen den Teilnehmerstationen ausgeführt (vgl. Görgen u.a. 1984, S. 36).
Aufbauend auf die Endsystemverbindung wird eine vom Benutzer geforderte Transportqualität sichergestellt (vgl. Giese u.a. 1985, S. 1 ff.), obwohl auch in dieser Ebene noch keine physikalische, sondern lediglich eine logische Verbindung aufgebaut wird.
Eine weitere Aufgabe ist die Abbildung der Teilnehmeradresse (Transportadresse) auf die jeweiligen Endsystemadressen, die eine Endsystemverbindung für die Netzwerkschichten gewährleisten. Außerdem multiplext die Transportschicht mehrere Teilnehmerverbindungen auf ein Endsystem und splittet eine Teilnehmerverbindung auf mehrere Endsystemverbindungen, um eine Optimierung der Betriebsmittel sowie eine Qualitätserhöhung zu erreichen (vgl. Görgen u.a. 1984, S. 37).
Kommunikationspartner in der Transport Layer sind die beteiligten Datenübertragungseinrichtungen.

Network Layer:

Der **Netzwerkschicht** (Vermittlungsschicht) kommt im Rahmen einer Netzwerkanalyse eine besondere Bedeutung zu, da sie die geeigneten Datenwege für die Übertragung festlegt. Das bedeutet, daß in dieser Ebene erstmals eine physische Leitung zwischen den übertragenden Endeinrichtungen aufgebaut wird.

Die Vermittlungsschicht gestattet sowohl eine serielle als auch parallele Verbindung zwischen den Übertragungseinrichtungen (vgl. Zimmermann 1981, S. 54). Weiterhin regelt sie die Nutzdatenübertragung. Man unterscheidet **normale** und **vorrangige Nutzdaten**. Vorrangige Nutzdaten werden unabhängig von existierenden Datenwarteschlangen direkt übertragen. Außerdem ist die Netzwerkschicht für die Flußsteuerung des Datenstromes, die Segmentierung von Datenblöcken sowie für die Fehlererkennung und ihre Behebung verantwortlich (vgl. Görgen u.a. 1984, S. 34).

Im Gegensatz zu allen übergeordneten Schichten, die zwingend einen direkten, festgelegten Kommunikationspartner besitzen, hat die Netzwerkschicht im allgemeinen mehrere Partner, die für ein Verbindung hintereinandergekoppelt sind (vgl. Schmitz, Hasenkamp 1981, S. 97).

Link Layer:

In dieser Ebene (die Ebene 2 des Basisreferenzmodelles wird auch als Sicherungs- oder Streckenschicht bezeichnet) werden die Endpunkte einer Datenübertragungsstrecke (z.B. Terminals) miteinander verbunden (vgl. Schmitz, Hasenkamp 1981, S. 98).

Die Streckenschicht ist für die Fehlererkennung und die Beseitigung von Fehlern, die in der Bitsicherungsebene entstanden sind sowie den Auf- und Abbau von **gesicherten Verbindungen** verantwortlich (vgl. Diemer 1985, S. 53).

Ein bekanntes Übertragungsprotokoll, das in der Sicherungsschicht Anwendung findet, ist das HDLC-Protokoll.

Physical Layer:

Die unterste Ebene (Bitübertragungsschicht) kann keine Dienste einer untergeordneteren Schicht in Anspruch nehmen, sondern nutzt das nicht mehr zum Referenzmodell gehörende, physikalische Übertragungsmedium (vgl. Schmitz, Hasenkamp 1981, S. 98).

Zur Übertragung eines Bitstromes wird eine physische Verbindung zwischen den beteiligten Bitübertragungsinstanzen aufgebaut.

Die Physical Layer legt die mechanischen, elektrischen, funktionalen und prozeduralen Eigenschaften der Übermittlung fest (vgl. Zimmermann 1981, S. 55).

Güte und Qualität der Bitübertragungsebene korrelieren mit den physikalischen Eigenschaften der Übertragungsmedien und den verwendeten Controllern (vgl. Meißner 1985, S. 87).

Die wesentlichen Funktionen dieser Schicht sind der Auf- und Abbau von Systemverbindungen sowie die Durchführung und Überwachung der Bitübertragung.

Ein wichtiges Protokoll, das in dieser Ebene implementiert ist, ist die X.21 Schnittstelle.

Die physische Datenübertragung erfolgt wiederum über die Telekommunikationsnetze der DBP, so daß die Vor- und Nachteile sowie die wirtschaftlichen Kriterien des Einsatzes einer jeweiligen Leitung erhalten bleiben.

C.II.6.2 Datenendeinrichtungen

Terminalanschlüsse:

An ein EDV-gestütztes Informations- und Kommunikationssystem können in Abhängigkeit von den hersteller-spezifischen Vorgaben und der Netzkapazität beliebig viele kompatible Terminals für den online-Dialog ange-schlossen werden. Terminals eignen sich grundsätzlich nur für zentrale EDV-Vorgänge.

Einsatz von Mikrocomputern:

Eine Grundforderung EDV-gestützter Informations- und Kommunikationssysteme besteht aufgrund der Auf-gabenvielfalt in Unternehmen und vor allem in Verbundgruppen des Handels in der Möglichkeit dezentraler Datenverarbeitung. Um aber weiterhin im Verbund mit dem Host-Rechner des Informations- und Kommuni-kationssystems arbeiten zu können, muß sich der Mikrocomputer auch wie ein Terminal verhalten können (vgl. Renner 1985, S. 69). Dazu sind die sogenannten Terminal-Emulationssoftwareprogramme notwendig. Dabei ahmt der PC oder Mikrocomputer alle angegebenen Terminaleigenschaften nach (vgl. Müller u.a. 1983, S. 43). Die bekanntesten Qualitätsverfahren sind 3270 (IBM) und BSC (Binary Synchronous Communication; vgl. Hofer 1973, S. 73; z.B. Siemens).

Anforderungen durch den Einsatz von Mikrocomputern als Datenendeinrichtungen:

Ein Mikrocomputer muß, neben der Erfüllung der dezentralen Aufgaben, in der Lage sein, dem Benutzer die gesamte EDV-Welt seines Unternehmens zu erschließen. Das bedeutet im einzelnen Kommunikation mit ande-ren Arbeitsplatzrechnern, Hosts, PCs und LANs, wobei Kommunikation sich nicht im File-Transfer erschöpfen darf, sondern auch den Zugriff auf nicht-lokale Daten und Dialoganwendungen ermöglichen muß.

Dieser Zugriff muß für den Benutzer transparent sein, was auch für den Durchgriff über mehrere Knoten hin-weg gilt. Im Idealfall wird also eine Programm-zu-Programm-Verbindung durchgeführt; eine Terminalemula-tion, die im Arbeitsrechner abläuft, stellt das Mindestmaß an geforderten Durchgriffsmöglichkeiten dar.

Selbstverständlich müssen gebräuchliche Protokolle unterstützt werden, Datentransfer mit hohen Datenraten und der Zugang zu allen öffentlichen Netzwerken müssen möglich sein.

Die Tätigkeiten, die in einem Rechenzentrum typischerweise zur Aufrechterhaltung eines geordneten Betriebs anfallen, sind für jedes Mehrbenutzersystem, also auch für Arbeitsplatzrechner, nötig. Sie sollten jedoch nach Möglichkeit nicht die Fachabteilungsmitarbeiter belasten. Damit ist klar, daß der Mikrocomputer so in einen Rechnerverbund eingebettet sein muß, daß eine zentrale Funktion "Systemunterstützung" die oben aufgeführten Tätigkeiten durchführen kann, solange die angebotene Betriebssoftware den vollautomatischen Betrieb nicht erlaubt. Der Einsatz von dezentraler Intelligenz stellt neue Anforderungen an die zentrale Datenverarbeitung. Die Netzwerke werden vielschichtiger, ihre Überwachung und Steuerung wird komplexer. Die Programmierung wird eine gewisse Geräte- und Typenvielfalt gerade im Bereich der Endgeräte berücksichtigen müssen, durchgängige Konzepte zur Programmgestaltung müssen eingeführt werden, die auf allen Rechnerebenen realisiert werden können.

Bei der Auswahl von Software-Werkzeugen wird man in verstärktem Maß auf einheitliche Gestaltung der Benutzeroberfläche achten.

Über eine Kapazitätsplanung (wenn vorhanden) muß versucht werden, zukünftige Belastungen auch innerhalb der Abteilungen zu ermitteln und in reale Konfigurationen umzusetzen. Das macht den Einsatz von zentral geführten und gepflegten Installationsdatenbanken noch notwendiger als bisher (vgl. dazu auch Hörmann 1987, S. 42 - 45).

C.II.6.3 Integrationsansätze in EDV-gestützten Systemen

Wie bereits in Abschnitt C.II.6.1.2 angeführt wurde, ist mit der Einführung dezentraler Datenverarbeitung in offenen Systemen bereits ein Ansatz zur Integration von Subsystemen mit unterschiedlichen Kommunikationsformen, von Subsystemen mit unterschiedlichen betrieblichen Funktionsbereichen und von Subsystemen mit unterschiedlichen Aggregationsstufen in Verbundgruppen vorhanden.

Eine Funktionsintegration wird dadurch ermöglicht, daß alle Teilnehmer eines Verbundsystems auf eine gemeinsame Datenbasis (Datenbank) eines zentralen Rechners zugreifen können.

Allerdings ist bezüglich des Terminalbetriebs oder dezentralen Betriebs darauf hinzuarbeiten, daß eine einheitliche Benutzeroberfläche besteht. Dies gilt auch für die Möglichkeit dezentraler Auswertungen für die unterschiedlichen inhaltlichen Funktionsbereiche des Handelsunternehmens.

Bei Verbundgruppen des Handels ist außerdem zu beachten, mit welchem wirtschaftlichen Aufwand ein solches regionales Netz errichtet werden kann (vgl. Kapitel C.VI ff.).

Bezüglich der Wirtschaftlichkeit bietet Btx im ergänzenden Einsatz zur klassischen EDV erhebliche Vorteile, da durch das Btx-Infranetz ein offenes System im Sinne der Integration realisiert werden kann.

Darüber hinaus sieht die DBP für den Btx-Betrieb eine einheitliche Benutzeroberfläche vor, die zumindest bei der Nutzung unterschiedlicher Kommunikationsformen problemlos installiert werden kann.

C.II.7 Ausgewählte Aspekte des Marktes für Btx

Seit seiner Einführung im Jahre 1980 (vgl. dazu Meyer, Breinlinger, Gusbeth 1986, S. 1) (Beginn der Feldversuche) hat Btx die Erwartungen der DBP als Instrument der "Individualkommunikation" (zur historischen Entwicklung von Btx vgl. Meyer, Breinlinger, Gusbeth 1986, S. 3) nicht erfüllt.

Seit der bundesweiten Einführung im Jahre 1984 unter dem CEPT-Standard sprachen weder die Teilnehmer-, noch die Anbieterzahlen im System für einen Erfolg. Überall war zu lesen und zu hören, daß Btx ein "Flop" der Deutschen Bundespost sei, wogegen sich in Frankreich das Konzept des Télétels zu einem beachtlichen Erfolg entwickelt hat (zur Entwicklung des französischen Videotex (Télétel) vgl. die Dokumentation in: Btx Aktuell 1987).

Dem Sorgenkind Btx (vgl. dazu auch o.V. 1988n, S. 4) mangelte es allerdings hauptsächlich an der richtigen Marktorientierung, um das Nutzerpotential gezielt zu werben.

Zielgruppe sollten nicht die privaten, sondern die kommerziellen Nutzer sein, da im kommerziellen Bereich der Btx-Einsatz auf große Akzeptanz gestoßen ist (vgl. dazu auch Wurr 1987, S. 46).

Daher müssen sich alle Beteiligten an Btx, nämlich die

-   Deutsche Bundespost,
-   Anbieter und
-   Hersteller

auf die veränderten Anforderungen im kommerziellen Bereich einstellen.

C.II.7.1 Position der Deutschen Bundespost

Die DBP strebt durch vielerlei Aktivitäten an, für Btx zielgruppenspezifisch zu werben.

Dafür wurde ein Maßnahmekatalog (vgl. Kragler 1982, S. 324; vgl. auch Rundschreiben der DBP an Btx-Anbieter, veröffentlicht im März 1987) entworfen, der zielgruppenspezifisches Marketing unterstützen soll.

Darüber hinaus befindet sich die Post in einer Phase der Umstrukturierung, wodurch sich Veränderungen für die bisher posteigenen Telekommunikationsdienste und damit auch für Btx ergeben können.

Konzept "Post 2000":

Bisher hat die DBP ihr umfassendes Dienstangebot auf weitgehend monopolistischen Märkten abgewickelt.

Die Postreform hat das Ziel, die Angebotsvielfalt zu fördern (vgl. die Unterrichtung durch die Bundesregierung: Die Reform des Post- und Fernmeldewesens in der Bundesrepublik Deutschland - Konzeption der Bundesregierung zur Neuordnung des Telekommunikationsmarktes, Bundestagsdrucksache 11/2855, S. 3). Dies ist hauptsächlich auf den Telekommunikationsmärkten der Fall. Dieses Ziel soll durch die Intensivierung des Wettbewerbs und durch die Nutzbarmachung der hieraus möglicherweise entstehenden innovativen Wirkungen erreicht werden.

Es geht aber nicht darum, das Wettbewerbsprinzip pauschal in allen Bereichen einzuführen, denn es soll auch weiterhin eine leistungsfähige Infrastruktur des Post- und Fernmeldewesens und eine zuverlässige und preiswerte Grundversorgung für alle Nutzer gewährleistet bleiben. Diese infrastrukturelle Grundversorgung soll auch weiterhin durch die DBP aufrechterhalten werden. Darüber hinaus soll sich die DBP als modernes Dienstleistungsunternehmen auch auf den Wettbewerbsmärkten des Post- und Fernmeldewesens aktiv betätigen.

"Unter Berücksichtigung dieser Zielsetzungen konzentriert sich die Reform auf die beiden folgenden Schwerpunkte:

-       Eröffnung erweiterter Wettbewerbschancen auf den Märkten des Fernmeldewesens durch neue ordnungspolitische Rahmenbedingungen und
-       Neustrukturierung der Deutschen Bundespost zur Sicherstellung der infrastrukturellen Aufgabenerfüllung sowie zur Stärkung ihrer Leistungsfähigkeit auch auf den Wettbewerbsmärkten" (oben genannte Unterrichtung durch die Bundesregierung, S. 3).

Schon in Japan, Großbritannien und den USA sind Postreformen durchgeführt worden. Das von der Bundesregierung verfolgte Konzept geht jedoch nicht so weit wie in diesen Ländern. Das Netzmonopol verbleibt grundsätzlich bei der Deutschen Bundespost, und eine Umwandlung der Deutschen Bundespost in eine Gesellschaft bürgerlichen Rechts ist auch nicht vorgesehen, zumal dies ja auch aufgrund der Art. 73 und 87 GG ausgeschlossen ist.

Der Entwurf des Gesetzes zur Neustrukturierung des Post- und Fernmeldewesens der Deutschen Bundespost (Poststrukturgesetz) sieht einen veränderten Handlungsrahmen für die DBP vor. Die unternehmerischen Aufgaben sollen aus dem Bundespostministerium ausgegliedert werden und den hierfür einzurichtenden drei öffentlichen Unternehmen:

-       Deutsche Bundespost POSTDIENST,
-       Deutsche Bundespost POSTBANK und
-       Deutsche Bundespost TELEKOM

zugewiesen werden (vgl. Bundespostministerium 1988a, S. 10). Auf der Ortsebene gibt es bei der DBP schon heute eine Dreiteilung: Postämter, Postgiroämter und Fernmeldeämter.

Diese Aufteilung auf spezielle Managements sei vor allem deshalb geboten, weil die Unterschiede der zu lösenden Managementaufgaben in allen drei Bereichen erheblich seien. "Im Telekommunikationsbereich geht es darum, auf Wachstumsmärkten mit hohen Produktinnovationsraten, kapitalintensiver Produktionstechnik, sinkenden realen Preisen und wachsender Arbeitsproduktivität ein bisher fast ausschließliches Monopolunternehmen auf den Wettbewerb umzustellen. Im Postdienstbereich dagegen geht es darum, auf stagnierenden Wettbewerbsmärkten mit vergleichsweise geringen Innovationsraten, arbeitsintensiver Produktionstechnik und steigenden realen Preisen bei konstanter Arbeitsproduktivität die Marktanteilsverluste aufzuhalten und verlustbringende Bereiche wieder in die Gewinnzone zu führen. Bei den Postbankdiensten kommt es darauf an, das Produktspektrum auf einem sehr wettbewerbsintensiven Markt entsprechend der sich wandelnden Nachfrage ökonomisch erfolgreich auszubauen und die bestehende Marktposition zu verteidigen" (Bundespostministerium 1988b, S. 4).

Trotz der Bildung von drei Unternehmen wird die Einheit der DBP nicht angetastet, sie bleibt auch weiterhin als einheitliche Verwaltung "Bundespost" im Sinne von Artikel 87 GG erhalten. Dies wird z.B. durch den Erhalt des Sondervermögens und durch die Einrichtung eines gemeinsamen Direktoriums deutlich. Das Direktorium setzt sich aus den Vorsitzenden der Vorstände der drei öffentlichen Unternehmen zusammen, vertritt die DBP gerichtlich und außergerichtlich und nimmt zusammenfassende und koordinierende Aufgaben wahr.

Gegen diese zukünftige Dreiteilung der Post und der Einführung von drei selbständig arbeitenden Vorständen (Management) sowie die Zusammenführung im gemeinsamen Direktorium protestieren die Gewerkschaften sehr stark. Der Postverband meint, daß Direktorium und Vorstände lediglich de jure eine von Regierungsmitgliedern unbeeinflußte Willensbildung wahrnehmen, de facto blieben sie politisch und wirtschaftlich an die Entschlüsse des Ministers und der Bundesregierung gebunden. Auch werde die Verwaltung nun schwerfälliger, da ihr Aufbau nun fünfstufig sei (vgl. Bekinghausen 1988, S. 33) (Bundesministerium für Post- und Telekommunikation - neu umbenannt -, Direktorium, Generaldirektion (Vorstand), Zentralamt oder Oberpostdirektion und Postamt).

Die Verselbständigung von Post-, Postbank- und Telekommunikationsdiensten sollen Spezialvorteile für die einzelnen Unternehmen bringen. Demgegenüber steht ein möglicher Verlust von Verbundvorteilen, die jedoch nach Möglichkeit zu erhalten sind, z.B. durch die Verpflichtung zur gegenseitigen Nutzung der Vertriebseinrichtungen und der Verpflichtung, das flächendeckende Amtsstellennetz (bundesweit rund 18.000 Postämter) für alle Postdienstleistungen beizubehalten.

Ordnungspolitische Regelungen bezüglich des Telekommunikationswesens (Fernmeldewesens):

Im Fernmeldewesen soll künftig der Grundsatz des Wettbewerbs die Regel und das Monopol eine zu begründende Ausnahme sein. Zur Wahrung der Infrastruktur wird die DBP auch weiterhin die Fernmeldenetze errichten und betreiben. Ausnahmen vom Netzmonopol soll es nur in einem klar abgrenzbaren Bereich geben. Satellitenkommunikation und Mobilfunk werden durch technische Einrichtungen realisiert, die zu den Randbereichen des Netzmonopols zu zählen sind. Gerade in diesen Bereichen könnte der rasche Technologiefortschritt unter wettbewerblichen Bedingungen besonders innovative Dienstleistungen hervorbringen, ohne hierdurch die Infrastrukturaufgabe zu gefährden. Satellitenfunkanlagen niederer Bitraten (d.h. Bitraten bis 15 kbit/s) können deshalb zukünftig bei Erfüllung der funktechnischen Anforderungen freizügig von Privaten errichtet und betrieben werden. Für Satellitenfunkanlagen höherer Bitraten bleibt weiterhin ein spezielles Genehmigungsverfahren des Bundesministeriums für Post und Telekommunikation erhalten. Diese Genehmigung kann nur unter bestimmten Voraussetzungen versagt werden.

Die Unterscheidung zwischen Satellitenübertragung niedriger und höherer Bitrate stellt eine besondere Schutzfunktion für die Sprachübertragung in den terrestrischen Netzen dar. Die Bundesregierung sieht es als notwendig an, das Telefondienstmonopol (s.u.) durch diese zusätzliche Sicherung zu schützen. Aus diesem Grund soll sich der gesetzliche Rechtsanspruch auf das Errichten und den Betrieb von privaten Satellitenfunkanlagen nur auf Bitraten beziehen, die heute und noch auf absehbare Zeit nur durch aufwendige und teure Techniken (Sprachkodierungsalgorithmen) für die Sprachübertragung genutzt werden können.

Um das große Innovationspotential im Bereich der mobilen Funkdienste zu fördern und den Markt in der Bundesrepublik Deutschland zu beleben, sollen schon 1989 bestimmte mobile Funkdienste auch von Privaten angeboten werden können.

Im ab 1991/1992 geplanten europaeinheitlichen zellularen digitalen Funktelefonnetz D wird neben der TELE-KOM mindestens ein weiterer Anbieter zugelassen. Das hierfür notwendige Ausschreibungs- und Lizensierungsverfahren soll noch in diesem Jahr eingeleitet werden (vgl. die bereits oben genannte Unterrichtung durch die Bundesregierung, S. 4 f.).

"Bei Fernmeldediensten soll zukünftig grundsätzlich Wettbewerb zwischen der TELEKOM und privaten Anbietern herrschen. Diese können durch Anmietung von Übertragungsleitungen oder anderen Dienstleistungen von der TELEKOM zu wettbewerbsneutralen Bedingungen und deren Verbindung mit eigenen Anlagen zur Vermittlung, Speicherung und Verarbeitung von Informationen Fernmeldeleistungen für Dritte erbringen" (Unterrichtung durch die Bundesregierung, S. 5).

Eine Ausnahme hiervon bildet allerdings der Telefondienst, der weiterhin im Monopol der TELEKOM bleiben soll (wegen seiner großen infrastrukturellen Bedeutung). Die Infrastrukturbedeutung des Fernmeldewesens wird auf der Ebene der Fernmeldedienste außerdem durch die Einführung der sogenannten Pflichtleistungen der TELEKOM berücksichtigt. Bei diesen vom Bundesminister für Post und Telekommunikation im einzelnen festzulegenden Diensten soll zwar Wettbewerb zulässig sein, die Deutsche Bundespost soll jedoch besonderen Leistungsauflagen unterworfen werden (z.B. flächendeckendes Angebot, Tarifeinheit im Raum etc.).

Somit ergeben sich für die verschiedenen Telekommunikationsdienste künftig folgende Kategorisierungen:

- Monopolleistungen der TELEKOM (Übertragungsleistungen der Netze und Telefondienste),

- Pflichtleistungen der TELEKOM (private Angebote sind zulässig, TELEKOM unterliegt Leistungsauflagen),

- freie Leistungen (freier Wettbewerb zwischen TELEKOM und privaten Anbietern) (vgl. Bundespostministeriums 1988c, S. 7).

Die DBP soll sich zusätzlich am freien Wettbewerb bei den Endgeräten beteiligen. Zur Sicherstellung der Funktionsfähigkeit der Telekommunikationsnetze und der Abwicklung der Monopol- und Pflichtdienste bedürfen alle Endgeräte einer Zulassung.

Mögliche Auswirkungen auf das ISDN:

Die Frage nach den Auswirkungen der geplanten Postreform auf das ISDN läßt sich nur hypothetisch und ohne quantitative Schätzungen beantworten: Da die Forschungs- und Entwicklungskosten für alle Dienste und Bestandteile des ISDN immens steigen, während sich andererseits für neue Produkte die Dauer ihrer Marktfähigkeit ständig verkürzt, läßt sich das investierte Kapital nur noch über sehr hohe Stückzahlen amortisieren. Diese Massenproduktion erfordert aber den Großraum gesicherter, internationaler Absatzmärkte. An diese müßte der Anschluß gefunden werden.

Die Postreform dient zwei Hauptzielen:

1. Das Unternehmen DBP soll durch Änderung seiner Organisationsstruktur die Voraussetzungen für größere wirtschaftliche Effizienz erlangen (betriebswirtschaftliche Maßstäbe für die Optimierung der Aufgabenerfüllung).

2. Der Anschluß an die Entwicklung auf den internationalen Absatzmärkten der Telekommunikation soll durch Änderung der Marktkonzeption ermöglicht werden; dies insbesondere durch Öffnen des nationalen Marktes und Rückführung des Fernmeldemonopols auf dem Kernbereich hoheitlicher Funktionen, insbesondere die Bereitstellung und den Betrieb des Netzes.

Auch mit der Freigabe des Endgerätemarktes (die Telefongeräte unterlagen bislang noch dem Postmonopol) und der Beseitigung aller Marktzugangsbeschränkungen für in- und ausländische Anbieter von Diensten erfüllt die Postreform nicht nur Verpflichtungen, die sich ohnehin aus den EG-Verträgen ergeben, sondern schafft die Voraussetzungen für erhebliche Innovationsanstöße sowohl für das Bundesunternehmen DBP als auch für die künftig uneingeschränkt konkurrenzberechtigte deutsche Industrie.

"Das Dienstleistungsspektrum im Bereich der Telekommunikation ist bereits in den letzten Jahren erheblich ausgeweitet worden. Denken Sie zum Beispiel an Datex, Telefax, Teletex und Btx, um nur einige bekanntere Dienste zu nennen. Mit Einführung des Schmalband-ISDN werden weitere hinzukommen. In Stuttgart und Mannheim laufen derzeit die Vorbereitungen für zwei ISDN-Pilotprojekte mit jeweils 400 Teilnehmern an.

16 Firmen sind mit der Entwicklung und Lieferung von ISDN-Einrichtungen beauftragt. In dem für geschäftliche Anwendungen interessanten Bereich der Text- und Datenübermittlung arbeiten seit mehr als einem Jahr 10 Firmen an ISDN-Fernkopierern, Textverarbeitungsanlagen und Endgeräten, über die mehrere Dienste abgewickelt werden können.

Welche neuen Dienste mit dem späteren Breitband-ISDN ins Leben gerufen werden, läßt sich nicht absehen. ISDN ist offen für Ideen und Initiativen. Es wird Potentiale erschließen, an die heute noch niemand denkt" (Zurhorst 1986, S. 24).

C.II.7.2 Merkmale der Btx-Nutzer

Die Btx-Seitenabrufstatistik, die von der DBP im System direkt mitgeführt wird, gibt Auskunft über Art und Anzahl der im System gespeicherten Seiten sowie über die Häufigkeit ihres Abrufs. Darüber hinaus veröffentlicht die DBP monatlich die Statistik der neu hinzugekommenen Teilnehmer sowie alle Bewegungen im Btx-Anbieter- oder Teilnehmerbereich (vgl. hierzu die statistischen Veröffentlichungen, in: Neue Mediengesellschaft Ulm (Hrsg.), Btx Aktuell).

Das Institut Socialdata führte bezüglich der Btx-Nutzerstruktur eine Untersuchung mit dem Titel Btx'87 (vgl. o.V. 1988f, S. 29 - 32; o.V. 1988g, S. 7 - 10; o.V. 1988h, S. 7 - 10; o.V. 1988j, S. 7 - 10) durch.

Bezüglich der Nutzerstruktur von Btx ergab sich, daß fast die Hälfte der Btx-Teilnehmer zu einer GBG gehören (vgl. o.V. 1988f, S. 29 - 32), was auf die Nutzung kommerzieller Btx-Angebote deutet.

Nach wie vor besteht auch beim Homebanking eine starke Anziehungskraft.

Dialoganwendungen im Btx-System werden hauptsächlich bei der Bestellung von Waren durchgeführt.

57 % der Btx-Nutzer wenden Btx ausschließlich zu beruflichen Zwecken an (vgl. o.V. 1988g, S. 7). Die Nutzungsformen betreffen sowohl Dialoganwendungen (Banken, Warenbestellungen) als auch Kommunikation mit geschäftlichen Partnern (vgl. o.V. 1988g, S. 9).

Bei der Struktur der gewerblichen Partner wurde eine Klassifikation in vier Gruppen vorgenommen (vgl. o.V. 1988g, S. 9 f.):

Gruppe 1:   Unternehmensumsatz < 500.000 DM,
Gruppe 2:   Unternehmensumsatz 500.000 - 5.000.000 DM,
Gruppe 3:   Unternehmensumsatz 5 Mio - 30 Mio DM,
Gruppe 4:   Unternehmensumsatz > 30 Mio DM.

Dabei stellte sich heraus, daß in allen Bereichen, vor allem im Handels- und Dienstleistungsbereich, noch erhebliche Nutzungspotentiale bestehen.

Eine Ausnahme bildet die Elektrobranche. In ihr liegen keine großen Potentiale mehr; sie hat bereits den Löwenanteil von 23 % (vgl. o.V. 1988h, S. 7). Eine logische Entwicklung, weil hier Hersteller und Vertrieb von Anfang an darauf gesetzt haben, die zu verkaufende neue Technik auch zum eigenen Nutzen und Fortkommen einzusetzen. Bestellsysteme auf der Basis von Btx führten zu einer nahezu einhundertprozentigen Marktdurchdringung in dieser Branche, die bei den seit 1984 oder früher bestehenden Anschlüssen mit 27 % ebenso vorn liegt wie bei denen, die 1985 und 1986 eingerichtet wurden. Erst 1987 mußte die Führungsposition abgegeben werden - das Potential erschöpft sich allmählich (vgl. o.V. 1988h, S. 7).

C.II.7.3 Verhalten der Anbieter

Das Verhalten der Anbieter bestätigt auch die Ergebnisse von Socialdata.

Zunehmend ziehen sich die Anbieter aus dem Angebot für die private Btx-Nutzung zurück und verlagern sich auf den kommerziellen Bereich, worauf auch die hohe Zahl externer Rechneranschlüsse hinweist (vgl. Pfaffenberger 1988a, S. 11 ff.).

C.II.7.4 Verhalten der Hersteller

Bei den Entwicklungen der **Btx-Endeinrichtungen** zeichnen sich mehrere Tendenzen ab.

1.   die Entwicklung preiswerter Btx-Dekoder zur Aufrüstung von Mikrocomputern zur Btx-Fähigkeit,
2.   die Entwicklung sogenannten Multitels oder Ceptels als preiswerte Datenendeinrichtungen.

Bezüglich der Dekoder kommer immer preiswertere Lösungen auf den Markt. Dekoder können software- oder hardwaremäßig realisiert werden. Die neueste Entwicklung ist ein Dekoder für DM 240,--, mit dem sich ein Mikrocomputer zum Btx-fähigen Endgerät aufrüsten läßt (vgl. Pfaffenberger 1988a, S. 11 ff.; eine vollständige Übersicht über Dekoder und ihre Preise finden sich beispielsweise in: o.V. 1987d, S. 29 - 31; Kragler 1982, S. 4.2.1.5).

Btx-Telefone (Multitels) bilden eine kompakte, platzsparende Einheit für die alternative bzw. parallele Nutzung von Fernsprech- und Btx-Dienst.

Die allgemein als Multitels bezeichneten Geräte setzen sich zusammen aus einem Monitor (meist Schwarzweiß-Röhre), einer alphanumerischen Tastatur mit Tastwahlblock für Fernsprechbetrieb, einem integrierten Btx-Dekoder (Dialogdekoder) und einem Telefonteil (Handapparat, Elektronik mit Sonderfunktionen wie Wahlwiederholung, Lauthöreinrichtung, Speicher etc.).

Für den Einsatz eines Btx-Telefons ist es u.a. von Bedeutung, ob das Gerät für den Anschluß an das öffentliche Fernsprechnetz (= direkter Zugang zum öffentlichen Btx-System) oder nur für die Ankopplung an private Fernsprechnebenstellenanlagen (Btx-Inhouse-Systeme) zugelassen ist (vgl. Kragler 1982, S. 4.2.1.3).

Seit Mitte 1988 sind Weiterentwicklungen der Multitels zu sogenannten CeptTels oder Low-Cost-Multitels im Gange, die aufgrund einer Ausschreibung der DBP initialisiert wurden (vgl. Oehlerking 1988, S. 19).

Auch der Markt für **Btx-Unterstützungssoftware** verhält sich sehr dynamisch bezüglich höheren Leistungsumfangs der Software zu sinkenden Preisen.

Typische Funktionen der Unterstützungssoftware können sein (vgl. o.V. 1988e, S. 20 - 22):

- automatisierte Extraktion von Daten aus Programmen aus dem Btx-Angebot,
- Cash-Management-Software,
- Automatisierung des Mitteilungsdienstes,
- Datenübertragungsfunktionen,
- Telex-Versand.

Auch bei der **Kommunikationssoftware für Externe Rechner** bewegt sich der Herstellermarkt dynamisch. Mittlerweile lassen sich sowohl PCs als auch Mainframes zu Externen Rechnern aufrüsten. Damit ist auch ein breites Spektrum von Betriebssystemen abgedeckt (vgl. o.V. 1988d, S. 27 - 29). Bemerkenswert sind die großen Preisunterschiede, die zwischen DM 20.000 und DM 200.000 schwanken.

C.III Analyse von WWS auf ihre Eignung für den Btx-Einsatz

C.III.1 Vorgangsketten in WWS

Zur Darstellung der funktionalen Zusammenhänge und Abhängigkeiten bei der Bewältigung der Informations- und Kommunikationsbeziehungen und der Abwicklung der physischen warenprozeßorientierten Aktivitäten werden aus den im Teil B.I.1.1 beschriebenen Elementen zusammenhängende Vorgangsketten gebildet. Typische Vorgangsketten, die einen Vorgang durchgängig beschreiben, sind in WWS:

- Warenbeschaffung,
- Auftragsabwicklung im Nichtladenhandel,
- Warenausgang im Ladenhandel,
- Rechnungsabwicklung mit Kunden,
- Rechnungsabwicklung mit Lieferanten,
- Inventurdurchführung,
- Steuerung der Warenprozeßaktivitäten,
- Auswertungen im Rahmen des Marketing- und Managementinformationssystems.

Die Betrachtung der Vorgangsketten ist die Basis für die Untersuchung, ob Funktionen sinnvoll über Btx abgewickelt werden können. Die rein statische Prüfung von Funktionen im Hinblick auf den Btx-Einsatz erbringt kein aussagefähiges Ergebnis. Sie zeigt nämlich nicht, ob tatsächlich Vorteile im Arbeitsablauf mit dem Btx-Einsatz verbunden sind, da der Gesamtzusammenhang der interdependenten Einzelfunktionen vernachlässigt wird.

Deswegen bilden die Vorgangsketten eine wesentliche Basis bei der Untersuchung der Btx-Eignung im WWS. Im folgenden wird auf die Funktionen einer Vorgangskette eingegangen, auf die sich Belege, die im Rahmen der Vorgangskette erstellt und weitergereicht werden, beziehen.

C.III.1.1 Warenbeschaffung

Aufgabe des Warenbeschaffungskreislaufes ist die Sicherstellung der geforderten Lieferbereitschaft des Handelsunternehmens. Die Vorgangskette der Warenbeschaffung (Abbildung C.III.1.1.01) zeigt alle physischen und informatorischen Bewegungen des Lagerbestandes über Disposition und Bestellwesen bis zum Wareneingang.

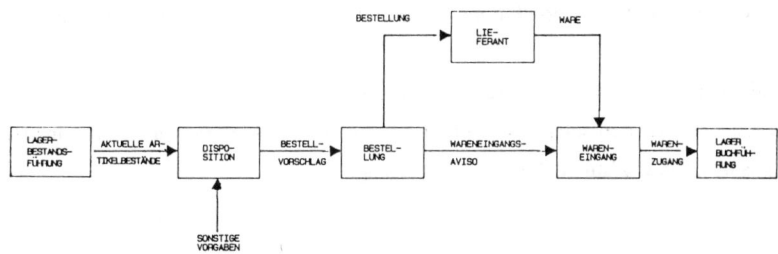

Abb. C.III.1.1.01: Vorgangskette Warenbeschaffung

Die Aufgabe der Lagerbestandsführung ist die artikelgenaue rechnerische Ermittlung und Fortschreibung des wert- und mengenmäßigen Lagerbestands aufgrund der Zu- und Abbuchungen von Wareneingang, Warenausgang und sonstigen Warenbewegungen (Bruch, Verderb, Rücknahmen, Falschlieferungen usw.).

Die Lagerbestandsführung stellt der Disposition (DISP) aktuelle Artikelbestände als Dispositionsgrundlage zur Verfügung. Unter Disposition versteht man die Entscheidung über Beschaffung eines Artikels nach Zeitpunkt und Menge.

Die Aufgaben der **Disposition** sind:

- die Bedarfsprognose anhand von Vergangenheitswerten und sonstigen Vorgaben wie Saisonschwankungen, Sortimentsplanung usw.,

-   die Optimierung von Dispositionszeitraum und Bestellmenge anhand der Bedarfsprognose je Artikel unter Berücksichtigung von Lieferfristen, Rabattstaffeln und Sicherheitsbeständen unter Anwendung statischer oder dynamischer Verfahren (z.B. Andler-Formel),
-   die Lieferantenanfragen bezüglich aktueller Sonderkonditionen für bestimmte Artikel, z.B. bei Sonderaktionen von Lieferanten,
-   die Bestellvorschlagserstellung.

Der Bestellvorschlag wird zur weiteren Bearbeitung an das **Bestellwesen** übermittelt.

Das Bestellwesen (BEST) erfüllt folgende Aufgaben:

-   Entscheidung über den Bestellvorschlag, d.h. dessen Bestätigung oder Abänderung unter Berücksichtigung qualitativer Lieferantendaten wie Bonität und Termintreue und quantitativer Kriterien wie Preise, Konditionen usw.,
-   Erstellen eines Bestelldokuments und dessen Übermittlung an die Lieferanten,
-   Übermittlung der Bestelldaten nach Eingang der Auftragsbestätigung des Lieferanten an die Finanzbuchführung, die Disposition, die Logistik und den Wareneingang,
-   Bestellüberwachung.

Das Wareneingangsaviso informiert den Wareneingang über bevorstehende Warenanlieferungen.

Nach der Anlieferung der Ware durch den Lieferanten nimmt der **Wareneingang** (WE) folgende Aufgaben wahr:

-   Wareneingangskontrolle, diese umfaßt den Vergleich der angelieferten Ware bzgl. Menge, Größe und Qualität mit der Bestellung und dem Lieferschein (Fehl-, Über-, Unter- und Falschlieferungen, Bruch und Verderb),
-   artikelgenaue Wareneingangserfassung, insbesondere zur Fortschreibung der Lagerbestandsführung, zum Erstellen einer Eingangsrechnung zum Abgleich von Liefer- und Bestelldaten,
-   Etikettendruck und Preisauszeichnung, insbesondere für nicht herstellerausgezeichnete Waren, d.h. Erstellen von konventionell beschrifteten Etiketten, aber auch von EAN-Barcode oder OCR-Klarschrift-Etiketten.

C.III.1.2 Auftragsabwicklung im Nichtladenhandel

Diese Vorgangskette (Abbildung C.III.1.2.01) beschreibt die **informatorischen** Prozesse vom Eingang eines Kundenauftrages bis zur Auslieferung der Ware an den Kunden.

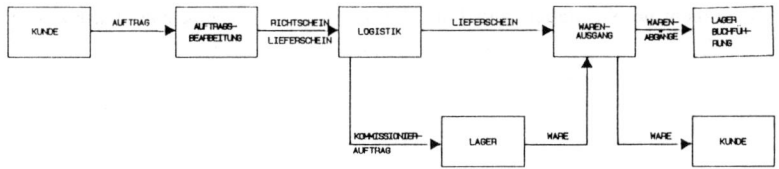

Abb. C.III.1.2.01: Vorgangskette Auftragsabwicklung im Nichtladenhandel

Die eingehenden Kundenaufträge werden in der **Auftragsbearbeitung** entgegengenommen und für die weiteren Vorgänge vorbereitet:

Dies geschieht in folgenden Arbeitsschritten:

- Erfassen der Aufträge, Ergänzungen der Auftragsdaten durch Einfügen der Kundennummer, Vergabe einer Auftragsnummer und Klassifizierung nach Auftragsarten, wie Sofort-, Termin-, Abruf- und Teilaufträge, Eingabe in eine Auftragsdatei evtl. mit Vergabe einer Kommissioniernummer,
- Prüfen der Bonität des Kunden anhand von Daten aus der Kundendatei,
- Verfügbarkeitsprüfung bezüglich der vom Kunden geforderten Waren durch Anfragen an:
  -- die Lagerbestandsführung,
  -- das Bestellwesen,
  -- die Disposition,
- Auftragsterminierung in Abhängigkeit von den Ergebnissen der Verfügbarkeitsprüfung und in Abstimmung mit der Transportlogistik,
- Versand der Auftragsbestätigung an den Kunden,
- Erstellen eines Richtscheins und eines Lieferdokuments.

Die **Lagerlogistik** nimmt in der Folge die Aufgaben wahr:

- Erstellen eines Kommissionierauftrages unter Berücksichtigung der Personal- und Transportmittelkapazitäten,
- Steuerung der Kommissioniertätigkeit, insbesondere Personal- und Transportmitteleinsatz,
- Steuerung des innerbetrieblichen Transports der kommissionierten Waren zum Warenausgang.

Der Richtschein oder Lieferschein dient im Nichtladenhandel als Vorinformation zur Warenausgangskontrolle und -erfassung.

C.III.1.3 Warenausgang im Ladenhandel

Aufgabe des **Warenausgangs** (Abbildung C.III.1.3.01) ist die artikelgenaue Erfassung des mengen- und wertmäßigen Warenausgangs.

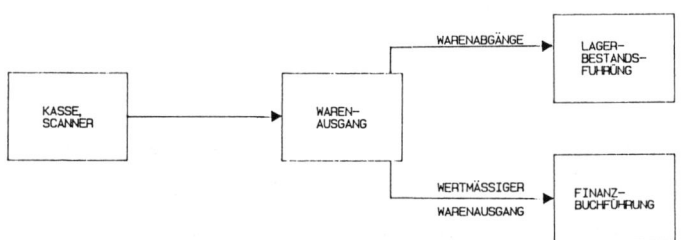

Abb. C.III.1.3.01: Vorgangskette Warenausgang im Ladenhandel

Die Aufgaben im Warenausgang des Ladenhandels sind:

-   artikelgenaue Warenausgangserfassung:
    Warendaten werden nach Menge und Wert erfaßt. Dabei gewinnt der Einsatz maschinenlesbarer Etiketten zunehmend an Bedeutung.
-   Verkäuferdatenerfassung:
    Elektronische Kassensysteme erlauben zusätzlich die Erfassung verkäuferbezogener Daten und deren direkte Zuordnung zum Verkaufsvorgang zur Stellung verkäuferbezogener Auswertungen.
-   Kundendatenerfassung:
    Die Erfassung kundenspezifischer Daten und deren Verknüpfung mit den Warendaten bietet zahlreiche Möglichkeiten für marketingspezifische Auswertungen.

Der Warenausgang meldet alle mengenmäßigen Warenabgänge an die Lagerbestandsführung und den wertmäßigen Warenausgang zur Verbuchung an die Finanzbuchführung.

C.III.1.4 Rechnungsabwicklung mit Kunden

Nach der Abwicklung eines Kundenauftrages im Nichtladenhandel (vgl. Abbildung C.III.1.2.01) erhält die Auftragsbearbeitung eine Warenausgangsmeldung. Diese löst die Erstellung einer Kundenrechnung aus (vgl. Abbildung C.III.1.4.01).

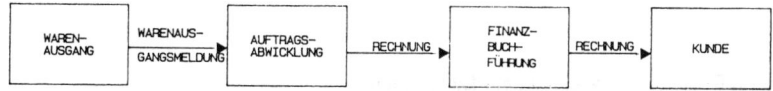

Abb. C.III.1.4.01: Vorgangskette Rechnungsabwicklung mit Kunden

Dabei werden in der **Auftragsbearbeitung** folgende Arbeitsschritte erledigt:

- Rechnungsabgleich, d.h. Vergleich von Auftrags- und tatsächlichen Liefermengen je Artikel, Änderungen bezüglich Lieferumfang, Qualitäten usw.,
- Zuordnen der Einzelverkaufspreise je Artikel, der Rabatte und sonstigen Konditionen,
- rechnerische Ermittlung des Rechnungsbetrages,
- Erstellen eines Rechnungsdokumentes.

Das Rechnungsdokument wird an die Finanzbuchführung zum Verbuchen und zum anschließenden Versand an den Kunden übermittelt.

C.III.1.5 Rechnungsabwicklung mit Lieferanten

Eingehende Warenlieferungen werden im Wareneingang artikelgenau erfaßt. Die daraus resultierende Wareneingangsmeldung mit Artikelnummern und Liefermengen je Artikel bildet die Grundlage zur Erstellung einer Soll-Rechnung durch die Eingangsrechnungsprüfung (vgl. Abbildung C.III.1.5.01).

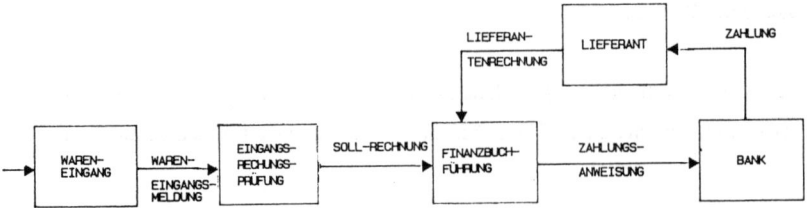

Abb. C.III.1.5.01: Vorgangskette Rechnungsabwicklung mit Lieferanten

Die geschieht im einzelnen durch:

- Preis- und Konditionenzuordnung zu den Einzelpositionen und zur Gesamtlieferung durch Zugriff auf eine Preis- und Konditionendatei, in der alle relevanten Daten nach Lieferanten sortiert enthalten sind,
- rechnerische Ermittlung der Beträge je Lieferposition und des Gesamtsollrechnungsbetrages,
- Erstellen eines Soll- oder Proforma-Rechnungsdokumentes.

Die Sollrechnung dient der Finanzbuchführung als Arbeitsgrundlage für die Prüfung der Lieferantenrechnung und deren weitere Bearbeitung.

C.III.1.6 Inventur

Die Vorgangskette Inventur (vgl. Abbildung C.III.1.6.01) hat die Aufgabe, durch Soll-Ist-Vergleich die Konsistenz zwischen rechnerischer Lagerbestandsführung und körperlichem Lagerbestand zu überprüfen und gegebenenfalls wiederherzustellen.

Abb. C.III.1.6.01: Vorgangskette Inventur

Dabei nimmt die **Inventur** in einem WWS folgende Aufgaben wahr:

- Steuerung der Inventurtätigkeit im Zeitablauf in Abhängigkeit vom Inventurverfahren (Stichtagsinventur, permanente Inventur) durch Erteilen von Inventuraufträgen zur Istbestandsaufnahme für einzelne Artikel, Artikelgruppen, Warengruppen oder Inventurkreise,
- Erstellen von Inventurhilfen, die alle für die Istaufnahme benötigten Angaben wie Artikelnummer, Artikelbezeichnungen, Größenangaben, Qualitätsbezeichnungen, Lagerplatzbezeichnungen und Sollbestände enthalten.

Inventurauftrag und Inventurhilfe (z.B. Zählliste) sind Arbeitsunterlagen für die Durchführung der körperlichen Bestandsaufnahme im Lager.

Die Steuerung von Personal- und Sachmitteleinsatz zur Inventurdurchführung kann in komplexen WWS der Lagerlogistik übertragen werden, die dann folgende Aufgaben hat:

- Optimierung des Personaleinsatzes, z.B. durch Verlegen der Inventurtätigkeit in betriebsschwache Zeiten, und Einsatz von Personal aus anderen Funktionsbereichen (z.B. Verkaufspersonal),
- Optimierung des Sachmitteleinsatzes, sofern bestimmte Sachmittel in Abhängigkeit von der Organisation des Lagers benötigt werden (z.B. Hebebühnen in Hochregallagern, Transportmittel usw.).

In der körperlichen Bestandsaufnahme werden die aktuellen Artikelbestände im Lager erhoben. Daraus wird die Inventurauswertung wie folgt vorgenommen:

- Durchführen des Soll-Ist-Vergleichs durch Vergleichen der Artikel-Sollbestände mit den erhobenen Istbeständen und Ausweisen von Abweichungen als Inventurdifferenzen,
- Bewerten der Artikel-Istbestände durch Verwenden geeigneter und zulässiger Wertansätze zur Inventurbewertung.

C.III.1.7 Steuerung der Warenprozeßaktivitäten

Das Einfügen eines Logistikelementes in ein WWS erlaubt die EDV-gestützte Steuerung der Warenprozeßaktivitäten, insbesondere die funktions- und kostenoptimale Steuerung von Lagerungs- und Transportaktivitäten wie Ein-, Um- und Auslagerungen, Zwischenlagerungen im Wareneingang und Warenausgang, inner- und außerbetriebliche Tranporte (vgl. Abbildung C.III.1.7.01). Dabei ist die Ausgestaltung der Warenprozesse und damit auch deren Steuerung weitgehend abhängig vom betrachteten Betriebstyp und von der Art der Lagerorganisation (zentrale, dezentrale Lager).

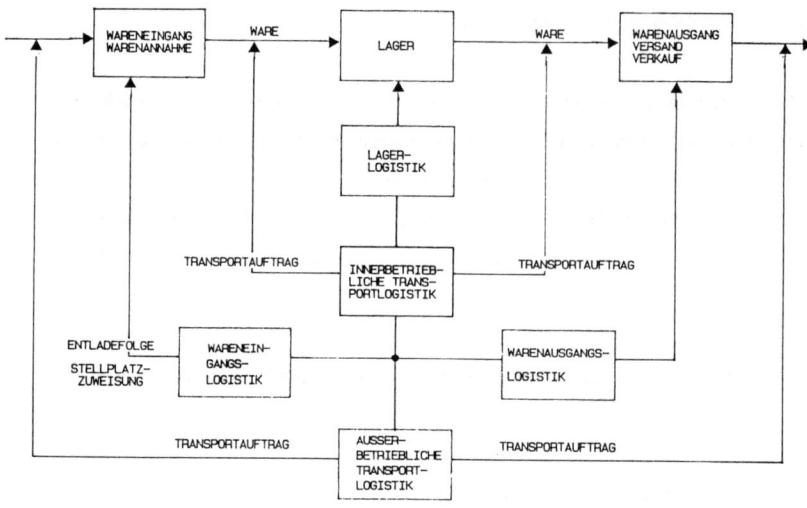

Abb. C.III.1.7.01: Vorgangskette Steuerung der Warenprozeßaktivitäten

Die Steuerung der Warenprozesse kann sich auf fünf Teilbereiche erstrecken:

- **Außerbetriebliche Transportlogistik:**

  Aufgabe ist die Steuerung der anfallenden außerbetrieblichen Transportvorgänge bei der Warenbeschaffung und der Auslieferung an Kunden durch Erteilen von Transportaufträgen, die die Optimierung der Touren unter Berücksichtigung der vorhandenen Transportmittelkapazitäten, der Transport-
  kosten und eventueller Transporterlöse beinhalten.

- **Wareneingangslogistik:**

  Aufgabe ist die Steuerung der Abladevorgänge, z.B. durch Erstellen von Entladefolgeplänen, die Zuweisung von Zwischenlagerplätzen im Bereich der Warenannahme sowie die Einteilung von Personal-
  und Sachmittelkapazitäten.

- **Warenausgangslogistik:**

  Warenprozesse im Warenausgang sind insbesondere das Zwischenlagern im Bereich Warenaus-
  gang/Versand bis zum Abtransport oder zur Abholung durch den Kunden. Hier kann wie im Wareneingang die Zuweisung von Stellplätzen und der bedarfsgerechte Einsatz von Personal und Sachmitteln
  durch Stellplatzzuweisungen, Personal- und Sachmitteleinsatzpläne unterstützt werden.

- **Innerbetriebliche Transportlogistik:**

  Aufgabe ist die Steuerung aller innerbetrieblichen Transportvorgänge, insbesondere der Transport angelieferter Waren vom Wareneingang zum Lager, vom Lager zum Warenausgang oder in die Verkaufsräume. Dabei werden Transportaufträge für die einzelnen Transportvorgänge unter Berücksichtigung der Personal- und Transportmittelkapazitäten erstellt.

- **Lagerlogistik:**

  Die Lagerlogistik steuert die physischen Warenprozesse im Lager und verwaltet die Lagerplatzzuordnungen.

  Typische Lagertätigkeiten sind Einlagern, Umlagern, Auslagern von Waren, Kommissionieren von Waren aufgrund der Kundenaufträge und sonstige Lagervorgänge, wie z.B. Aussondern von Bruch, verdorbener oder falsch gelieferter Waren und deren Umlagern in ein Sperrlager. Weiterhin sind Retouren aus Kundenreklamationen zu bearbeiten.

C.III.1.8 Marketing-Managementinformationen

Die Vorgangskette Marketing-Managementinformationen (vgl. Abbildung C.III.1.8.01) beinhaltet die Selektion relevanter warenwirtschaftlicher Informationen und deren Auswertung und Verdichtung zu betriebswirtschaftlichen Entscheidungsgrundlagen.

Die Vorgangskette Marketing-Managementinformationen enthält Informationen aus folgenden Teilbereichen:

- Wareneingang,
- Lagerbestandsführung,
- Warenausgang,
- Disposition,
- Bestellwesen,
- Auftragsbearbeitung,
- Inventur,
- Logistik,
- Eingangsrechnungsprüfung.

Die Fülle der mit elektronischer Unterstützung gewinnbaren und ableitbaren Informationen zwingt zur Informationsoptimierung. Hierbei geht es um die Frage der zweckmäßigen Aggregationsstufe und um die Adressaten der Berichte und Auswertungen. Die Reduzierung der Zahl von Standardberichten und die Möglichkeit des Dialogablaufs mittels interaktiver Informationssysteme tragen entscheidend zur Erhöhung der Informationsakzeptanz bei.

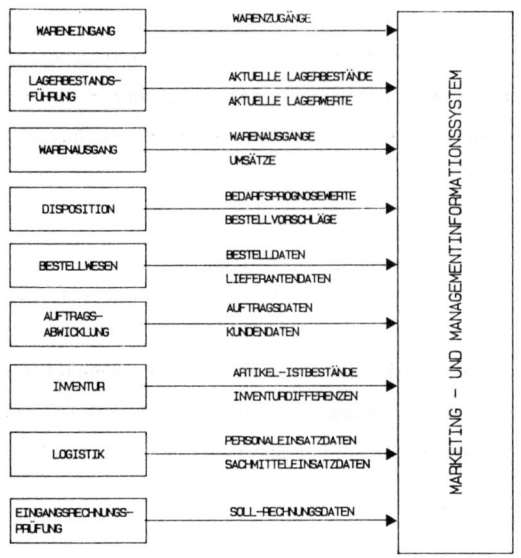

Abb. C.III.1.7.01: Vorgangskette Marketing-Managementinformationen

Hauptaufgabe des Marketing-Managementinformationssystems ist das Erstellen von Auswertungen als Entscheidungshilfe zur Steuerung der Warenwirtschaft.

C.III.2 Einsatz von Btx in WWS

Unidirektionale und bidirektionale Informations- und Kommunikationsströme in unstrukturierter Form sowie Datenübertragungsvorgänge in WWS lassen sich mit Btx dann sinnvoll realisieren, wenn folgende Bedingungen erfüllt sind:

- Mehrere Teilnehmer nutzen ein Informations- und Kommunikationssystem und benötigen alle die gleichen aktuellen Daten.
- Die Teilnehmer des Kommunikations- und Informationssystems nutzen an entfernt voneinander liegenden Orten die Btx-Funktionen.
- Daten müssen aktuell 24 Stunden zur Verfügung stehen.

-   Das Datenübertragungsmedium Fernsprechnetz mit dem zugelassenen Postmodem (1200/75 bit/s) muß den Anforderungen an Datenübertragungsgeschwindigkeit genügen.

-   Der Btx-Standard muß erfüllt sein. Der Anwender muß Formatanforderungen, nämlich maximal 20 Zeilen à 40 Zeichen, bei der Erstellung der Masken berücksichtigen.

Beispiele für solche Vorgangsketten, in denen kleine Datenmengen aktuell an dezentralen Stellen bereitgestellt werden müssen, sind:

-   Auftragsabwicklung im Nichtladenhandel,
-   Steuerung der Warenprozeßaktivitäten,
-   Marketing- und Managementinformationssystem.

Besondere Eignung für den Btx-Einsatz haben Abfragen im Rahmen des Marketing-Managementinformationssystems, weil diese Basis für die Steuerung und Kontrolle des gesamten betriebswirtschaftlichen Ablaufs in Handelsunternehmen sind (Produktivitäts- und Kontrollkennzahlen) und damit wesentliche Daten (kleine Datenmengen) aller dezentralen Stellen benötigen.

Oben genannten Vorgangsketten ist gemeinsam, daß sie die **Übertragung** von gezielten Steuerungs- und Kontrollinformationen zum Inhalt haben.

Im Gegensatz dazu stehen diejenigen Vorgangsketten, wie beispielsweise der Warenausgang im Ladenhandel, deren primäre Zielsetzung die **Erfassung** und **Speicherung** von Massendaten ist.

Mit Btx-Unterstützung können folgende Subsysteme in der Warenwirtschaft realisiert werden:

-   **Auskunftssysteme** (undirektionale unstrukturierte Informationen):

    Auskunftssysteme sind Btx-Systeme zur überwiegend organisationsinternen Information, die als Btx-Seiten zur Verfügung gestellt werden (vgl. Lazak 1984a, S. 33).

    Typische Beispiele sind WWS-List-Ausgaben, wie:
    --   Artikel-Änderungen,
    --   Artikel-Bestandslisten,
    --   Aktionslisten,
    --   Größen-Preislagen-Übersichten,
    --   Größenstatistik.

-   **Informationssysteme** (bidirektionale unstrukturierte/strukturierte Informationen):

    Unter Informationssystemen versteht man ein Btx-System zur überwiegend organisationsinternen Versorgung mit speziellen Datenbankinformationen im Dialog. Auch für Btx-gestützte Informationssysteme sind WWS-List-Ausgaben typische Anwendungen. Im Hinblick auf den Einsatz eines Externen Rechners werden hier jedoch individuell erstellte Listen ausgegeben, wie:

-- offene Bestellungen,

-- Auswertungen im Rahmen der kurzfristigen Erfolgsrechnung,

-- Verkäufer-Erfolgsberichte,

-- Warenbewegungen im Zeitvergleich.

- **Dialogsysteme** (bidirektionale unstrukturierte/strukturierte Informationen):

Dialogsysteme sind Btx-Systeme, die dem Benutzer gezielte Fragen stellen und dementsprechend auf Eingaben seitens des Benutzers reagieren (vgl. Lazak 1984a, S. 33).

Ein typisches Beispiel ist die Benutzerführung bei der Abwicklung des Bestellwesens. Nach Anwahl des Lieferanten wird der Benutzer nach der Art des gewünschten Dialogs befragt und beginnt mit dem Bestelldialog.

- **Bestellsysteme** (bidirektional strukturierte Informationen):

Bestellsysteme sind Btx-Systeme, die im Rechnerverbund Zugriff auf eine datenbankgestützte Artikelverwaltung ermöglichen und dort Bestellungen und die damit verbundenen verbindlichen Datenbankänderungen zulassen.

- **Datenerfassungssysteme** (bidirektional strukturierte Informationen):

Datenerfassungssysteme sind Btx-Dialogsysteme, die durch den speziellen Dialogaufbau Datenerfassungsvorgänge erleichtern (vgl. Lazak 1984a, S. 33) (eventuell ergonomisch und psychologisch besonders angepaßte Bedienvorgänge). Ein Btx-Datenerfassungssystem ist denkbar für Datenerfassungsvorgänge im Warenein- und -ausgang.

- **Mitteilungssysteme** (bidirektional unstrukturierte Informationen):

Mitteilungssysteme benutzen u.a. die sogenannte Mailboxfunktion (Mitteilungen an Einzelpersonen).

Einsatzgebiete für Mitteilungssysteme sind die Reklamationsbearbeitung und Vorgänge in der Auftragsabwicklung.

Auskunfts-, Dialog- und Mitteilungssysteme können auch ausschließlich auf öffentlichen Btx-Zentralen abgewickelt werden.

- **Softwareübertragungssysteme** (bidirektional strukturierte Informationen):

Softwareübertragungssysteme ermöglichen es, im Btx-System abgelegte Telesoftware zu nutzen.

Die oben vorgestellten Btx-gestützten Subsysteme sind Insel- oder Teillösungen, wie sie auch bisher in der Literatur behandelt und in der Praxis eingesetzt wurden. Die vorgenommene Systematisierung berücksichtigt bereits, daß sowohl funktionale Unterschiede als auch unterschiedliche Aggregationsstufen unter ein Subsystem

149

fallen können. Um allerdings von einem integrierten System im Sinne der Ausführungen in Kapitel B.V.ff. sprechen zu können, müssen auch die möglichen Informations- und Kommunikationsbeziehungen in einem System zusammengefaßt werden können.

Das integrierte System läßt sich in der WWS mit Hilfe des Externen Rechneranschlusses realisieren.

In den drei wesentlichen Kommunikationssträngen von WWS,

- der innerbetrieblichen Kommunikation, z.B. zwischen Fachabteilungen,
- der unternehmensinternen Kommunikation zwischen räumlich getrennten Betriebsstätten, z.B. zwischen Zentrale und Verbundgruppenmitglied oder zwischen Verbundgruppenmitgliedern, und
- der unternehmensexternen Kommunikation zwischen dem Unternehmen und externen Marktpartnern, z.B. zwischen der Zentrale und Kunden, zwischen der Zentrale und Lieferanten, zwischen den Filialen und Kunden, zwischen den Filialen und Lieferanten sowie zwischen Zentrale, Filiale und Banken,

gibt es für Btx besonders geeignete Anwendungen.

C.III.2.1 Anwendungen in der innerbetrieblichen Kommunikation

Typisch für innerbetriebliche Informations- und Kommunikationsströme sind die Vorgänge in der Logistik. Diese sind für die Btx-Anwendung geeignet, weil geringe Datenmengen aktuell an unterschiedliche Stellen weitergegeben werden müssen. So gibt die für die Logistik zuständige Fachabteilung die Informationen über einen bestimmten Auftrag gleichzeitig an das Lager und den Warenausgang weiter.

Die Realisierung im Rahmen eines Inhouse-Btx-Systems ist vorteilhaft. Es werden die notwendigen Angaben in eine Maske eingestellt, und die jeweiligen Stellen vermerken die Erledigung nach Abruf der Maske.

Teil dieses Inhouse-Btx-Systems sind Steuerungs- und Kontrollfunktionen sowie der Mitteilungsdienst für räumlich nicht zusammenliegende Betriebsteile.

Ebenso gehören Abfragen dazu, die früher telefonisch erledigt werden mußten, beispielsweise eine Anfrage über den Erledigungsstand eines Eilauftrages.

Nicht geeignet sind Datenübertragungsaufgaben im Warenausgang (Übertragung von Massendaten), bei dem viele Einzeldispositionen aufgeführt werden müssen, da die Übertragungskapazität des Btx-Systems zu gering ist.

C.III.2.2 Anwendungen in der unternehmensinternen Kommunikation

Typische Btx-Anwendungen in der unternehmensinternen Kommunikation sind Abfragen im Rahmen eines Marketing-Managementinformationssystems. Damit dient Btx als Kontroll- und Führungsinstrument, in dem alle Daten für eine Artikelergebnisrechnung dem Marketing-Management zur Verfügung gestellt werden, z.B. Anzahl verkaufter Artikel und Umsätze pro Verkäufer oder Filiale.

Auch für diese Informations- und Kommunikationsbeziehungen trifft zu, daß auch alle bidirektionalen unstrukturierten Informations- und Kommunikationsbeziehungen, die bisher telefonisch oder schriftlich zwischen Sachbearbeitern getätigt wurden, im Mitteilungssystem des Btx-Dienstes abgewickelt werden können.

C.III.2.3 Anwendungen in der unternehmensexternen Kommunikation

Geeignet sind Anwendungen in der Auftragsabwicklung mit Kunden und im Bestellwesen mit Lieferanten.

Hierauf liegt ein wesentlicher Schwerpunkt des Btx-Einsatzes. Voraussetzung für einen effizienten Btx-Einsatz ist der Rechnerverbund.

C.III.2.4 Beurteilung

Die Anwendungsbeispiele des Kapitels C.III.2.ff. machen deutlich, daß der Btx-Einsatz in Verbindung mit WWS dazu geeignet ist, die Integration in Informations- und Kommunikationssystemen der Warenwirtschaft zu fördern.
Die einheitliche und benutzerfreundliche Btx-Oberfläche sowie das Btx-Infranetz ermöglichen die Integration der verschiedenen Informations- und Kommunikationssysteme in ein Gesamtsystem.

C.IV Einfluß der Betriebstypen und Kooperationen auf die Gestaltung von WWS und den Btx-Einsatz

C.IV.1 Einfluß der Betriebstypen des Großhandels auf die Gestaltung von WWS und den Btx-Einsatz

C.IV.1.1 Betriebstypen des Großhandels

Die Betriebstypen im Großhandel (vgl. Abbildung C.IV.1.01) lassen sich nach folgenden Aktivitätenschwerpunkten einteilen:

Tätigkeits- Kunden-schwerpunkt kontakt	Besuch durch Kunden	kein Besuch durch Kunden
Transport und Lagerung	Abholgroßhandlungen	Auslieferungsgroßhandlungen
Disposition über Waren	Bemusterungsgroßhandlungen	(reine) Streckengeschäftsgroßhandlungen

Abb. C.IV.1.01: Einteilungskriterien für Betriebstypen im Großhandel
Quelle: Tietz 1975b, S. 167

Cash-and-Carry-Großhandlungen:
Abholgroßhandlungen, auch Cash-and-Carry-Großhandlungen genannt, haben im Lebensmittel- sowie Textil- und Kurzwarengroßhandel Verbreitung.
Typisch für diese Betriebstypen ist, daß der Kunde (Einzelhändler oder gewerbliche Verwender) selbst die innerbetrieblichen Warenprozesse, wie das Auffinden der Ware in den Regalen, den Transport im Laden und den Transport zum Fahrzeug ausführt und die Ware bar bezahlt. Es werden keine Serviceleistungen gegenüber dem Kunden erbracht, daher kann die Ware preiswert abgesetzt werden.

Auslieferungsgroßhandel:
Typisch für den Auslieferungsgroßhandel ist die Übernahme von Serviceleistungen durch den Händler. Die Bestellungen gehen per Telefon, schriftlich oder per Datenfernübertragung ein und müssen häufig schnell ausgeführt werden. Der Großhändler übernimmt die Transport- und Lagerfunktionen und fordert häufig Mindestbestell- oder Mindestabnahmemengen.
Beispiele für Auslieferungsgroßhandlungen sind Getränkegroßhandlungen oder Lebensmittelbelieferungsgroßhandlungen. Die Problematik dieser Betriebstypen läßt sich am Beispiel einer Pharmagroßhandlung aufzeigen. Viele räumlich verteilte Apotheken ordern bei einem zentralen Großhändler mündlich oder per Klein-

lochkartenterminals über die Telefonleitung viele unterschiedliche Artikel. Da insbesondere in dieser Branche der Bedarf des Kunden sehr schnell gedeckt werden muß, entstehen Sonderbestellungen und Einzeltransporte. Neben dem hohen personellen und zeitintensiven Aufwand der Auftragserfassung und der Abwicklung des Bestellwesens müssen in großem Umfang Serviceleistungen erbracht werden.

Versandgroßhandel:

Der Versandgroßhandel ist eine Sonderform des Auslieferungsgroßhandels. Typisch für diesen Betriebstyp ist die Durchführung der Transportleistung per Post, Bahn oder LKW nach einer schriftlichen oder telefonischen Bestellung des Kunden. Hauptfaktor dieser Betriebsform ist die Übernahme von Kommissionier- und Transportleistungen für Waren in großen Mengen.

Streckengeschäfts- und Bemusterungsgroßhandel:

Kennzeichen dieser Betriebstypen ist die erbrachte dispositive Leistung gegenüber den Kunden.

Im Streckengeschäftshandel geht die Bestellung des Kunden telefonisch oder schriftlich ein. Der Streckengeschäftsgroßhändler führt kein eigenes Lager, sondern ordert die bestellten Waren bei anderen Großhändlern oder Herstellern und veranlaßt den Transport zum Kunden.

Im Bemusterungsgroßhandel führt der Großhandel einen Musterraum, in dem alle geführten Waren einmal in Form und Farbe ausgestellt werden. Der Kunde bestellt die Waren und bekommt sie von einem räumlich getrennten Lager ausgeliefert.

Typisch für den Streckengeschäftsgroßhandel sind Sortimente aus dem Non-Food-Bereich, im Bemusterungsgroßhandel aus dem Textilbereich.

C.IV.1.2 Anforderungen an WWS im Großhandel

Aufgrund des quantitativen Umfangs der zu verwaltenden Daten (Lieferanten-, Kunden- und Warendaten) ist der Einsatz eines EDV-gestützten WWS zweckmäßig.

WWS im Großhandel haben aufgrund der Struktur des Großhandels zwei Aktivitätenschwerpunkte:

- die Warenbeschaffung,
- die Auftragsabwicklung.

Im Rahmen der Warenbeschaffung im Großhandel müssen umfangreiche, in sich tief gegliederte Sortimente (Lebensmittelgroßhandel) bearbeitet werden. Die artikelgenaue mengen- und wertmäßige Lagerbestandsführung ist daher Grundlage, um kostenoptimal zu disponieren und eine ständige Lieferbereitschaft aufrecht zu halten. Bei der Abwicklung des Bestellwesens steht der Großhändler mit vielen räumlich entfernten Lieferanten (Großhändlern oder Herstellern) in Kontakt.

Wichtig ist, daß die vollständigen Lieferantendaten über:

- Preise,
- Sonderkonditionen (Boni, Rabatte, Skonti),
- qualitative Konditionen (Lieferfähigkeit, Zuverlässigkeit, Warenqualität)

für die Sachbearbeiter im Bestellwesen aktualisiert im Zugriff bereitgehalten werden, um die Voraussetzungen für eine optimale Abwicklung des Bestellwesens zu schaffen. Die EDV-gestützte **Stammdatenverwaltung** in Form einer Warenwirtschaftsdatenbank erfüllt die beschriebenen Anforderungen zur Verwaltung, Aktualisierung und Bereitstellung der Daten.

Daneben steht für den im Großhandel stark vertretenen Typ des Nichtladenhandels die **Auftragsabwicklung** mit Kunden im Mittelpunkt der warenwirtschaftlichen Aktivitäten.

Gerade bei zeitkritischen Aufträgen (Energieversorgung, Pharmagroßhandel) ist der direkte Kontakt zum Kunden wichtig, um ihn über den Bearbeitungsstand seines Auftrags zu informieren. Bei den herkömmlichen Methoden der Auftragserfassung ist die Dauer und Fehlerhäufigkeit bei der Auftragserfassung und -bestätigung ein gravierender Schwachpunkt. Daher ist der Einsatz neuer Technologien in bezug auf die Auftragsabwicklung und unter den Gesichtspunkten der Gestaltung der Ablauforganisation ein wesentlicher Faktor.

C.IV.1.3 Berücksichtigung der Entwicklungstendenzen im Großhandel

Als Hauptproblem im Großhandel erweist sich in vielen Branchen der Rückgang der großhandelstreuen Lieferanten. Dabei müssen die möglichen Funktionen des Großhandels umstrukturiert werden, z.B. Spezialisierung gegenüber den Lieferanten bei der Vermarktung von Wärmedämmsystemen, auch in der Form des Vertragshändlers oder Lieferanten gegenüber Fachmärkten.

Die Tendenz zur Polarisierung der Betriebstypen bedeutet, daß sich im Großhandel sowohl kleine als auch große Betriebe behaupten dürften. Es gibt kritische Größen in mittleren Bereichen. "Der Großhandel kann den Ausschaltungstendenzen wirksam begegnen und seine Position innerhalb des Absatzweges behaupten, wenn er:

- dauerhaft nationale, regionale und lokale Marktentwicklungen auf der Beschaffungs- und Abnehmerseite richtig beurteilt,
- seine Leistungsfähigkeit in der Disposition und der physischen Distribution beweist,
- seine Sortimentspolitik den Abnehmerbedürfnissen bestmöglich anpaßt,

- seine Aktivitäten marktorientiert aufbaut und die Vorteile der räumlichen Nähe vor allem zum Abnehmer systematisch ausbaut,

- seine finanziellen Bindungen gegenüber den Abnehmern verstärkt,

- seine Dienstleistungsprogramme auf die Probleme seiner Abnehmer abstellt" (Tietz 1983, S. 486 f.).

Der Großhandel kann seine Konkurrenzfähigkeit gegenüber Direktvertriebssystemen der Hersteller dann beweisen, wenn er neue Technologien in der Warenausgangserfassung zur genauen mengen- und wertmäßigen Artikelverfolgung und in der Erfassung und Auswertung von Kundeninformationen einsetzt.

Die aufgezeigten Entwicklungstendenzen erfordern, daß WWS im Großhandel zu leistungsfähigen Informationssystemen über Marktpartner (Kunden und Lieferanten) ausgebaut werden müssen.
Ein flexibel reagierendes, aber auf standardisierten Technologien aufbauendes Bestell- und Dispositionssystem wird dazu beitragen, daß die Distribution zielorientiert abgewickelt werden kann.

C.IV.1.4 Einsatz von Btx in WWS des Großhandels

Bei der Untersuchung des Einsatzes von Btx in WWS des Großhandels hat es sich als sinnvoll erwiesen, Btx als Ergänzung zu den bereits im Großhandel bestehenden EDV-Systemen einzusetzen, und zwar dort, wo die Grenzen konventioneller Datenverarbeitung liegen oder Btx Vorteile gegenüber der elektronischen Datenverarbeitung aufweist, vor allem beim Aufbau von Kommunikationswegen, die Informations- und Kommunikationsströme in unstrukturierter Form abbilden.
Der Btx-Einsatz in der Kommunikation mit externen Marktpartnern eignet sich in besonderem Maße, da Informations- und Kommunikationsbeziehungen heute in der Regel über konventionelle Wege wie Telefon oder Schriftverkehr abgewickelt werden.
Ein Schwerpunkt des Btx-Einsatzes ist die Abwicklung des Bestellwesens mit folgenden Möglichkeiten:

- aktuelle Abfrage von quantitativen und qualitativen Lieferantenkriterien (Erhöhung der Markttransparenz),

- niedrige Fehlerquote bei der Bestellübermittlung,

- schnellere Beschaffungszeiten der Waren.

Verfügen darüber hinaus beide Kommunikationspartner über Externe Rechner, so können auch bisher nicht kompatible Rechner über das Btx-Infrasystem miteinander kommunizieren.

In der Auftragsabwicklung mit Kunden als zweitem Einsatzschwerpunkt hat Btx insbesondere deswegen Einsatz- und Akzeptanzchancen, weil die Nutzung von Btx mit folgenden Vorteilen verbunden ist:

- jederzeitige Erreichbarkeit über die Ladenzeiten des Großhändlers hinaus,
- Fehlerminderung bei der Auftragserfassung (Verminderung der semantischen und syntaktischen Fehler gegenüber telefonischer Auftragsübermittlung),
- schnellere Abwicklung der Reklamationen,
- besserer, weil schnellerer Kontakt zum Kunden.

Durch die Anbindung eines Btx-Systems in das WWS ist der Großhandel in der Lage, den negativen Entwicklungstendenzen durch die Vorteile einer neuen Informationstechnologie wirksam zu begegnen.

Die Vorteile bestehen im wesentlichen darin, daß der Großhändler

- eine engere Bindung zu den Vertriebspartnern (Lieferanten) aufbauen kann,
- seine Kunden durch den Aufbau eines Btx-unterstützten Vertriebssystems fester an sich binden kann,
- durch das Btx-unterstützte Vertriebssystem seine Leistungsfähigkeit, z.B. bezüglich Lieferbereitschaft, demonstrieren kann,
- ein höheres Akquisitionspotential in der Neukundengewinnung hat.

C.IV.2 Einfluß der Betriebstypen des Einzelhandels auf die Gestaltung von WWS und den Btx-Einsatz

C.IV.2.1 Betriebstypen des Einzelhandels

Neben der Differenzierung des Einzelhandels nach dem Kontaktprogramm in Laden- und Nichtladenhandel bestehen vier weitere grundlegende Einteilungskriterien:

- nach dem Sortimentsprogramm,
- nach dem Preisniveau,
- nach den Serviceleistungen,
- nach dem Standort.

Die Differenzierung des **Ladenhandels** nach dem **Sortimentsprogramm** gibt Auskunft über die Breite und Tiefe des Sortiments. Eng damit verknüpft ist die Bestimmung der Branchenzugehörigkeit (z.B. Textilhandelsgeschäft, Lebensmittelgeschäft, Elektrozubehörhandel).

Nach dem **Preisniveau** gegliederte Handelsunternehmen lassen sich grob in Hochpreis- und Niedrigpreisgeschäfte einteilen.

Hochpreisige Geschäfte bieten in der Regel eine hohe Servicebereitschaft gegenüber den Kunden, während Niedrigpreisgeschäfte auf Serviceleistungen weitgehend verzichten (diskontorientiert).

Werden Handelsgeschäfte nach den erbrachten **Serviceleistungen** differenziert, so ist die Beratung des Kunden durch den Verkäufer vor dem Kaufakt, die Kundenfreundlichkeit während des Verkaufs und die Serviceleistungen nach dem Verkauf der Ware, wie Kundendienstleistungen, ein wesentliches Merkmal des jeweiligen Betriebstyps. Bei serviceorientierten Betriebstypen handelt es sich häufig um Einzelhandelsgeschäfte kleinerer Betriebsgrößen mit geringer Verkaufs- und Lagerfläche.

Bei der **Standortorientierung** unterscheidet man zwischen den Unternehmen "auf der grünen Wiese" und solchen, die sich in Wohngebieten oder Stadtzentren befinden. Die Orientierung ist eng verbunden mit den Anforderungen eines Betriebstyps an **Flächenvorgaben**. So muß beispielsweise ein Verbrauchermarkt über eine Mindestverkaufsfläche von 1.000 m^2 verfügen und kann auf weiträumige, an die Verkaufsgebäude angrenzende Parkflächen nicht verzichten; daher ist sein Standort überwiegend in Stadtrandzonen. Verkaufsflächenvorschriften betreffen auch den Betriebstyp Selbstbedienungswarenhaus, der über eine Verkaufsfläche von mindestens 3.000 m^2 verfügen muß (vgl. Kommission zur Förderung der handels- und absatzwirtschaftlichen Forschung 1975, S. 16 - 24).

Abbildung C.IV.2.01 zeigt das Ergebnis einer durchgeführten Klassifikation unterschiedlicher Betriebstypen nach den vier genannten Einteilungskriterien in weiter differenzierter Form. Diese detaillierte Klassifikation eröffnet die Möglichkeit, bestimmte Gruppen von Betriebstypen zu definieren, wobei jede Gruppe bestimmte Anforderungen an ein WWS stellt und somit die Basis für eine Beurteilung der Btx-Eignung liefert (vgl. Kapitel C.IV.2.2). Damit bildet diese Klassifikation die Grundlage zur Definition eines Modells für ein Btx-gestütztes WWS eines bestimmten Betriebstyps.

Eine Besonderheit weist der Lebensmittelhandel durch die Verderblichkeit der Frischwaren und die daraus resultierenden Anforderungen an den Transport, die Lagerung im Lager und im Verkauf, die Preisauszeichnung bei lose verpackten Waren sowie die besonderen Hygienevorschriften für Frischwaren auf. Insbesondere aus den beiden letztgenannten Gründen ist ein Teil-Bedienungssystem zweckmäßig.
Typische Betriebstypen im Lebensmittelhandel sind:

-    **Supermärkte:**
     Supermärkte sind Einzelhandelsbetriebe, die auf einer Verkaufsfläche von mindestens 400 m^2 Nahrungs- und Genußmittel einschließlich Frischwaren (Obst, Gemüse, Südfrüchte, Fleisch) und problemlose Waren anderer Branchen anbieten.

-    **Fach- oder Spezialgeschäfte:**
     Fach- oder Spezialgeschäfte sind Betriebe mit kleiner Verkaufsfläche und geringer Größe.

-    **(Selbstbedienungs-)Warenhäuser:**
     (Selbstbedienungs-)Warenhäuser sind Betriebe mit Lebensmittelabteilungen.

157

	klassische Fachgeschäfte	Spezialgeschäfte	Fachdiskonter	Kauf- und Warenhäuser	Verbrauchermärkte und SB-Warenh.	Fachmärkte
Sortimentspolitik						
– breites Sortiment	++	+	+	++	+	++
– tiefes Sortiment	++	++	–	+	–	++
– Sortimentsniveau						
– hoch	+	++	–	–	–	+
– mittel	++	+	+	++	–	++
– niedrig	–	–	++	–	++	–
– branchenübergrei- fendes Sortiment	–	–	–	++	–	–
– Bedarfsbündelung	+	++	–	+	–	++
– Zielgruppenorien- tierung	+	+	–	–	–	+
Preispolitik						
– hoch	+	++	–	–	–	–
– mittel	++	+	–	++	–	++
– niedrig	–	–	++	–	++	+
– Sonderangebots- orientierung	–	–	++	–	++	+
– Dauerniedrigpreise	–	–	++	–	+	–
Dienstleistungspolitik						
– stark	+	++	–	–	–	+
– mittel	++	–	–	+	–	++
– schwach	–	–	++	–	++	–
Bedienungspolitik						
– Selbstbedienung	–	–	++	+	++	+
– Bedienung	++	++	–	+	–	+
Standortpolitik						
– zentrale Standorte	++	++	+	++	–	–
– dezentrale Stand- orte	–	–	+	–	++	++

Erklärung: –   Merkmal ist nicht betriebstypendeterminierend
            +   Merkmal ist wenig betriebstypendeterminierend
           ++ Merkmal ist stark betriebstypendeterminierend

Abb. C.IV.2.1.01: Klassifikation der Betriebstypen im Nichtlebensmittelhandel

Der **Nichtladenhandel** umfaßt u.a. Vertriebsformen,wie:

-     den Verkauf ab Fahrzeug,
-     den Haus-zu-Haus-Verkauf,
-     den ambulanten Handel,

- den Automatenverkauf,
- den Telefonverkauf,
- den Versandhandel, das Versandgeschäft.

Typisch für die Formen des Nichtladenhandels ist das rechtliche Zustandekommen des Kaufvertrages (Angebot und Annahme) beim Kunden. Da bei dieser Form des Vertriebs auf die Einschaltung von Handelsmittlern wie Verkaufsstellen oder Agenten verzichtet wird, können diese Betriebstypen auch als Direktvertrieb bezeichnet werden.

Im **Versandhandel** erfolgt das Angebot mittels Katalog, Prospekt, Anzeige oder Vertreter. Zum Teil hält der Versandhandel auch offene Verkaufsstellen. Die Ware wird dem Käufer nach der schriftlichen Bestellung durch die Post oder auf andere Weise (Spediteure) zugestellt.

Alle anderen Betriebstypen des Nichtladenhandels werden aufgrund ihrer fehlenden Bedeutung für Btx-gestützte Informations- und Kommunikationssysteme im weiteren nicht betrachtet.

C.IV.2.2 Anforderungen an WWS im Einzelhandel

Die Betriebstypen werden aufgrund der Klassifikation in Kapitel C.IV.2.1 in drei Klassen des Ladenhandels und eine Klasse des Nichtladenhandels aufgeteilt:

Typ A: Betriebstypen mit Serviceorientierung und mittlerem bis hohem Preisniveau:
      Fachgeschäfte (Fachmärkte), Spezialgeschäfte, Kaufhäuser,
Typ B: Betriebstypen mit geringem Durchschnittspreisniveau und gering ausgebautem Serviceprogramm:
      Fachdiskonter, Verbrauchermärkte, SB-Warenhäuser,
Typ C: Betriebstypen des Lebensmittelhandels,
Versandhandel.

Aufbauend auf dieser Klassifikation ist die Wichtigkeit der einzelnen Moduln der WWS für jede Klasse untersucht worden. Das Ergebnis ist in Abbildung C.IV.2.2.01 zusammengefaßt.

	Ladenhandel			Nichtladenhandel
	Typ A	Typ B	Typ C	Versandhandel
Wareneingang	x	x	x	x
Warenausgang	xx	xx	xx	-
Lagerbestandsführung	x	x	x	xx
Disposition	x	xx	xx	xx
Bestellwesen	x	xx	xx	xx
Eingangsrechnungsprüfung	x	x	x	x
Inventur	x	x	x	x
Logistik	-	x	-	xx
Auftragsbearbeitung	x	-	-	xx
Informationswesen	-	x	x	xx
Stammdatenverwaltung	xx	xx	x	xx

x	vorhanden
xx	Schwerpunkt im WWS
-	nicht ausgebaut

Abb. C.IV.2.2.01: Moduln von WWS im Einzelhandel

Die unterschiedliche Zusammensetzung resultiert aus den unterschiedlichen Aktivitätenschwerpunkten der Einzelhandelstypen und Betriebsgrößen.

Typisch für serviceorientierte Fachgeschäfte (Typ A) ist die Erfassung der Kunden- und Verkäuferdaten im Warenausgang und die Stammdatenverwaltung.

Typisch für Einzelhandelsunternehmen mit niedrigem Preisniveau (Typ B) ist die Betonung der Elemente Disposition und Bestellwesen.

In Betriebstypen des Lebensmittelhandels (Typ C) liegt ein Schwerpunkt des WWS auf dem Handling der Frischwaren.

Ein Problemkreis sind **Bestellwesen** und **Disposition** im Frischwarenbereich. Zum einen muß gewährleistet sein, daß das Handelsgeschäft verkaufsbereit ist, zum anderen lassen sich verderbliche Waren nur in begrenztem Umfang lagern. In diesem Bereich kann ein WWS mit einer warenbegleitenden Analyse des Käuferverhaltens verbunden werden. Die statistische Auswertung des Käuferverhaltens gibt darüber Auskunft, an welchen Tagen bevorzugt welche Frischwaren gekauft werden und wie sich die Einflüsse von Feiertagen und Jahreszeiten auf den Verkauf auswirken. Auch hier ist ein EDV-gestütztes WWS zweckmäßig.

Ein zweiter Problemkreis ist die Auszeichnung lose abgepackter Frischwaren. Einerseits muß es dem Kunden leicht möglich sein, sich über den Preis der Waren zu informieren, andererseits müssen personal- und zeitintensive Auszeichnungs- und Verpackungsverfahren vermieden werden.

Ebenso wie im Auslieferungsgroßhandel ist die **Auftragsabwicklung** des **Nichtladenhandels** ein wichtiger Aktivitätenschwerpunkt in WWS. Dabei müssen nicht nur die unternehmensinternen Aufgaben von WWS unterstützt werden, sondern auch die Kommunikation mit dem Kunden über den Bearbeitungsstand seines Auftrages (Lieferbereitschaft, Lieferdauer, Liefertermin, Lieferkonditionen, Zahlungskonditionen) aufrechterhalten werden. Das WWS muß in der Lage sein, den Sachbearbeiter bei der Auftragsabwicklung durch die Bereitstellung der aktuellen Daten zu unterstützen, um eine schnelle und zuverlässige Bearbeitung der Aufträge zu gewährleisten.

Ebenso großes Gewicht haben die **Lagerbestandsführung** und die **Lagerlogistik** und die sich daran anschließende Optimierung des außerbetrieblichen Transports.

Die große Anzahl unterschiedlicher Artikel im Sortiment eines Versenders (Katalogangebot) stellt erhöhte Anforderungen an das **Bestellwesen** und die **Disposition**.

Der Warenausgang ist im Ladenhandel ein wesentliches Rationalisierungspotential. Dieser Aspekt betrifft sowohl den Ladenhandel des Groß- als auch des Einzelhandels.
Eine wichtige Rolle spielen elektronische Datenkassen, die konventionelle mechanische Kassen ersetzen und

-     Daten auf computerkompatible Datenträger aufzeichnen können,
-     verbundfähig sind und
-     die Möglichkeit zu einer maschinellen Dateneingabe besitzen.

Bei größeren Check-out-lines mit mehr als einem Dutzend Kassen, wie sie z.B. in Verbrauchermärkten und SB-Warenhäusern zu finden sind, ist insbesondere hinsichtlich der Verarbeitungskapazität und -geschwindigkeit zu prüfen, ob ein direkter Anschluß an Kassen an einen Hintergrundrechner (Kasse-Rechner-Verbund) erforderlich wird.

Eine wesentliche Voraussetzung für eine rationelle Warenausgangserfassung ist die Warenauszeichnung. Die EAN (Europäische Artikelnummerierung), entweder in numerischer Form oder im Strichcode darstellbar, die sich vor allem im Lebensmittelbereich zur automatischen Dateneinlesung besser eignet als andere Codierungen, bietet wesentliche Vorteile.
Elektronische Lesegeräte (Scanner oder Lesepistole) verringern den manuellen Eingabeaufwand an der Kasse. Eine weitere neue Auszeichnungsmethode ist die Auszeichnung in OCR-Klarschrift. So ausgezeichnete Waren können ebenfalls mit Lesepistole, zunehmend auch mit Scannern (stationäre Lesegeräte) erfaßt werden.

Das **Marketing-Managementinformationssystem** gibt dem Benutzer eines WWS die Möglichkeit, wichtige Grunddaten für die Marketing-Managementpolitik zur Verfügung zu stellen, um ihn dadurch schneller und flexibler auf Änderungen des Marktes reagieren zu lassen (Marketing- und Managementpotential).

Abhängig von der Zugehörigkeit zueiner Betriebstypenklasse eines Einzelhändlers können die benötigten Daten für Planungs-, Kontroll- oder Steuerungsfunktionen ausgewertet werden.

Abbildung C.IV.2.2.02 gibt Auskunft über die von den Betriebstypenklassen schwerpunktmäßig geforderten Datengruppen.

Daten	Typ A	Typ B	Typ C	Versandhandel
artikelorientiert	+	+	+	+
lieferantenorientiert	+[1]	++[2]	+[2]	++[2]
kundenorientiert	++	+	++	++
verkäuferorientiert	+	-	-	+
kassenorientiert	+	++	++	-

++ sehr relevant
+ relevant
- nicht relevant
1 qualitative Lieferanteninformationen
2 quantitative Lieferanteninformationen

Abb. C.IV.2.2.02: Klassifikation von Datengruppen aus WWS

C.IV.2.3 Berücksichtigung der Entwicklungstendenzen im Einzelhandel

Die Kommunikationsdynamik (vgl. Tietz 1979b, S. 187 f.) unterstützt durch die Einführung neuer Informationstechnologien in bezug auf die Betriebstypen zwei Richtungen:

1. die Betriebstypendynamik:
   Interaktive Kommunikationsmöglichkeiten zwischen Händler und Konsument fördern die Ausschaltung bisheriger Betriebstypen im Ladenhandel aufgrund veränderter Absatzwege. Diese Entwicklung betrifft vor allem den Handel mit problemlosen, wenig erklärungsbedürftigen Waren;

2.   den Konkurrenzdruck:

Die größere Preis- und Markttransparenz stärkt das Kaufbewußtsein der Kunden. Die Tendenz zur Betriebstypenprofilierung im Ladenhandel steigt an. Auf der einen Seite entstehen die hochpreisigen Spezialgeschäfte mit hohem Servicegrad für erklärungsbedürftige Waren, andererseits entstehen die Verbrauchermärkte mit Niedrigpreiskalkulationen.

WWS müssen sich an das veränderte Informations- und Kommunikationsverhalten der Konsumenten insofern anpassen, als aus den warenprozeßbegleitenden Warendaten ein auskunftsfähiges Wareninformationssystem entsteht.

C.IV.2.4 Einsatz von Btx in WWS des Einzelhandels

In den Betriebstypenklassen des Typs B und des Versandhandels, zu denen überwiegend Händler mittlerer bis großer Betriebe gehören, die häufig kooperieren oder filialisieren, werden meist EDV-gestützte WWS wirtschaftlich eingesetzt. Hier hält die Verfasserin eine Ablösung der EDV-Systeme wegen der großen zu bewältigenden Datenmengen nicht für sinnvoll. Dagegen wird Btx in Ergänzung zu den bestehenden EDV-Systemen eingesetzt, um das **Bestellwesen** oder die **Auftragsabwicklung** in bereits beschriebener Weise zu rationalisieren.

Wesentliche Vorteile liegen in der Öffnung des Händlers gegenüber externen Marktpartnern und stärkerer Vertriebsbindung.

In den WWS des Einzelhandels serviceorientierter Betriebstypen oder des Lebensmitteleinzelhandels (Typ A oder Typ C) werden größere Einsatzmöglichkeiten für Btx gesehen als in den anderen Betriebsformen des Einzelhandels. Dies belegt auch die Studie von Püttmann (vgl. Püttmann 1986, S. 153 ff.).

Das liegt darin begründet, daß gerade im Lebensmitteleinzelhandel und im Fachhandel häufig wirtschaftlich schwache Betriebe operieren, bei denen aus wirtschaftlichen Gründen die Warenwirtschaft bisher ohne EDV-Unterstützung abgewickelt wird.

Der Betrieb einer Btx-Teilnehmerstation ist für den Einzelhändler relativ preiswert. Mit durchschnittlichen monatlichen Postgebühren, die seinen Telefonkosten entsprechen, kann er folgende Aufgaben über Btx erledigen:

-     Bestellwesen, insbesondere für Frischwaren,

-     Kommunikation mit Kunden,

-     Zahlungsverkehr mit Banken,

-     andere Kommunikationsvorgänge, die bisher telefonisch oder schriftlich erledigt wurden.

Btx hat den weiteren Vorteil für den Einzelhändler, daß er die über dieses System ablaufenden Aufgaben nicht in seiner Geschäftszeit erledigen muß, da das Btx-System 24 Stunden zur Verfügung steht. Er bleibt dann für andere effiziente Aufgaben während der Ladenöffnungszeit frei.

C.IV.3 Analyse Btx-gestützter Vorgangsketten in WWS

Während in den beiden Abschnitten 1 und 2 dieses Kapitels die Auswirkungen der Betriebsformen auf die Gestaltung von WWS und den Btx-Einsatz für den Großhandel und Einzelhandel in getrennten Arbeitsschritten betrachtet wurden, sollen im folgenden Abschnitt die Betriebstypen des Groß- und Einzelhandels zusammen analysiert werden.

Diese Vorgehensweise erscheint zweckmäßig, weil sowohl für den Großhandel als auch für den Einzelhandel folgende Ergebnisse erzielt worden sind:

-   Für die Erfassung und Speicherung der Warenausgangsdaten im Ladenhandel des Groß- und Einzelhandels ist Btx nicht geeignet.
-   In Betriebsformen und Vorgängen des Groß- und Einzelhandels, in denen große Datenmengen verwaltet werden müssen, ist der Einsatz eines EDV-gestützten WWS zweckmäßig.
    Der Einsatz von Btx ist dann nur in Ergänzung zur EDV sinnvoll, um die Kommunikation mit externen Marktpartnern abzuwickeln.
    Darüber hinaus kann Btx innerbetrieblich als Inhouse-System eingesetzt werden, um mündliche, fernmündliche oder schriftliche Kommunikationsvorgänge rationell zu ersetzen.
-   In Betriebsformen des Groß- und Einzelhandels kleiner Betriebsgrößen ist die Menge der anfallenden Daten in der Regel geringer. Hinzu kommt, daß solche Betriebstypen über eine geringe wirtschaftliche Stärke verfügen, so daß insbesondere im Einzelhandel die Warenwirtschaft noch konventionell bearbeitet wird.
    Für solche Handelsbetriebe bietet Btx aufgrund seiner Systemstruktur die Voraussetzungen für den Einsatz moderner Technologien zur Rationalisierung der Warenwirtschaft.

Die folgenden Abbildungen zeigen eine Detailanalyse der Einsatzmöglichkeiten von Btx in dispositiven Vorgängen eines WWS.

Im Wareneingang und der Warenannahme (vgl. Abbildung C.IV.3.01) sind die dispositiven Vorgänge von WWS mit Btx realisierbar.

aktivitätenorientiert	Großhandel				Einzelhandel			Versand-E
	Cash-and-Carry-GH	Ausliefe-rungs-GH	Versand-GH	Strecken-gesch. u. Bemust.-GH	Typ A service-orientiert	Typ B preis-orientiert	Typ C lebensmit-telorient.	
Wareneingang/Warenannahme								
- Steuerung der Warenannahme mit								
- Informationen über Anlieferungszeiten der Lieferanten	2	2	2	(2) (X)	(2) (X)	2	(2) (X)	2
- Entladefolge	2	2	2	(2) (X)	(2) (X)	2	(2) (X)	2
- Tpmitteleinsatzpläne	2	2	2	(2) (X)	(2) (X)	2	(2) (X)	2
- Stellplatzzuweisungen	2	2	2	(2) (X)	(2) (X)	2	(2) (X)	2
- Steuerung der Wareneingangs-kontrolle, Bereitstellung der Dokumente								
Bestelldokument	2	2	2	(2) (X)	2	2	2	2
Lieferdokument	2	2	2	(2) (X)	2	2	2	2
- Ergebniserstellung der Warenein-gangskontrolle								
korrigierter Lieferschein	2	2	2	(2) (X)	2	2	2	2
korrigierte Bestellung	2	2	2	(2) (X)	2	2	2	2
Bestätigung/Änderungsmel-dung	2	2	2	(2) (X)	2	2	2	2
- Etikettendruck OCR-Klarschrift-Etiketten mit Informationen über:								
- Artikelnummer	2,M	2,M	2,M	2,M	2,M	2,M	X	2,M
- Eingangsdatum	2,M	2,M	X	X	2,M	2,M	X	X
- Lagerhaltungsdaten	2,M	2,M	X	X	2,M	2,M	X	2,M
EAN-Barcode-Etiketten (Artikelnummer)	2,M	2,M	2,M	2,M	2,M	2,M	2,M	2,M
Regalauszeichnungsetiketten	2,M	X	X	X	2,M	2,M	2,M	2,M
Preisauszeichnungsetiketten	X	X	X	2,M	2,M	2,M	2,M	X

0 = mit Btx nicht möglich
1 = mit Btx eingeschränkt möglich
2 = mit Btx durchführbar
X = nicht erforderliche Aktivitäten
T = Telesoftware-Einsatz
M = mit Erweiterung der Datenendeinrichtung

Abb. C.IV.3.01: Einsatzmöglichkeiten von Btx im Wareneingang unterschiedlicher Betriebstypen

Insbesondere in der Wareneingangskontrolle kann der Btx-Einsatz die Abläufe rationalisieren (Steuerungs-funktionen). Diese Rationalisierung besteht zum einen in der schnelleren Abwicklung der Vorgänge aufgrund der einfach nutzbaren Kommunikationswege und zum anderen in Kostenersparnissen.

Bei der erweiterten Datenendeinrichtung des Etikettendrucks handelt es sich um einen Barcodedrucker.

Auch in der Lagerwirtschaft (vgl. Abbildung C.IV.3.02) ist der Btx-Einsatz zur Steuerung der Vorgänge und Übertragung der Dokumente möglich. Zum Ausdruck der Dokumente wird ein Drucker benötigt.

aktivitätenorientiert	Großhandel			Einzelhandel				
	Cash-and-Carry-GH	Ausliefe-rungs-GH	Versand-GH	Strecken-gesch. u. Bemust.-GH	Typ A service-orientiert	Typ B preis-orientiert	Typ C lebensmit-telorient.	Versand-E
Lagerwirtschaft/Transportwesen (Logistik)								
- Steuerung des innerbetrieblichen Transports mit Informationen über Warenbeschaffenheit (Aufbewahrbehältnis) Transportmittel Lagerplatz Abholort	2	2	2	(2) (x)	(2) (x)	2	(2)	2
- Tpeinsatzplanerstellung	2	2	2	(2) (x)	(2) (x)	2	(1)	2
- Steuerung der Lager-manipulationen (Einlagerung, Umlagerung, Auslagerung) mit einer Lageranweisung	2	2	2	(2) (x)	x	2	(1)	2
- Steuerung der Kommissionierung mit einer Kommissionier-anweisung	x	2	2	(2) (x)	2	x	x	2
- Rückmeldung der ausgeführten Kommissionierleistung	x	2	2	(2) (x)	2	x	x	2
- Steuerung der körperlichen Inventur mit Hilfe von Inventuraufträgen Inventurhilfen (Zähllisten, Differenzlisten)	2	2	2	(2) (x)	2(x)	2	1	2
- Meldung der Inventurergebnisse	2	2	2	(2) (x)	(2) (x)	2	1	2
- Steuerung des außerbetrieblichen Transports Info über vorhandene Transport-mittel Erstellung eines Tpplans	x	2	2	(2) (x)	2	x	x	2

0 = mit Btx nicht möglich

1 = mit Btx eingeschränkt möglich

2 = mit Btx durchführbar

X = nicht erforderliche Aktivitäten

T = Telesoftware-Einsatz

M = mit Erweiterung der Datenendeinrichtung

Abb. C.IV.3.02: Einsatzmöglichkeiten von Btx in der Logistik unterschiedlicher Betriebstypen

Der Warenausgang im Nichtladenhandel (vgl. C.IV.3.03) ist sinnvoll über Btx abzuwickeln, wenn es sich dabei um Kontroll- und Steuerungsvorgänge oder die Übertragung von Dokumenten handelt. Zur Bereitstellung der Versandpapiere ist Btx dann nicht geeignet, wenn die Versandpapiere aus offiziellen, nicht veränderbaren Dokumenten bestehen, die nicht über das Btx-System abgebildet werden können.

aktivitätenorientiert	Großhandel				Einzelhandel			Versand-E
	Cash-and-Carry-GH	Auslieferungs-GH	Versand-GH	Strecken-gesch. u. Remust.-GH	Typ A service-orientiert	Typ B preis-orientiert	Typ C lebensmit-teloriert.	
Warenausgang								
Nichtladenhandel								
Erfassen des mengenmäßigen Warenausgangs anhand eines Warenausgangsdokuments (Kommissionieranweisung)	X	2	2	(2)	(1)	X	X	2
Meldung der Kommissionierung	X	2	2	(2)	2	X	X	2
Steuerung des Verpackungsvorgangs (Wahl des Verpackungs- und Transportbehältnisses)	X	2	2	(2)	X	X	X	2
Bereitstellen der Versandpapiere	X	1	2	(2)	2	X	X	2
Steuerung der verpackten Ware zum Ort des Abtransports	X	2	2	(2)	X	X	X	2
Meldung der durchgeführten Verpackungsleistungen	X	2	2	(2)	X	X	X	2
Im Ladenhandel								
Erfassen der mengenmäßigen WA	0	X	X	X	0	0	0	X
Erfassen des wertmäßigen WA	0	X	X	0	0	0	0	X
Erfassen von Verkäuferdaten	0	X	X	0	0	0	0	X
Erfassen von Kundendaten	0	X	X	X	0	0	X	X
Rechnungsschreibung	1	X	X	1	1	1	1	X

0 = mit Btx nicht möglich

1 = mit Btx eingeschränkt möglich

2 = mit Btx durchführbar

X = nicht erforderliche Aktivitäten

T = Telesoftware-Einsatz

M = mit Erweiterung der Datenendeinrichtung

Abb. C.IV.3.03: Einsatzmöglichkeiten von Btx im Warenausgang unterschiedlicher Betriebstypen

Abbildung C.IV.3.04 zeigt Detailvorgänge in der Disposition und im Bestellwesen. Die Disposition ist über Btx zu realisieren, wenn Btx als Auskunfts- oder Informationssystem eingesetzt wird und die zur Disposition notwendigen Daten via Btx abgefragt werden können. Diese Möglichkeit ist besonders dann sinnvoll, wenn der Disponent kleinere, aktuelle Datenmengen von dezentralen Stellen (Fachabteilungen) benötigt.

aktivitätenorientiert	Großhandel				Einzelhandel			
	Cash-and-Carry-GH	Ausliefe-rungs-GH	Versand-GH	Strecken-gesch. u. Bemust.-GH	Typ A service-orientiert	Typ B preis-orientiert	Typ C lebensmit-telorient.	Versand-E
Disposition:								
Bedarfsermittlung aus Lager-bestandsführung	2	2	2	2(x)	2	2	2	2
Abstimmung mit der Sortiments-planung	2	2	2	2(x)	2	2	2	2
Ermittlung der Bestelldaten der Ware	2	2	2	2(x)	2	2	2	2
Durchführung des rechnerischen Dispositionsvorgangs	1 M/T	1 M/T	1 M/T	(1 M/T) (x)	1 M/T	1 M/T (x)	1 M/T	1 M/T
Erstellen eines Dokumentes mit Dispositionsvorschlägen	2	2	2	(2 M/T) (x)	(2) (x)	2	2 (x)	2
Bestellwesen:								
Auswahl des geeigneten Lieferanten (Qualitätsmerkmale, Zahlungskonditionen)	2	2	2	2 (x)	2 (x)	2	2 (x)	2
Abstimmung mit der Finanzplanung	2	2	2	2 (x)	2 (x)	2	2	2
Entscheidung über Bestellvorschlag Bestelldokument	2	2	2	2 (x)	2	2	2	2
Erstellung begleitender Dokumente Wareneingangsanw. Meldung d. Bestelldaten an Fibu	1 M/T	1 M/T	1 M/T	1 M/T (x)	1 M/T (x)	1 M/T	1 M/T	1 M/T
Bestellüberwachung Liefertermine u. absprache Teillieferungen	2	2	2	2 (x)	2 (x)	2	2	2

0 = mit Btx nicht möglich

1 = mit Btx eingeschränkt möglich

2 = mit Btx technisch durchführbar

X = nicht erforderliche Aktivitäten

T = Telesoftware-Einsatz

M = mit Erweiterung der Datenendeinrichtung

Abb. C.IV.3.04: Einsatzmöglichkeiten von Btx in Disposition und Bestellwesen unterschiedlicher Betriebstypen

Die Durchführung des rechnerischen Dispositionsvorgangs ist dann realisierbar, wenn Btx als Softwareübertragungssystem eingesetzt wird (Telesoftwareeinsatz).

Der Einsatz von Btx im Bestellwesen ist bereits an anderer Stelle beschrieben worden. Die Abbildung C.IV.3.04 zeigt jedoch detailliert die einzelnen Bearbeitungsschritte innerhalb des Bestellwesens.

Der Einsatz von Telesoftware eignet sich, um die Maskenformate in codierter Form zu übertragen.

Ein weiteres wichtiges Anwendungsgebiet für den Btx-Einsatz ist, wie bereits erwähnt, die Auftragsabwicklung mit Kunden im Nichtladenhandel (vgl. Abbildung C.IV.3.05). Bei der Erweiterung der Datenendeinrichtung handelt es sich um einen Btx-fähigen Drucker.

aktivitätenorientiert	Großhandel				Einzelhandel			Versand-E
	Cash-and-Carry-GH	Auslieferungs-GH	Versand-GH	Strecken-gesch. u. Bemust.-GH	Typ A service-orientiert	Typ B preis-orientiert	Typ C lebensmit-telorient.	
Auftragsabwicklung:								
Erfassen der Auftragseingänge	X	2	2	2	2	X	X	2
Disposition der Ware Lieferbereitschaft gegebenenfalls Bestellanweisungen Liefertermin	X	2	2	2	X	X	X	2
Überprüfung der Vk.preise und Zahlungs- und Rabattkonditionen	X	2	2	2	X	X	X	2
Überprüfung der Bonität des Kunden	X	2	2	2	X	X	X	2
Überprüfung der Konditionen gegenüber Kunden	X	2	2	2	X	X	X	2
Auftragsbestätigung an Kunden	X	(2) (1,M)	(2) (1,M)	(2) (1,M)	X	X	X	(2) (1,M)
Erstellung auftragsbegleitender Dokumente, wie: Kommissionieranweisung	X	2	2	2	X	X	X	2
Erstellung des Lieferscheins	X	(2) (1,M)	(2) (1,M)	(2) (1,M)	2	X	X	(2) (1,M)
Erstellung der Rechnung	X	(2) (1,M)	(2) (1,M)	(2) (1,M)	2	X	X	(2) (1,M)
Weitergabe an Fibu	X	2	2	2	2	X	X	2
Auftragskorrekturabwicklung:	X	2	2	2	2	X	X	2
Umtausch der Ware	X	2	2	2	2	X	X	2
Rückgabe mangelhafter Ware	X	2	2	2	2	X	X	2
zuviel/zuwenig gelieferte Ware	X	2	2	2	2	X	2	

0 = mit Btx nicht möglich

1 = mit Btx eingeschränkt möglich

2 = mit Btx durchführbar

X = nicht erforderliche Aktivitäten

T = Telesoftware-Einsatz

M = mit Erweiterung der Datenendeinrichtung

Abb. C.IV.3.05: Einsatzmöglichkeiten von Btx in der Auftragsabwicklung unterschiedlicher Betriebstypen

Bei der Auftragsabwicklung im Kundenbereich handelt es sich in der Regel um Dialoganwendungen über das Mitteilungssystem Btx.

C.IV.4 Einfluß der Kooperation auf den Einsatz von Btx

Daraus, daß sich häufig Handelsbetriebe mit kleiner Betriebsgröße zusammenschließen, da sie isoliert kein wirtschaftliches Handeln am Markt erzielen, ergibt sich für Btx aufgrund seiner preiswerten Nutzung eine Chance, gerade in solchen Organisationsformen als Infrastruktur für ein verbundgruppenweites Informations- und Kommunikationssystem eingesetzt zu werden.

Disposition, Bestellwesen, Lagerhaltung einschließlich Wareneingang und Stammdatenverwaltung sind die Modulen eines WWS, die primär dazu geeignet sind, zentral in der Kooperation bewältigt zu werden, daneben aber auch Kommunikationsvorgänge, die bisher in Form von Telefonanrufen, Briefen, Kurzmitteilungen oder Rundschreiben erledigt werden (unstrukturierte Informations- und Kommunikationsbeziehungen in uni- und bidirektionaler Richtung).

Die Kooperation ist die Organisationsform, die sich in dem in Kapitel E aufgezeigten Modell wiederfindet. Hier soll deswegen nur kurz auf den in der Untersuchung als wirkungsvoll angesehenen Btx-Einsatz eingegangen werden:

Die zentrale Datenverarbeitung erfolgt auf einem Warenwirtschaftsrechner, dessen Kosten von allen Kooperationspartnern getragen werden. Über Btx wird die Kommunikationsinfrastruktur zwischen den Warenwirtschaftsrechnern in der Zentrale und den räumlich entfernten Kooperationspartnern geschaffen. Ist in den dezentralen Einheiten eine Btx-fähige Mikrocomputerstation vorhanden, treten mit Hilfe preiswerter Standardsoftware die Möglichkeiten hinzu, weitere Moduln eines WWS mit EDV-Unterstützung zu bearbeiten. Der Aufbau eines Btx-gestützten Informations- und Kommunikationssystems erfolgt zweckmäßigerweise in Form einer GBG, um zu gewährleisten, daß zum einen die Daten des Kooperationssystems vor Dritten geschützt werden und zum anderen innerhalb des Kooperationssystems durch die Festlegung unterschiedlicher Benutzerschichten Datensicherheit für individuelle Geschäftsdaten der Kooperationspartner gewährt ist.

Aufgrund der bereits beschriebenen Tendenzen zur Dynamik der Betriebstypen aufgrund größerer Markttransparenz und wachsendem Konkurrenzdruck können insbesondere kleine Händler kaum noch profitabel alleine am Markt operieren. Durch die Möglichkeit, mit anderen Händlern, die über eine ähnliche Zielsetzung in ihrer Unternehmenspolitik verfügen, zu kooperieren, läßt sich aufgrund der finanziellen und marktpolitischen Vorteile in einer Kooperation langfristig eine klare Betriebstypenprofilierung der Handelsbetriebe zu preisorientierten oder serviceorientierten Betriebstypen erzielen.

Der Zusammenschluß der Kooperationspartner zu einem System mit zentraler Verwaltung und die über Btx vereinfachten Kommunikationsbeziehungen erleichtern die Kooperation auf weiteren Ebenen der Unternehmenspolitik (vgl. Kapitel C.V.ff), wie beispielsweise im Marketing (detaillierte Sortimentsplanung, gemeinsame Auswertungen) und in der Kostenrechnung (Aufbau einer Artikel-Ergebnisrechnung).

Ein wichtiges Untersuchungsergebnis ist daher, daß Btx für gewisse Betriebstypen einen Zusammenschluß erst ermöglicht, indem es die Voraussetzungen für ein integriertes Informations- und Kommunikationssystem schafft, und damit die Grundlage für das wirtschaftliche Überleben dieser Betriebstypen bietet.

C.V Einbindung von Btx in die Unternehmenspolitik von Verbundgruppen

C.V.1 Einfluß von Btx auf die Unternehmenspolitik

Gegenstand dieses Abschnittes ist es, zu untersuchen, inwieweit ein durch Btx ergänztes Informations- und Kommunikationssystem den Integrationsgedanken in der Unternehmenspolitik der Verbundgruppen des Handels fördern kann.

Die Entscheidungssituation ist gekennzeichnet durch die drei Merkmale (vgl. Tietz 1978, S. 43):

- Zielvorstellungen der Unternehmen,
- Instrumentalvariablen (Btx),
- entscheidungsrelevanter Datenkranz (interne und externe Daten).

Der entscheidungsrelevante Datenkranz besteht aus den internen und externen Daten der Verbundgruppe. Wie in den Abschnitten C.II bis C.IV bereits angedeutet, ist der Datenrahmen auch von den Entscheidungen über die Grundstruktur der Mitglieder der Verbundgruppe abhängig.

Die technologiepolitischen Zielvorstellungen der Verbundgruppe bestehen in der Realisierung eines integrierten Informations- und Kommunikationssystems, wie es in Teil B entwickelt wurde. Daher muß untersucht werden, welchen Beitrag das Informations- und Kommunikationsinstrument Btx zur Zielerreichung leisten kann.

Zu den Konsequenzen des Btx-Einsatzes und des Einsatzes der neuen Informations- und Kommunikationstechnologien im Verbund kann bereits an dieser Stelle bemerkt werden, daß ihr Einsatz in der Unternehmenspolitik eine Vielzahl neuer Entwicklungen bewirkt. Diese drücken sich zum einen in der Änderung der organisatorischen Abläufe, die wiederum zeitliche Rationalisierungspotentiale beinhalten, Kosteneinsparungen verursachen, aber auch zahlreicher Investitionen bedürfen, aus. Zum anderen verändern sie aber auch Marketingstrategien des Unternehmens und bewirken somit, daß bestehende Zielsetzungen der Unternehmen im Handel ergänzt, verändert oder neu formuliert werden.

C.V.2 Btx-Einsatz in der Politik der Informationsgewinnung

Die Entwicklungen in der Politik der Informationsgewinnung werden von den Möglichkeiten, die der Einsatz moderner Informations- und Kommunikationstechnologien bietet, im Zusammenwirken mit konventionellen Technologien getragen (vgl. dazu auch Zentes 1988b, S. 4 ff.)

Hervorzuheben sind hier vor allem der Scanner sowie Mobile Datenerfassung. Auch Mikrocomputer oder PCs bieten neue Perspektiven.

Computergestützte Befragungssysteme, wobei Mikrocomputer im Gegensatz zu konventionellen Befragungssystemen den Interviewer unterstützen oder sogar ersetzen können, haben den Vorteil, daß gleichzeitig apparative Methoden in die Befragung eingebunden werden können.

Weiterhin wird der Interviewer-Bias verringert, weil der Interviewer keinen Einfluß auf die Fragen mehr ausübt. Gleichzeitig können bei der Befragung auch Verschlüsselungen der offenen Fragen sowie Zwischenauswertungen auf dem Studiocomputer unmittelbar nach der Befragung vorgenommen werden.

Als weitere Vorteile sind zu nennen:

- schnelle Erfassung großer Datenmengen,
- weitgehende Datensicherung,
- geringer Personaleinsatz,
- Erfassung der Antwortzeit und anderen Spontanreaktionen und
- verbesserte Fragebogenkonstruktion (vgl. Kroeber-Riel, Neibecker 1981, S. 99).

Im Hinblick auf die Integration in ein durchgängiges Informations- und Kommunikationsgefüge mit einer gemeinsamen Datenbasis müssen allerdings auch geeignete Datenübertragungsnetze zur Verfügung stehen. Hier bieten Btx-fähige Mikrocomputer in Rechnerverbundanwendungen von Marktforschungsinstituten vielschichtige Möglichkeiten.

C.V.2.1 Btx-Einsatz in der Datenerhebung

Btx hat als Marktforschungsinstrument bisher noch keine große Akzeptanz gefunden. Dies liegt vor allem bei der direkten Informationserhebung daran, daß sich die Struktur der Btx-Nutzer von der Struktur der "Nicht-Nutzer" wesentlich unterscheidet:

- Ein Btx-Haushalt ist überdurchschnittlich mit Unterhaltungselektronik ausgestattet, er besitzt zwei Fernseher, einen Videorecorder, eine Stereoanlage; jeder zweite Btx-Haushalt hat einen Kabelanschluß und eine Videokamera; zwei Drittel besitzen Personal Computer oder Home Computer (vgl. Günther 1985, S. 76).
- Drei Viertel der Btx-Nutzer sind Männer.
- Die Gruppe der 20 - 50jährigen Btx-Nutzer ist überdurchschnittlich stark.
- Die Akzeptanz von Btx ist bei den Nutzern extrem hoch.
- Die Btx-Teilnehmer verfügen über ein höheres Einkommen, höhere Bildung und haben oft technische Berufe (vgl. Dubke 1983, S. 72 f.)

Dies bedeutet, daß Btx nicht für Untersuchungen eingesetzt werden kann, bei denen Informationen über die Gewohnheiten oder über das Verhalten der durchschnittlichen Bevölkerungsstruktur erzielt werden sollen.

Untersuchungen können nur für die Btx-Benutzergruppe repräsentativ durchgeführt werden. Da die Entscheidung zur Teilnahme an einer Befragung allein vom Btx-Teilnehmer getroffen wird, muß man sich fragen, ob die Btx-Nutzer, die nicht an einer Untersuchung teilnehmen wollen, ebenfalls eine etwas andere Struktur aufweisen. Das Problem der Repräsentativität stellt sich bei Btx sehr krass dar.

Der Btx-gestützte Dialog in der Datenerhebung kann mit Hilfe von "Antwortseiten" ohne Rechnerverbund durchgeführt werden.

Größere Möglichkeiten für die Marktforschung bietet die Integration in eine EDV-Anlage. Für die Umfragevorbereitung im Rechnerverbund bedeutet dies, daß die Grundmuster jedes Fragentyps abgespeichert sind und bei der Erstellung eines Fragebogens nur noch aufgerufen und mit den spezifischen Angaben ergänzt werden. Das beinhaltet auch die sofortige Verfügbarkeit und Korrigierbarkeit des Fragebogens, wie das Austauschen einer Frage gegen eine andere oder Verzweigungsmöglichkeiten in verschiedene Befragungsprogramme über Filter. Die Bearbeitung der Antwortdaten kann wegen des externen Rechnerverbunds sofort über Statistikprogramme - die bekanntesten sind SAS und SPSS - im hauseigenen EDV-System erfolgen.

Insgesamt können so die gesamten Marktforschungsaufgaben über Btx abgewickelt werden, angefangen von der Fragebogenerstellung über die Befragung und Auswertung bis hin zur Darstellung der Ergebnisse. Diese Vorgehensweise wird online-Marktforschung genannt (vgl. Dubke 1983, S. 83). Bei der Btx-gestützten Befragungsmethode bestehen dann ähnliche Vorteile wie bei der computergestützten Befragung (vgl. dazu Kroeber-Riel, Neibecker 1983, S. 99).

Für die Befragung selbst ist zu beachten, daß der Benutzer keinen ausführlichen Dialog mit dem Btx-Gerät anstrebt. Bei der Informationssuche wählt er die gewünschte Information zu 53 % direkt an (vgl. Günther 1985, S. 74). Die Fragen müssen daher kurz und übersichtlich gehalten werden, weil sonst die Abbrecherquote ansteigt. Aus demselben Grund sollte auch die Anonymität der Befragten gewahrt bleiben, da die Preisgabe ihrer Identität viele Teilnehmer von der Bereitschaft zur Befragung abhält. Hier haben auch materielle Anreize nur beschränkte Wirkungskraft (vgl. o.V. 1981, S. 480). Bezogen auf die Schnelligkeit und die Kosten sind Btx-Befragungen mit Telefon-Befragungen gleichzusetzen; die Kostenersparnis gegenüber Briefumfragen beträgt 30 - 40 % (vgl. Dubke 1983, S. 74).

C.V.2.2 Erstellung Btx-gestützter Panels

Auf der Erstellung Btx-gestützter Panels wird in der Zukunft ein Schwerpunkt liegen, für den aufgrund der geringen Verbreitung von Btx noch keine Basisvoraussetzungen bestehen (vgl. Meffert 1983, S. 137). Btx-gestützte Panels könnten die heutigen schriftlich durchgeführten Haushaltspanels ersetzen. Ein wesentlicher Vorteil bei dieser Vorgehensweise liegt in der höheren Datenaktualität (vgl. Meffert 1983, S. 137).

C.V.2.3 Btx-Einsatz in der Sekundärmarktforschung und Datenanalyse

Die Nutzung externer Datenbanken hat für die Marktforschung hohe Bedeutung. Nicht zuletzt deswegen, weil sie gegenüber der Primärmarktforschung den Vorteil hat, daß diese Art der Datenerhebung an Schnelligkeit und weltweiter Reichweite nicht zu übertreffen ist. So sollte vor jeder Primärerhebung erst einmal durch "desk research" überprüft werden, ob die benötigten Daten nicht bereits in einer Datenbank gespeichert sind (vgl. Schnedlitz 1986, S. 52 f.). Der Schwerpunkt der Marktforschung kann sich von der Datenerhebung weg hin zur Datenanalyse bewegen und ihre Effizienz erhöhen.

Btx bietet Zugang zu der überwiegenden Zahl internationaler Datenbanken. Bei der Kopplung des Btx-Dienstes und der Nutzung von Datenbanken verbinden sich zahlreiche Vorteile. Hervorzuheben ist der einheitliche Netzzugang, der ansonsten nur über Datex-P möglich ist. Wichtigstes Merkmal ist die benutzerfreundliche Oberfläche von Btx, wodurch der Umgang von schwer handhabbaren Retrievalsprachen vermieden wird (vgl. o.V. 1988b, S. 20). Hinzu kommen beim Btx-Einsatz die Möglichkeiten multifunktionaler Endgeräte sowie die Einbindung in verbundgruppenspezifische Informations- und Kommunikationsnetze.

C.V.3 Btx-Einsatz in der Handelsprogrammpolitik

Die Diskussion des Btx-Einsatzes in der Handelsprogrammpolitik baut auf der Analyse des Btx-Einsatzes in der Warenwirtschaft ausgewählter Betriebstypen in Verbundgruppen auf.

Durch die Umgestaltung von Informations- und Kommunikationsbeziehungen trägt die Btx-Unterstützung dazu bei, die Datenintegration in solchen Betriebstypen und insbesondere Verbundgruppen des Handels zu fördern, deren EDV-Unterstützung aus wirtschaftlichen Gründen bisher nur als gering einzustufen war.

Aufgabe des Btx-Einsatzes in der Handelsprogrammpolitik ist es, dem Warenkreislauf nebengeordnete Funktionsbereiche in ein Gesamtsystem zu überführen sowie aus den detaillierten Warenwirtschaftsdaten eine Basis für kundenorientierte Entscheidungen im Marketing zu erhalten.

C.V.3.1 Btx-Einsatz in der Grundstrukturpolitik

Die wichtigste Entwicklung, die der Btx-Einsatz und damit Btx-gestützte Informations- und Kommunikationssysteme für die Grundstrukturpolitik mit sich bringen, ist die um vieles verbesserte Informations- und Kommunikationsreichweite. Dadurch haben viele wirtschaftlich schwache Unternehmen wieder Möglichkeiten, erfolgreich am Markt zu operieren. Standortnachteile, begrenzte Beschaffungs- und Absatzreichweite können durch den Einsatz preiswerter Datenübertragungstechnologien überbrückt werden. Insbesondere der Einsatz von Btx als System mit einer vollständigen Informations- und Kommunikationsinfrastruktur ermöglicht neue Strategien. Auch können neue Wege der Kooperation oder der Filialisierung durch den Einsatz der neuen Technologie beschritten werden. Insbesondere Zusammenschlüsse von Unternehmen im Management- und Technologiebereich durch gemeinsame Nutzung teuerer und für jeden einzelnen Partner nicht wirtschaftlicher EDV-Anlagen werden durch den Einsatz der preiswerten Datenübertragungstechnologien möglich. Diese schaffen dann die Voraussetzungen für Rechnerverbundsysteme im Sinne des Distributed Data Processing (DDP), bei denen bestimmte EDV-technische Aktivitäten wie bei einem Rechenzentrum zentral für alle Partner durchgeführt werden können. Dadurch entstehen nicht nur Kostenvorteile, sondern auch betriebswirtschaftliche Vorteile durch die Nutzung von EDV-gestützten Analyse- und Auswertungsmöglichkeiten.

Schließlich werden Faktorgrundlagen verbessert und beim Einsatz der Technologien im Zahlungsverkehr durch Zinsgewinne und Markttransparenz die Kapitalbasis verbessert.

C.V.3.2 Btx-Einsatz in der Marktpolitik

Der Hauptbeitrag, den der Btx-Einsatz in der Marktpolitik der Verbundgruppen des Handels leisten kann, ist die Integration der Informations- und Kommunikationsbeziehungen mit Kunden und Lieferanten in ein verbundgruppeninternes Informations- und Kommunikationssystem.

In der Marktpolitik spielen auch die Aufbereitung der Informationen und Kommunikationsinhalte, die an Kunden gerichtet sind, eine wesentliche Rolle. Auch dabei kann ihre zentrale Verbreitung über Btx für die gesamte Verbundgruppe Vorteile bringen.

C.V.3.2.1 Waren- und dienstleistungsbezogene Instrumente

Im Rahmen der Produkt- und Mengengestaltung ist das Instrument Btx nur von geringem Einfluß. Dies resultiert vor allem daraus, daß aufgrund der technischen Restriktionen bei der visuellen Abbildungsqualität von Btx ausschließlich hoch standardisierte Produkte mit niedriger Erklärungsbedürftigkeit und hohem Bekanntheitsgrad über Btx angeboten bzw. nachgefragt werden (vgl. Meffert 1983, S. 133).

Das ständig aktualisierbare Btx-Angebot kann die Anpassung der Menge und der Produktgestaltung auf Nachfrageschwankungen unterstützen.

C.V.3.2.2 Entgeltbezogene Instrumente

Der Btx-Einsatz fördert die Informationstransparenz bei den Kunden. Durch den direkten Kundenkontakt kann der Handel gezielter über Aktivitäten im Rahmen der Preisdifferenzierung (vgl. Dichtl 1986, S. 38) informieren. Einen Beitrag im Rahmen der Absatzfinanzierung leistet Btx als Gestaltungsinstrument der Zahlungsbedingungen mit Kreditwirkung für den Abnehmer.

Ein Beispiel ist die Agenturbestellung im Versandhandel. Die Agenturen kommunizieren mit einem Btx-fähigen Agenturrechner (vgl. Tietz 1987b, S. 46 ff.). Nach der Eingabe der Bestellung eines Kunden erfolgt sofort via Btx eine Kreditwürdigkeitsprüfung des Kunden bei der Schufa.

Nach der Überprüfung des Kunden werden die Ratenplanaufstellung oder -änderung in vorbereitete Masken eingestellt.

Das Beispiel zeigt auch, welche Vorteile in zeitlicher Hinsicht der Einsatz von Btx als Integrationsinstrument bietet, da durch das Btx-Netz der Zugang mit Dialogpartnern in unterschiedliche Informations- und Kommunikationssystemen ermöglicht wird, was mit dem Einsatz konventioneller EDV nicht möglich ist.

C.V.3.2.3 Nebenleistungsbezogene Instrumente

Hierbei handelt es sich im wesentlichen um den Kundendienst (vgl. Tietz 1978, S. 228)

-       vor dem Kontakt (Beratung),
-       während des Kontakts (Komfort),
-       nach dem Kontakt (Kundennachbereitung).

Die wichtigsten Ziele der Kundendienstpolitik beinhalten die Gewinnung neuer Kunden und Absatzsteigerung bei bestehenden Kunden, die Umgehung des Preiswettbewerbs, die Dokumentation der Leistungsfähigkeit des Unternehmens, die Anregung zum Wiederholungskauf, die Bereitstellung von Erleichterungen für Wiederverkäufer und die dauerhafte Erhaltung des Kunden (vgl. Tietz 1985, S. 383 ff.).

Im stationären Handel hat Btx beim Einsatz in der Kundendienstpolitik die Aufgabe, Kunden über Waren, zusätzliche Dienstleistungen im Angebot oder Maßnahmen der Preispolitik zu informieren. Die Anwendungsbereiche sind ähnlich denen der informations- und kommunikationsbezogenen Instrumente (vgl. Abschnitt C.V.3.4).
In der Kundennachbearbeitung bietet der Btx-Einsatz Vorteile für Handelsunternehmen und insbesondere Verbundgruppen. Eine zentrale Datenbasis für alle Warenausgangsdaten erlaubt beispielsweise auch die Selektion aller Btx-Nutzer unter den Kunden. Sie können dementsprechend gezielt durch eine zentrale Stelle der Verbundgruppe nachbearbeitet werden. Nachbearbeitungsmaßnahmen bestehen hauptsächlich in der Imagepflege des Unternehmens sowie in allen sonstigen Maßnahmen, die die Kunden zu Wiederholungs-, Ersatzteil- oder Zubehörkäufen anregen sollen.
Im Hinblick auf die Integration in EDV-gestützte Systeme bietet Btx die Möglichkeit, die Kunden automatisiert in gewissen Abständen oder Rhythmen anzusprechen.

Der Btx-Einsatz im stationären Handel und seine Wirkung als Dienstleistungsinstrument soll am folgenden Beispiel eines Ersatzteilbestellsystems im Fachhandel verdeutlicht werden:

Die Firma Grundig AG bietet neben einem Informationsdienst für Kunden die Bestellmöglichkeit von Ersatzteilen im Rechnerverbund an. Bereits 50 % der Kunden sind nach Auskunft des Grundig-Kundendienstes im Rechner mit steigender Tendenz registriert. Der Anteil der Btx-Ersatzteilbestellungen liegt knapp unter 10 %

der Gesamtbestellungen. Auf Umsatzzahlen im Kundendienst hat das System keine Auswirkungen, sein Schwergewicht liegt vielmehr in der Rationalisierung der Bestellabläufe. Für über Btx bestellte Ersatzteile gewährt die Firma derzeit einen Sonderrabatt von 3 %. Die Lieferzeit wurde bei vorrätigen Teilen und Bestellaufgabe bis 13.00 Uhr auf einen Tag reduziert. Die Anmeldung zur GBG erfolgt über Anwahl der entsprechenden Btx-Seite oder über Absprache mit einer Niederlassung, wobei dem Nutzer sein persönliches Kennwort zugeteilt wird, das er jederzeit über Btx abändern kann. Nach der Anwahl des Externen Rechners und Auswahl der Ersatzteilbestellung identifiziert sich der Kunde mit seiner Kundennummer und dem Kennwort und ist nach dem Absenden in der Lage, seine Bestellpositionen einzugeben. Vom System werden Datum, Uhrzeit und Nachrichten bezüglich vorhergehender Aufträge angezeigt. Vom Benutzer werden die Eingabe der Teilenummer, der Menge und eventuell kundenspezifische Bearbeitungsvermerke benötigt. Letztere werden auf dem Lieferschein zusammen mit anderen Daten ausgedruckt; sie können nicht für Kundenmitteilungen an die Firma genutzt werden. Nach Absenden der Bestellung werden die Daten vom Rechner ergänzt, bei fehlerhaften Eingaben erscheint eine Falschmeldung mit Hinweis auf die Fehlerart. Falls lediglich Preisauskünfte gewünscht werden, wird die Anzeige durch Zifferneingabe gelöscht, andernfalls wird der Auftrag mit einer anderen Ziffer abgeschlossen und gebucht.

In der Anzeige werden vom Rechner folgende Daten angegeben: interne Auftragsnummer, Hinweise auf Umtausch oder Rückkaufmöglichkeit in der Niederlassung, Preisgruppe, Einzelpreis, Teilebezeichnung, Anzeige über sofort lieferbare Mengen und Rückstandsbuchungen, zusätzliche Hinweise über Teilmengenlieferungen, die vollständige oder teilweise Lieferung von Ersatzartikeln und die Angabe des Gesamtpreises. Die Änderung von Bestellpositionen erfolgt durch die Verzweigung aus der Positionseingabe, sobald eine fehlerhafte Position registriert wurde oder auch durch Verzweigung aus der Auftragsbestätigung. Bereits bearbeitete Positionen enthalten einen Einzelpreis und können nur bezüglich der Bestellmenge verändert oder durch Nulleingabe gelöscht werden. Nach fehlerfreier Eingabe und Absendung wird die Bestellung bestätigt. Nicht möglich sind Umtausch und Garantievorgänge über Btx, hierfür werden die betreffenden Niederlassungen angesprochen (vgl. Grundig AG 1986, S. 2 - 11).

Am Beispiel des Versandhandels läßt sich gut zeigen, wie sich unterschiedliche Kommunikations- und Informationsformen in ein durchgängig gestaltetes Btx-System integrieren lassen.

Der Versandhandel ist eine Domäne des Btx-Einsatzes, da Btx alle Aktivitäten im Versandhandel unterstützen kann.

Der Betriebstyp des Versandhandels hat allerdings für die Verbundgruppen des Handels nur untergeordnete Bedeutung.

Die Bestellung von Waren im Dialog mit dem Btx-Rechnerverbund gehört mittlerweile zu den umfangreichsten des Btx-Systems. Btx dient als Bestell-, Kommunikations- und Informationsinstrument für Bestellagenturen und die Ersatzteilversorgung des Kundendienstes bzw. für Teleshopping im privaten Bereich. Der Schwerpunkt liegt weniger in der Darstellung des Warenangebots, als bei der Information und Auftragsabwicklung.

Vor der eigentlichen Bestellung bieten sich aktuelle Produktinformationen mit Verweisen auf Testergebnisse der Stiftung Warentest an. Die Grenzen von Btx liegen hier in seinen Darstellungsmöglichkeiten, wegen der fehlenden Bildübertragung existiert Btx nicht als originäres Angebotsinstrument. Die Möglichkeit zur Anforderung von Katalogen und Informationszeitungen für Btx-Kunden sowie Verweise für den Einkauf bestimmter Artikel in Spezialgeschäften werden angezeigt.

Wegen der Sammelbestellerstruktur eignet sich gerade der Versandhandel besonders für Bestellungen über Btx. Unabhängig vom Besitz einer Kundennummer können auch Erstbesteller kostenfrei aus dem gesamten Katalogangebot bestellen. Falls ein Externer Rechner angeschlossen ist, wird ein Service mit Antwortseiten für die Bestellung angeboten. Die Bestellannahme erfolgt in der Regel zwischen 9.00 und 21.00 Uhr, in der übrigen Zeit wird der Auftrag bearbeitet. Innerhalb des Bestellvorgangs erhält der Kunde neben der Auskunft über die Lieferfähigkeit des bestellten Artikels auch Empfehlungen von Alternativangeboten bei nicht vorrätigen Artikeln (vgl. o.V. 1987c, S. 8 - 11).

Im Gegensatz zur telefonischen Bestellung kann der Btx-Kunde ohne Zeitdruck gegebenenfalls nach Ersatzartikeln suchen, ohne den Bestellvorgang abzubrechen (vgl. Pfaffenberger 1987a, S. 11 - 13).

Beim Bestellvorgang gibt der Kunde auf einer über Btx angeforderten Bestellmaske die Daten seiner gewünschten Artikel ein und legt sie in der Mailbox des Versandunternehmens ab. Die relevanten Daten wie Auftrags- und Kundennummer, Btx-Teilnehmernummer, Bestellmenge und Datum werden von der Btx-Software eingelesen und automatisch weiterverarbeitet. Nicht mehr lieferbare Artikel werden sofort angezeigt; fehlerhafte Bestellungen werden direkt an den Besteller zurückverwiesen. Bei korrekter Bestellung erfolgt die Erstellung und Aussendung der Auftragsbestätigung (vgl. o.V. 1987h, S. 26 f.).

Im Kundenkonto werden alle Bestellvorgänge und die damit verbundenen Kontobewegungen umfassend und transparent dargestellt (vgl. o.V. 1987c, S. 10). Dem Kunden werden Auskünfte über Kontostand, fällige Monatsraten, noch zu überweisende Beträge und die aktuelle Umsatzübersicht erteilt. Auf Anfrage erhält er eine Einsicht in die Gutschriften für nicht gelieferte Waren und Warenrücksendungen inklusive Datumsanzeige; dabei kann der Kunde bestimmen, ab welchem Datum er die Übersicht sehen möchte. Diese Auskunft ergänzt die gedruckt zugesandten Kontoauszüge (vgl. o.V. 1987g, S. 14).

C.V.3.2.4 Informations- und kommunikationsbezogene Instrumente

Mit dem Einsatz von Btx als neues Instrument der Marktkommunikation entscheidet sich die werbetreibende Unternehmung für ein System der **einstufigen, direkten Kommunikation** (vgl. Meffert 1983, S. 71).

Werbung im Medium Btx ist im Vergleich zu den Printmedien oder den Medien der Außenwerbung eine andere Form der Werbung.

Werbung via Btx muß gekennzeichnet werden und ist von anderen Informationen zu trennen. Werbung darf nicht gemeinsam mit anderen Diensten oder Informationen übermittelt werden. Jede Werbeansprache ist dem Anrufenden anzukündigen (vgl. Karl, Messing 1984, S. 199). Problematisch ist die Abgrenzung zwischen Werbung und Information. Nach Kroeber-Riel kann "Werbung durch die von ihr gebotenen Informationen das Entscheidungsfeld der Konsumenten bereichern" (Kroeber-Riel 1984, S. 599). Daher ist der Übergang von Konsumenteninformation zur Werbung eher fließend, und der ausdrückliche Werbegehalt der Btx-Seite kann durchaus wegargumentiert werden.

Die Anbieter von Btx spielen eher eine passive Rolle (z.B. Bereitstellung geeigneter Informationen) (vgl.

Die Anbieter von Btx spielen eher eine passive Rolle (z.B. Bereitstellung geeigneter Informationen) (vgl. Meffert 1983, S. 71 - 73).

Btx ist ein **interaktives Medium,** d.h. es können nicht nur Informationen empfangen werden, sondern auch Informationen an die Informationsanbieter abgesandt werden (vgl. Wilitzki 1982, S. 21). Da die Werbebotschaft abgerufen werden muß, "interessiert" sich der Rezipient für die Werbebotschaft. Die Folge ist ein relativ geringer Streuverlust (d.h. durch Übermittlung von Informationen an einen bestimmten und homogenen Interessentenkreis ist der Streuverlust klein).

Der Erfolg der Werbebotschaft hängt von der **Abrufmotivation** der anzusprechenden Zielgruppe ab. Diese Motivation kann durch ein interessant gestaltetes Programm erhöht werden (z.B. Btx-Spiele, Btx-Unterhaltungsprogramm).

Btx setzt eine "aktive" Teilnahme des Teilnehmers voraus, falls er sich einen Wunsch erfüllen will (z.B. **Einschalten** des Btx-Fernsehers, **Anwählen** der Btx-Zentrale, **Auswählen** der einzelnen Btx-Seiten, **Abrufen** von Informationen über den Suchbaum oder **Schreiben** von Mitteilungen, das durch die Einrichtung von sogenannten Antwortseiten ermöglicht wird).

Welchen Stellenwert Btx für den Werbetreibenden einnimmt, hängt wesentlich von den Systemanschlüssen und der Teilnehmerzahl (**Akzeptanzproblem**) ab. Die technischen Voraussetzungen sind schon gegeben, da im privaten Bereich etwa 96 % aller Familien ein Fernsehgerät und 89 % ein Telefon besitzen (vgl. Gottlob, Strecker 1984, S. 13).

Die Werbeträger, auch Kommunikationsträger genannt, werden unterteilt in:

-    Printmedien (z.B. Zeitschriften, Zeitungen),
-    elektronische Medien (z.B. Film, Funk und Btx),
-    Außenwerbungsmedien (z.B. Plakate).

Btx stellt ein neue Art von Werbeträger dar. Btx ist ein Zielgruppenmedium. Somit ist die Gestaltung der Werbebotschaft im hohen Maße als zielgruppenorientiert zu charakterisieren. Bei der Gestaltung von Werbebotschaften im Sinne von Btx müssen im Gegensatz zu anderen Medien Zielgruppenüberlegungen noch eindeutiger im Vordergrund stehen. Bedingt durch die notwendige Aktivität des Teilnehmers und durch das geringe Fassungsvermögen einer Btx-Seite muß die Werbebotschaft von hohem qualitativem Informationsgehalt sein. Der Schwerpunkt der Btx-Werbung liegt im Bereich der Sachinformation, die für den Benutzer auch einen bestimmten Wert haben (vgl. Wilitzki 1982, S. 142 f.).

Die **Werbeträgereignung** eines Mediums bemißt sich nach verschiedenen Faktoren. Es lassen sich drei Kriterienfelder unterscheiden, um einen Werbeträger nach dem Grad der Wichtigkeit einzuordnen (vgl. Schäuble, Goercken, Thode 1982, S. 12 - 14; vgl dazu auch Senn 1984, S. 25 - 49):

- Im Rahmen der quantitativen Werbeträgereigenschaften wird die Frage erörtert, inwieweit es durch den Einsatz eines Werbeträgers zu einem Kontakt mit der entsprechenden Zielgruppe kommt. Im Mittelpunkt steht die Ermittlung der medienbezogenen Reichweite (vgl. zur Reichweite Kroeber-Riel 1984, S. 624 f.).

  Ebenso wichtig ist die Fähigkeit einzelner Werbeträger, bestimmte definierte Marktsegmente anzusprechen. Je vielfältiger die Selektionsmöglichkeiten eines Werbeträgers sind, desto besser kann dieser Werbeträger für Werbestrategien genutzt werden. Das letzte quantitative Kriterium bilden die Dispositionsvoraussetzungen bei der Einschaltung des Werbeträgers. Hier werden die technischen Voraussetzungen des Werbeträgers geschildert.

- Bei den qualitativen Werbeträgereigenschaften werden die Darstellungsmöglichkeiten, die dem Kommunikator bei der Kodierung seiner Werbebotschaft zur Verfügung stehen, beschrieben. Ebenfalls werden die Umfeldwirkungen berücksichtigt. Das Umfeld ist die unmittelbare Nachbarschaft eines Werbemittels.

  Die qualitative Werbeträgereigenschaft berücksichtigt auch die Beziehung zwischen Rezipient und Medium.

- Die Kosten sind ein entscheidendes Kriterium für die Mediaselektion. Beim Einsatz von Btx entstehen verfahrensfixe und -variable Kosten. Die Gestaltungskosten sind ein entscheidendes Kriterium für den fixen Kostenbestandteil.

  Der Vergleich der Gestaltungskosten der einzelnen Medien ist problematisch, da jedes einzelne Medium andere Gestaltungsvoraussetzungen (z.B. Btx-Seiten mit umfangreichem Graphikanteil; hier steigen die Kosten überproportional) besitzt. Der Einsatz von Btx verursacht weitere Fixkosten z.B. Hardware- und Know-how-Kosten.

  Die Übertragungs- und Herstellungskosten bleiben im Gegensatz zu den Printmedien mit der Anzahl der Teilnehmer konstant.

Bei der Analyse der Btx-Einsatzmöglichkeiten aus marktorientierter Sicht spielen die Gestaltungsmöglichkeiten der Werbebotschaft (zu den Möglichkeiten der Einschaltung von Werbebotschaften vgl. Kroeber-Riel 1984, S. 626) eine wichtige Rolle (auf die graphischen Gestaltungsmöglichkeiten von Btx soll in diesem Zusammenhang nicht weiter eingegangen werden. Der interessierte Leser wird auf folgende Literatur verwiesen: Eisenbeis 1982, S. 689 f.; ders. u.a. 1985). Neben der äußeren Gestaltung, die die Eignung eines Mediums als Werbeträger bestimmt, ist ebenso die Anmutungsqualität (vgl. Kroeber-Riel 1984, S. 630 f.) maßgeblich. Anmutungsqualität betrifft z.B. das Prestige oder die Glaubwürdigkeit. Aufgrund der noch mangelnden Akzeptanz von Btx ist dieser Faktor demnach noch gering einzuschätzen.

Ganz allgemein ist noch hervorzuheben, daß der Btx-Einsatz besondere Vorzüge aufweist, weil die zeitliche Leistungsbereitschaft des Instruments Btx problemlos auf 24 Stunden ausgedehnt werden kann.

180

C.V.3.2.5 Institutionenorientierte Instrumente

Btx hat einen wesentlichen Einfluß auf die Gestaltung der Absatzmethode.
Insbesondere dadurch, daß sich durch den Btx-Einsatz mehrere Komponenten beeinflussen bzw. verändern lassen. Abbildung C.V.3.2.5.01 zeigt die Komponenten der Absatzmethode.

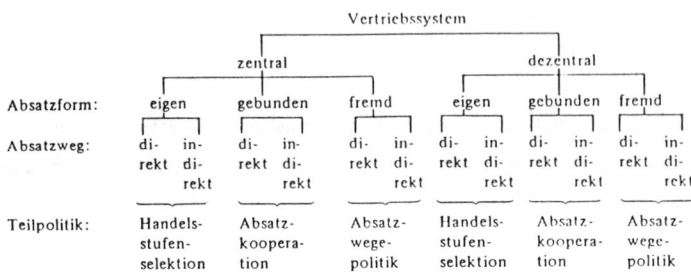

Abb. C.V.3.2.5.01: Elemente der Absatzmethode in Anlehnung an Gutenberg

Quelle: Tietz 1978, S. 296

Sowohl zentrale als auch dezentrale Vertriebssysteme können mit Btx unterstützt werden.
Zunächst bietet sich für Handelsunternehmen an, in einer gemeinsamen Absatzform zu kooperieren und zu der eigenen die gebundene via Btx hinzuzunehmen. Organisatorisch läßt sich dies über den Btx-Rechnerverbund realisieren, indem für alle Kooperationspartner eine einheitliche Datenbasis für den Vertrieb generiert und dadurch ein gemeinsamer Vertriebsweg möglich wird. Dieser Vertrieb erfolgt dann in der Regel im Direktvertrieb, was vom Ablauf dem des Versandhandels ähnlich ist und daher nicht weiter ausgeführt werden soll.
Eine weitere Möglichkeit besteht auch in Unternehmen und in diesem Zusammenhang in Verbundgruppen, die über eine mehrstufige Vertriebsorganisation verfügen.

Abbildung C.V.3.2.5.02 soll dies verdeutlichen:

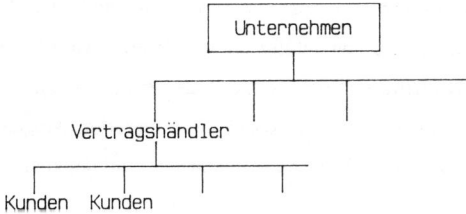

Abb. C.V.3.2.5.02: Hierarchische Struktur von Vertriebsorganisationen

Die Beziehung Unternehmen-Vertragshändler läßt sich über Btx unterstützen, insbesondere im Bestellwesen von Ersatzteilen. Diese Beziehungen sind im Fotofachhandel, Elektrofachhandel und in anderen Fachhandelssystemen realisiert.

Diese neuartige Unterstützung des Zwischenhandels kommt ebenfalls den Endkunden zugute, da eine höhere Lieferbereitschaft ihrer Händler erreicht wird.

Eine weitere Möglichkeit besteht in der Außendienststeuerung über Btx. Viele Unternehmen verzichteten bisher auf den Einsatz von Außendienstmitarbeitern, weil die Informations- und Kommunikationsbeziehungen zwischen Zentrale und Außendienst die größte Schwachstelle im Vertriebssystem bilden. Btx bietet sich für die Unterstützung und Steuerung des Außendienstes an, um speziell die Informations- und Beratungsqualität anzuheben und den Kommunikationsablauf zwischen Zentrale und Mitarbeiter zu rationalisieren. Aus der Sicht der Vertriebsleitungen wurden bisher Schwachstellen in der umständlichen Datenübermittlung an die Zentrale ohne direkte Rückkopplungsmöglichkeit und bei der internen Umcodierung der übertragenen Daten registriert. Auch war der Außendienstmitarbeiter nicht jederzeit erreichbar, wodurch Schwierigkeiten bei der Steuerung und Kontrolle der Mitarbeiter entstanden.

Die Schwerpunkte der Außendienstaufgaben bilden die Information über kunden- und produktbezogene Sachverhalte, die Erfassung und Übermittlung von Aufträgen und die Kommunikation mit der Zentrale über Tourenplanung und aktuelle Mitteilungen.

Der Umfang des Btx-Einsatzes ist abhängig vom Auftragsmengenvolumen, dem erforderlichen Aktualitätsgrad der Information und den gewünschten Rationalisierungseffekten, z.B. bei der elektronischen Verarbeitung der Besuchsberichte. Für die technische Ausstattung des Außendienstmitarbeiters bieten sich mobile Btx-Endgeräte, die beim Kunden mittels Akustikkoppler eine online-Kommunikation mit dem Externen Rechner erlauben, an. Der Investitionsbedarf für die Realisierung der Hard- und Software beim Anschluß an den Rechnerverbund beträgt ca. 400.000,-- DM. Die Software wird eventuell mit EDV-Programmen ergänzt, die eine komfortable Suche der gewünschten Daten erlauben. Eine preiswertere Lösung bietet die Realisierung des Rechnerverbundes mit einem Personal Computer als Externem Rechner und entsprechender Anwendungssoftware für ca. 100.000,-- DM.

Der Einsatz von Btx bewirkt Veränderungen in der Organistionsstruktur des Außen- und Innendienstes des Unternehmens. So wird der Außendienst durch die Kompetenzverlagerung auf den entsprechenden Mitarbeiter stark aufgewertet; der Innendienst wird von Routinekommunikationen entlastet (vgl. o.V. 1986e, S. 15 - 17). Denkbar ist die parallele Errichtung mehrerer Absatzformen nebeneinander, wobei die Integrationsfähigkeit von Btx eine tragende Rolle spielt (vgl. Abbildung C.V.3.2.5.03). Auch zahlreiche Mischformen sind denkbar.

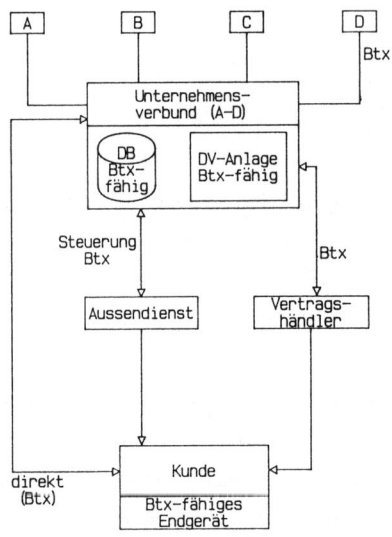

Abb. C.V.3.2.5.03: Formen des Btx-gestützten Vertriebs

Tragendes Element ist die Btx-fähige Datenbank im Vertrieb, die die verschiedenen Systeme speisen kann und in ein einheitliches System überführt.

C.V.3.2.6 Warenprozeßinstrumente

Die Btx-Unterstützung vollzieht sich vornehmlich auf der informatorischen Ebene (Lieferterminabsprachen, Lieferaviso etc.). Für Verbundgruppen ergibt sich durch Btx die Möglichkeit, die Vorgänge des Warenprozesses besser abzustimmen und so Rationalisierungseffekte zu erzielen. Ein Beispiel ist die Einrichtung einer Btx-gestützten Transportbörse "Community System" (vgl. Pfaffenberger 1988b, S. 22).
Bei Community System handelt es sich um eine Btx-gestützte Datenbank, die darüber Auskunft erteilt, welche Spediteure welche Ware zu welchem Zeitpunkt von wo, wohin und zu welchen Konditionen befördern.

Ein weiteres Beispiel für ein erfolgreich operierendes System, welches ebenfalls im Verbund arbeitet, ist Transportel (vgl. Antz 1987, S. 15 ff.) in der Güterverkehrsbranche, das nach einem ähnlichen Prinzip arbeitet.

C.V.3.3 Btx-Einsatz in der Faktorkombinationspolitik

Für Btx gibt es keine unmittelbaren Einsatzmöglichkeiten. Dennoch profitiert die Faktorkombination mittelbar durch den Btx-Einsatz, da die Informationen über die eingesetzten betrieblichen Produktionsfaktoren durch Btx transparenter gemacht werden können. Dies resultiert zu einem durch ein Btx-gestütztes Informations- und Kommunikationssystem und zum anderen durch Btx-gestützte Schulungsmaßnahmen.

C.V.3.4 Btx-Einsatz in der Finanzierungspolitik

Durch den Einsatz von Btx in der Finanzierungspolitik können Handelsunternehmen sich zusätzliche von den Banken angebotene Dienstleistungen zunutze machen.
Dazu gehören u.a. Cash-Management-Systeme, Umsatzübertragungsverfahren, Management-Clearing-Verfahren, Finanz- und Erfolgsplanungsservice, Datenbankdienste, Ertrags- und Risikoanalyse und Exportfinanzierungssysteme. Die Nutzung dieser Dienstleistungen führt dazu, daß Unternehmen eine verbesserte Transparenz über ihre finanziellen Aktivitäten haben.
Der Einsatz der Btx-Datenübertragungstechnologie führt aber auch zu schnellerer Verbuchung von Zahlungseingängen, zur Nutzung von kurzfristigen Anlagemöglichkeiten und damit zu zusätzlichen Zinsgewinnen.
In Btx-Systemen sind bisher viele solcher Dienste verfügbar. Am Beispiel der Beziehung Handelsunternehmen-Kunde soll gezeigt werden, welchen Beitrag Btx in der Finanzierungspolitik leisten kann.

Wird Btx als Auskunftssystem (vgl. Kapitel C.III.2) für jedermann von den Banken eingesetzt, so werden Informationen abrufbar sein, die ein breites Interesse in der Öffentlichkeit finden könnten. Dazu eignen sich Beschreibungen über Aufgaben und Struktur des Kreditwesens ebenso wie Informationen, mit denen eine Selbstdarstellung der einzelnen Banken und die Hervorhebung der eigenen Leistungsfähigkeit erreicht werden kann. Dabei kann über die Standorte der einzelnen Geschäftsstelle sowie deren postalische Anschrift, über die Standorte der Geldautomaten und anderer Selbstbedienungseinrichtungen ebenso informiert werden, wie über geplante Ausstellungen in den Verkaufsräumen
Um die vielfach den Banken entgegengebrachten Ressentiments zu verringern, kann über Btx auch die von der jeweiligen Bank verfolgte Geschäftsphilosophie dargelegt werden. Daneben läßt sich Btx ebenfalls einsetzen, um der Öffentlichkeit die Mitarbeiter der Bank mit ihren jeweils zu bearbeitenden Sachgebieten vorzustellen.
Btx eignet sich auch zur Bekanntmachung von vorgenommenen Umstellungen in der Abwicklung bestimmter Geschäftsvorfälle und der damit eventuell notwendig gewordenen Einführung neuer Formulare.

Bei Teilnehmergruppen, die nach Marktsegmentierungskriterien gebildet werden können, ist eine gezielte Ansprache innerhalb einer GBG möglich.

Auf diese Weise kann auf veränderte Konjunkturdaten und deren Bedeutung für die Teilnehmer ebenso aufmerksam gemacht werden, wie auf die Einführung neuer wirtschafts- und finanzpolitischer Maßnahmen in Form von Investitionszulagen, Mittelstandsförderungsdarlehen etc.

Der Einsatz von Btx als Mitteilungssystem (vgl. Kapitel C.III.2) bedeutet, daß alle Teilnehmer erreichbar sind, sofern sie sich zum Empfang dieser Seiten bereiterklärt haben.

Die Bank kann für den Mitteilungsdienst standardisierte sowie frei gestaltbare Seiten einrichten. Während bei der erstgenannten Art von Kunden, die diesen Dienst in Anspruch nehmen wollen, nur wenige alphanumerische Zeichen eingesetzt werden müssen, sind bei der letztgenannten Form auch längere Texte möglich. Damit eignen sich die frei gestaltbaren Seiten zur Ermittlung von individuellen Kundenwünschen oder als Beschwerdeweg.

Über weitgehend standardisierte Seiten erfolgt somit die Anforderung von Publikationen, Vordrucken und Formularen als auch die Verlustanzeige bei Diebstahl von Scheckvordrucken und/oder Scheckkarten. Ferner ist es möglich, daß der Kunde über diesen Mitteilungsdienst seine Bank über Änderungen der Anschrift o.ä. unterrichtet.

Bei einem Aufbau der Seiten als Rückrufmitteilungen lassen sich Termine zur vertiefenden Information vereinbaren.

Btx ist weiterhin als Marktforschungsinstrument für Kreditinstitute geeignet.

Der Aufbau eines Btx-Informationssystems (vgl. Kapitel C.III.2) erlaubt die Durchführung von vielfältigen Kredit- und Anlageberechnungen. So ist es möglich, Renditeberechnungen von Wertpapieren zu offerieren.

Auch die Berechnung eines optimalen Wertpapierportfeuilles nach dem Portfolio-Selection-Ansatz ist durchführbar, wenn zuvor die entsprechenden Daten vom Btx-Teilnehmer eingegeben worden sind.

Daneben läßt sich ein Investmentauszahlungs- und -anlageplan ebenso wie der tagesaktuelle Wert eines bestehenden Wertpapierdepots berechnen und über Btx anzeigen.

Ferner kann der angeschlossene Rechner dazu verwendet werden, bestimmte Servicefunktionen für das Rechnungswesen von Selbständigen zu übernehmen. Dazu gehören z.B. die Scheckküberwachung, die Rechnungsschreibung und das Mahnwesen.

Bei Anwendungen in Form von Btx-Dialogsystemen (vgl. Kapitel C.III.2) handelt es sich beispielsweise um die Auswahl einer bestimmten Bankleitzahl oder eines SWIFT-Codes ebenso, wie um die Bereitstellung von Daten aus einem Mitarbeiterverzeichnis, dem sowohl das Sachgebiet als auch die Rufnummer der einzelnen Bankmitarbeiter zu entnehmen sind.

Der externe Rechneranschluß erlaubt weiterhin, dem Kunden ein komfortables Suchverfahren zur Verfügung zu stellen, welches gestattet, mittels Verknüpfung mehrerer Schlagwörter schneller auf die gewünschten Informationen zuzugreifen.

Zielsetzung des Btx-Einsatzes ist nicht nur die Vereinfachung der Zahlungsverkehrsabwicklung zwischen Ban-

Zielsetzung des Btx-Einsatzes ist nicht nur die Vereinfachung der Zahlungsverkehrsabwicklung zwischen Banken und ihren externen Marktpartnern, sondern auch die Schaffung eines integrierten Informations- und Kommunikationssystems im Bankengeschäft, welches auch dazu geeignet ist, qualitativen Nutzen oder nur indirekt monetär quantifizierbaren Nutzen zu berücksichtigen.

Daher ist der Einsatz des Btx-Dispositionssystem, welches in bezug auf die Warenwirtschaft (vgl. Kapitel C.III.2) auch als Bestellsystem bezeichnet worden ist, ebenso wichtig.

Zur Sicherheit des Kunden ist folgender Verfahrensablauf im Btx-Dispositionssystem festgelegt:

Neben der schriftlichen Bekanntgabe der PIN (Persönliche Identifikationsnummer) und der Übersendung der TAN (Transaktionsnummer) durch das jeweilige Kreditinstitut kann der Btx-Teilnehmer die Zahlungsverkehrsdienste seines Kreditinstituts in Anspruch nehmen, die durch den Btx-Rechnerbund für ihn im Dialog mit dem Bankrechner verfügbar sind. Mit Hilfe der PIN und der Kontonummer kann der Bankkunde alle kundenindividuellen kontobezogenen Daten erfragen (zum Konzept der PINs und TANs vgl. Verbraucherbank 1985). Für die Erteilung kontobezogener Aufträge ist die Eingabe einer TAN erforderlich.

Möchte der Btx-Teilnehmer eine Überweisung tätigen, ruft er das Überweisungsformular auf den Bildschirm, füllt es mittels einer alphanumerischen Tastatur aus und sendet es nach Eingabe einer TAN an den Bankrechner ab. In gleicher Weise wird bei allen Aufträgen im Dialogverkehr verfahren.

Schwerpunkte des Einsatzes im Zahlungsverkehr sind Überweisungstätigkeiten. Neben den Einzel- und Sammelüberweisungen wird die Schnellüberweisung für den einzelnen angeboten, bei der die Bank den Namen, die Bankverbindung sowie die Kontonummer des Zahlungsempfängers abgespeichert hat und der Kunde lediglich die ergänzenden Daten einsetzt.

Über Btx sind Umbuchungen von einem Konto auf das andere ebenso möglich wie die Einrichtung von Daueraufträgen, bei denen der Tag der letzten Anweisung ebenso eingegeben werden kann wie deren Änderung und Löschung. Neben diesen festen und variablen Daueraufträgen werden auch variable und feste Lastschriften in das Selbstbedienungsangebot miteinbezogen. Auch besteht die Möglichkeit, eine DM-Auslandsanweisung über Btx zu veranlassen. Darüber hinaus läßt sich per Postanweisung Bargeld an eine der Bank über die Btx-Seite "Postbaranweisung" mitgeteilte Adresse senden.

Auch für den Einsatz im Anlagengeschäft ist Btx zweckmäßig. Nach Abruf der entsprechenden Btx-Seite ist es möglich, daß der Kunde eine Festgeldanlage selbst vornimmt. Dabei kann die Laufzeit des Geldes ebenfalls vom Kunden innerhalb der maximalen Anlagedauer selbst bestimmt werden, sofern der Anlagebetrag die von der jeweiligen Bank festgesetzte Mindesthöhe erreicht oder übersteigt. Darüber hinaus kann das Kreditinstitut seinem Kunden einräumen, Sparbriefe des festverzinslichen bzw. abgezinsten Typs mittels Btx zu erwerben. Ebenso lassen sich Sparverträge abschließen. Weiterhin kann der Kunde seinem Kreditinstitut über Btx eine Wertpapierorder zu einem von ihm zu bestimmenden Zeitpunkt erteilen.

Grundsätzlich ist Btx auch im Kreditgeschäft einsetzbar. Allerdings entstehen Probleme bei der Beurteilung der Kreditwürdigkeit von Unternehmen und deren Kreditfähigkeit. Da sich in der Regel über Btx nur standardisierte Bankgeschäfte abwickeln lassen, kommen im Kreditbereich lediglich Konsumenten-, Raten- sowie Kontokorrent- und Dispositionskredite für eine Btx-Geschäftsabwicklung in Betracht (vgl. Warnecke 1983, S. 59).

Der Einsatzbereich von Btx im Aktivgeschäft kann nur bei der Antragstellung von Krediten oder bei der Berechnung von Kreditangeboten durch Banken liegen. Die Bearbeitung der Anträge erfordert den persönlichen Kontakt zum Kunden sowie eine eingehende Prüfung seiner Kreditwürdigkeit. Für diese Geschäftstätigkeit scheint Btx zum gegenwärtigen Zeitpunkt noch nicht geeignet.

C.V.4 Btx-Einsatz in der Managementpolitik

Wie bereits in Kapitel B.V.4 gezeigt wurde, ist eine der wesentlichsten Aufgaben des Managements die Planung, Organisation, Durchführung und Kontrolle des Gesamtkomplexes "Information".

Diese Aufgabe umfaßt auch die Bereitstellung der Informationen auf den entsprechenden operativen und dispositiven Ebenen der Handelsunternehmen. Eine weitere wesentliche Aufgabe liegt in der Steuerung und Koordination der im Verbund wahrgenommenen Aktivitäten.

Die Einsatzmöglichkeiten von Btx bestehen darin, alle Formen der Informations- und Kommunikationsübertragung wahrzunehmen sowie eine preiswerte und benutzerfreundliche Benutzeroberfläche auf den Datenendeinrichtungen zur Verfügung zu stellen. Unter diesen Aspekten sind die Einsatzmöglichkeiten des Instrumentes Btx nur von unmittelbarer Wirkung.

Viele Konzepte der integrierten Informationsverarbeitung scheiterten daran, daß zwar eine zentrale EDV vorhanden war, die auch über alle Ebenen unterstützende Werkzeuge verfügte, es jedoch aufgrund einer fehlenden Infrastruktur nicht möglich war, die Vorteile dezentral zu nutzen.

Mit Hilfe von Btx läßt sich ein Informations- und Kommunikationssystem planen, welches:

-   die Funktionsbereiche untereinander verbinden kann,
-   die Funktionsbereiche mit einer Zentrale verbinden kann,
-   aufgrund der zentralen Datenhaltung die Daten für die verschiedenen Informationszwecke unterschiedlich aufbereiten kann,
-   alle Verbundgruppenmitglieder koordinieren kann und
-   auch die externen Partner im Markt in das System integrieren kann.

Nachdem durch Btx eine entsprechende Infrastruktur zur Verfügung gestellt werden kann, muß das Management im Sinne eines Ressourcenmanagements die bisherigen Konzepte der Informationsverarbeitung überarbeiten.

Darüber hinaus profitiert das Management selbst durch den Btx-Einsatz, da nun eine verbesserte Informationsbasis bei der Planung, Organisation, Durchführung und Kontrolle der Aktivitäten des Handels zur Verfügung steht (vgl. dazu auch Kieser, Kubicek 1983, S. 303 ff.).

C.V.5 Btx-Einsatz in der Technologiepolitik

Die Einsatzmöglichkeiten von Btx in der Technologiepolitik bestehen darin, daß die Kommunikationsinfrastruktur Btx sowie die Datenendeinrichtung Btx, die mit einer einfach erlernbaren Bedieneroberfläche ausgestattet ist, die Voraussetzung für zahlreiche EDV-Anwendungen in Verbundgruppen des Handels bilden.

Dies ist überall dort der Fall, wo unterschiedliche Informations- und Kommunikationstypen in ein einheitliches Informations- und Kommunikationssystem überführt werden sollen und wo wirtschaftliche Gründe regional verteilten Einheiten in einer Verbundgruppe keine Datenfernübertragung zu einer zentralen EDV ermöglicht haben.

Der Btx-Einsatz führt darüber hinaus auch zu einer Erweiterung der EDV-Unterstützung mit neuen kundenorientierten Funktionen (vgl. Abschnitt 3 dieses Kapitels) sowie zu gesamtheitlich neu strukturierten EDV-Konzepten.

Zur Verdeutlichung des Anwendungsspektrums von Btx muß daher nochmals darauf hingewiesen werden, daß in der Regel alle kommerziellen Anwendungen, die heute realisiert sind, eine Kombination von Btx und EDV sind und somit aus Benutzersicht keine Trennung zwischen beiden Komponenten mehr vollzogen werden kann (vgl. hierzu auch die Ausführungen bei Schmidt-Prestin 1986, S. 131 ff.).

Die Auswirkungen auf die Technologiepolitik lassen sich allerdings dahingehend abgrenzen, daß zusätzliche Bestandteile, die aus der Btx-Komponente bestehen, das bisherige Aufgabengebiet der Technologiepolitik erweitern.

Die folgenden Abschnitte zeigen, welche Aufgabengebiete hinzutreten.

C.V.5.1 Analyse der EDV-Anwendungen auf Ergänzungen durch Btx

Hier ist zunächst zu überprüfen, ob die Anwendungen indirekt über Btx abgewickelt werden können oder ob der Dialog direkt mit der EDV-Anlage abgewickelt werden soll.

Indirekt bedeutet in einer ersten Variante, daß der Btx-Dialog über das Mailbox-System erfolgen kann. Die entsprechenden Seiten werden nach Erhalt vom Empfänger ausgewertet, die Daten oder Mitteilungen extrahiert, auf einer EDV-Anlage verarbeitet und die Ergebnisse in entsprechenden Seiten wieder an den Absender zurückübermittelt.

Diese sogenannte Low-Cost-Variante (vgl. o.V. 1988i, S. 21) hat den Vorteil, daß sie am kostengünstigsten ist, da die Aufrüstung der EDV zum Kommunikationsrechner für Btx entfällt. Weiterhin ist dadurch die Belastung der EDV-Anlage reduziert. Für die komfortable Leerung und Weiterverarbeitung der Btx-Mailbox ist ein mit entsprechender Btx-Unterstützungssoftware ausgestatteter PC erforderlich.

Abbildung C.V.5.1.01 zeigt diese Variante.

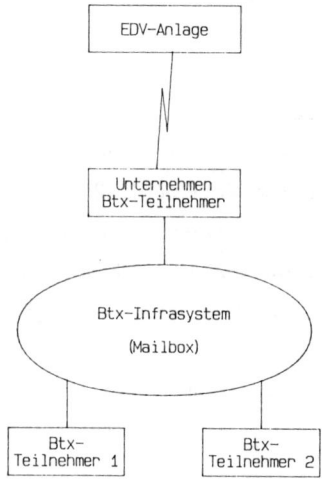

Abb. C.V.5.1.01: Low-Cost-System via Mailbox

Nachteilig wirkt sich bei dieser Variante aus, daß der Integrationsgedanke bei der Weiterverarbeitung der Daten vernachlässigt wird.

Eine zweite Variante des indirekten Dialogs ist die Übertragung per Telesoftware. Telesoftware ist die Übermittlung von Dateien beliebiger Art über Btx-Seiten. Es kann sich dabei um Text-, Programm- oder Daten-Dateien handeln. Die Dateien werden mit Hilfe entsprechender Programme codiert und in das Btx-System eingespielt (also in Form von Btx-Seiten im Ulmer Zentralrechner gespeichert) und über geeignete Abruf-Programme von den jeweiligen Empfängern ausgelesen.

Vorteile dieser Methode sind: Sofern man über die entsprechende intelligente Ausrüstung verfügt, können Dateien beliebiger Art zu extrem günstigen Tarifen übermittelt werden. Empfangs- und Sendesoftware müssen hinsichtlich der Verschlüsselungsweise übereinstimmen. Nachteilig wirkt sich aus, daß Telesoftware-Seiten als Btx-Informationsseiten in das Btx-System eingespielt werden müssen und daher vom Absender einen Anbieterstatus erfordern. Zwar gibt es auch die Möglichkeit, Daten-Dateien per Btx-Mitteilungsseiten zu übermitteln, aber dann ist der Kostenvorteil schnell dahin, denn jede Seite kostet DM 0,40, und je Mitteilungsseite lassen sich immer nur ca. 800 Zeichen übermitteln (vgl. o.V. 1988i, S. 21).

Abbildung C.V.5.1.02 zeigt diese Variante.

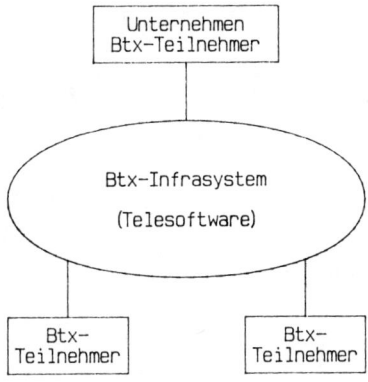

Abb. C.V.5.1.02: Low-Cost-System via Telesoftware

Diese Variante zeigt nur einen Rechner auf Unternehmensseite. Die Änderung gegenüber Abbildung C.V.5.1.01 besteht darin, daß es sich auf Unternehmensseite um einen Rechner handeln kann, der über einen Btx-Post-Anschluß verfügt und zeitweise für diese Aufgaben bereitgestellt wird.
Allen indirekten Dialogen sind die aus der Batch-Verarbeitung bekannten Nachteile zu eigen. Allerdings sind beide Varianten dazu geeignet, ein integriertes Btx-System stufenweise aufzubauen.

Bei der Entscheidung für einen direkten Dialog muß die Btx-Kommunikationskomponente des Externen Rechners oder des Inhouse-Rechners entworfen und implementiert werden. Dabei ist die Schnittstellenproblematik zwischen den EDV-Anwendungen und der Btx-Kommunikationskomponente zu beachten. Eine automatisierte Übergabeschnittstelle zwischen Btx-Kommunikation und Anwendungsprogrammen erfordert Einheitlichkeit zwischen den Datenstrukturen der EDV-Anwendungen und den dafür vorgesehenen Zeilen in den Btx-Seiten.
Bei der Erweiterung einer bestehenden EDV-Anwendung um Btx kann diese logische Grundforderung aufgrund Mängeln in der Dokumentation zu erheblichen Schwierigkeiten führen.

C.V.5.2 Analyse des Einsatzes unterschiedlicher Btx-Techniken

Diese Entscheidungssituation wird durch Abbildung C.V.5.2.01 verdeutlicht.

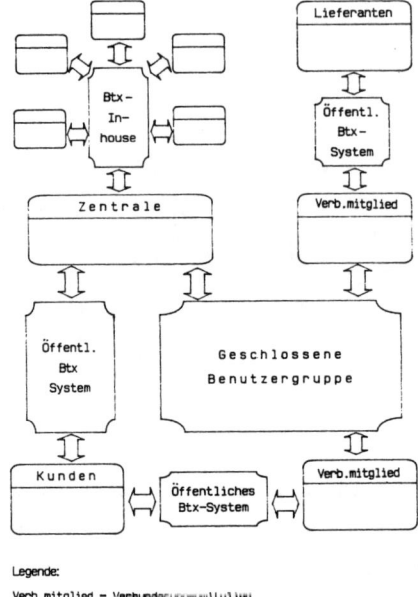

Legende:
Verb.mitglied = Verbundgruppenmitglied

Abb. C.V.5.2.01: Einsatz unterschiedlicher Btx-Techniken

Gleichbedeutend mit dieser Entscheidung ist die Entscheidung, in welche Arten von Btx-Seiten, nämlich:

-       Informationsseiten,
-       Mitteilungsseiten,
-       Antwortseiten,

die Informationen abgelegt werden sollen. Unter Marketingaspekten spricht auch die graphische Gestaltung der Seiten eine Rolle. Graphische Gestaltung wird mit Hilfe eines mehr oder weniger komfortablen Editiersystems realisiert.

C.V.5.3 Formaler Aufbau des Btx-Programms

Formal muß das von der Zentrale aufgebaute Btx-Programm der vorgeschriebenen dekadischen Suchbaumstruktur entsprechen.

Voraussetzung für alle Btx-Anwendungen ist der Entwurf eines Grobpflichtenheftes der EDV-Anwendungen. In ihm muß die Größenordnung des Gesamtsystems, d.h. die Zahl der Teilnehmer, die Standorte der Teilnehmer, die Art der Information und Kommunikation, die Häufigkeit des Informations- und Kommunikationsaustauschs, die Datenvolumina u.v.a. festgelegt sein.

C.VI Wirtschaftlichkeitsfaktoren von Btx

Im Rahmen der Analyse der Einsatzmöglichkeit von Btx in Informations- und Komunikationssystemen von Verbundgruppen im Handel dürfen die Wirtschaftlichkeitsaspekte nicht unberücksichtigt bleiben (vgl. Kapitel B.VII.1 ff.).

Die Problematik der Ermittlung konkreter Ergebnisse liegt allerdings darin, daß ein Btx-gestütztes System einer Verbundgruppe ein komplexes (zum Begriff der Komplexität von Systemen vgl. Bessai 1986, S. 19) Gebilde ist, indem eine Vielzahl von Faktoren quantifiziert werden muß. Bei der Komplexität geht es um die Frage, ob und mit welchen Mitteln sich ein Informationssystem beschreiben und beherrschen läßt und welche Einfluß-größen hierfür von Bedeutung sind.

Bei der Beschreibung des Systems sind vor allem zwei Tatbestände wichtig (vgl. Bessai 1986, S. 20):

1.   die Elemente eines Systems und deren Eigenschaften. Hierzu zählen

   -      die Anzahl der Elemente insgesamt,

   -      die Art der Elemente und die Anzahl gleichartiger Elemente,

2.   die Verbindungen und Beziehungen zwischen den Elementen. Hierzu gehören:

   -      Art und Anzahl der Verbindungen zwischen den Elementen,

   -      Anzahl der Beziehungen zwischen den Elementen,

   -      Art der Beziehungen zwischen den Elementen (nähere Erläuterungen finden sich ebenfalls bei Bessai 1986, S. 20 ff.).

Die Ausführungen lassen erkennen, daß eine Wirtschaftlichkeitsbetrachtung nur dann durchgeführt werden kann, wenn ein konkretes System als Analysebasis zugrundeliegt.

Daher möchte sich die Verfasserin auf eine theoretische Betrachtung der in Frage kommenden Verfahren der Wirtschaftlichkeitsermittlung beschränken. Allgemein läßt sich die Systemwirtschaftlichkeit (zu den Begriffen Wirtschaftlichkeit und Systemwirtschaftlichkeit vgl. u.a. Bottler u.a. 1972, S. 15; Szyperski 1970, S. 53) durch den Quotienten aus Nutzen:Kosten ermitteln.

Abbildung C.VI.01 verdeutlicht den Zusammenhang, wobei der Leistungsbegriff noch eine zusätzliche Komponente darstellt.

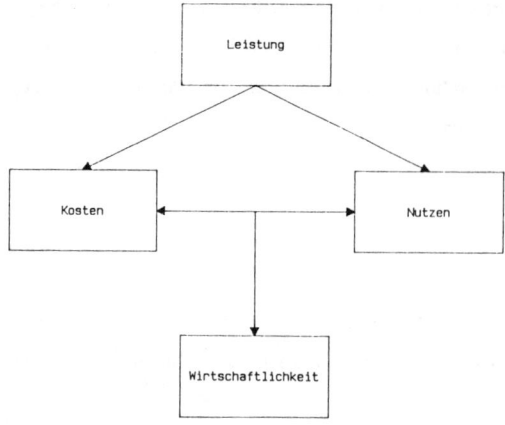

Abb. C.VI.01:   Beziehungen zwischen den Einflußfaktoren der Systemwirtschaftlichkeit
        Quelle: Scherff 1986, S. 7

Scherff (vgl. Scherff 1986, S. 7 ff.) kennzeichnet die Leistung eines EDV-Informations- und Kommunikationssystems wie folgt:

-      Erstellung (Erzeugung) von Informationen,
-      Verarbeitung/Bearbeitung von Informationen,
-      Speicherung und Wiederauffinden von Informationen,
-      Übermittlung von Informationen (Kommunikation).

Die Leistung wirkt sich wesentlich auf die Ermittlung der Kosten bzw. des Nutzens aus.

C.VI.1 Kosten für Btx

Die Kosten für Btx sind abhängig von der Art der Btx-Nutzung. So muß für ein Btx-gestütztes Informations- und Kommunikationssystem in einer Verbundgruppe zumindest zwischen Btx-Informationsanbieter und Btx-Teilnehmer unterschieden werden. Allgemein kann für die Kostenermittlung folgendes Grundschema der Kalkulation zugrunde gelegt werden (vgl. Katzsch 1986, S. 32):

1.	Einmalige Kosten (= Investitionen),		
	1.1	Sachkosten,	
		1.1.1	Private technische Ausstattung,
		1.1.2	Posttechnische Ausstattung,
		1.1.3	Sonstige Sachkosten,
	1.2	Personalkosten,	
2.	Laufende Betriebskosten,		
	2.1	Fixe monatliche Kosten,	
		2.1.1	Sachkosten (AfA, Wartung, Verbrauchsmaterial, Bereithaltungskosten/RZ-Gebühren, Grundgebühren usw.),
		2.1.2	Personalkosten,
	2.2	variable monatliche Kosten,	
		Kosten für editierte Seiten und Information Retrieval	
		-	Seitenspeicherung und -nutzung im Postrechner,
		-	Servicekosten,
		-	Verkehrsgebühren (Telefon- und gegebenenfalls DATEX-P-Gebühren).

Abb. C.VI.1.01: **Grundschema der Kalkulation**

Quelle: Katzsch 1986, S. 32

C.VI.1.1 Kosten der Btx-Teilnehmer

Die Kostenermittlung orientiert sich an der Abbildung C.VI.1.01.

Die Höhe der einmaligen Kosten der Teilnehmer (Position 1) wird wesentlich von der Art der Datenendeinrichtung und der dazugehörigen Peripherie (z.B. Drucker) beeinflußt. Bei der Bestimmung der Kosten der Datenendeinrichtung ist ferner darauf zu achten, ob eine bestehende Datenendeinrichtung für Btx aufgerüstet wird (relevant sind dann nur die Investitionsmehrkosten (vgl. Katzsch 1986, S. 31)) oder eine separate Datenendeinrichtung (einen Überblick über Hersteller von Datenendeinrichtungen für Btx nach Herstellern und Preisen enthält Kragler 1982, S. 4 ff.) angeschafft werden muß.

Weiterhin sind bei der Nutzung von Endgeräten mit eigener Intelligenz die Kosten für die Automatisierung von Funktionen, die die Kommunikation zwischen Btx und dem Mikrocomputer automatisieren, und den einzelnen Nutzungsarten, Btx-Betrieb oder eigentliche Datenverarbeitungsleistung, aufzuschlüsseln.

Auch an diesem Beispiel wird das in den Abschnitten C.V.4 ff. angeschnittene Zurechenbarkeitsproblem zwischen Btx- und EDV-Leistungen und deren Vermischung deutlich

Grundlage für die Berechnung der laufenden Kosten (Position 2) sind die Gebühren der DBP für das Telefonnetz und die Btx-Nutzung (zu den Gebührenstrukturen vgl. Deutsche Bundespost 1987).

Fixe monatliche Kosten entstehen dem Btx-Nutzer beispielsweise durch Teilnahme an einer GBG oder durch die Teilnahme am Telex- oder Teleboxdienst in einer GBG.

Die Berechnung der laufenden monatlichen Kosten ist abhängig vom Nutzungsverhalten des Teilnehmers. Neben den Netzkosten haben die Kosten für die Nutzung unterschiedlicher Btx-Seiten und Dienste einen erheblichen Einfluß auf die Gesamtkosten. Beispiele hierfür sind die Gebühren für das Absenden oder das Speichern individueller Mitteilungen (vgl. hierzu auch Eder 1983, S. 77).

C.VI.1.2 Kosten der Btx-Anbieter

Hierbei ist zunächst zwischen Btx-Anbietern und Btx-Anbietern mit Externem Rechner zu unterscheiden. Bei beiden Varianten bleibt allerdings die schon angeschnittene Zurechenbarkeitsproblematik bestehen.

Anbieter ohne Externen Rechner:

Bei Position 1 (vgl. Abbildung C.VI.1.01) treten die Kosten für die Erstellung des Btx-Programms und Einarbeitung der Seiten in das Btx-Programm mit den entsprechenden Mehrkosten für die Hard- und Softwareausstattung und das benötigte Personal hinzu.
Bei Position 2 fallen zusätzliche Seitenspeicherungsgebühren und Aktualisierungsgebühren für das Programm, um einige Kostenaspekte zu nennen, an.

Wichtig ist wiederum das Btx-Nutzungsverhalten für die Kostenermittlung.
Unter Integrationsaspekten ist vor allem die Kostenermittlung für die Datenübertragung der Low-Cost-Systeme (vgl. Kapitel C.V.4) relevant.

Anbieter mit Externem Rechner:

Position 1 (vgl. Abbildung C.VI.1.01) wird in diesem Fall ebenfalls wesentlich von der Hard- und Softwareausstattung beeinflußt. Die Aufteilung der Kosten auf Btx und EDV wird wiederum davon abhängig sein, mit welcher Ausstattung die EDV ausgerüstet war, bevor das Unternehmen den Btx-Einsatz realisiert hatte. Die Aufschlüsselung der Kosten für das Programmieren der Übergabeschnittstelle zwischen Btx-Kommunikationskomponente und EDV-Anwendungssoftware ist ebenfalls problematisch.
Position 2 wird nicht nur vom Nutzungsverhalten des Anbieters beeinflußt, sondern auch vom Verhalten der Nutzer der angebotenen Leistungen des Externen Rechners, da die Datex-P 10-Hauptanschlüsse für den Btx-Betrieb eine Gebührenübernahmepflicht des Informationsanbieters vorsehen (vgl. Deutsche Bundespost 1987). Die Datenübertragungskosten für Datex-P werden außerdem vom Leistungsumfang der eingesetzten Btx-Kommunikationssoftware[1] abhängig. In Abhängigkeit von der Ausnutzung der in den EHKP für die Ebenen 4 und 6 angebotenen Optionen ergeben sich stark variierende Übertragungskosten (vgl. dazu auch die durchge-

---

[1] Der Begriff Btx-Kommunikationssoftware ist mit dem Begriff Externe Rechnersoftware gleichbedeutend.

rechneten Beispiele für Gebühren im Externen Rechnerbetrieb in: Katzsch 1986, S. 37 ff.; Witte 1983, S. 32 ff.).

C.VI.1.3 Beurteilung der Möglichkeiten der Kostenermittlung

Hauptproblematik bei der Kostenermittlung ist die Abgrenzung von EDV-Kosten und durch den Btx-Einsatz entstehenden Kosten. Diese kann nur im Rahmen eines genau definierten Fallbeispiels auf der Basis einer Ist-Erhebung (zu der Vorgehensweise bei der Entwicklung von Strategien der integrierten Informationsverarbeitung in Unternehmen vgl. Scheer 1988b, S. 65 ff.; ders. 1985, S. 89 ff.) vorgenommen werden. In Verbundgruppen ist dann auch die Aufschlüsselung der Kosten des Externen Rechners nach den Verbundgruppenmitgliedern gemäß der in Anspruch genommenen Leistungen vorzunehmen.

Eine weitere nicht eindeutig lösbare Aufgabe ist die Ermittlung der Häufigkeit der Art und Häufigkeit der Beziehungen zwischen den Systemelementen, die die Verbindungsgebühren beeinflussen.

C.VI.2 Nutzen des Btx-Einsatzes

Die Bewertung des Nutzens der Leistungsfaktoren eines Informations- und Kommunikationssystems allein ist wenig zweckmäßig. Vielmehr erfolgt eine Nutzenmessung stets mit dem Ziel, die Nutzenvorteile der Leistungssteigerung moderner, technikgestützter System-Alternativen dem Nutzen der bestehenden System-Realität im Hinblick auf die Organisationsziele gegenüberzustellen. Dies betrifft vor allem den Btx-Einsatz, dessen Nutzen keinesfalls losgelöst von der geplanten EDV-Infrastruktur betrachtet werden kann.

Wegen der Vielschichtigkeit der Nutzenbewertung beschränkt sich die Verfasserin auf den Hinweis der grundsätzlichen Nutzenkategorien.

Es lassen sich drei grundsätzliche Nutzenkategorien unterscheiden, die angestrebt werden können (vgl. auch Dworatschek, Donike 1972, S. 11):

- Direkt monetär meßbarer Nutzen:
  Er entsteht als Kostensenkung in den Datenverarbeitungs- und Nachrichtenübermittlungsprozessen selbst. Automatisierung und Technikunterstützung führen unmittelbar zur Kostensenkung, da durch die neue Technik Personal-, Maschinen-, Material- und Raumkosten eingespart werden können. Zur Messung dieser Nutzenvorteile werden die Vergangenheitswerte der Kostenrechnung und die geschätzten Werte der Projektkalkulation gegenübergestellt.

-   Indirekt monetär meßbarer Nutzen:

    Er fällt in zwei Formen an: Zum einen können in den realen und nominalen Betriebsprozessen durch Teilautomatisierung von Dispositionsarbeiten Kosten eingespart werden. Beispiele hierfür sind Lagerbestandssenkungen durch Einsatz von Produktionsplanungs- und -steuerungssystemen (PPS) oder Zinssenkungen durch Skontoausnutzung und regelmäßige Mahnungen bei Einsatz von Finanzbuchhaltungssystemen. Zum anderen können durch Produktivitätssteigerungen zukünftige Kostensteigerungen vermieden werden, die etwa durch Marktausdehnung oder Sortimentserweiterung anfallen würden. Eine Messung ist jeweils mittelbar über eine vorausgehende Mengenerfassung möglich.

-   Nicht monetär meßbarer Nutzen:

    Er entsteht indirekt durch Verbesserung des Informationsstandes bei menschlichen Entscheidungen. Zwischen der Informationsbereitstellung und dem möglichen Vorteil steht eine menschliche Entscheidung. Beispiele für nicht monetär meßbare Nutzenfaktoren sind eine Erhöhung der Verkaufserlöse durch gezielte Informationsversorgung der Vertriebsorgane oder verbesserte unternehmerische Entscheidungen durch Decision Support Systems, die zur Gewinnerhöhung führen. An die Stelle der objektiven Nutzenmessung tritt eine subjektve Nutzenbewertung.

C.VI.3 Überblick über die Methoden und Verfahren der Wirtschaftlichkeitsanalyse

In der Literatur bestehen unterschiedliche Ansätze zur Vorgehensweise bei der Wirtschaftlichkeitsanalyse von Btx-gestützten Systemen (vgl. hierzu das Gesamtmodell der Wirtschaftlichkeitsanalyse von Eder 1983, S. 95 ff.). Unabhängig vom methodischen Ansatz kommen alle Autoren zum Ergebnis, das von Reichwald (vgl. Reichwald 1988, S. 11) wie folgt formuliert wurde: "Der Wunsch rechnerische Ergebnisse und qualitative Ergebnisse der Nutzwertbetrachtung zusammenzuführen, sollte nicht durch Zahlenakrobatik versucht werden. ... Den oben angesprochenen Problemstellungen der Wirtschaftlichkeitsbeurteilung moderner Informations- und Kommunikationstechnik trägt der Ansatz dadurch Rechnung, daß für einen konkreten Organisationsfall des Einsatzes von Informations- und Kommuniktionstechnik aus gesamtorganisatorischer Sicht:

-   relevante Kosten- und Leistungskriterien in monetärer und nicht-monetärer Form zusammengestellt werden können, die dem jeweiligen Fall Rechnung tragen (Maßgrößenaspekt),

-   diejenigen Kosten- und Leistungskriterien in den Vordergrund gestellt werden, die sich aufgrund von festgestellten Schwachstellen im Einsatzbereich (Analyseergebnisse) als besonders änderungsbedürftig erwiesen haben (Situationsaspekt),

-   durch Kriterienbildung auf ablauf- und prozeßbezogene Effekte eingegangen wird (Verbundaspekt),

-   keine Restriktionen für die Berücksichtigung zeitlich oder räumlich auseinanderliegender Ursache-Wirkungs-Beziehungen bestehen (Zurechnungsaspekt),

- innovatorisch Wirkungen in den Beurteilungsansatz aufgenommen werden können, die sich z.B. auf die Marktversorgung oder andere Formen der Ressourcenallokation im Produktionsprozeß beziehen (Innovationsaspekt),

- neben technikbezogenen Kosten- und Leistungsgrößen auf allen Ebenen organisatorische Effekte und auch Effekte für die Arbeitssituation, die Arbeitsbeziehungen und weitere Humanfaktoren in den Bewertungsansatz einfließen können (Ganzheitlichkeitsaspekt)."

Das von Scherff (vgl. Scherff 1986, S. 11) vorgeschlagene Modell berücksichtigt solche Anforderungen. Abbildung C.VI.3.01 zeigt das Modell.

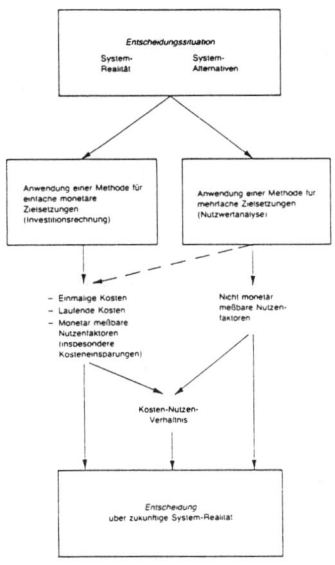

Abb. C.VI.3.01: Anwendung von Methoden der Wirtschaftlichkeitsrechnung zur Entscheidungsfindung
Quelle: Scherff 1986, S. 13

Ein Ansatz zur Ermittlung der technikbezogenen Wirtschaftlichkeit soll im folgenden vorgestellt werden.

C.VI.3.1 Ermittlung der technikbezogenen Wirtschaftlichkeit von Btx

Die Vorgehensweise zur Ermittlung der technikbezogenen Wirtschaftlichkeit von Btx kann auf der Basis des Vergleichs von Btx mit konkurrierenden Telekommunikationsnetzen und -diensten durchgeführt werden, ohne daß ein konkretes Anwendungskonzept für ein Btx-gestütztes Informations- und Kommunikationssystem einer genau definierten Verbundgruppe bereits vorliegen muß.

Zunächst muß anhand von Mindestanforderungen eine Selektion von Netz- und Einsatzkonzepten getroffen werden. Dabei ist der grundlegende Leistungsumfang, den eine zu bewertende Technologie aufweisen muß, zu bestimmen. Es wird dadurch möglich, eine Aussage zu treffen, ob ein bestimmtes Telekommunikationssystem die Mindestanforderungen grundsätzlich erfüllen kann. Insofern sind diese Kriterien als Ausschluß-Kriterien zu interpretieren.

Inhaltliche Leistungsanforderungen, wie z.B. die Einbeziehung mehrerer Kommunikationsformen (unstrukturierte und strukturierte Kommunikation), und reichweitebezogene Leistungsanforderungen, wie z.B. die Forderung nach Einbeziehung lokaler oder raumbezogener Kommunikation, führen zur Auswahl alternativ einsetzbarer Netzkonzepte und in Verbindung mit den Leistungsmerkmalen der jeweiligen technischen Systeme zu alternativen Einsatzkonzepten (Grobkonzepte).

Grundlegende inhaltliche Leistungsanforderungen ergeben sich als Antwort auf die Frage, was das Telekommunikationssystem leisten, beziehungsweise welche Art der Kommunikation damit unterstützt werden soll. Daher bietet sich an, die Einbeziehung einer oder mehrerer Kommunikationsformen als Auswahlkriterium zu definieren.

Für die Kommunikation innerhalb eines integrierten Systems gilt, daß sowohl unstrukturierte als auch strukturierte Informations- und Kommunikationsbeziehungen in unidirektionaler wie auch in bidirektionaler Richtung zugelassen werden müssen.

Von der Kommunikationsstruktur einer Verbundorganisation ausgehend, stellt sich die Frage, welche Kommunikationsbeziehungen in räumlicher Hinsicht abgedeckt werden sollen. Betriebsinterne Kommunikation findet innerhalb bestimmter Organisationseinheiten, wie Funktionsbereichen oder Betrieben, statt, externe Kommunikation muß Raumüberbrückungsfunktionen sowohl innerhalb der Verbundgruppe als auch mit externen Marktpartnern erfüllen.

Auch die Kompatibilität zwischen internen und externen Informations- und Kommunikationsströmen ist als reichweitebezogenes Leistungskriterium anzusehen.

Die diskutierten Leistungsanforderungen dienen zur Grobauswahl. Dabei wirken die inhaltlichen Leistungsanforderungen restriktiv auf die Auswahl der Telekommunikationsdienste, die reichweitebezogenen Merkmale bestimmen die geforderte Netzstruktur.

Die nachfolgende Abbildung C.VI.3.1.01 gibt einen Überblick über die inhaltlichen und reichweitebezogenen Leistungsmerkmale ausgewählter verfügbarer Telekommunikationsdienste und ihrer Netze. Diese Tabelle wird zur Selektion der realisierbaren Alternativen verwendet.

Merkmale \ Dienste	Öffentlicher Fernsprechdienst	Lokale Netze von Fernsprech-nebenstellenanlagen	Telexdienst	Teletexdienst	Telefaxdienst	Teleboxdienst	Datendienste im Fernsprechnetz	Datex-L-Dienst	Datex-P-Dienst	HfD-Dienst	Private Datennetzdienste	Local Area Networks	Bildschirmtextdienst	Btx - Inhouse	Gesetzte Anforderungen
Internkommunikation		●	●	●	●	●	●	↓	↓	↓	↓	●		●	●
Externk. geschäftlicher Bereich	●		●	●	●	●	●	●	●	●	●		●		●
Externk. privater Bereich	●												●		
Sprachkommunikation	●	●								●					
Textkommunikation			●	●	●	●	●	●	●	●	●	●	●	●	●
Datenkommunikation			●				●	●	●	●	●	●	●	●	●
Grafikbildkommunikation					●								●	●	

Abb. C.VI.3.1.01: Leistungsmerkmale von Telekommunikationsdiensten

Bei der Auswahl der Alternativen ist zu beachten, daß neben integrierten Lösungen, die alle Kommunikations-anforderungen innerhalb eines einzigen Systems erfüllen, auch nicht integrierte Lösungen möglich sind.

Die ausgewählten Einsatzkonzepte sind:

1. Btx-Dienst mit zentralem Externen Rechner, Btx-Inhouse-System und dezentralen, mikro-computergestützten Btx-Teilnehmerstationen,

2. zentrale EDV-Anlage mit Datenfernübertragung über die Datendienste im Fernsprechnetz und dezen-tralen Terminals,

3. zentrale EDV-Anlage mit Datenfernübertragung über Datex-L,

4. zentrale EDV-Anlage mit Datenfernübertragung über Datex-P,

5. zentrale EDV-Anlage mit Datenfernübertragung über Hauptanschluß für Direktruf (HfD).

Die Alternativen 2 bis 5 sind im Gegensatz zum Btx-Einsatz nicht in der Lage, den Bereich der kun-denorientierten Marktpolitik abzudecken, da Datenanschlüsse in diesem Bereich praktisch nicht vorkommen.

Die technische Leistungsfähigkeit von Telekommunikationssystemen soll in Form einer Checkliste dargestellt werden.

Die isoliert technikbezogene Untersuchung der Leistungsmerkmale von Telekommuniktionstechnologien erlaubt somit, das Anwendungspotential, das eine bestimmte Technologie zur Verfügung stellen kann, zu vergleichen.

Der Vergleich von Leistungsdaten setzt die Vergleichbarkeit der Instrumente voraus.

Die Leistungsmerkmale werden im folgenden einzeln beschrieben und analysiert.

- **Übertragungsmöglichkeit:**

  Unter diesem Kriterium wird die generelle Leistungsfähigkeit eines Telekommunikationssystems verstanden. Das Übertragungsverfahren, die Signalform und die Bandbreite des Übertragungsweges haben einen wesentlichen Einfluß auf die Übertragungsmöglichkeit. Als Darstellungsmittel wird die Kommunikationsform bzw. die Integration mehrerer Kommunikationsformen gewählt.

- **Übertragungsgeschwindigkeit:**

  Die durch die technische Gestaltung eines Übertragungsweges determinierte Übertragungsgeschwindigkeit eines Kommunikationskanals bestimmt die Übermittlungzeit einer Nachricht. Die Übertragungsgeschwindigkeit eines Kanals gibt in Abhängigkeit vom Übertragungsverfahren an, welche Zeitspanne für die Übertragung einer definierten Informationsmenge benötigt wird.

- **Dialogfähigkeit:**

  Insbesondere im Bereich der aufgabenbezogenen Kommunikation ist die Dialogfähigkeit eines Telekommunikationsinstrumentes eine unabdingbare Voraussetzung.

- **Zuverlässigkeit:**

  Die Zuverlässigkeit eines Kommunikationskanals ist von der Fehlerwahrscheinlichkeit des jeweiligen Übertragungsweges und von der Fehlerwahrscheinlichkeit bei Sender und Empfänger abhängig.

  Einen weiteren Hinweis auf die Zuverlässigkeit eines Systems gibt die Störanfälligkeit gemessen in prozentualen Ausfallzeiten oder Ausfallwahrscheinlichkeiten.

- **Vertraulichkeit und Sicherheit:**

  Damit sollen die Möglichkeiten unbefugter Zugriffe auf die Komponenten eines Kommunikationssystems, also auf die Übertragungswege und die Endeinrichtungen beurteilt werden. Die angewandten Maßnahmen zur Vermeidung unberechtigter Zu- und Eingriffe erhöhen Vertraulichkeit und Sicherheit eines Kommunikationssystems.

- **Rechtsverbindlichkeit:**

  Die rechtsverbindliche Übermittlung von Nachrichten, Mitteilungen usw. ist durch herrschende Rechtsauffassung festgelegt.

- **Informationsspeicherfähigkeit:**

Zeitlich asynchrone Kommunikation erfordert keine gleichzeitige Anwesenheit von Kommunikationspartnern während des Kommunikationsvorgangs. Um sie zu gewährleisten, ist eine Zwischenspeicherung der Informationen und eine entsprechende Ausgestaltung des Systems notwendig, so daß Hinweise auf abgelegte Nachrichten und Zugriffe auf die gespeicherten Informationen jederzeit abrufbar sind.

- **Systemintelligenz:**

Die implementierte Intelligenz eines Kommunikationssystems hat einen entscheidenden Einfluß auf die Verwendbarkeit im Rahmen von Gesamtkonzepten.

- **Endgerätebeschaffung:**

Mit diesem Kriterium sollen Beschaffungsalternativen bei den Endeinrichtungen wie Kauf, Leasing oder Miete beim Hersteller oder beim Betreiber eines Telekommunikationsdienstes beurteilt werden. Auch die Auswahlmöglichkeiten und die Breite des gesamten Angebotes an Endgeräten und peripheren Zusatzeinrichtungen spielt eine Rolle.

- **Bedienungsqualität der Endeinrichtungen:**

Unter Bedienungsqualität wird die Qualität der Benutzeroberfläche aus der Sicht des Anwenders verstanden. Einfache Handhabung der Endgeräte, leichte Erlernbarkeit der Bedienung und die Unterstützung des Benutzers durch Hilfestellungen des Systems aber auch durch Dokumentationen (Handbücher, Bedienungsanleitungen usw.) können für die Beurteilung der Bedienungsqualität herangezogen werden.

- **Peripherieunterstützung:**

Die Möglichkeiten der Kommunikationsunterstützung durch den Einsatz peripherer Zusatzeinrichtungen, die Kompatibilität mit den Endeinrichtungen und dem System und letztlich die Zulassung bei öffentlichen Diensten werden untersucht. Zur Peripherie kann bei bestimmten Konfigurationen auch die Anbindung an eine EDV-Anlage gezählt werden, so z.B. der Einsatz eines Mikrocomputers zur Unterstützung der Kommunikation über Btx.

- **Qualität der Informationsdarstellung:**

Die Repräsentativität der Informationsdarstellung spielt insbesondere im geschäftlichen Bereich eine Rolle. Hier existieren aus dem Korrespondenzbereich gewisse Konventionen bezüglich der Abfassung und der optisch ansprechenden Gestaltung von Schriftstücken. Zwar wird im allgemeinen bei der Einführung elektronischer Medien eine gewisse Einbuße an Repräsentativität akzeptiert, doch sollte eine einigermaßen ansprechende Darstellung der Information gewährleistet sein. Es wird in diesem

Zusammenhang auch berücksichtigt, ob mehrere Darstellungsmöglichkeiten, wie Schrifttypen, Schriftgröße, angeboten werden.

- **Unterstützung der Informationserstellung:**

Die Erstellung und Eingabe von Informationen stellt einen Faktor dar, der insbesondere im Bereich der Bürokommunikation noch große Rationalisierungspotentiale beinhaltet. Ganz allgemein sind diese Tätigkeiten zeitaufwendig und mit hohen Kosten verbunden. Eine entsprechende Unterstützung der Erstellung und Eingabe ist damit ein hervorstechendes Leistungsmerkmal zur Beurteilung von Endeinrichtungen.

- **Integration vor- und nachgelagerter Tätigkeiten:**

Die Einbeziehung mit den kommunikativen Vorgängen verbundener Tätigkeiten am Arbeitsplatz oder, anders betrachtet, die Integration der Kommunikation in die Arbeitsabläufe bieten sowohl Rationalisierungsansätze als auch Möglichkeiten im Hinblick auf die Funktionsintegration (vgl. Scheer 1984, S. 37 - 43).

- **Kommunikationsreichweite:**

Die Kommunikationsreichweite beschreibt Raumüberbrückungsfunktionen von Telekommunikationssystemen. Dieses Kriterium wurde bereits als Auswahlkriterium verwendet, soll aber hier eine zusätzliche quantitative bzw. qualitative Aussage über die tatsächlich realisierbare Reichweite treffen. Dabei ist insbesondere die Verbreitung der einzelnen Kommunikationsalternativen in den untersuchten Bereichen von Bedeutung, also die Repräsentativität des Dienstes. Auch die Standardisierung einzelner Systemkomponenten und Übertragungsverfahren beeinflußt die Kompatibilität mit anderen Diensten und damit die Kommunikationsreichweite.

- **Ergebnisse:**

Die nachfolgenden Abbildungen C.VI.3.1.02 und C.VI.3.1.03 enthalten eine Zusammenfassung der Untersuchungsergebnisse. Dabei ist zu beachten, daß die zu Btx alternativ betrachteten Konfigurationen bezüglich der Übertragungsgeschwindigkeit der Datenübertragung nicht auf eine bestimmte Geschwindigkeitsklasse festgelegt sind. Die Tabellen enthalten zu den jeweiligen Kriterien stichwortartige Hinweise auf die Ergebnisse und deren Bewertung. Für die Bewertung wird das nachfolgende Schema verwendet:

Wert	Zuordnung
0	nicht möglich, nicht gegeben
1	sehr gering, sehr schlecht
2	gering, schlecht
3	mittel, normal
4	hoch, gut
5	sehr hoch, sehr gut

Kriterien \ Alternativen	Bildschirmtext	Datendienste im Fernsprechnetz	Datex - L	Datex - P	Hausanschluß für Direktruf (HfD)
Übertragungsmöglichkeit	Text, Daten und Grafische Bilder	Text und Daten	Text und Daten	Text und Daten	Text und Daten
Signalform	digital	digital	digital	digital	digital
Übertragungsverfahren	asynchron dx	synchron/asynchron sx, hdx, dx	synchron/asynchron sx, hdx, dx	synchron/asynchron sx, hdx, dx	synchron/asynchron sx, hdx, dx
Bandbreite	schmalbandig	schmalbandig	schmalbandig	schmalbandig	schmalbandig
BEWERTUNG	4	4	4	4	4
Übertragungsgeschwindigkeit	1200 / 75 bit/s	parallel 10-40 Z/s ser. bis 4800 bit/s	300 bit/s bis 1920 Kbit/s	300 bit/s bis 48 Kbit/s	50 bit/s bis 48 Kbit/s
BEWERTUNG	2	3	4	4	4
Dialogfähigkeit	mittelbar	mittelbar	mittelbar	mittelbar	mittelbar
BEWERTUNG	4	4	4	4	4
Zuverlässigkeit					
Bitfehlerwahrscheinlichkeit	noch nicht bekannt	2×10^{-4} bei 1200 bit/s	10^{-5} bei 2400 bit/s	10^{-6} bei 1200 bit/s	10^{-6} bei 1200 bit/s
Störanfälligkeit	noch relativ hoch	mittel	gering	gering	gering
BEWERTUNG	3	3	4	4	4
Vertraulichkeit und Sicherheit	noch relativ gering	mittel	gut	gut	gut
BEWERTUNG	2	3	4	4	4
Rechtsverbindlichkeit	gegeben	nicht gegeben	nicht gegeben	nicht gegeben	nicht gegeben
BEWERTUNG	3	0	0	0	0
Informationsspeicherfähigkeit	voll gegeben	nur im Bereich der Endeinrichtungen	nur im Bereich der Endeinrichtungen	nur im Bereich der Endeinrichtungen	nur im Bereich der Endeinrichtungen
BEWERTUNG	5	3	3	3	3
Systemintelligenz	System mit anwendungsrelevanter Intelligenz	nur in den Endeinrichtungen	nur in den Endeinrichtungen	nur in den Endeinrichtungen	nur in den Endeinrichtungen
BEWERTUNG	4	3	3	3	3
Endgerätebeschaffung	Kauf, Leasing	Kauf, Leasing	Kauf, Leasing	Kauf, Leasing	Kauf, Leasing
Modem	Miete DBP	Miete DBP	DFG Miete DBP	DAG Miete DBP	DAG Miete DBP
BEWERTUNG	3	3	3	3	3
Bedienungsqualität der Endeinrichtungen	sehr gut	DV-abhängig	DV-abhängig	DV-abhängig	DV-abhängig
Erlernbarkeit	einfach				
BEWERTUNG	5	3	3	3	3
Zwischensumme	35	29	32	32	32

Abb. C.VI.3.1.02: Ergebnisse des Leistungsvergleichs

Kriterien \ Alternativen	Bildschirmtext	Datendienste im Fernsprechnetz	Datex - L	Datex - P	Hauptanschluß für Direktruf (HfD)
Personenunterstützung	gut	gut	gut	gut	gut
BEWERTUNG	4	4	4	4	4
Reprasentativität der Informationsdarstellung	Bildschirm und Druck in Farbe	Bildschirm und Druck monochrom	Bildschirm und Druck monochrom	Bildschirm und Druck monochrom	Bildschirm und Druck monochrom
BEWERTUNG	4	3	3	3	3
Unterstützung der Informationserstellung	DV-gestützt und manuell	DV-gestützt und manuell	DV-gestützt und manuell	DV-gestützt und manuell	DV-gestützt und manuell
BEWERTUNG	5	5	5	5	5
Integration vor- und nachgelagerter Tätigkeit	noch nicht gut, da multifunktionale EE fehlen	gut	gut	gut	gut
BEWERTUNG	3	4	4	4	4
Kommunikationsreichweite Intern	BTx - Inhouse	DV - Terminals	DV - Terminals	DV - Terminals	DV - Terminals
Extern - Reprasentativität im geschäftl. Bereich	noch gering, aber steigende Tendenz	mittel	mittel	mittel	mittel
- Reprasentativität im privaten Bereich	noch gering, aber steigende Tendenz	praktisch nicht gegeben	praktisch nicht gegeben	praktisch nicht gegeben	praktisch nicht gegeben
Kompatibilität Intern-Extern	gut	gut	gut	gut	gut
BEWERTUNG	4	3	3	3	3
Summe der ungewichteten Bewertungen	57	48	51	51	51
Ungewichteter Leistungsfaktor in Prozent	76 %	64 %	68 %	68 %	68 %

Abb. C.VI.3.1.03: Ergebnisse des Leistungsvergleichs

Leistungsvorteile von Btx ergeben sich bei den Kriterien:

- Kommunikationsreichweite wegen der Integrationsfähigkeit der Informations- und Kommunikations-beziehungen zu privaten Kunden,
- Bedienungsqualität der Endgeräte wegen der einfachen und leicht erlernbaren Handhabung,
- Informationsdarstellung,
- Systemintelligenz,
- Informationsspeicherfähigkeit im System,
- rechtsverbindliche Kommunikation.

Schlechtere Leistungsbeurteilungen ergeben sich bei den Kriterien:

- Übertragungsgeschwindigkeit wegen der diesbezüglich geringen Leistungsfähigkeit von Btx,
- Zuverlässigkeit wegen der häufigen Systemstörungen,
- Vertraulichkeit und Sicherheit.

Insgesamt sind diese Nachteile aber wesentlich darin begründet, daß die Entwicklung von Btx zu einem ausge-reiften System noch nicht abgeschlossen ist. Zudem wird sich die beabsichtigte Einbeziehung des Btx-Dienstes in den Leistungsumfang des ISDN positiv auf die Übertragungsgeschwindigkeit auswirken.

Die Einzelergebnisse der Abbildungen C.VI.3.1.02 - 03 faßt Abbildung C.VI.3.1.04 in verdichteter und ge-wichteter Form zusammen. Bei der Festlegung der Gewichtung wurden insbesondere die für die Anwendungen in der Warenwirtschaft derzeit und zukünftig bedeutsamen Kriterien entsprechend berücksichtigt.

Bei der Addition der gewichteten Einzelergebnisse weist Btx den höchsten Leistungswert aus.

Kriterien / Alternativen	G	Bildschirmtext		Datendienste im Fernsprechnetz		Datex - L		Datex - P		Hauptanschluß für Direktruf (HfD)	
		E	E x G	E	E x G	E	E x G	E	E x G	E	E x G
Übertragungsmöglichkeit	6	4	24	4	24	4	24	4	24	4	24
Übertragungsgeschwindigkeit	6	2	12	3	18	4	24	4	24	4	24
Dialogfähigkeit	7	4	28	4	28	4	28	4	28	4	28
Zuverlässigkeit	6	3	18	3	18	4	24	4	24	4	24
Vertraulichkeit und Sicherheit	7	2	14	3	21	4	28	4	28	4	28
Rechtsverbindlichkeit	4	3	12	0	0	0	0	0	0	0	0
Speicherfähigkeit	8	5	40	3	24	3	24	3	24	3	24
Systemintelligenz	6	4	24	3	18	3	18	3	18	3	18
Endgerätebeschaffung	3	3	9	3	9	3	9	3	9	3	9
Bedienungsqualität	8	5	40	3	24	3	24	3	24	3	24
Peripherieunterstützung	4	4	16	4	16	4	16	4	16	4	16
Informationsdarstellung	7	4	28	3	21	3	21	3	21	3	21
Informationserstellung	7	5	35	5	35	5	35	5	35	5	35
Einbeziehung von Tätigkeiten	7	3	21	4	28	4	28	4	28	4	28
Kommunikationsreichweite	16	4	64	3	48	3	48	3	48	3	48
Gewichtete Ergebnisse:			385		332		351		351		351

C.VI.3.1.04: Ergebnisse des Leistungsvergleichs in verdichterer und gewichteter Form

C.VI.3.2 Ermittlung der gesamtorganisatorischen Wirtschaftlichkeit

Auf die Ermittlung der gesamtorganisatorischen Wirtschaftlichkeit soll in diesem Zusammenhang verzichtet werden, weil die konkreten organisatorischen Bedingungen der Verbundgruppe, für die das Btx-gestützte integrierte Informations- und Kommunikationssystem entwickelt werden soll, nicht definiert sind.

C.VI.3.3 Bestehende Verfahren zur Wirtschaftlichkeitsberechnung aus der Literatur

Die bisher in der Literatur behandelten Wirtschaftlichkeitsbetrachtungen von Btx-Systemen konnten der Forderung nach ganzheitlicher, netzwerkorientierter Betrachtung unter Einschluß quantitativer und qualitativer Leistungs- und Kostenmerkmale ebenfalls nicht genügen. Es sind drei Grundtypen von Wirtschaftlichkeitsrechnungen veröffentlicht worden:

- Kostenvergleichsrechnung,
- Ansätze zu Kosten-Nutzen-Analysen,
- Nutzwertanalysen.

Kostenvergleichsrechnungen unterstellen implizit gleichen Leistungsumfang bei den untersuchten Systemalternativen und betrachten isoliert die quantitativ erfaßbaren Kostenfaktoren. Viele Wirtschaftlichkeitsanalysen, die in der Literatur beschrieben sowie in der Anwenderberatungspraxis durchgeführt werden, bleiben bei diesen Faktoren der Kostenseite stehen. Allerdings ist damit die Kostenseite keineswegs vollständig erfaßt. Hinzu kommen noch weitere Kostenarten, die häufig unbeachtet bleiben, weil sie schwer zu quantifizieren sind, so z.B.:

-        Kosten der Ausbildung für die Bediener der Systeme,

-        Kosten der Anpassung der Betriebsabläufe an die neuen Systeme,

-        Kosten bei Störungen im Betriebsablauf,

-        Kosten im Personalbereich, z.B. bei Neueinstellung qualifizierter Mitarbeiter.

Noch schwieriger als die Kostenseite ist die Erfassung und Bewertung der Leistungsseite neuer technischer Kommunikationssysteme (vgl. Picot 1984, S. 98).

Kosten-Nutzen-Analyse arbeiten mit quantitativen Kosten- und Leistungskategorien. Dabei ist neben der Kostenbestimmungsproblematik auch die Quantifizierbarkeit der Systemleistungen diskussionswürdig. Für die Bewertung des Nutzens von Telekommunikationssystemen ist die Annahme von Prämissen unerläßlich, was regelmäßig zu einer grob vereinfachten Nutzenschätzung führt. Situationsabhängigkeit und Einbeziehung schwer quantifizierbarer Leistungskategorien, wie z.B. die Auswirkung verbesserter Kommunikation auf die langfristige Überlebensfähigkeit des Unternehmens im Markt, werden, weil nicht quantifizierbar, nicht berücksichtigt.

Nutzwertanalysen leiten wirtschaftlichkeitsrelevante Aussagen aus nicht monetär quantifizierbaren Nutzenaspekten ab. Insofern sind sie im hier betrachteten Bereich als Ergänzung zu anderen Wirtschaftlichkeitsbetrachtungen besonders geeignet. Die Vorgehensweise zeichnet sich durch eine mehrstufige Betrachtung über Formulierung, Gewichtung und Bewertung des Erfüllungsgrades von Systemkriterien aus.
Trotz der verfahrensbedingt eingeschränkten Aussagefähigkeit können Kostenvergleichsrechnungen, Kosten-Nutzen-Analysen und Nutzwertanalysen zur Wirtschaftlichkeitsbeurteilung des Btx-Einsatzes herangezogen werden. Die dabei erzielten Ergebnisse sind dann aber immer unter Beachtung der genannten Prämissen und der Unzulänglichkeiten, die diesen Verfahren anhaften, zu werten.

Seit Anfang 1975 führt das Betriebswirtschaftliche Institut für Organisation und Automation an der Universität zu Köln (BIFOA) im Auftrag der Deutschen Bundespost das Projekt ADABIX durch. Ein Teilschritt dieses Projektes war der Vergleich der Datenübertragungskosten in alternativen Netzen der DBP (eine ausführliche Beschreibung der Kostenvergleichsrechnung anhand verschiedener Informations- und Kommunikationsvorgänge findet sich in: Langen, Gartner, Rüschenbaum 1986, S. 20 ff.). Zielsetzung war es, einen Vergleich zwischen dem Nutzen von Btx und alternativen Wählnetzen der DBP durchzuführen. Dabei werden bei der Ermittlung und Gegenüberstellung der Kosten identische Anwendungen zugrundegelegt.

Die Untersuchung erstreckt sich auf folgende Wählnetze mit den Geschwindigkeitsklassen (vgl. Gartner u.a. 1985, S. 6 - 8):

- Btx,
- Fernsprechnetz 1.200/75 bit/s,
- Datex-P PAD Anwahl 1.200/75 bit/s,
- Datex-P Hauptanschluß mit X.25 im Endgerät 2.400 bit/s,
- Datex-L 300 bit/s und 2.400 bit/s mit und ohne Verbindungsabbau.

Den Berechnungen liegt eine klar abgegrenzte, in Btx bereits realisierte Anwendung zugrunde. Dabei handelt es sich um die "Bestellabwicklung im Obst- und Gemüsebereich" der REWE-Handelsgruppe, die sich wegen der Dialoganwendungen im Rechnerverbund dazu besonders anbot, weil:

- viele dezentrale Stellen mit einer zentralen Stellen kommunizieren,
- die Anwendungen mit relativ geringen Datenvolumen auskommen,
- bei den Bestellvorgängen die Interaktion mit dem Rechner der Zentrale sinnvoll einzusetzen ist,
- auch unstrukturierte Informations- und Kommunikationsbeziehungen zwischen den beteiligten Anwendern bestehen.

Zur exakten Ermittlung der Datenübertragungskosten war es notwendig, ein bestimmtes Mengen- und Zeitgerüst zu definieren. Darauf aufbauend wurden für die alternativen Übertragungswege die Kosten errechnet. Die Ergebnisse der Kostenvergleichsrechnung enthält Abbildung C.VI.3.3.01.

Wählnetze	Monatliche Kosten eines einzelnen Teilnehmers		Monatliche Kosten des Anbieters		Monatliche Gesamtkosten der Du bei 300 Teilnehmern	
	(ab 1.1.1987)					
Btx mit PI-Optimierung						
a) ohne Format-Service	32.50		11 982.70		21 732.70	
b) mit Format-Service	32.50		8 973.15		16 723.15	
Fernsprechnetz						
a) XB mit DBT03	32.50		5 155.00		14 905.00	
b) XB	42.50		5 155.00		17 905.00	
c) < 50 km	139.10		5 155.00		46 885.00	
d) < 100 km	265.60		5 155.00		84 835.00	
e) > 100 km	403.60		5 155.00		126 235.00	
Datex-P/PAD ohne Maskenverwaltung						
a) PAD im Nahbereich	42.50		17 495.00		30 245.00	
b) PAD bis 50 km	139.10		17 495.00		59 225.00	
Datex-P/X.25 ohne Maskenverwaltung	250.00		5 120.00		80 120.00	
Datex-P/PAD mit Maskenverwaltung						
a) PAD im Nahbereich	42.50		17 370.00		30 120.00	
b) PAD bis 50 km	139.50		17 370.00		59 100.00	
Datex-P/X.25 mit Maskenverwaltung	250.00		4 995.00		79 995.00	
Datex-L ohne Verbindungsabbau (2400 bps)	Kosten mit ermäßigter Grundgebühr		Kosten mit ermäßigter Grundgebühr		Kosten mit ermäßigter Grundgebühr	
a) bis 50 km	180.00	220.00	76 895.00	74 270.00	130 895.00	140 270.00
b) bis 100 km	180.00	220.00	105 920.00	103 295.00	159 920.00	169 295.00
c) über 100 km	180.00	220.00	122 795.00	120 170.00	176 795.00	186 170.00
Datex-L ohne Verbindungsabbau (300 bps)						
a) bis 50 km		120.00	64 125.00			100 125.00
b) bis 100 km		120.00	87 750.00			123 750.00
c) über 100 km		120.00	101 925.00			137 925.00
Datex-L mit Verbindungsabbau (2400 bps)						
a) bis 50 km		220.00	12 699.50			78 699.50
b) bis 100 km		220.00	14 570.00			80 570.00
c) über 100 km		220.00	15 657.50			81 637.50
Datex-L mit Verbindungsabbau (300 bps)						
a) bis 50 km		120.00	32 315.00			68 315.00
b) bis 100 km		120.00	42 526.25			78 526.25
c) über 100 km		120.00	48 653.00			84 653.00

Abb. C.VI.3.3.01: Ergebnisse der Kostenvergleichsrechnung

Quelle: Gartner u.a. 1985, S. 6

Danach stellt Btx die kostengünstigste Netzalternative dar. Kritisch anzumerken ist, daß es sich bei der untersuchten Anwendung um eine idealtypische Btx-Anwendung handelt. Insofern sind die Ergebnisse nicht allgemeingültig.

Einen Kostenvergleich verschiedener Korrespondenzformen unter Berücksichtigung der mit der Informationserstellung verbundenen Kosten und der Versandkosten alternativer Kommunikationswege beschreibt Ellenrieder (vgl. Ellenrieder 1985, S. 10).
Ziel der Untersuchung war die Ermittlung der Bearbeitungszeiten und der Versandkosten für verschiedene Kommunikationsvorgänge. Dazu wurde für jede Versendungsart der zur Erstellung der Informationen notwendige Zeitbedarf ermittelt und die Versandkosten über alternative Kommunikationswege ermittelt. Die Ergebnisse enthält Abbildung C.VI.3.3.02.

Versendungsart	Durchschnittliche Gesamtkosten und Bearbeitungszeiten					
	Ort		Inland		Europäisches Ausland	
	Mark	Zeit	Mark	Zeit	Mark	Zeit
1. Kein Schriftstück erforderlich (kurze Information)						
Telefon	2.36	2 Min.	4.60	2 Min.	4.60	2 Min
Teletex	2.70	10 Min.	3.16	10 Min.	—	—
Bildschirmtext [1] (1 Seite)	2.30	10 Min.	2.30	10 Min.	—	—
Telex	3.70	30 Min.	4.04	30 Min.	4.44	30 Min.
Fernkopie (Notiz)	6.30	30 Min.	11.20	30 Min.	11.20	30 Min.
Telegramm	13.80	2 Std.	13.90	2 Std.	13.90	2 Std.
Telebrief (Notiz)	13.10	2 Std.	15.50	2 Std.	—	—
Kurzmitteilung (Brief)	4.03	2 Tage	4.03	2 Tage	4.38	2 Tage
2. Fertiges Schriftstück ist vorhanden						
Teletex	3.80	10 Min.	4.25	10 Min.	—	—
Bildschirmtext	3.90	10 Min.	3.90	10 Min.	—	—
Fernkopie (Notiz vorh.)	4.40	30 Min.	9.92	30 Min.	9.92	30 Min.
Telex	5.40	30 Min.	6.00	30 Min.	6.60	30 Min.
Nacht-Telex [2]	4.60	30 Min.	4.60	30 Min.	6.60	30 Min.
Kurzmitteilung (Brief)	3.30	2 Tage	3.30	2 Tage	3.30	2 Tage
3. Schriftstück muß erstellt werden						
Teletex	18.30	10 Min.	19.25	10 Min.	—	—
Bildschirmtext	18.90	10 Min.	18.90	10 Min.	—	—
Telex	21.70	30 Min.	22.30	30 Min.	23.00	30 Min.
Fernkopie	25.90	30 Min.	30.50	30 Min.	30.60	30 Min.
Nachttelex	21.10	30 Min.	21.10	30 Min.	23.10	30 Min.
Brief	22.30	2 Tage	22.30	2 Tage	22.30	2 Tage

[1] Bildschirmtext ab 2. Seite am günstigsten
[2] Nacht-Telex am nächsten Morgen verfügbar

Abb. C.VI.3.3.02: Ergebnisse des Kostenvergleichs verschiedener Korrespondenzformen

Quelle: Ellenrieder 1985, S. 10

Ein   Ansatz zur **Kosten-Nutzen-Analyse** von Btx-Systemen in Form von Break-Even-Analysen findet sich in den Veröffentlichungen von Lazak (vgl. Lazak 1984a, S. 32 - 36; ders. 1984b, S. 451 ff.).

Im Sinne der Break-Even-Analyse sind für die einzelnen Elemente des Systems die Kosten und Erträge zu ermitteln. Bei diesen Betrachtungen wird von einem linearen kalkulatorischen Abschreibungszeitraum ausgegangen (vgl. Lazak 1984a, S. 32).

Die Kosten setzen sich aus den einzelnen Beträgen für Hardware (Externer Rechner, Anbieter- oder Teilnehmerstation, Peripherie) und Software und den Nutzungskosten des Gesamtsystems zusammen.

Erträge ergeben sich aus Gebühreneinnahmen und aus Kosteneinsparungen. Den Ertrags- und Kostenfunktionen wird dabei ein linearer Verlauf unterstellt.

Im allgemeinen ist die Wirtschaftlichkeit eines Btx-Systems nicht nur aus der Sicht eines, sondern aus der Sicht aller Beteiligten (Informationsanbieter, Systembeschreiber und Btx-Nutzer) zu betrachten.

Für alle drei Beteiligten gelten die Grundsätze der Break-Even-Analyse, d.h. es entstehen für alle Kosten und Erträge, die zumindest ausgeglichen sein sollen. Am deutlichsten ist eine Analyse für die Informationsanbieter und die Systembetreiber, da für beide die Erträge aufgrund fester Seitengebühren und Nutzungsgebühren am klarsten definiert sind. Die Ertragssituation für den Btx-Nutzer dagegen ist schwieriger zu quantifizieren (vgl. Lazak 1984a, S. 36).

Die graphische Darstellung (vgl. Abbildung C.VI.3.3.03) einer Break-Even-Analyse für einen Btx-Endbenutzer setzt sich aus den folgenden Komponenten zusammen:

1. Anschaffungskosten des Btx-Endgerätes, z.B. DM 3.000,--,

2. Leitungskosten, die beim Btx-Nutzer anfallen, z.B. DM 100,-- DM pro Monat,

3. Gebühren für Btx-Nutzung, die von Externen Rechner-Anbietern und Seitenanbietern in öffentlichen Zentralen verlangt werden,

4. Einsparungen infolge von Btx-Nutzung.

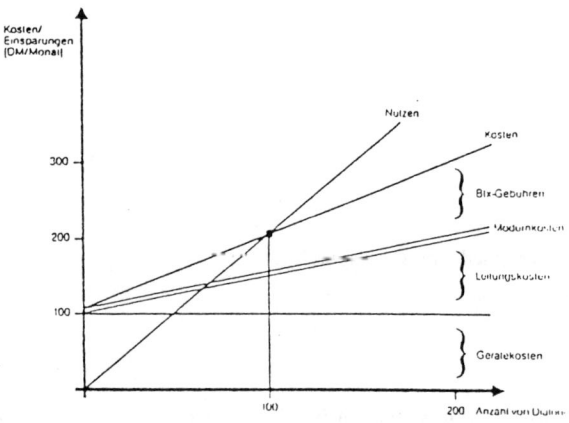

Abb. C.VI.3.3.03: Beispiel einer Kosten-Nutzen-Analyse
Quelle: Lazak 1984b, S. 45

Bei der **Wirtschaftlichkeit von Btx-Systemen aus der Sicht des Informations- und Kommunikationsanbieters** setzen sich die anfallenden Kosten aus:

1. Rechenzentrumskosten,

2. Editieraufwendungen,

3. Softwarekosten,

4. Editiergerätekosten im Rechenzentrum

zusammen. Die Kosten für die Abfragegeräte müssen hier nicht notwendigerweise durch den Anbieter übernommen werden. Ebenso ist die Kostenübernahme für die Leitungsgebühren nicht zwingend.

Dagegen stehen auf der Einnahmeseite Einsparungen an konventionellen Kommunikationsmitteln, Erlöse aus Umsatzsteigerungen, Gebühreneinnahmen, Werbewirkung hinsichtlich anderer Märkte, die im einzelnen für den konkreten Fall aufzuschlüsseln sind.

Bei der **Wirtschaftlichkeit von Btx-Systemen aus der Sicht des Übertragungsnetzbetreibers** stehen den entsprechenden Systemkosten Einnahmen aus

- Modemgebühren,
- Leitungsgebühren,
- Seitengebühren

gegenüber. Sie sind von der Anzahl der Nutzer und der geführten Dialoge abhängig. Geht man von zusätzlichen Einnahmen von DM 50,-- pro Nutzer und Monat aus und rechnet man mit Systemausbaukosten von ca. DM 100 Mio. für die ersten Ausbauphasen, so errechnet sich die minimale Anzahl von Nutzern, die für eine Kostendeckung erforderlich ist, wie folgt:

$$\text{Kosten:} \quad \frac{100.000.000 \text{ DM}}{30 \text{ Monate}} = 3.33 \text{ Mio. DM/Mt.}$$

$$\text{Teilnehmer:} \quad \frac{3.000.000 \text{ DM}}{50 \text{ DM pro Teilnehmer}} = 66.666 \text{ Teilnehmer}$$

Das heißt, unter den gemachten Annahmen (Abschreibungszeitraum 30 Monate) lohnt sich das System für den Netzbetreiber ab ca. 70.000 Teilnehmer (vgl. Lazak 1984b, S. 451 f.).

Einen auf der Nutzwertanalyse aufbauenden Ansatz zur Nutzenbewertung im Umfeld neuer Telekommunikationstechniken beschreiben Maciejewski, Bergmann und Litke (vgl. Maciejewski, Bergmann, Litke 1983, S. I - IV).

Das Verfahren läßt sich in vier Stufen unterteilen, die im folgenden kurz beschrieben werden und in Abbildung C.VI.3.3.04 dargestellt sind.

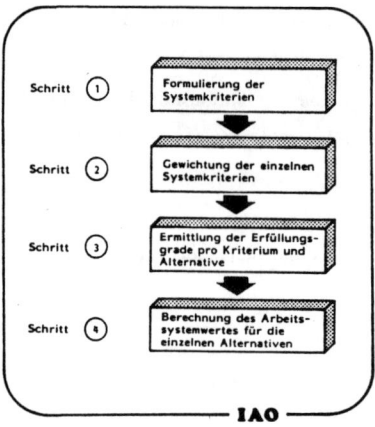

Abb. C.VI.3.3.04: Vorgehensweise bei der Arbeitssystemwertermittlung

Quelle: Maciejewski, Bergmann, Litke 1983, S. I

In einem ersten Schritt werden Systemkriterien im Sinne von Anforderungen an das neu einzuführende Btx-System festgelegt, die dann untereinander gewichtet werden.

Danach muß überprüft werden, ob Btx-Systeme die festgelegten Systemkriterien erfüllen. Dazu wird für jede Alternative eine Benotung vorgenommen, die Aufschluß darüber gibt, inwieweit die Systemlösungen die einzelnen Systemkriterien erfüllen können.

Weitere Analysebeispiele aus der Praxis zeigen, daß bei der Wirtschaftlichkeitsbetrachtung Btx im Vergleich mit anderen Telekommunikationsinstrumenten unter bestimmten Systembedingungen am günstigsten ist (vgl. dazu auch o.V. 1987i, S. 29 ff.; o.V. 1987k, S. 35 ff.; o.V. 1987l, S. 34 f.; Rietschel 1988, S. 34 ff.; Rohrer 1987, S. 188 ff.; o.V. 1986d, S. 56 ff.).

Wesentlich für den günstigen Einsatz von Btx ist allerdings die Beibehaltung der jetzigen Gebührenordnungen für den Btx-Dienst und der zugrundeliegenden Datenübertragungsnetze. Auch die Gebührenrelationen zu den anderen Diensten müssen unverändert bleiben (ceteris paribus-Bedingungen).

C.VII Konsequenzen

Die Untersuchungen dieses Kapitels haben gezeigt, daß Btx im Umfeld der neuen Informations- und Kommunikationstechnologien bezüglich seiner Eigenschaften als Datenendeinrichtung und Datenübertragungsweg einen wesentlichen Beitrag zur Errichtung von raumüberbrückenden Informations- und Kommunikationssystemen, in deren Rahmen unterschiedliche Informations- und Kommuniktionstypen integriert werden können, leisten kann.

Darüber hinaus wird es durch Btx möglich, zentrale EDV-Leistungen an dezentralen Stellen zur Verfügung zu stellen. Der Btx-Einsatz in bezug auf das Kernstück des Handels, die WWS, ist überall dort möglich, wo keine Massendatenübertragung stattfindet. Aus den Abschnitten III und IV geht eindeutig hervor, daß Btx für bestimmte Betriebstypen besonders geeignet ist und die Kooperationsbereitschaft von Handelsunternehmen fördert. Die auf dieser Basis durchgeführten Überlegungen, inwieweit ein Btx-gestützes System in ein Modell der Unternehmenspolitik einzugliedern ist, haben zum Ergebnis, daß Btx in besonderem Maße dazu beiträgt, den Integrationsgedanken, wie er in Kapitel B ausgeführt wurde, auf das gesamte Unternehmensgeschehen auszudehnen.

Grundlage für die Integration sind allerdings die Anwendungsprogramme der Datenverarbeitung, die folgenden Anforderungen genügen müssen:

1. Aufbau einer gemeinsamen Datenbasis (Datenbank), um die entsprechenden Systeme für die operativen/dispositiven und strategischen Ebenen zur Verfügung zu stellen,

2. Realisierung des Externen Rechnerbetriebs, um Dialogverarbeitung zu gewährleisten.

Über die Unternehmenssteuerung hinaus ist Btx auch ein wichtiges Instrument der Marktpolitik, um die Informationsbeziehungen zwischen Kunde und Handel zu festigen.

Jedoch ist der Einsatz auch in der Finanzierungspolitik sinnvoll, da auch hier Raumüberbrückungsfunktionen wahrgenommen werden müssen.

Bei der Wirtschaftlichkeitsanalyse sind keine quantitativ meßbaren Ergebnisse erzielbar, da die Definition eines konkreten Systems auf dessen Basis die Kommunikationsformen, -elemente, deren Beziehungen, deren Beziehungshäufigkeiten, um nur einige zu nennen, definiert werden können, noch nicht vorliegt.

Aber auch dann scheint es schwierig, den qualitativen Nutzen eines solchen Systems mit quantitativen Faktoren zu erfassen.

Die zu entwerfenden Modelle sollen auf der Basis Btx-gestützter WWS gestaltet und um weitere betriebliche Funktionen ergänzt werden.

D Darstellung alternativer Btx-gestützter Informations- und Kommunikationssysteme für Verbundgruppen im Handel

D.I Leistungsumfang Btx-gestützter Informations- und Kommunikationssysteme für Verbundgruppen im Handel

Ein wichtiges Ergebnis der Standortbestimmung von Btx (vgl. Kapitel C.I ff.) ist, daß für Btx keine eindeutige Zuordnung zu den Telekommunikationsnetzen, -diensten, zu lokalen Netzen oder EDV-Systemen möglich ist. Eine Ursache liegt darin, daß die Btx-Infrastruktur bereits vorhandene Netze, nämlich das Fernsprech- sowie das Datex-P-Netz, benutzt. Daraus ergibt sich dann ein neuartiges Telekommunikationsnetz, welches die Vorteile bereits bestehender Netze vereinigt, ohne deren Risiken, wie niedrige Datenübertragungsrate oder lokale Grundkosten, zu beinhalten.

Ebenso kann Btx nicht losgelöst von konventionellen EDV-Systemen betrachtet werden, da der Btx-Einsatz besonders dann sinnvoll erscheint, wenn EDV-Anwendungen über Btx an vielen Stellen nutzbar gemacht werden sollen. Hier kommt einerseits der Netzaspekt von Btx zum Tragen, andererseits aber auch der Gesichtspunkt, daß Btx ebenso ein Telekommunikationsdienst mit einer spezifischen Benutzeroberfläche ist. Die Gestaltung der Benutzeroberfläche ist

- von der Struktur der zugrundeliegenden EDV-Anwendungen und
- vom marketingpolitischen oder werblichen Aspekt

abhängig.

Weiterhin ist zu beachten, daß Btx nicht nur mit öffentlichen Netzen konkurriert, sondern als GBG oder als Inhouse-System auch mit privaten herstellerspezifischen Netzen. Da auch der Wirtschaftlichkeitsaspekt von Btx, d.h. seine preiswerten Einsatzmöglichkeiten unter ceteris paribus-Bedingungen nicht ohne Bedeutung ist, bietet Btx beim Aufbau eines Informations- und Kommunikationssystems in einer Verbundgruppe ein breites Leistungsspektrum, dessen wesentlicher Vorteil darin liegt, einfach zu realisierende Lösungen für die Raumüberbrückungsfunktionen und -anforderungen von Verbundgruppen anzubieten. Abbildung D.I.01 faßt die wesentlichen Eigenschaften des Systems zusammen.

Sie ermöglichen es in besonderem Maße, zum Aufbau integrierter Systeme, wie sie in Kapitel B.V ff. definiert wurden, beizutragen.

Die folgenden Abschnitte gehen auf die Bedeutung der systemimmanenten Eigenschaften für den Aufbau integrierter Informations- und Kommunikationssysteme in Verbundgruppen des Handels näher ein.

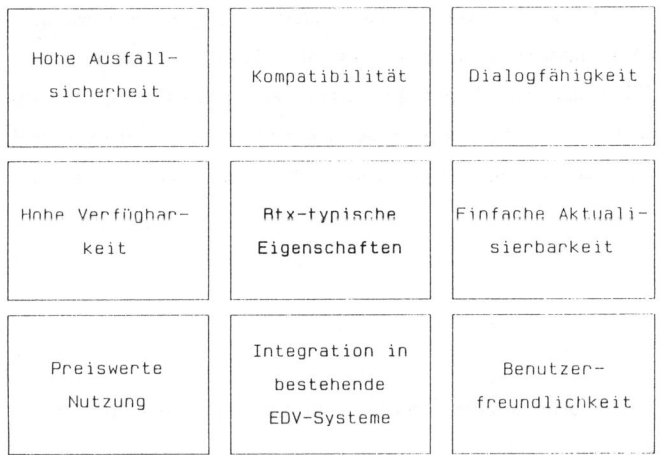

Hohe Ausfall-sicherheit	Kompatibilität	Dialogfähigkeit
Hohe Verfügbar-keit	Btx-typische Eigenschaften	Einfache Aktuali-sierbarkeit
Preiswerte Nutzung	Integration in bestehende EDV-Systeme	Benutzer-freundlichkeit

Abb. D.I.01: Systemimmanente Eigenschaften von Btx

D.I.1 Integration in bestehende EDV-Systeme

Für die Gestaltung integrierter Informations- und Kommunikationssysteme in Verbundgruppen des Handels ist die Integrationsfähigkeit von Btx in bestehende EDV-Systeme eine besonders wesentliche Eigenschaft.

Dies ist vor allem dadurch begründet, daß die EDV-Anwendungen die Grundlage eines Btx-gestützten Systems bilden. Die Erweiterung des Systems um die integrierende Btx-Komponente bedeutet dann, daß die Btx-Infrastruktur als Telekommunikationsnetz zur Verfügung steht und die Benutzeroberfläche Btx andere Datenendeinrichtungen ergänzt oder substituiert.

Technisch erfolgt die Integration von Btx in ein EDV-System durch die Aufrüstung der EDV-Anlage mit einer Btx-Kommunikationskomponente, die in der Regel durch Standardsoftware erfolgt. Bei der EDV-Anlage kann es sich sowohl um Mikrocomputer als auch um Rechner der Mittleren Datentechnik oder Mainframes handeln. Der wichtigste Aspekt dabei ist, daß nur eines der Verbundgruppenmitglieder über EDV-Ausstattung verfügen muß, um über Btx deren Leistungen - im Sinne eines Rechenzentrums - allen Mitgliedern zur Verfügung stellen zu können. Dadurch können in Verbundgruppen mit einer oben geschilderten Btx-gestützten Konfiguration aufwendige operative, dispositive sowie strategische Anwendungssysteme für alle Verbundgruppenmitglieder zentral installiert werden.

Dieses zentrale System impliziert jedoch eine Kooperationsbereitschaft der Mitglieder im Bereich der EDV, da auch die entstehenden Kosten anteilig umgelegt werden sollten. Eindeutige Vorteile entstehen jedoch dadurch, daß jedem Verbundgruppenmitglied erhebliche Vorteile durch die EDV-Unterstützung entstehen, wodurch auch ein Informationsvorsprung gegenüber konventioneller Aufgabenabwicklung im Handel entsteht.

In Abhängigkeit von der Ausstattung der Mitglieder einer Verbundgruppe mit Hard- und Software, ihrer Kooperationsfelder, ihrer Kooperationsintensität und der zentralen oder dezentralen Organisationsstruktur sind jedoch auch Zwischenlösungen in vielerlei Gestaltungsalternativen denkbar, wodurch Konzepte des DDP entstehen können.

D.I.2 Kompatibilität

Der Aspekt der Kompatibilität bezieht sich zum einen auf die Technik und zum anderen auf die Inhalte des Informations- und Kommunikationsaustauschs.

Die technische Kompatibilität bezieht sich auf Btx als offenes Informations- und Kommunikationssystem (vgl. Kapitel C.II.6.1.2).

Für Verbundgruppen im Handel bedeutet die technische Kompatibilität, daß alle Unternehmen, die der Verbundgruppe angeschlossen sind und über eine Btx-fähige EDV-Anlage verfügen, über diese verbundgruppenweite Informations- und Kommunikationssysteme errichten können. In konventionellen EDV-gestützten Informations- und Kommunikationssystemen ist es dagegen nur kompatiblen EDV-Anlagen, das sind in der Regel nur Rechner eines bestimmten Herstellers, vorbehalten, Vorteile, wie (vgl. Scheer 1987, S. 54)

- Lastverbund,
- Betriebsmittelverbund,
- Datenverbund,
- Intelligenzverbund sowie
- Kommunikationsverbund,

zu nutzen.

Bezüglich der inhaltlichen Kompatibilität bestehen allerdings auch in einer Verbundgruppe logische Anforderungen, die insbesondere bei Datenaustauschfunktionen eingehalten werden müssen. Diese Anforderungen bestehen in Konventionen bezüglich der Struktur der ausgetauschten Daten, die in sogenannten logischen Schnittstellen definiert sind. Bezüglich der Definition dieser Schnittstellen leistet Btx durch streng definierte Formatanforderungen der Btx-Seiten einen erheblichen Beitrag. Die kommunizierenden Partner müssen im Btx-Betrieb lediglich eine Vereinbarung über die Inhalte der Seiten treffen und diese zum Ausfüllen bereitstellen oder selbst erstellen und absenden. Über die Datenstruktur innerhalb der eigenen EDV-Anlage kann das Verbundgruppenmitglied frei entscheiden. Abbildung D.I.2.01 soll dies verdeutlichen.

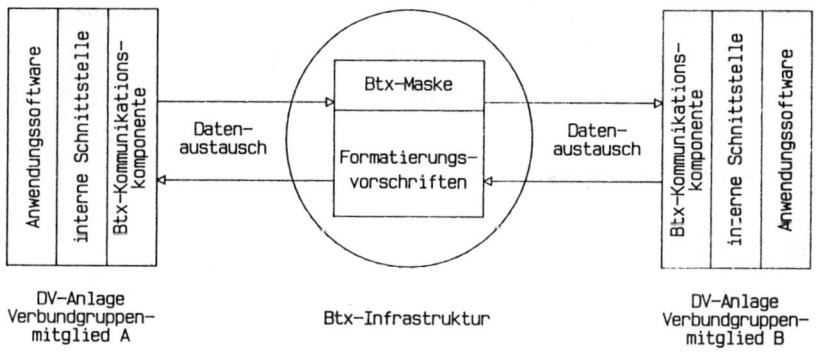

Abb. D.I.2.01: Schnittstellen bei Btx-Rechnerverbundanwendungen

Kompatibilität bedeutet, daß auch eine bezüglich ihrer Hardware- und Softwarestruktur inhomogen ausgestattete Verbundgruppe Informations- und Kommunikationsbeziehungen abwickeln kann. Weiterhin wird die Aufnahme neuer Mitglieder erleichtert, weil die EDV-technische Einbindung des neuen Mitglieds mit Aufnahme des Btx-Betriebs erfolgen kann.

Wurde bei Abschnitt C.I.1 darauf hingewiesen, daß der Btx-Einsatz es ermöglicht, Rechnerleistungen einer EDV-Anlage an vielen dezentralen Stellen zur Verfügung zu stellen, erweitert die Kompatibilität die Möglichkeiten einer Verbundgruppe dahingehend, daß bei der Existenz mehrerer Rechner in der Kooperation die Anwendungen innerhalb der Informations- und Kommunikationssysteme auf mehreren Rechner verteilt werden können, ohne auf Datenintegration verzichten zu müssen.

D.I.3 Dialogfähigkeit

Eine weitere wesentliche Eigenschaft ist die Dialogfähigkeit. Sie bezieht sich einerseits auf die Abwicklung von Kommunikationsfunktionen zwischen Btx-Teilnehmern oder zwischen Btx-Teilnehmern und Anbieter; andererseits betrifft sie die Möglichkeit, vom offline-gestalteten Informationsabruf auf Dialoge umzuschalten, ohne daß der Benutzer eine Veränderung im System erkennt.

Im zweiten Fall ist dann wiederum zwischen Dialogen zu differenzieren, die indirekt über den Btx-Mitteilungs-dienst erfolgen, und solchen, die direkt mit einem Externen Rechner geführt werden.

Ursache für den integrierenden Faktor ist der Aufbau des Btx-Systems.

Beim Aufbau des Btx-Programms werden (vgl. Kragler 1982, S. 3.3.3.2 ff.):

- Informationsseiten,
- Antwortseiten,
- Mitteilungsseiten oder
- Gatewayseiten für die Anwahl eines Externen Rechners

unterschieden.

Alle Seitentypen können im dekadisch aufgebauten Thesaurus eines Btx-Progrmms beliebig miteinander kom-biniert werden, so daß ein Btx-Programmanbieter seine über Btx-angebotene Programme jederzeit dialogfähig machen kann.

Für eine Verbundgruppe des Handels bedeutet die Btx-gestützte Dialogfähigkeit des Systems, daß die in einem integrierten System geforderten drei Informations- und Kommunikationstypen über Btx ohne Wechsel der Be-nutzeroberfläche realisiert werden können.

D.I.4 Ausfallsicherheit

Die Ausfallsicherheit betrifft Btx in seiner Eigenschaft als Telekommunikationsnetz. Durch die Rechnerarchi-tektur in der Btx-Leitzentrale (vgl. Hölsken 1983, S. 13) und das Paging-Konzept der Datenbankrechner (vgl. Hölsken 1983, S. 19) bietet Btx eine hohe Ausfallsicherheit. Die Zuverlässigkeit der Leistungen des Externen Rechners bleibt davon allerdings unberührt.

Aufgrund der Ausfallsicherheit ist auch der Einsatz eines flächendeckenden Btx-gestützten Informations- und Kommunikationssystems innerhalb einer Verbundgruppe im Handel sowie die Abwicklung der Informations-und Kommunikationsbeziehungen zu den Partnern im Markt zuverlässig.

Selbst wenn die Leistungen des Externen Rechners nicht zur Verfügung stehen sollten, ist aber davon auszu-gehen, daß die durch die Post getragenen Btx-Leistungen zuverlässig zur Verfügung stehen.

D.I.5 Aktualisierbarkeit

Das Merkmal "Aktualisierbarkeit" betrifft vor allem das Btx-Programm und damit die Eigenschaft von Btx als Datenendeinrichtung.

Aufgrund der relativ einfachen Vorgehensweise beim Editieren der Btx-Seiten sowohl im öffentlichen (online-Editor) als auch im privaten (offline-Editor) Btx-Betrieb ist es einem Anbieter ohne großen Zeitaufwand und somit ohne hohe Zusatzaufwendungen für Personal möglich, sein Btx-Programm zu aktualisieren.

Erfolgt der Informations- und Kommunikationsaustausch über Btx-Masken, die mittelbar mit einem EDV-Programm verbunden sind (Externer Rechner-Einsatz), ist - soweit die Datenstrukturen des EDV-Programms bei Aktualisierungsvorgängen eingehalten sind - keine Veränderung der Masken erforderlich. Über die Schnittstelle "EDV-Anwendungsprogramm-Btx-Schnittstelle-Btx-Kommunikationskomponente" erfolgt dann eine automatische Aktualisierung.

In einer Verbundgruppe des Handels bedeutet der Einsatz des Btx-gestützten Informations- und Kommunikationssystems, daß vor allem unidirektional gerichtete Informationen für alle Verbundgruppenmitglieder jederzeit in aktueller Form bereitgestellt werden können. Dadurch entfallen zeitintensive Informationsvorgänge, die ohne Btx-Unterstützung mündlich, fernmündlich oder schriftlich erfolgt sind und mit dem Risiko der Informationsverzögerung behaftet sind.

D.I.6 Verfügbarkeit

Das Btx-Postsystem ist 24 Stunden täglich verfügbar. Daher hat auch eine Verbundgruppe im Handel jederzeit die Möglichkeit, Informations- und Kommunikationsvorgänge im Rahmen der von der Post angebotenen Btx-Leistungen abzuwickeln.

Wie bereits schon an anderer Stelle (vgl. Abschnitt I.2 dieses Kapitels) erwähnt, ist der Btx-Einsatz in der Regel dann sinnvoll, wenn kleinere Unternehmen des Handels ein verbundgruppenspezifisches Informations- und Kommunikationssystem errichten, wobei der Aspekt der Massendatenübertragung im Hintergrund stehen sollte. Dafür spricht auch der Wirtschaftlichkeitsaspekt von Btx.

In diesem Zusammenhang bedeutet die zeitlich hohe Verfügbarkeit von Btx, daß es den Verbundgruppenmitgliedern möglich ist, wesentliche Teile ihrer Informations- und Kommunikationsaufgaben zum einen außerhalb der Ladenzeiten abwickeln zu können und zum anderen bezüglich der Abwicklung frei von festen Terminabsprachen bleiben zu können. Die Qualität des Systems erhöht sich noch durch eine 24stündige zeitliche Leistungsbereitschaft des Externen Rechners, d.h. der EDV-Anlage.

D.I.7 Preiswerte Nutzung

Die Wirtschaftlichkeitsfrage von Btx (vgl. Kapitel C.VI ff.) kann eindeutig nur dann beantwortet werden, wenn die Kosten und die Nutzenfaktoren anhand eines exakt definierten Informations- und Kommunikationsmodells in einer Verbundgruppe ermittelt werden.

Es kann allerdings festgehalten werden, daß eine Tendenz besteht, den Btx-Einsatz - d.h. das Btx-Telekommunikationsnetz und die Btx-Datenendeinrichtung - den wirtschaftlich vertretbaren Telekommunikationsnetzen und -diensten zuzurechnen. Diese Aussage läßt sich auch durch zahlreiche in der Literatur ausgewiesene Untersuchungen, die in Kapitel C.VI ff. angesprochen worden sind, belegen.

Für eine Verbundgruppe im Handel, die die Errichtung eines flächendeckenden integrierten Informations- und Kommunikationssystems anstrebt, bedeutet die wirtschaftliche Nutzungsmöglichkeit des Instrumentes Btx, daß auch wirtschaftlich schwache Unternehmen, für die alleine sich eine EDV-Unterstützung bei der Aktivitätenabwicklung im Handel nicht rechnen läßt, durch eine Kooperation, die auch auf den Bereich der EDV und insbesondere der Btx-gestützten Datenverarbeitung ausgedehnt wird, erhebliche Vorteile haben.

EDV-Unterstützung im Handel bietet z.B. folgende Vorteile:

-        Rationalisierungspotentiale in der innerbetrieblichen Verwaltung,
-        Informationstransparenz bezüglich für das Unternehmen relevanter Faktoren,
-        bessere Möglichkeiten der Informtionsbereitstellung für Partner im Markt.

D.I.8 Benutzerfreundlichkeit

Die Benutzerfreundlichkeit von Btx trägt wesentlich zur Attraktivität des Btx-Systems bei:

Sie betrifft die Faktoren:

-        Erstellung des Btx-Programms,
-        Pflege des Btx-Programms sowie
-        Arbeiten mit dem Btx-Programm.

Die Erstellung des Btx-Programms orientiert sich an durch die DBP fest vorgegebenen Regeln, wobei die Formatvorgaben für die 1. und 24. Zeile strikt zu beachten sind.

Da für die Erstellung des Programms keine speziellen EDV-Kenntnisse erforderlich sind, ist der Umgang mit dem Editor auch Personen möglich, deren EDV-Ausbildung auf Grundkenntnissen basiert.

Für ein Handelsunternehmen bedeutet dies, daß keine teuren Spezialkräfte für die Erstellung des Btx-Programms erforderlich sind. Vernachlässigt wird bei diesen Ausführungen der graphische Aspekt des Btx-Programms. Die graphischen Ausgestaltungsmöglichkeiten erfordern in den meisten Fällen das Spezialwissen eines Graphik-Designers.

Die Pflege des Btx-Programms ist eng mit der Erstellung verbunden und unterliegt daher ähnlichen Bedingungen.

Das Arbeiten mit dem Btx-Programm ist für die Verfasserin unter dem Gesichtspunkt der Integration das Wichtigste. Die Vorgaben der Post an die Benutzerführung in der 24. Zeile jeder Btx-Seite (vgl. dazu Kragler 1982, S. 3.3.3.2.4) ermöglicht jedem Benutzer nach kurzer Einarbeitungszeit den Umgang mit dem System. Daher ist über das Netz Btx und die Datenendeinrichtung Btx jede Benutzerzielgruppe erreichbar.

Weiterhin wird der benutzerfreundliche Umgang mit dem Btx-System durch den dekadischen Aufbau der Btx-Programme erleichtert.

Einwänden gegen die dadurch bedingte umständliche und zeitintensive Benutzung des Btx-Programms kann die Möglichkeit des logischen Suchens (vgl. Kapitel C.I ff) entgegenhalten werden.

Für den Aufbau eines integrierten Informations- und Kommunikationssystems in einer Verbundgruppe bedeutet dies, daß die Btx-Nutzung mit erheblich geringeren Akzeptanzbarrieren (vgl. Rüschenbaum 1986) verbunden ist, da nicht nur Personen mit EDV-Spezialwissen den Umgang mit Btx erlernen können.

Ein wichtiges Hemmnis, nämlich das Erlernen einer Datenbankabfragesprache, kann durch die Nutzung der Btx-Oberfläche entfallen. Es bestehen allerdings ausreichend Gestaltungsalternativen im Btx-Seitenaufbau, so daß die Seiten in Abhängigkeit von der Qualifikation der Nutzergruppe spezifisch gestaltet werden können.

Wie bereits erwähnt, bietet Btx die drei zu integrierenden Informations- und Kommunikationstypen unter einheitlicher Benutzeroberfläche an.

Ebenso wird die funktionale Integration unterstützt, weil die Errichtung eines verbundgruppenweiten Systems möglich ist und alle Funktionen eine individuell und einfach zu handhabende Benutzerunterstützung erhalten können, ohne daß die Benutzeroberfläche des Gesamtsystems an Durchgängigkeit verliert.

Auch bezüglich des Detaillierungsgrades und der Auswertungsmöglichkeiten bietet das Btx-System in Form von Zugriffsberechtigungsnachweisen einer GBG Möglichkeiten an, die festlegen, daß z.B. Informationen, die nur für strategische Entscheidungen benötigt werden, auch nur von diesen Entscheidungsträgern abgerufen werden können. Auch diese Modifikationen können ohne Verlust der Durchgängigkeit des Gesamtsystems erfolgen.

D.II Konzeption eines geschlossenen Btx-gestützten WWS in Verbundgruppen des Handels

Die in diesem Kapitel und den beiden folgenden vorgestellten Konzeptionen verfolgen das Ziel, für die drei angesprochenen Integrationsstufen (vgl. Teil B) zu skizzieren, wie mit Hilfe von Btx ein durchgängiges Gesamtsystem gemäß den Anforderungen aus Kapitel B.V ff. aufgebaut sein kann.

Aufgrund der ausführlichen Diskussion des Btx-Einsatzes innerhalb ausgewählter Funktionen übernimmt Teil D nur noch die Untersuchung der Frage, wie die Funktionen in einem System zusammengefaßt werden können.

Abweichend von der bisher gewählten Reihenfolge, in der die drei Integrationskriterien vorgestellt wurden, wird im folgenden die Integration der Funktionen vor der Integration der Informations- und Kommunikationstypen beschrieben. Dadurch bleibt der logische Bezug zu Teil C hergestellt; dennoch entsteht kein Bruch zu den Ausführungen in Kapitel B.V ff., da die Integrationsstufen nicht sequentiell abgearbeitet werden müssen.

Geschlossene WWS in einer Kooperation oder auch in einem bestimmten isoliert am Markt operierenden Betriebstyp sind das Kernstück integrierter Informations- und Kommunikationssysteme im Handel (vgl. Kapitel B.II ff.).

Ihre Ausgestaltung hängt unter anderem von folgenden Entscheidungen ab, die den internen Datenrahmen bilden:

1.   der Grundstruktur der Verbundgruppe:

        Beispiele sind Entscheidungen und Daten der Branche, Stellung in der Handelskette, Kooperations-
        typ, Kooperationsfelder, Kooperationsintensität, Betriebstyp (vgl. B.III ff.);

2.   der Marktpolitik der Verbundgruppe:

        sie betrifft alle Aspekte des Marketing, wie Werbestrategien, Vertriebsstrategien, zeitliche Verkaufs-
        bereitschaft;

3.   der Faktorkombinationspolitik:

        sie entscheidet über die Ressourcen der Verbundgruppe;

4.   der Finanzpolitik;

5.   der Technologiepolitik.

Von diesem Datenrahmen ist auch der organisatorische Grad der Zentralisation oder Dezentralisation abhängig. Zentralisation bzw. Dezentralisation haben einen wesentlichen Einfluß auf den Informationsbedarf der Mitglieder einer Verbundgruppe.

Die Rechnerausstattung in der Verbundgruppe kann in jeder Variante, die in Kapitel B.VII.2.1 ff. beschrieben worden ist, bestehen. Davon abhängig ist auch die Softwareausstattung der Verbundgruppen und der Verbundgruppenmitglieder. Auf der jeweiligen Softwareausstattung basiert die Architektur des WWS. Wesentlich für den Btx-Einsatz, der in der Verbundgruppe integrierende Aufgaben übernehmen soll, ist, daß einige Grundvoraussetzungen erfüllt sind.

Eine Voraussetzung ist, daß zumindest eines der Verbundgruppenmitglieder über einen Externen Rechner verfügt oder eine zentral in der Verbundgruppe bestehende Institution den Betrieb eines Externen Rechners übernimmt. Der Externe Rechner bildet die Voraussetzungen für eine gemeinsame Datenbasis, die mit der Forderung nach Datenintegration einhergeht.

Eine zweite Voraussetzung ist, daß alle Verbundgruppenmitglieder den Btx-Teilnehmerstatus haben und im Rahmen einer GBG im Btx-System verwaltet werden.

D.II.1 Funktionen

Der Aufbau eines geschlossenen WWS in einer Verbundgruppe unter der Zielsetzung der Datenintegration setzt zweckmäßigerweise eine gemeinsame Stammdatenverwaltung (Datenbasis) aller Verbundgruppenmitglieder voraus.

Bestehen bei der Frage nach der Lagerhaltung noch Freiheitsgrade im Kooperationsverhalten der Mitglieder (zentral versus dezentral) müssen Elemente, wie Warenausgang, bestimmte Kontrollfunktionen im Wareneingang oder Inventur, zwingend bei den Mitgliedern vorhanden sein. Wesentlich für den Btx-Einsatz ist, daß alle Funktionen mit der Datenendeinrichtung Btx unterstützt werden können und die Datenerfassung und -übertragung über das - wie auch immer gestaltete - Btx-Infranetz erfolgen kann.

Die Datenübertragung im transparenten Btx-Modus ermöglicht unter bestimmten Bedingungen auch die Datenübertragung für größere Datenbestände.

Wesentlich für die Funktionsfähigkeit des Btx-Systems ist der Programmaufbau, der die Informationsseiten, Antwortseiten und Seiten für den transparenten Modus enthält.

Das Btx-Programm muß so gestaltet werden, daß jede Funktionseinheit ihr spezielles Unterprogramm gemäß ihren Anforderungen abrufen kann.

So kann beispielsweise die Datenübertragung für Funktionen mit geringem Datenübertragungsvolumen über vorbesetzte Antwortseiten erfolgen, in die lediglich numerische Angaben eingetragen werden müssen. Ein Beispiel hierfür ist die Btx-Unterstützung bei der Inventur. Übernimmt der zentrale Rechner der Verbundgruppe die rechnerische Lagerbestandsführung, so muß bei der Durchführung der physischen Inventur durch die Mitglieder jeweils nur noch eine Änderungsmeldung in vorbesetzten Antwortseiten erfolgen.

Diese Antwortseiten können durch Help-Funktionen, die über die 24. Zeile angezeigt werden und aus Informationsseiten bestehen, benutzerfreundlich gestaltet werden. Dadurch können auch ungeübte Btx-Benutzer die Inventur mit Btx-Unterstützung durchführen.

Eine andere Vorgehensweise bietet sich bei der Erfassung des täglichen Warenausgangs an. Hier kann davon ausgegangen werden, daß ein geübter Endbenutzer die Datenerfassung durchführt oder die Erfassung mit Intelligenz vor Ort unterstützt wird. Daher kann eine Benutzerinformation entfallen. Ebenso sollte die auszufüllende Seite möglichst den transparenten Modus zulassen.

Das Btx-Programm kann also abhängig vom Adressatenkreis die Benutzerunterstützung variieren. Ein Btx-Programm kann, wie in Abbildung D.II.1.01 folgt, aufgebaut sein:

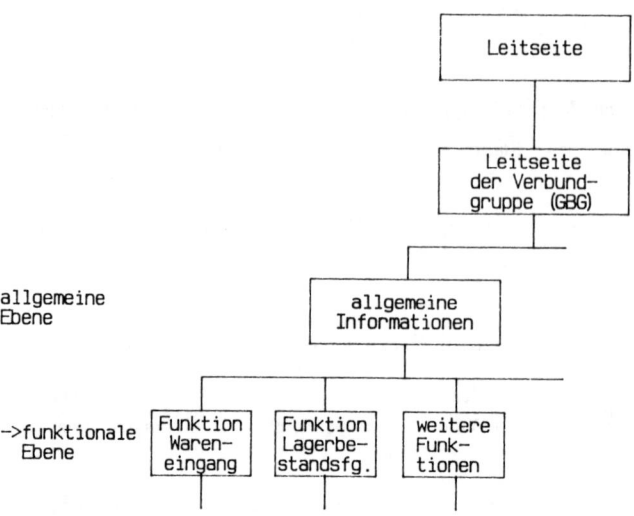

Legende:

Lagerbestandsfg. = Lagerbestandsführung

Abb. D.II.1.01: Aufbau des Btx-Programms nach funktionalen Gesichtspunkten

D.II.2 Informations- und Kommunikationstypen

Die Integration der Informations- und Kommunikationstypen

- einseitig gerichtete Informationen,
- bidirektionaler unstrukturierter Informations- und Kommunikationsaustausch,
- bidirektionaler strukturierter Informationsaustausch (Datenaustauschfunktion)

wird durch die Informations-, Dialog- und Dispositionsfunktion (vgl. Kapitel C.I ff.) von Btx gewährleistet. Beispiele für unidirektional unstrukturierte Informationen sind solche einer zentralen Institution an alle Verbundgruppenmitglieder, die in Form von Informationsseiten erfolgen können.

Der bidirektionale unstrukturierte Informations- und Kommunikationsaustausch kann über Mitteilungsseiten erfolgen. Er wird vor allem in der Verbundgruppe zwischen den Mitgliedern genutzt werden, da viele Aktivitäten über den Koordinationsweg geregelt werden müssen.

Der bidirektionale strukturierte Informationsaustausch (Datenaustauschfunktion) kann wie erläutert über zum Datenaustausch vorbereitete Seiten erfolgen. Verfügt das Verbundgruppenmitglied mit Teilnehmerstatus über Intelligenz vor Ort, so kann mittels Telesoftware ein Datenkomprimierungsprogramm übermittelt und die Datenübertragung erleichtert werden.

Das Btx-Programm erweitert sich um die Ebenen:

-    unstrukturierte Informationen (Informationsfunktion),
-    unstrukturierter Informations- und Kommunikationsaustausch (Dialogfunktion),
-    strukturierter Informations- und Kommunikationsaustausch (Dispositionsfunktion).

Abbildung D.II.2.01 zeigt das so erweiterte Programm.

D.II.3 Aggregationsstufen der Subsysteme

Die über Btx angestrebte zentrale Stammdatenverwaltung auf einem Externen Rechner ermöglicht auch Auswertungen in unterschiedlichen Aggregationsstufen. Im Rahmen des WWS erfolgen diese Auswertungen innerhalb des Marketing-Managementinformationssystems, welches es ermöglicht, Auswertungen für die operativen Ebenen (Statistiken), für die dispositiven Ebenen (Berichts- und Kontrollsysteme) und für die strategische Ebene (Kennzahlensysteme) anzufertigen.

Das Btx-Programm läßt es zu, innerhalb einer GBG mehrere Untergruppen, die als Zugriffsberechtigungsgruppen angelegt sind, zu verwalten. Ein Beispiel für den Aufbau dieses Submoduls des Btx-Programms ist eine streng hierarchische Gliederung der Zugriffsberechtigung in der GBG. Dabei ist festzuhalten, daß die Zugriffsberechtigungen nicht nur nach den Managementebenen der Verbundgruppe gestaltet werden müssen, sondern auch die Informationsbedürfnisse und -befugnisse der jeweiligen Verbundgruppenmitglieder berücksichtigt werden müssen.

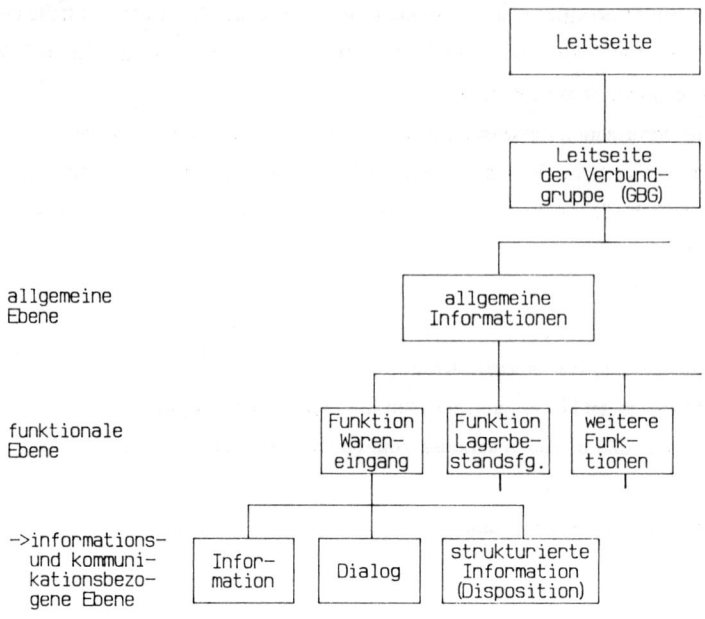

Abb. D.II.2.01: Erweitertes integriertes Btx-Programm I

Das Btx-Programm erweitert sich dann, wie in der Abbildung D.II.3.01 dargestellt ist.

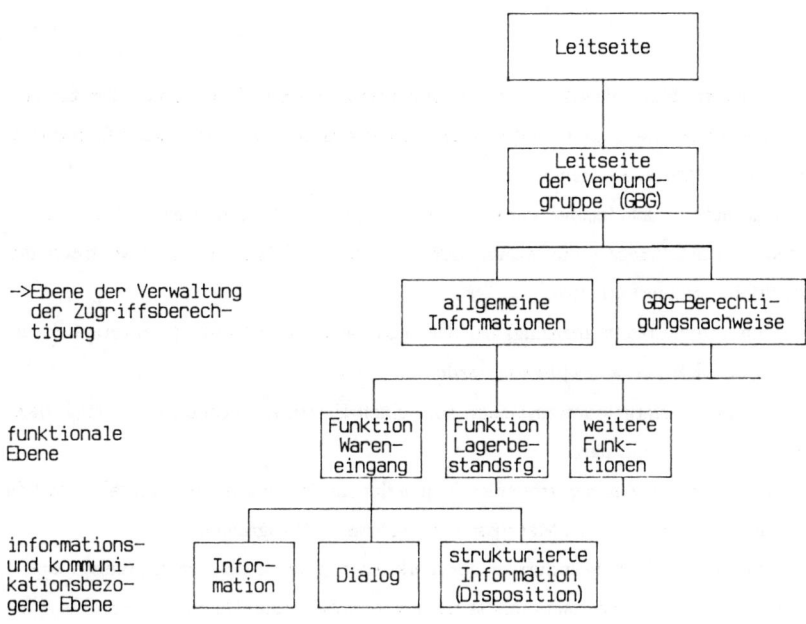

Abb. D.II.3.01: Erweitertes integriertes Btx-Programm II

D.III Konzeption eines integrierten Btx-gestützten WWS in Verbundgruppen des Handels

Die zweite Integrationsstufe von Informations- und Kommunikationssystemen im Handel betrifft die Einbindung der Informations- und Kommunikationsbeziehungen der Verbundgruppe mit externen Partnern im Markt, wie Kunden, Lieferanten und Banken.

Über Btx kann diese Integrationsstufe nur erreicht werden, wenn die jeweiligen Partner auch über einen Btx-Anschluß verfügen.

Bei den Marktpartnern Lieferanten und Banken ist in der Regel der Anbieterstatus erforderlich. Häufig ist eine integrierte Abwicklung nur dann sinnvoll, wenn die Partner ebenfalls über einen externen Rechneranschluß verfügen. Das ist vor allem für den Bankbereich sowie unter bestimmten Voraussetzungen für die Abwicklung des Bestellwesens mit Lieferanten zutreffend.

D.III.1 Funktionen

Die Btx-gestützte Abwicklung ist auch hier grundsätzlich mit allen Partnern denkbar. Verfügen die Banken und Lieferanten nur über einen Teilnehmerstatus, so ist lediglich der unstrukturierte bidirektionale Informations- und Kommunikationsaustausch über Mitteilungsseiten möglich.

In bezug auf die warenwirtschaftliche Geschäftsabwicklung sind Aktivitäten, wie Anforderung von Formularen von Banken und Lieferanten, Anfragen eines Liefertermins oder die Bitte des Besuchs durch Vertreter des Lieferanten, über den Btx-Mitteilungsdienst möglich.

Das Btx-Programm der Verbundgruppe bleibt allerdings bei der oben vorgestellten Variante unverändert, da die Mitteilungsseiten des öffentlichen Btx-Systems benutzt werden.

Verfügt ein Partner über den Anbieterstatus oder zusätzlich über einen Externen Rechner, bleibt auch dann das Btx-Programm der Verbundgruppe unberührt.

Die jeweilig über Btx mit Externen in Verbindung tretenden Mitglieder der Verbundgruppe verhalten sich in jedem Fall wie Teilnehmer und nutzen das von den Marktpartnern angebotene Programm.

Problematisch ist die Integration der EDV-Anwendungen der Verbundgruppe mit den Anwendungen Externer, da in der Regel beim strukturierten Informationsaustausch unterschiedliche Datenstrukturen bei den kommunizierenden Systemen vorliegen. Um die externen Informationen in EDV-gestützten Informations- und Kommunikationssystemen der Verbundgruppe nutzen zu können, muß die Verbundgruppe an den über Btx ankommenden und abzusendenden Daten Konvertierungen durchführen, um sie an die in der Verbundgruppe bestehenden Anwendungsstrukturen anzupassen.

Diese Schnittstellenproblematik auf der logischen Ebene bleibt trotz technischer Kompatibilität bestehen (vgl. Kapitel D.I ff.).

Die Integration der Kunden (vgl. auch den folgenden Abschnitt D.IV ff.) erfolgt in einem Btx-gestützten integrierten WWS über die veränderte Abwicklung des Warenausgangs.

Dies kann zum einem dann geschehen, wenn beispielsweise im Versandhandel (vgl. Kapitel C.III ff.) die schriftlich abgewickelten Bestell- und Informationsvorgänge durch den Btx-Weg ergänzt werden.

Aufgrund der noch geringen Verbreitung von Btx (vgl. z.B. die Statistiken in Bildschirmtext Aktuell, die im 10tägigen Rhythmus die Anschlußzahlen veröffentlichen; zum 21.12.1988 betrug die Zahl der Btx-Anschlüsse bundesweit 145.527 (Quelle: o.V. 1988a, S. 22)) sowie des umfangreichen Angebots im Versandhandel in Form von anschaulich bebilderten Katalogen stellt der Btx-Einsatz aber bisher nur eine Ergänzung zu bestehenden Absatzwegen dar (vgl. Kapitel C.V ff.).

Der Btx-Einsatz im stationären Handel kann aber auch zu zusätzlichen Absatzwegen führen, die die Aufgaben der Informationsverarbeitung im Warenausgang erheblich verändern.

Der Warenausgang findet dann nicht mehr am Point-of-sale im Laden statt, sondern verlagert sich zur Btx-gestützten Auftragsabwicklung. Da grundsätzlich das Btx-Angebot allen Kunden einer Verbundgruppe zur Verfügung stehen soll, ist es zweckmäßig, das Btx-Angebot außerhalb der GBG des Btx-Programms abzuwickeln. Dadurch verzweigt sich das Btx-Programm aus Abschnitt D.II.3 auf der 2. Hierarchieebene, wie es auch in Abbildung D.III.1.01 dargestellt ist.

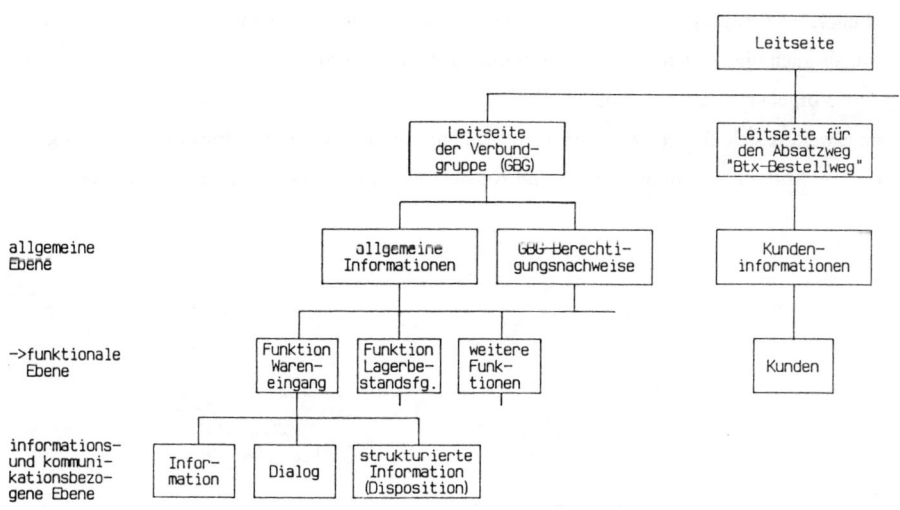

Abb. D.III.1.01: Erweitertes integriertes Btx-Programm III

D.III.2 Informations- und Kommunikationstypen

Wie bereits darauf hingewiesen worden ist, beeinflußt die Kommunikation mit Banken und Lieferanten die Gestaltung des Btx-Angebots einer Verbundgruppe in der Regel nicht. Die Integration der Kunden dagegen erweitert auch das Btx-Angebot auf der Ebene der Informations- und Kommunikationstypen.

Die unidirektional gerichteten Informationen können beispielsweise allgemeine Informationen enthalten, um Kunden über das Handelsprogramm der Verbundgruppe auf dem aktuellen Stand zu informieren.

Bidirektional unstrukturierte Informationen dienen der Kommunikation mit Kunden, um beispielsweise Rückfragen des Kunden zu gestatten und auf dem Btx-Weg ebenso zu beantworten.

Die Bestellabwicklung kann sowohl über die unstrukturierten Informations- und Kommunikationsbeziehungen abgewickelt werden, als auch über strukturierten Informationsaustausch. Insbesondere für die Aufgabe der Bestellung ist die zweite Vorgehensweise zweckmäßig.

Das Btx-Programm erweitert sich ebenso wie in Abschnitt II.2 um die Btx-Funktionen Information, Dialog und Disposition in Form von Mitteilungs-, Informations- und Antwortseiten. Abbildung D.III.2.01 verdeutlicht dies.

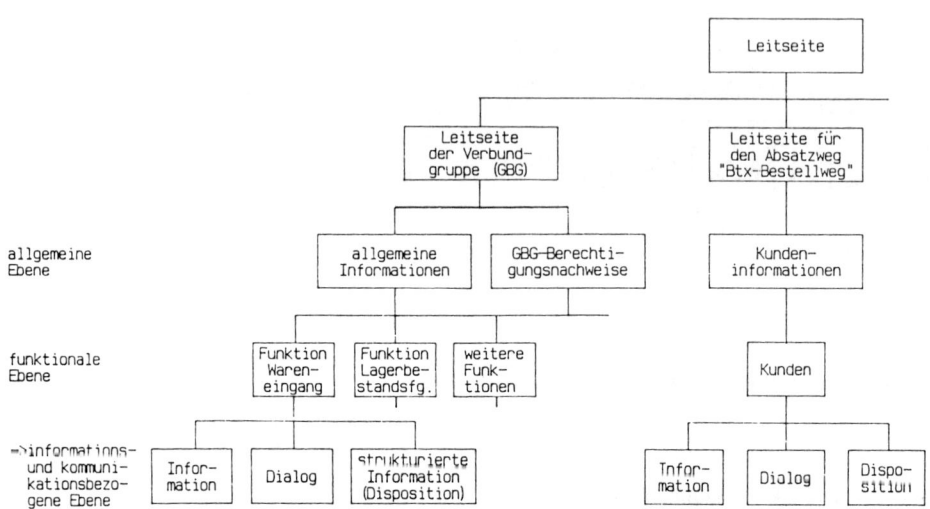

Abb. D.III.2.01: Erweitertes integriertes Btx-Programm IV

D.III.3 Aggregationsstufen der Subsysteme

Da Kunden, Lieferanten und Großhändler nur mittelbar am integrierten Informations- und Kommunikationssystem der Verbundgruppe teilnehmen, hat der Bereich des Auswertungs-, Kontroll- und Berichtssystems keine Bedeutung für sie.

Eine Ausnahme ist eventuell der Kundenbereich. Auf der Basis aller gespeicherten Einkaufsmengen, -häufigkeit, -daten usw. ist es möglich, dem Kunden detaillierte Informationen über seine Einkaufsaktivitäten zur Verfügung zu stellen.

Für die Verbundgruppe ist die Integration der marktpolitisch relevanten Daten der Marktpartner eine wichtige Aufgabe, die bei der Entscheidung über die Unternehmenspolitik eine Rolle spielt (vgl. hierzu Kapitel C.V.1 ff. Politik der Informationsgewinnung).

Die Integration der relevanten Daten in das Btx-gestützte Verbundgruppensystem stellt jedoch ein Schnittstellenproblem dar und soll nicht weiter analysiert werden.

Das Btx-Programm muß in seiner Struktur daher nicht erweitert werden.

D.IV Konzeption eines vollintegrierten Btx-gestützten Informations- und Kommunikationssystems in Verbundgruppen des Handels

Ein vollintegriertes Btx-gestütztes System kann alle Funktionsbereiche einer Verbundgruppe mit Btx unterstützen. Bei diesem Ansatz bietet sich an, daß die Verbundgruppe von einer zentralen Institution gesteuert wird, die zumindest die Vorbereitung aller Entscheidungen der Unternehmenspolitik in der Verbundgruppe übernimmt.

Zu berücksichtigen ist, daß in einer Verbundgruppe die rechtliche Selbständigkeit der Mitglieder erhalten bleibt, so daß es eines sehr großen Abstimmungsaufwandes zwischen den entscheidungsbefugten Stellen der Mitglieder bedarf[1].

In einem vollintegrierten System können die betriebswirtschaftlichen Funktionen in der Zentrale in Form eines Btx-Inhouse-Systems miteinander verbunden werden. Darüber hinaus muß das Btx-Inhouse-System jedem angeschlossenen Inhouse-Teilnehmer den Zugang zum öffentlichen System ermöglichen.

D.IV.1 Funktionen

Abbildung D.IV.1.01 zeigt einen möglichen Funktionsumfang eines Btx-gestützten vollintegrierten Systems.

---

1)   Der betriebswirtschaftliche Nutzen einer in dieser Form angedeuteten Kooperation ist diskussionsbedürftig. Dennoch soll auch ein vollintegriertes System vorgestellt werden, um zu zeigen, daß Btx auch in einem solchen Beispiel eingesetzt werden kann.

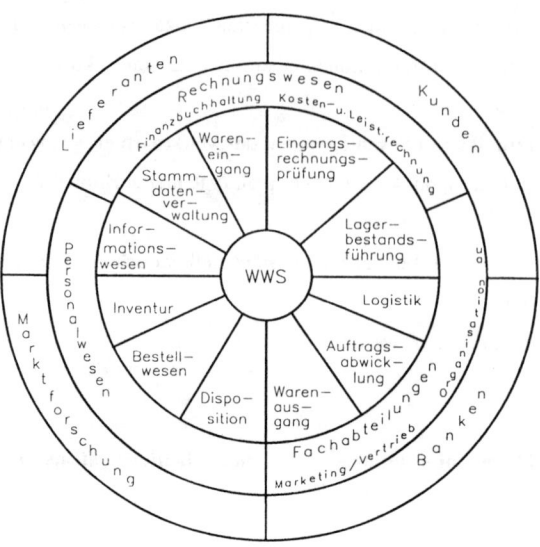

Abb. D.IV.1.01: Vollintegriertes Informations- und Kommunikationssystem im Handel

Im Mittelpunkt des Systems steht das geschlossene WWS. Für die Verteilung der Elemente innerhalb der Verbundgruppe gelten die Ausführungen des Kapitels II dieses Teils.

Darüber stehen die über das WWS hinausgehenden Funktions- und Aufgabenbereiche. Im Hinblick auf die Forderung nach Datenintegration eines verbundgruppenweiten Gesamtsystems sollten diese Stellen ebenfalls auf die Datenbasis des WWS zugreifen können; die gemeinsame Datenbasis muß gegebenenfalls um die zusätzlichen Daten der Fachabteilungen und dabei insbesondere um die des Rechnungswesens ergänzt werden.

Dabei können die Funktions- und Aufgabenbereiche beispielsweise in der Zentrale der Verbundgruppe ange-siedelt sein und durch ein Btx-Inhouse-System unterstützt werden.

Die äußere Schale enthält die Funktion des integrierten WWS. Sie wurde um die Funktion externe Marktfor-schung ergänzt. Gerade im Bereich der Politik der Informationsgewinnung von Verbundgruppen in Verbin-dung mit externen Quellen hat Btx, wie in Kapitel C.V.1 ff. beschrieben, wesentliche Aufgaben der Raumüber-brückung.

Für das Btx-Programm bedeutet der erweiterte Funktionsumfang ebenfalls eine Erweiterung, die beispielsweise in Form einer Inhouse-Schiene des Programms ausgestaltet werden kann. Abbildung D.IV.1.02 zeigt die Er-weiterung graphisch.

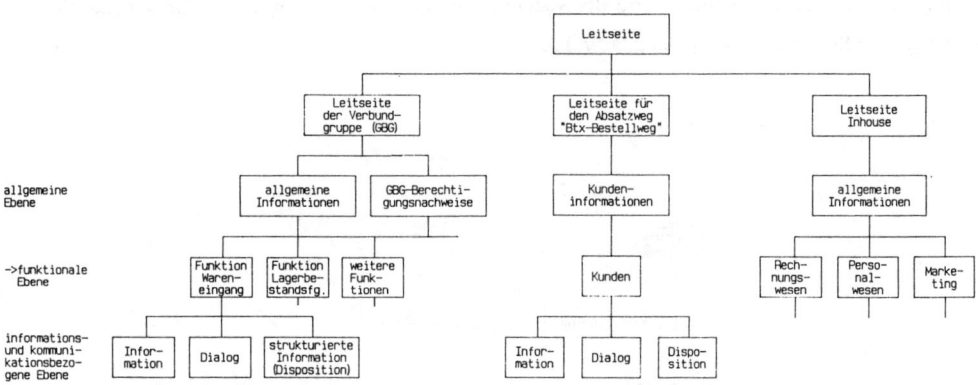

Abb. D.IV.1.02: Erweitertes integriertes Btx-Programm V

D.IV.2 Informations- und Kommunikationstypen

Das Btx-gestützte Inhouse-System muß ebenso wie die zuvor angesprochenen Systeme über alle drei Informations- und Kommunikationstypen verfügen.

Wichtig bei der Gestaltung des Programms ist, daß das Teilsystem Btx-Inhouse mit dem Teilsystem Btx-GBG für die Verbundgruppenmitglieder so verbunden wird, daß die in der Zentrale erarbeiteten dispositiven oder strategischen Informationen auch über Btx den Verbundgruppenmitgliedern zur Verfügung stehen und umgekehrt.

Für diese Anforderung an das Btx-gestützte Gesamtsystem müssen Lösungen erarbeitet werden, die in Zugriffsberechtigungsnachweisen und Seitenverweisen bestehen, um redundante Btx-Seitenhaltung zu vermeiden.

Darüber hinaus gelten für das vollintegrierte Btx-System die gleichen Erweiterungen wie für das geschlossene bzw. das integrierte System (vgl. Abbildung D.IV.2.01).

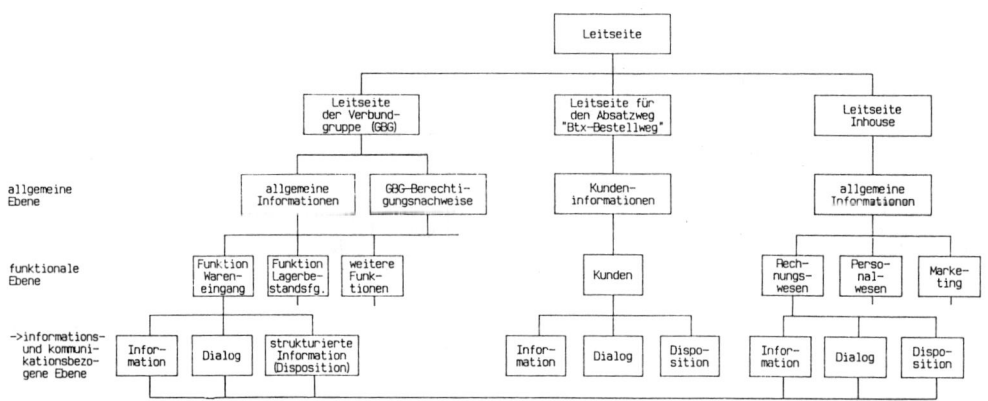

Abb. D.IV.2.01: Erweitertes integriertes Btx-Programm VI

D.IV.3 Aggregationsstufen der Subsysteme

Wird Btx in einem vollintegrierten System eingesetzt, ist es von besonderer Bedeutung, allen Managementebenen der Verbundgruppe die entsprechenden Auswertungen zur Verfügung zu stellen. Diese betreffen in einer Verbundgruppe sowohl Instanzen in der Zentrale als auch in den kooperierenden Einheiten.

Die Frage nach den inhaltlichen Auswertungen und deren Aufbereitung ist Aufgabe der EDV. Die Bereitstellung der erzielten Ergebnisse muß das Btx-Programm übernehmen. Daher muß das Btx-Programm wiederum um entsprechende Zugriffsberechtigungen erweitert werden. Sie sollten so festgelegt werden, daß alle operativen Einheiten, alle dispositiven bzw. strategischen Einheiten der Zentrale und der Verbundgruppenmitglieder jeweils die gleiche Prioritätsstufe erhalten. Dabei muß jedoch berücksichtigt werden, daß die Daten der Verbundgruppenmitglieder vertraulich behandelt werden.

Abbildung D.IV.3.01 zeigt die vollständige Struktur eines integrierten Btx-Programms.

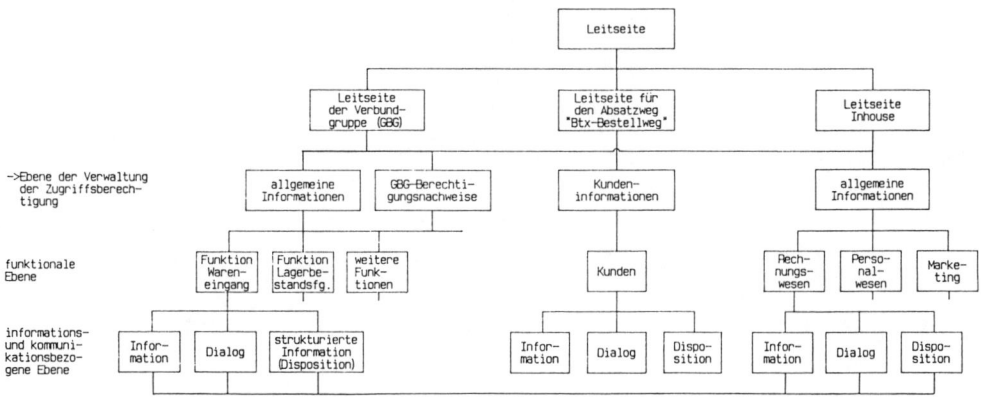

Abb. D.IV.3.01: Struktur eines vollintegrierten Btx-Programms

D.V Zusammenfassung

Die drei vorgestellten Ansätze zur stufenweisen Integration zeigen, daß Btx den modularen Systemaufbau unterstützt. Ausgehend von einer Basiskonfiguration können Teilsysteme hinzugefügt werden, ohne daß bereits bestehende Btx-gestützte Programme verändert werden müssen.

E Prototyp eines Btx-gestützten integrierten WWS

E.I Aufgaben und Zielsetzung der Prototypentwicklung

E.I.1 Aufgaben eines Prototypen

Im Rahmen des Software-Lifecycles werden, wie in Kapitel B.VII ff. beschrieben worden ist, die verschiedenen aufeinanderfolgenden Phasen des Software-Engineering-Prozesses unterschieden.

Diese Vorgehensweise ist auch bei der Prototypentwicklung zweckmäßig. Allerdings ist beim Entwurf und der Implementierung eines Prototypen das Wichtigste, ein lauffähiges Grundmodul zu entwickeln, welches die wesentlichen Funktionen des zu implementierenden Gesamtsystems enthält. Aufgabe des Prototypen ist es zu zeigen, daß ein in der Definitions- bzw. Entwurfsphase entstandenes Konzept für ein EDV-gestütztes Informations- und Kommunikationssystem implementierungsfähig ist. Die Realisierung des Konzepts soll dabei in möglichst kurzer Zeit erfolgen. Ziel ist es, dabei praktische Ergebnisse zu erhalten und vor allem Erfahrungen für die weitere Realisierung zu gewinnen.

Die vollständige praktische Umsetzung des Konzeptes wird dann erst nach der Realisierung des Prototypen erfolgen.

Wichtige Voraussetzung bei der Entwicklung eines Prototypen ist die Vorgehensweise nach einem modularen Konzept, das es erlaubt, die Grundfunktionen zu erweitern, ohne wesentliche Veränderungen an bereits implementierten Strukturen vornehmen zu müssen.

Die Prototypentwicklung schließt allerdings nicht aus, daß aufgrund der praktischen Erfahrung auch strukturelle Änderungen an den programmierten Anwendungen vorgenommen werden.

E.I.2 Zielsetzung der Prototypentwicklung

Zielsetzung bei der Entwicklung des folgenden Prototypen ist es, ein Btx-gestütztes integriertes System für eine Verbundgruppe im Handel zu entwickeln, welches systemtheoretisch an den Forderungen nach Integration von Informations- und Kommunikationssystemen im Handel ausgerichtet ist. Bezüglich des Konzeptes ist der Prototyp stark an den Gedankengang des Kapitels D.III ff. angelehnt.

Für die dem Btx-gestützten Informations- und Kommunikationssystem zugrundeliegenden EDV-Anwendungen besteht die Aufgabe darin, unterschiedliche Grundfunktionen, drei Informations- und Kommunikationstypen, eine gemeinsame Datenbasis sowie unterschiedliche ausgewählte Aggregationsstufen der Subsysteme zu implementieren. Von untergeordneter Bedeutung ist es, EDV-Anwendungen, die bereits durch komfortable Standardsoftwarelösungen am Markt abgedeckt sind, zu programmieren; vielmehr soll gezeigt werden, daß Btx ein geeignetes Instrument ist, den Integrationsgedanken in Verbundgruppen des Handels praktisch zu tragen. Daher ist für die Prototypentwicklung eine mikrocomputergestützte Btx-Rechnerverbundlösung gewählt worden, die durchaus in der Lage ist, die Zielsetzungen der Prototypentwicklung zu unterstützen.

Eine weitere Zielsetzung in betriebswirtschaftlicher Hinsicht ist es bei der Prototypentwickung gewesen, der Tendenz zur Veränderung der Betriebstypen (Betriebstypendynamik und Betriebstypenprofilierung) Rechnung zu tragen. Daher wurde der Prototypentwicklung ein Modell mit einer zukunftsorientierten Struktur zugrundegelegt (vgl. o.V. 1988l, S. 14).

E.II Definition eines Modells für eine ausgewählte Verbundgruppe im Handel

Um einen Prototypen realisieren zu können, muß ein Modell mit einer definierten Unternehmensstruktur vorliegen.
Das Modell baut auf den Ergebnissen aus Teil C ff. auf.

In vertikalen Kooperationen wirtschaftlich schwacher Einzelhändler mit einem Großhandel, wie einer Freiwilligen Kette, zeigen sich die besten Einsatzmöglichkeiten für Btx:

1. Btx schafft die Voraussetzungen für ein verbundgruppenweites Informations- und Kommunikationssystem.

2. Bei Einsatz des Rechnerverbundkonzepts wird allen Gruppenmitgliedern ermöglicht, über Btx auf die Leistungen einer zentralen EDV-Anlage zuzugreifen.

3. Die bisher meist konventionell geführten WWS, die häufig auch nur Teilgebiete umfassen, werden auf den warenwirtschaftlichen Kooperationsfeldern, wie Beschaffung, Lagerhaltung, Stammdatenverwaltung, sowie den unternehmenspolitischen Funktionsbereichen, wie Technologiepolitik und Managementpolitik, zentralisiert und zu einem ansatzweise vollintegrierten Btx-gestützten Informations- und Kommunikationssystem ausgebaut. Die Kosten werden anteilig auf alle Partner umgelegt, so daß für alle wirtschaftlich vertretbare EDV-Kosten entstehen.

4. Die Fähigkeit von Btx, alle strukturierten und unstrukturierten Informations- und Kommunikationsbeziehungen in einem System abzuwickeln, ermöglicht es, die Beziehungen zwischen den Systempartnern zu verbessern. Sie sind in Kooperationen besonders wichtig, weil die Kompetenzen und Aufgaben nicht auf dem Instanzenweg, sondern auf dem Akzeptanzweg geregelt werden müssen.

Abbildung E.II.01 zeigt das zugrundeliegende Modell der Freiwilligen Kette. Die Freiwillige Kette besteht aus den folgenden Systemmitgliedern:

1. **Gruppe der Einzelhändler:**

Sie betreiben kleine, serviceorientierte Lebensmittelfachgeschäfte mit einem hochpreisigen Kernsortiment aus dem Food-Bereich, das sie ausschließlich über den Großhändler der Freiwilligen Kette beziehen.

2. **Großhändler:**

Der Großhändler betreibt einen Auslieferungsgroßhandel, über den die physische Warenbeschaffung der gesamten Kette abgewickelt wird.

3. **Kooperationszentrale:**

Sie wird wirtschaftlich von den Unternehmen beider Handelsstufen getragen und übernimmt die Aufgaben der zentralen Warenbewirtschaftung sowie die Bereitstellung der zentralen EDV-Leistungen und die Aufgaben des Externen Rechners.

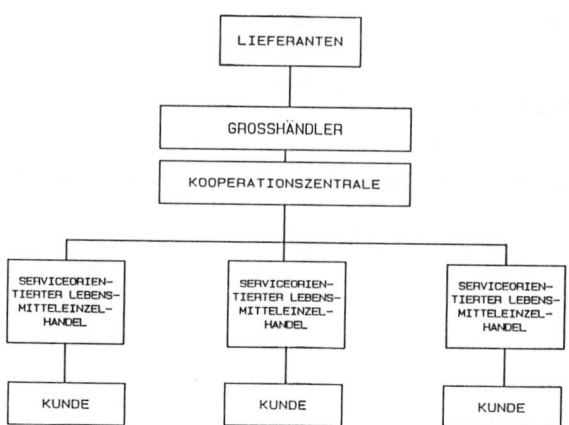

Abb. E.II.01: Das Modell der Freiwilligen Kette

Das Modell und die Ergebnisse aus Teil C und D bilden das Prämissengerüst für die Festlegung der Anforderungen an einen Btx-gestützten Prototypen, wie sie in Abbildung E.II.02 dargestellt sind.

```
┌────────────────────────────────────────────────┐
│   Aufbau eines zentralen Warenwirtschaftssystems │
│              für eine Verbundgruppe              │
└────────────────────────────────────────────────┘

┌────────────────────────────────────────────────┐
│  Einsatz des Rechnerverbundkonzepts (Externer Rechner) │
└────────────────────────────────────────────────┘

┌────────────────────────────────────────────────┐
│  Realisierung eines integrierten Informations- und Kommu- │
│  nikationssystems über unterschiedliche Btx-Techniken │
└────────────────────────────────────────────────┘

┌────────────────────────────────────────────────┐
│       Anbindung externer Partner im Markt        │
└────────────────────────────────────────────────┘
```

Abb. E.II.02: Anforderungsprofil an einen Btx-gestützten Prototypen

E.III Definition des Btx-gestützten Prototypen

E.III.1 Rechnerarchitektur der Freiwilligen Kette

Einen Überblick über die Rechnerarchitektur der Freiwilligen Kette gibt Abbildung E.III.1.01.

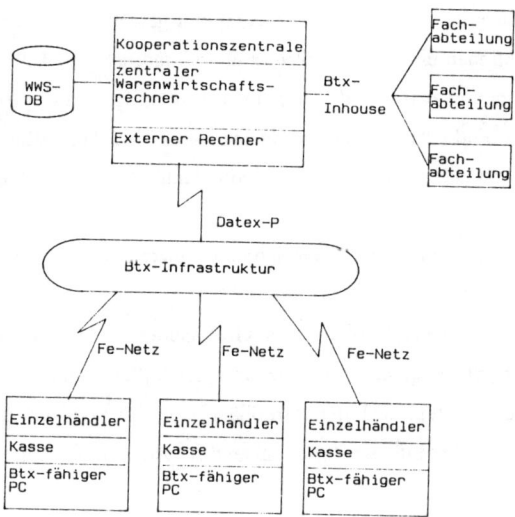

Abb. E.III.1.01: Rechnerarchitektur der Freiwilligen Kette

Wichtigste Einheit in der Kooperationszentrale ist der zentrale Warenwirtschaftsrechner mit der Warenwirtschaftsdatenbank, die alle relevanten Daten beinhaltet. Dieser Rechner ist als Externer Rechner für den Btx-Rechnerverbund aufgerüstet und ist die zentrale Einheit für das Btx-gestützte Informations- und Kommunikationssystem. Darüber hinaus soll der Externe Rechner bei der Installation eines Btx-Inhouse-Systems auch als Inhouse-Zentrale eingesetzt werden. Um Btx-Seiten zu editieren, muß der Rechner über eine Schnittstelle zu einer Btx-Station verfügen. Dieser kann aus einer komfortablen Hardwarestation oder aus einem Btx-fähigen Mikrocomputer mit Softwareunterstützung bestehen. Ein solches Terminal ist dann auch geeignet, um im öffentlichen Btx-Netz einen Teilnehmerbetrieb zu installieren.

Die Hardwareausstattung bei den Einzelhändlern besteht im wesentlichen aus zwei getrennten Einheiten. Die Kasse ist das wichtigste Instrument zur Erfassung und Zwischenspeicherung des Warenausgangs im Ladenhandel. Da der Warenausgang artikelgenau nach Menge und Wert erfaßt werden soll, ist es erforderlich, eine Datenkasse einzusetzen. Die bisher im kleinen Lebensmitteleinzelhandel noch verbreiteten Registrierkassen sind dann nicht mehr ausreichend.

Ebenso wichtig ist die Ausstattung des Einzelhändlers mit einer Mikrocomputer-gestützten Btx-Teilnehmer-station. Da die Kooperationszentrale alle Funktionen eines Btx-Anbieters übernimmt, ist eine Teilnehmersta-tion grundsätzlich ausreichend. Um eine Verbindung zwischen den auf einem Datenträger, in der Regel einer Diskette, gespeicherten Warenausgangsdaten und der Datenübertragung über Btx herzustellen, ist es notwendig, die Btx-Station mit Intelligenz auszustatten, um eine redundante manuelle Eingabe der Warenausgangsdaten zu vermeiden.

Die Ausstattung der Einzelhändler mit Intelligenz vor Ort ermöglicht dann auch dezentrale Verarbeitungsvor-gänge im Sinne des DDP.

Nach der Modellkonzeption beziehen die Einzelhändler alle Waren vom Großhändler der Freiwilligen Kette. Die Abwicklung der Warenbeschaffung von verschiedenen Lieferanten kann unter Mitbenutzung des Externen Rechners der Kooperationszentrale erfolgen. Damit steht auch dem Großhändler ein Zugang zum Btx-System zur Verfügung. Der Großhändler kann dazu über einen Inhouse-Anschluß an das System herangeführt werden.

E.III.2 Warenwirtschaftlicher Funktionsumfang der Freiwilligen Kette

E.III.2.1 Warenwirtschaftliche Funktionen bei der Zentrale

Die Kooperationszentrale nimmt folgende Funktionen oder Aufgaben wahr:

- **Stammdatenverwaltung:**
  Sie umfaßt folgende Daten:
  -- Artikelstammsätze,
  -- Kundenstammsätze,
  -- Einzelhändlerstammsätze.

- **Lagerbestandsführung:**
  Die rechnerische Lagerbestandsführung wird für jeden Einzelhändler durch die permanente Verbu-chung der Abverkäufe und Anlieferungen aufgrund der durchgeführten Bestellmengen wahrgenom-men.

- **Disposition:**
  Mit Ausnahme der Frischwaren im Obst- und Gemüsebereich werden für alle Einzelhändler von der Kooperationszentrale artikelgenaue Bedarfsprognosen und Bestellvorschläge erstellt. Diese stützen sich auf zentrale Marktforschungsergebnisse und die Vergangenheitswerte des täglichen kumulierten Abverkaufs für jeden Artikel. Die Disposition der Zentrale berücksichtigt zeitliche Schwankungen (Saisoneinflüsse, Trends, Wochentage usw.) und veranlaßt die Nachlieferung an die Einzelhändler in

bestimmten Abständen, um mit einem Mindestwarenbestand eine optimale Lieferbereitschaft beim Einzelhändler zu halten.

Die Bestellungen werden an den Großhändler weitergegeben.

- **Logistik:**

Zentrale Hilfestellung erhält der Großhändler, um die Einzelhändler zu beliefern, in Form von EDV-Listen, die täglich in den Warenwirtschaftsrechner des Großhändlers überspielt werden. Diese Listen werden bereits bei der Disposition erstellt und bestehen aus individuellen Lieferaufträgen mit den Angaben:

-- Lieferanschrift des Einzelhändlers,

-- Liefermenge pro Artikel,

-- Lieferzeitpunkt.

Die Einzelhändler erhalten die für sie bestimmten Lieferauftragsdaten vorab als Lieferaviso. Weiterhin werden die Einzelhändler mit logistischen Anweisungen ausgestattet, um ihren außerbetrieblichen Transport zum Kunden zu optimieren.

- **Auftragsabwicklung:**

Die Zentrale nimmt täglich die eingehenden Kundenaufträge an und sortiert sie nach Einzelhändlern. Die gebündelten Aufträge werden an die betreffenden Einzelhändler weitergegeben.

- **Informationswesen:**

Das Informationswesen geht über die Funktionen eines WWS im engeren Sinne hinaus und stellt den Einzelhändlern warenwirtschaftliche Steuerungs- und Kontrollkennzahlen zur Verfügung.

E.III.2.2 Warenwirtschaftliche Funktionen bei den Einzelhändlern

- **Warenausgang im Ladenhandel:**

Die täglichen Abverkäufe werden in einem Kassensystem artikelgenau erfaßt und gespeichert. Sie sind die Basis für die täglichen Warenausgangsmeldungen an die Zentrale.

- **Auftragsabwicklung mit Kunden:**

Im Rahmen des Einzelhandelsservice (Hauslieferungen) erhält der Einzelhändler täglich bis zu einer bestimmten Uhrzeit die Kundenaufträge. Aufgabe des Einzelhändlers ist die Auftragsbearbeitung mit dem Kommissionieren der Waren im Laden, Erstellen einer Kundenrechnung und der Auslieferung der Waren. Dazu gehört auch die Speicherung der Warenausgangsdaten in das Kassensystem.

- **Wareneingang:**

Der Einzelhändler vergleicht sein Lieferaviso aus der Logistik der Zentrale mit dem Lieferschein des Großhändlers sowie mit der Rechnung. Die Korrekturen aufgrund von Falschlieferungen, Über-, Unterlieferungen, Bruch und Verderb werden direkt mit dem Großhändler abgewickelt. Die Zentrale erhält eine Wareneingangsmeldung.

- **Inventur:**

Der Einzelhändler führt stichprobenartige Inventuren für bestimmte Warengruppen durch.

Aufgrund der permanenten Inventur durch die Zentrale ist die Stichprobeninventur ein weiteres Kontrollinstrument, um beispielsweise Diebstähle zu erkennen.

- **Disposition der Frischwaren:**

Die Disposition und Bestellung der Frischwaren aus dem Obst- und Gemüsebereich erfolgt täglich durch den Facheinzelhändler, der aufgrund der schnellen Warenverderblichkeit im Frischwarenbereich den besten Überblick über den verkaufbaren Warenbestand im Laden hat. Dafür steht ihm ein Ordersatz zur Verfügung, der das Gesamtangebot an Obst und Gemüse enthält. Aufgrund der Witterungsbedingungen und Saisoneinflüsse schwanken das Frischwarenangebot und die tagesaktuellen Preise. Daher ist die tagesaktuelle Information über lieferbare Artikelmengen und Preise notwendig.

E.III.2.3 Warenwirtschaftliche Funktionen beim Großhändler

- **Bestellwesen:**

Der Großhändler übernimmt die Abwicklung des Bestellwesens mit Lieferanten auf der Grundlage der Bestellungen der Kooperationszentrale.

- **Wareneingang:**

Im Wareneingang des Großhändlers werden die eingehenden Liefermengen artikelgenau erfaßt und mit der Bestellung der Kooperationszentrale abgeglichen. Aufgrund der Vorgaben aus der Kooperationszentrale übernimmt der Großhändler die Warenauszeichnung für die Einzelhändler.

E.III.3 Vorgangsketten und Kommunikationsstrukturen

Analog zu den in Kapitel C.III.1 ff. gebildeten Vorgangsketten lassen sich folgende modifizierte Vorgangsketten bilden:

247

- Warenbeschaffung der Freiwilligen Kette,

- Nachdisposition und Disposition der Frischwaren durch die Einzelhändler,

- Auftragsabwicklung im Rahmen der Hauslieferung an Kunden,

- rechnerische Lagerbestandsführung,

- Bestellwesen mit Lieferanten,

- Marketing- und Managementinformationssystem.

E.III.3.1 Warenbeschaffung der Freiwilligen Kette

Die Warenbeschaffung der Freiwilligen Kette (vgl. Abbildung E.III.3.1.01) enthält neben informellen Informa-
tions- und Kommunikationsbeziehungen auch folgende formal festgelegte Informations- und Kommunikationsbeziehungen:

- Aufgabe der Bestellung,

- Logistische Vorgaben,

- Lieferschein,

- Lieferaviso,

- Lieferschein/Rechnungskorrekturen.

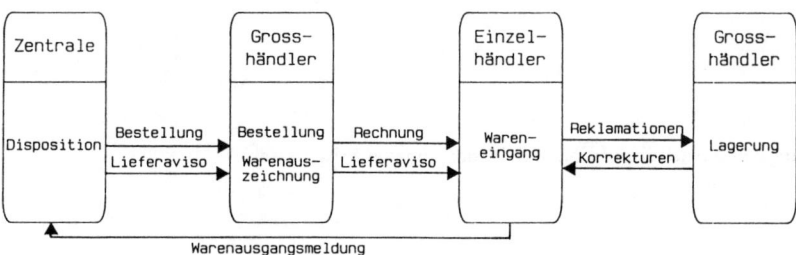

Abb. E.III.3.1.01: Vorgangskette Warenbeschaffung

E.III.3.2 Nachdisposition und Disposition der Frischwaren der Einzelhändler

Bei der in Abbildung E.III.3.2.01 gezeigten Nachdisposition handelt es sich um die Möglichkeit des Einzelhändlers, aufgrund seiner individuellen Warenbestandsentwicklung auf das im übrigen zentral verwaltete Bestellwesen Einfluß zu nehmen. Grundlage sind Dispositionshilfen, die von der Zentrale vorgegeben sind (Mindestbestand). Die Disposition der Frischwaren erfolgt täglich. Sie ist notwendig, weil sich das Angebot und die Preise von Frischwaren täglich ändern.

Die Disposition erfolgt aufgrund von:

- Ordersätzen,
- aktuellen Angeboten.

Die Anwendungen werden ebenfalls im Rahmen einer GBG abgewickelt.

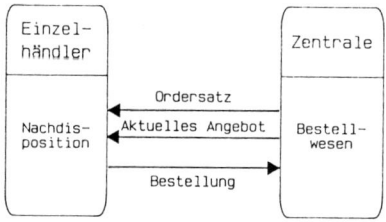

Abb. E.III.3.2.01: Vorgangskette Nachdisposition und Disposition von Frischwaren

E.III.3.3 Auftragsabwicklung im Rahmen der Hauslieferung an Kunden

Die Vorgangskette im Rahmen des Direktvertriebssystems der Einzelhändler zeigt Abbildung E.III.3.3.01.

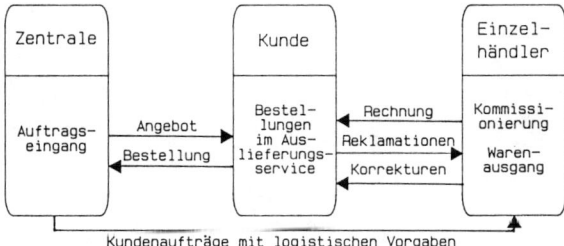

Abb. E.III.3.3.01: Vorgangskette Auftragsabwicklung im Direktvertriebssystem des Einzelhändlers

Folgende Kommunikationsvorgänge müssen zweckmäßigerweise festgelegt sein:

- das Btx-Angebot (Ordersatz),
- die Bestellung des Kunden,
- die Rechnungsübersendung an den Kunden,
- die Abwicklung der Reklamationen.

Die beschriebenen Abläufe sollen über das allen Kunden zugängliche öffentliche Btx-System abgewickelt werden.

E.III.3.4 Rechnerische Lagerbestandsführung

In der in Abbildung E.III.3.4.01 gezeigten Vorgangskette der rechnerischen Lagerbestandsführung bestehen folgende festgelegte Kommunikationsbeziehungen:

- Warenausgangsmeldungen,
- Wareneingangsmeldungen,
- Lagerbestandsmeldungen.

Diese Anwendungen sollen ebenfalls im Rahmen der GBG ablaufen.

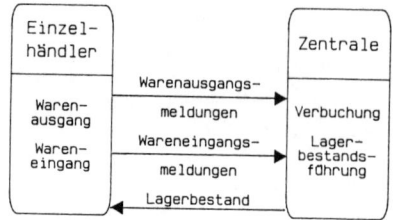

Abb. E.III.3.4.01: Vorgangskette rechnerische Lagerbestandsführung

E.III.3.5 Bestellwesen mit Lieferanten

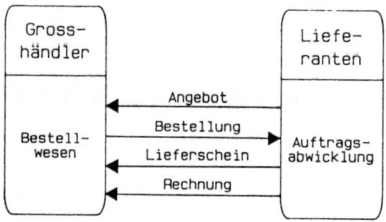

Abb. E.III.3.5.01: Vorgangskette Bestellabwicklung mit Lieferanten

Bei dieser in Abbildung E.III.3.5.01 dargestellten Vorgangskette handelt es sich um eine Weiterführung des WWS der Freiwilligen Kette, da der Bestellvorgang der Kooperationszentrale beim Großhändler bereits im Warenbeschaffungskreislauf berücksichtigt wurde. Es soll aber darüber hinaus gezeigt werden, daß es durchaus sinnvoll ist, externe Marktpartner in die Überlegungen zu integrieren.

Der Großhändler nutzt den Externen Rechner der Zentrale wie den eines Rechenzentrums in Dienstleistung. Für den Lieferanten ist nicht ersichtlich, daß er nicht unmittelbar mit dem Großhändler kommuniziert. Die Abwicklung erfolgt über den öffentlichen Btx-Dienst.

E.III.3.6 Marketing-Managementinformationssystem (MMIS)

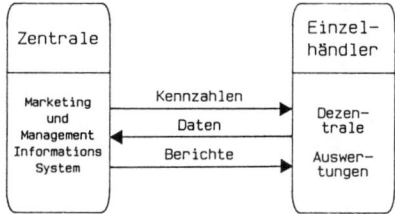

Abb. E.III.3.6.01: Vorgangskette im Marketing-Managementinformationssystem (Variante 1)

Das in E.III.3.6.01 dargestellte MMIS dient dazu, die Einzelhändler zu informieren und die warenwirtschaftlichen Tätigkeiten zu steuern. Dabei ist es wichtig, daß sowohl die Zentrale als auch die Einzelhändler jederzeit aktuelle Informationen abrufen können. Zu berücksichtigen sind auch die informellen, nicht strukturierbaren Abfragen, die bisher schriftlich oder telefonisch erledigt worden sind.

Die oben beschriebenen Anwendungen werden im Rahmen der GBG abgewickelt, um den besonderen Anforderungen (wie Datensicherheit oder Akzeptanz) gerecht zu werden.

Eine Weiterentwicklung dieses Marketing-Managementinformationssystems ist in Abbildung E.III.3.6.02 dargestellt.

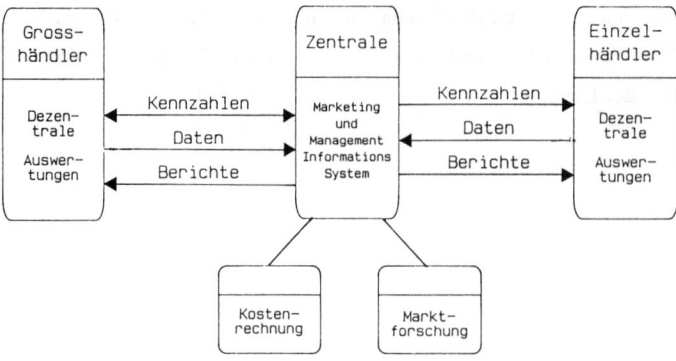

Abb. E.III.3.6.02: Vorgangskette im Marketing-Managementinformationssystem (Variante 2)

Diese Variante unterscheidet sich dadurch, daß die Funktionen der Kooperationszentrale erweitert werden. Es werden, wie bereits beschrieben, weitere Fachabteilungen angesiedelt, die Dienstleistungen für die Einzelhändler und Großhändler übernehmen. Hervorzuheben wäre eine zentrale Marktforschung. Diese Fachabteilungen sollen im Rahmen eines Btx-Inhouse-Systems mit dem Btx-Rechner Verbindung haben.

E.III.3.7 Zusammenfassung

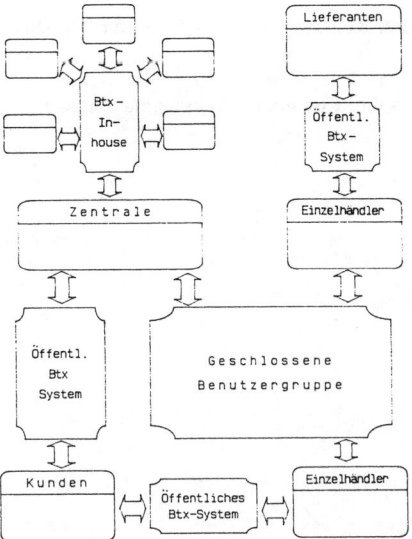

Abb. E.III.3.7.01: Einsatz unterschiedlicher Btx-Techniken

Abbildung E.III.3.7.01 faßt die Kommunikationsbeziehungen zwischen den Systempartnern und die dafür verwendeten Btx-Techniken zu einem Gesamtsystem differenzierter Btx-Techniken zusammen (vgl. Abbildung C.V.5.2.01).

E.III.4 Inhaltlicher Aufbau der Btx-Anwendungen

E.III.4.1 Btx-Anwendungen der Kooperationszentrale

Die wesentlichen Strukturen des Btx-gestützten Informations- und Kommunikationssystems werden beim Anbieter des Programms, der Kooperationszentrale, festgelegt.

Das Btx-gestützte EDV-System wird als integriertes Informations- und Kommunikationssystem eingesetzt.

Auskunftssystem:

Das Auskunftssystem bezieht sich auf folgende Inhalte:

- Btx-Warenangebot für die Kunden des Facheinzelhändlers,
- Ordersatz für die Einzelhändler,
- aktuelle Frischwarenangebote für die Einzelhändler,
- allgemeine Informationen für alle Teilnehmer,
- allgemeine Informationen innerhalb der GBG.

Informationssystem:

Das Informationssystem bezieht sich auf Anfragen an die WWS-Datenbank, die auf Dialoganwendungen basieren und für die Mitglieder der GBG konzipiert werden. Diese sind im einzelnen:

- WWS-List-Auswertungen,
- Lieferaviso für die Großhändler,
- nach Kunden sortierte Aufträge für die Einzelhändler,
- Informationen zur Entscheidungsunterstützung.

Träger dieser Informationen sind Informationsseiten sowie Dialogseiten. Diese Abfragen betreffen auch die Anwendungen innerhalb des Inhouse-Systems.

Dialogsystem:

Das Dialogsystem betrifft insbesondere die Planung der Programmschienen für die einzelnen Adressaten des Programms, nämlich:

- die Einzelhändler (GBG),
- den Großhändler (GBG),
- die privaten Kunden der Lebensmittelhändler.

Mit Hilfe von Programmablaufplänen sind die Verzweigungen für die im weiteren Programm gewünschten Anwendungen festzulegen. Hauptsächliche Träger für diese Inhalte sind Hinweisseiten. Eine tiefere Unterteilung muß nach den Benutzerschichten der GBG vorgenommen werden.

Bestellsystem:

Wichtigster Bestandteil des Bestellsystems ist die Gestaltung der Bestellanwendungen.

Die Anwendungen betreffen sowohl das Bestellwesen mit den privaten Kunden als auch das (eingeschränkte) Bestellwesen zwischen Zentrale und Einzelhändler.

Träger dieser Anwendungen sind Informationsseiten und Antwortseiten.

Datenerfassungssystem:

Kernproblematik ist die Gestaltung der Antwortseiten. Diese sollen so aufgebaut werden, daß die Wareneingangs- sowie die Warenausgangsmeldungen sinnvoll komprimiert werden können, um den Zeitaufwand für die Datenübertragung zwischen Einzelhändler und Zentrale zu begrenzen.

Mitteilungssystem:

Die Inhalte der Mitteilungen sind durch die durch die Post vorgegebenen Mitteilungsseiten begrenzt. Eine weitere Möglichkeit besteht darin, Antwortseiten für Mitteilungen vorzubereiten. Diese können sein:

- Reklamationsseiten,
- Anlieferungsaviso,
- sonstige in der Kommunikationsstruktur festgelegten Mitteilungen.

Softwareübertragungssystem:

Dieses betrifft die Übertragung von Telesoftware.

E.III.4.2 Btx-Anwendungen des Großhändlers und der Einzelhändler

Die Groß- und Einzelhändler sind im Gegensatz zur Zentrale keine Anbieter im Btx-System.

Sie nutzen hauptsächlich das von der Zentrale angebotene Btx-Programm zur Abwicklung der warenwirtschaftlichen Aufgaben. Darüber hinaus laufen noch folgende Btx-Anwendungen ab:

- Kommunikation mit anderen Teilnehmern über das öffentliche System (Mitteilungsseiten) zur Abwicklung bidirektionaler unstrukturierter Informations- und Kommunikationsbeziehungen. Diese Möglichkeit umfaßt auch die Reklamationsbearbeitung der Einzelhändler mit ihren Kunden,
- Abruf sonstiger Informationen.

E.IV Entwurf des Prototypen[1]

E.IV.1 Auswahl der Standardsoftwarekomponenten

E.IV.1.1 Auswahlkriterien

Für folgende drei Aufgabengebiete mußte Standardsoftware ausgewählt werden:

1. Programmierung der WWS-Datenbank und der warenwirtschaftlichen Funktionen,
2. Editieren und Verwalten der Btx-Seiten sowie Unterstützung der Btx-Funktionen,
3. Realisierung der vorgeschriebenen Aufgaben für die Btx-Kommunikationskomponente des Externen Rechners nach den Einheitlichen Höheren Kommunikationsprotokollen EHKP 4 - 7 bzw. den Ebenen 1 - 3 (X.25).

E.IV.1.2 Das Datenbanksystem dBASE III

Grundforderung bei der Auswahl des Datenbanksystems dBASE III war die Lauffähigkeit eines auszuwählenden Paketes auf einem IBM PC XT oder AT unter dem Betriebssystem MS DOS 2.x oder 3.x. Darüber hinaus sollte es ein Datenbanksystem sein, welches leicht zu erlernen ist. Auch zukunftsweisende Strukturen sollten bei diesem Konzept berücksichtigt werden. Das Datenbanksystem dBASE III stand am Institut für Wirtschaftsinformatik zur Verfügung.

Die Erfahrungen mit dem Produkt wurden am Institut als gut beurteilt. Insbesondere die Qualitätsanforderungen, die Dokumentation und die Beurteilung des Software-Herstellers waren sehr zufriedenstellend. Ein weiteres wichtiges Kriterium waren die Kosten für das Produkt.

---

1) Der Prototyp ist im Rahmen eines von der Deutschen Forschungsgemeinschaft (DFG) vom 01.01.1985 bis 31.12.1987 geförderten Projektes mit dem Titel "Konzeption eines Btx-gestützten WWS zur Kommunikation in verzweigten Handelsunternehmungen" entstanden.
Die Verfasserin hat während der gesamten Laufzeit dieses Projektes maßgeblich darin gearbeitet.

Mit steigendem Umfang der warenwirtschaftlichen Funktionen stellte sich heraus, daß dBase III bei dem hohen Leistungsumfang des entworfenen WWS sehr langsam arbeitet.

Daher wurden kompatible Alternativen gesucht. Als Lösungsansatz bot sich der Nantucket Clipper Compiler in der Version von 1985 an. Er basiert auf dBase III, dem Befehlsvorrat und der Syntax von dBase III, so daß die bereits erstellten Programmodul übernommen werden konnten.

Die Vorteile des Clipper Compilers sind:

-    schnellere Verarbeitung,
-    Spracherweiterungen,
-    höhere Anzahl von Speichervariablen,
-    einfach zu realisierende Schnittstelle zu Programmen der Programmiersprache "C".

Der mächtigere Leistungsumfang des Programms wird eingeschränkt durch einen höheren Speicherplatzbedarf, da bei der compilierten Programmversion eine Bibliothek von 105 K mitgelinkt werden muß.

E.IV.1.3 Die Externe Rechner-Kommunikationskomponente BTGATE

Als Externe Rechner-Kommunikationsstandardsoftware standen lediglich zwei Produkte zur Auswahl. Aufgrund der relativ hohen Anschaffungskosten von ca. 30.000 - 35.000 DM war eine sorgfältige Auswahl sehr wichtig. Eine Beurteilung der beiden Pakete mit Hilfe einer Checkliste[1] faßt die folgende Tabelle grob zusammen:

	BTGATE	TELES-ER
Qualität im Sinne der EDV	mittel	gut
Erfordernisse der EDV und der Betriebssoftware	gut	gering
Schulung	gut	gering
Dokumentation	mittel	gering
Wartung	mittel	gering
Softwarekosten	mittel	hoch
Vertragsgestaltung	gering	gering
Beurteilung des Software-Herstellers bzw. -Lieferanten	gut	gering

[1]   Die Checkliste zur Auswahl von Standardsoftware findet sich bei: Scheer, Leismann, Sick 1987, Anhang I

Die Ergebnisse wurden anhand folgender Vorgehensweise erzielt: Konnten nur 1/3 der zu den jeweiligen Punkten gehörigen Fragen bejaht werden, wurde dieser Punkt mit "gering" bewertet, konnten 1/3 - 2/3 der Fragen mit ja beantwortet werden, wurde mit "mittel" bewertet, sonst "gut".

E.IV.1.4 Btx-Editor und Btx-Seitenverwaltung mit EDITEL-A

Die Aufgaben der Softwarepakete, die den online-Btx-Betrieb unterstützen sollen, sind abhängig vom Leistungsumfang der eingesetzten Btx-Station.

Werden Btx-Stationen eingesetzt, die es erlauben, Btx-Seiten offline und online zu editieren, haben die Software-Unterstützungspakete folgende Aufgaben:

- Speichern, Anzeigen, Löschen von Btx-Seiten,
- Simulation der Btx-Zentrale (Btx-Dia-Show),
- Übergabe der Btx-Seiten an die Btx-Zentrale,
- Automatisches Abspeichern von Btx-Seiten,
- Versenden und Auslesen von Btx-Mitteilungen (Mailboxfunktion),
- Dokumentation von Btx-Seiten,
- Automatisches Umkopieren von Texten in Btx-Seiten,
- Benutzerstatistik und Gebührenabrechnung.

Verfügt die eingesetzte Btx-Station über nicht ausreichende oder keine Editierfunktionen, müssen auch diese mit Hilfe von Software wahrgenommen werden. Die am Markt befindlichen Produkte sind jeweils für bestimmte Dekodertypen definiert. Das bedeutet, daß der Auswahlprozeß stark eingeschränkt ist.

Wiederum erfolgte die Auswahl der Btx-Software in Anlehnung an die in Abschnitt E.IV.1.3 erwähnte Checkliste. Für EDITEL sprach der modulare Aufbau, die Kompatibilität mit dem Eurom-Dekoder und die Qualität des Softwarelieferanten, der zu einem der größten Softwarehäuser Europas zählt.

E.IV.2 Pflichtenheft für die Anwendungen im öffentlichen Btx-System

E.IV.2.1 Allgemeine Anforderungen an das Btx-Programm

E.IV.2.1.1 Struktur des Gesamtprogramms

Die Einbettung der einzelnen Anwendungen ist in ein hierarchisches Seitenkonzept eingebunden. An diesem Konzept orientiert sich insbesondere die Vergabe der Seitennummern im Postsystem. Oberste Ebene ist eine Leitseite des Instituts für Wirtschaftsinformatik (Ebene O), darunter sind analog zur Programmstruktur die Anwendungsebenen (Ebene 1) angeordnet.

Das Gesamtprogramm besteht aus folgenden Teilen:

1.   dem IWi-Btx-Programm,

2.   dem S-KAUF-Btx-Programm im öffentlichen Postsystem,

3.   dem S-KAUF-Kundendialogprogramm im Externen Rechner,

4.   den warenwirtschaftlichen Anwendungen in der S-KAUF-GBG.

E.IV.2.1.2 Durchgängige Programmeigenschaften

Bezüglich des logischen Aufbaus und der Benutzerführung des Btx-Programms muß zwischen Programmteilen im öffentlichen Postsystem und solchen, die im Externen Rechner ablaufen, unterschieden werden. An Programmteile, die Kunden angeboten werden, sind andere Anforderungen hinsichtlich der Benutzerführung zu stellen, als an solche Teile, die innerhalb der GBG ausschließlich von den Mitgliedern der Kooperation angewendet werden.

Die Benutzerführung des Btx-Programms, die im wesentlichen durch die Anlage der Verweise und Wahlmöglichkeiten zu gestalten ist, wird in Anlehnung an die Empfehlungen der Btx-Anbietervereinigung angelegt. Dabei wird neben der programmdurchgängigen Einheitlichkeit die Verwendung der Benutzerführung des Postsystems soweit wie möglich angestrebt. Im einzelnen sollen folgende Wahlmöglichkeiten einheitlich und durchgängig zur Anwendung gelangen:

0   -   Rücksprung zur zunächst zurückliegenden Auswahl,

-   Weiterführung zur logisch nachfolgenden Seite (Blättern),

2   -   Nichtabsenden einer Dialogseite,

19   -   Absenden einer Dialogseite,

*0#   -   Zurück zur letzten Seite.

Der strukturelle Aufbau des Gesamtprogramms orientiert sich an folgenden Prämissen:

- Seitenaufbau, Programmstruktur und Verknüpfungen orientieren sich an den Vorgaben des Postsystems.
- Das Programm soll in seinen öffentlich zugänglichen Teilen weitestgehend selbsterläuternd sein, um neuen Kunden den Weg zur Warenbestellung über Btx zu ebnen (Herstellung bzw. Erhaltung der Akzeptanz).
- Das Programm soll für Btx-erfahrene Kunden einen "schnellen Weg" zur Bestellung anbieten.
- Die Funktion der reinen Warenpräsentation und der Informationsbereitstellung wird ins öffentliche Btx-System verlagert, um den Externen Rechner zu entlasten.
- Die Funktionen mit Dialog- und Verarbeitungscharakter wird vom Externen Rechner der Freiwilligen Kette abgearbeitet. Die Realisierung der Dialogverarbeitung über den Mitteilungsdienst des Btx-Systems wird wegen der umständlichen und langwierigen Abwicklung nicht verfolgt, da hier beim tatsächlichen Einsatz erhebliche Akzeptanzprobleme zu erwarten sind.

Der Aufbau des Btx-Programms für die GBG orientiert sich im Gegensatz zum Programm für Kunden an den Anforderungen der einfachen und zielorientierten Abwicklung der Anwendungen und der damit verbundenen Kosten- und Zeitoptimierung.

E.IV.2.1.3 Seitennummernplanung

Der hierarchische Aufbau des Gesamtprogramms spiegelt sich auch im Aufbau der Btx-Seitennummern wieder, die nach funktionalen Gesichtspunkten gleichwertige Seiten auf eine Ebene stellt. In Verbindung mit der Vorgabe, den Programmaufbau hierarchisch und übersichtlich zu strukturieren, ergibt sich der aus Abbildung E.IV.2.1.3.01 ersichtliche Seitennummernplan für das Gesamtprogramm.

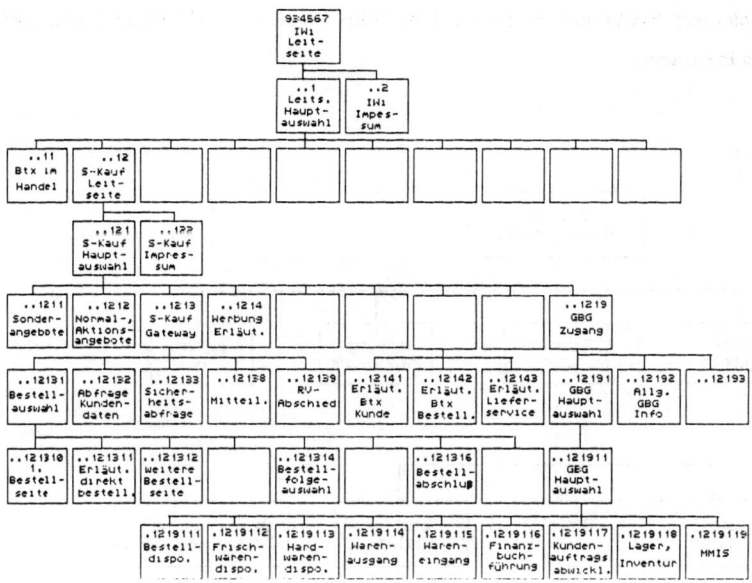

Abb. E.IV.2.1.3.01: Seitennummernplan für das Gesamtprogramm

E.IV.2.1.4 Das Btx-Programm

Hauptaufgabe des Btx-Programms (Abbildung E.IV.2.1.4.01) im öffentlichen System ist die Bildung eines Programmdachs im Btx-System der DBP. Bedingt durch die online-Simulation des Prototypen ist die Einrichtung einer Btx-Leitseite und eines Gateways zum Externen Rechner des Instituts für Wirtschaftsinformatik erforderlich. Weiterhin kann die damit vorhandene Infrastruktur für sonstige Anwendungen des Instituts für Wirtschaftsinformatik genutzt werden.

Da diese Möglichkeit durch das Institut wahrgenommen wird, sind der Vollständigkeit halber auch die nicht direkt zum Prototypen gehörenden Programmteile beim Entwurf des Btx-Programms mit angesprochen.

Die vollständige Darstellung des Gesamtprogramms ist deswegen gewählt worden, weil an diesem Beispiel anschaulich demonstriert wird, wie die Integration unterschiedlicher Funktionen in einem Btx-gestützten System erfolgen kann.

Das für den Prototyp relevante Btx-Programm heißt S-KAUF-Btx-Programm. Abbildung E.IV.2.1.4.01 gibt einen Überblick über das Programm.

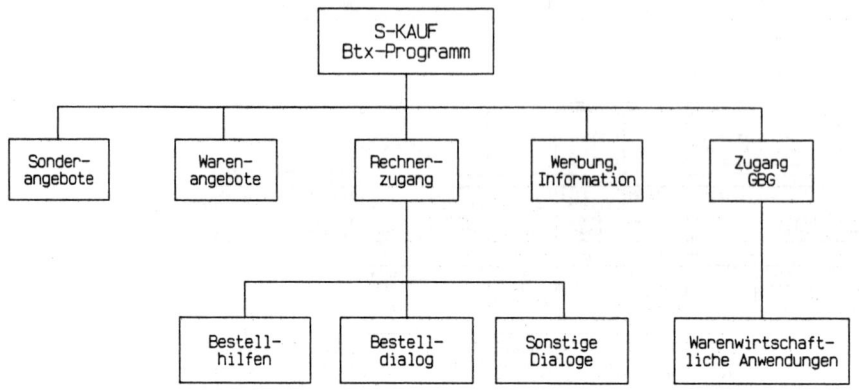

Abb. E.IV.2.1.4.01: Das Btx-Programm im öffentlichen System

E.IV.2.1.4.1 Struktureller Aufbau

Das IWi-Btx-Programm besteht aus folgenden Programmteilen:

1. Programmkopf mit Leitseite, Auswahlseite und Impressum,

2. allgemeiner Darstellung zu "Btx im Handel",

3. S-KAUF-Btx-Programm,

4. weiteren Anwendungen des Instituts für Wirtschaftsinformatik.

Die Teile 1, 2 und 4 sind frei zugänglich, das S-KAUF-Btx-Programm wird durch die Einrichtung einer GBG zugangsgeschützt.

E.IV.2.1.4.2 Programmkopf

Den Kopf des IWi-Btx-Programms bildet eine regionale Leitseite im Btx-System. Sie erhält die Leitseitennummer 934567a. Die Leitseite besteht aus einer Seitenmaske mit hellgrünem Hintergrund, einem Seitenrahmen in abgestuften Grüntönen und dem IWi-Signet in der rechten unteren Ecke. Aufgrund der einfachen Gestaltung des Signets mit nur 2 DRCS-Zeichen ist eine getrennte Grafikseite nicht erforderlich.

Das Schriftfeld der Leitseite enthält das "Hauptmenu" des Btx-Programms. Die darin angelegten Wahlmöglichkeiten sind:

1	-	BIHA - Btx im Handel,
2	-	S-KAUF-Btx-Programm (nur für Mitglieder),
3	-	(IWi-Anwendungen),
0	-	Impressum.

Die "Doppelte Leitseite" 9345671a ist eine als Combined angelegte Seite mit gleichem Inhalt wie das Schriftfeld der Leitseite und gleichen Wahlmöglichkeiten. Diese Seite wird bei Rücksprüngen auf die Hauptauswahl dazu verwendet, die Seitenmaske mit dem Hauptmenu zu überschreiben. dadurch wird ein unnötiges Laden der Seitenmasken bei wiederholten Aufrufen innerhalb einer Session vermieden (diese Seite wird erst bei Verwendung von Combined-Seiten erforderlich).

Das Impressum 9345672a enthält die nach Artikel 5 des Btx-Staatsvertrages vorgeschriebenen Angaben über den Anbieter des Programms.

E.IV.2.1.4.3 S-KAUF-Btx-Programm

Das S-KAUF-Btx-Programm enthält alle unmittelbar projektbezogenen Btx-Programme. Diese sind durch eine GBG zugangsgeschützt.

E.IV.2.2 Btx-Programm für Kunden

Das Btx-Programm für Kunden beinhaltet die Warenpräsentation, insbesondere Sonderangebote und Aktionsangebote (Normalangebote), das Impressum und daran angebunden Werbeinformationen, die die potentiellen

Kunden für das Leistungsangebot interessieren sollen. Weiterhin besteht ein Verweis zur GBG, in der die warenwirtschaftlichen Anwendungen abgewickelt werden.

E.IV.2.2.1 Btx-Programm im Postsystem

Abbildung E.IV.2.2.1.01 zeigt die Programmstruktur des Btx-Programms für Kunden im Postsystem (Programmschiene öffentliches Btx-System). Die S-KAUF-Leitseite 93456712a enthält die Begrüßung und führt über strikte Wahl zur Auswahlseite 934567121a (durch Zusammenfassen beider Seiten kann das Programm gestrafft werden, beim Einsatz von Combined-Seiten wird die Auswahlseite die "Doppelte Leitseite").

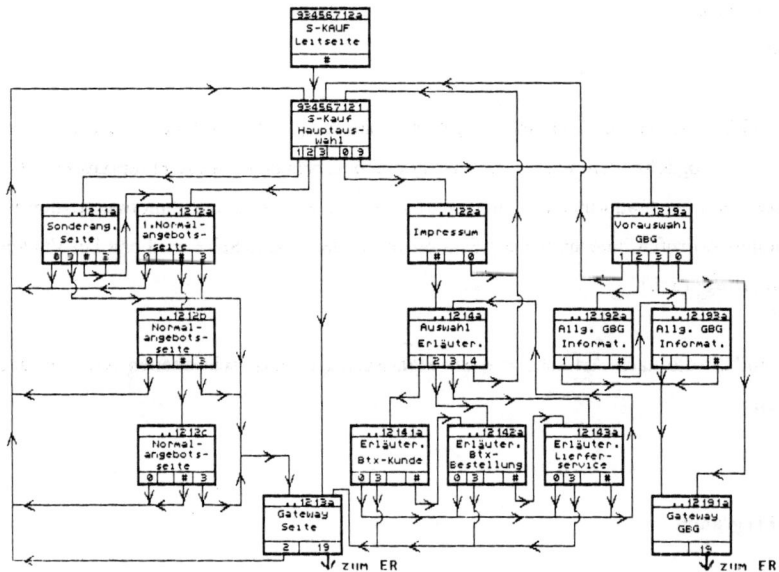

Abb. E.IV.2.2.1.01: Programmstruktur des Btx-Programms für Kunden im öffentlichen Btx-System

Die Auswahlseite bietet folgende Wahlmöglichkeiten an:

1	-	Sonderangebote in Form von Tages- oder Wochenangeboten,
2	-	Aktionsangebote und gängiges Normalangebot,
3	-	Direkter Zugang zum Bestelldialog,
4	-	Allgemeine Informationen werblicher Art,
9	-	Zugang zur GBG,
0	-	Impressum.

Die Sonderangebote 9345671211a präsentiert das Tages- oder Wochenangebot und verzweigt zu den Normalangebotsseiten und zum Bestellzugang.

Die Normalangebotsseiten 9345671212a - c bieten dem Kunden weitere gängige Artikel an, wobei es sich entweder um "Aktionsartikel" oder um besonders oft nachgefragte Artikel handeln kann. Auch von hier aus führt eine Wahl zum Bestellzugang.

Die Gatewayseite 9345671213a stellt die Verbindung zum Externen Rechner der Kooperationszentrale her (während der Testphase des Externen Rechners muß eine Testgatewayseite zwischengeschaltet werden, die Gatewayseite des Btx-Programms wird solange als Dialogseite geführt). Sie wird von der Auswahlseite direkt (Schnellzugang zum Bestelldialog), von allen Angebotsseiten und von den Informationsseiten aus mit der einheitlichen Wahl 3 erreicht.

Das Impressum 934567122a enthält Name und Anschrift des Programmanbieters. Mit "0" erfolgt der direkte Rücksprung zur vorangehenden Auswahlseite und mit "#" der Zugang zu einer nachfolgenden Auswahlseite zu Erläuterungen 9345671214a zu mehreren Informationsseiten, auf denen interessierten Btx-Teilnehmern Erläuterungen zum Leistungsangebot dargeboten werden.

Die Erläuterungsseite 93456712141a gibt Informationen, wie ein Btx-Teilnehmer Kunde mit Bestellberechtigung im S-KAUF-Servicerechner werden kann. Gleichermaßen sind die Erläuterungsseiten 93456712142a - b, die den Ablauf einer Btx-Bestellung erklären und die Erläuterungsseite 93456712143a angelegt, auf der der Frei-Haus-Lieferservice angeboten und erklärt wird.

Die Btx-Seiten 9345671215 - 1218 sind im Programmstrukturplan bereits logisch vorgesehen; die Implementierung folgt allerdings erst in einer späteren Projektphase.

Der GBG-Zugang 9345671219a führt zu Informationsseiten, auf die nur die Einzelhändler zugreifen können.

Alle Seitenverkettungen (Wahlmöglichkeiten) sind so angelegt, daß mit "#" immer logisch folgende Seiten aufgerufen und mit "0" immer zur zurückliegenden Auswahlseite verknüpft wird.

E.IV.2.2.2 Das Externe Rechner-Programm Auftragsabwicklung für Kunden

Die grobe Strukturierung des Btx-Programmteils, über den die Kunden der Freiwilligen Kette ihre Warenbestellung an die Einzelhändler aufgeben, ist aus der Abbildung E.IV.2.2.2.01 ersichtlich.

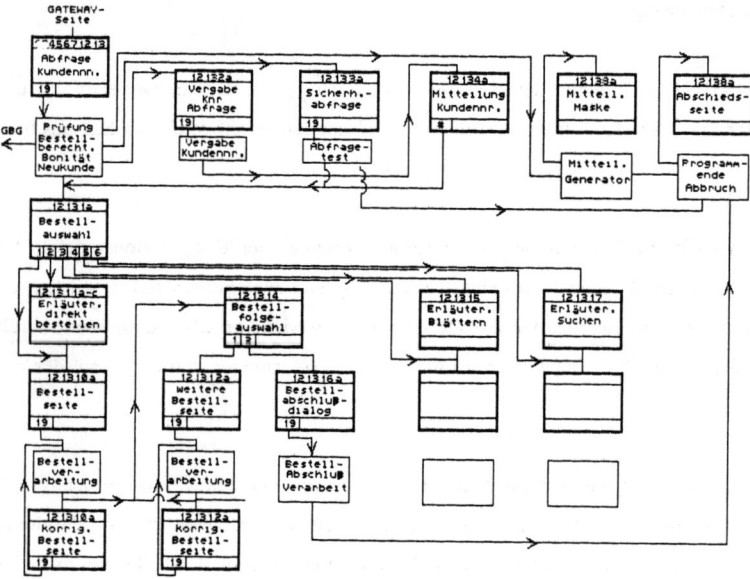

Abb. E.IV.2.2.2.01: Grobstruktur der Bestellabwicklung für Kunden

Nach dem Absenden der Gatewayseite durch den Kunden wird die Verbindung zum Externen Rechner aufgebaut. Danach wird durch den Eröffnungsdialog die Identifizierung des Dialogpartners erfolgen. Für Kunden wird anschließend die Bestellberechtigung und die Bonität geprüft, bevor der Zugang zur Bestellauswahl freigegeben wird.

Die Bestellverarbeitung besteht aus dem eigentlichen Bestelldialog und den damit verbundenen Verarbeitungsvorgängen sowie den als Bestellhilfen konzipierten, dialogorientierten Vorgängen "Blättern und Markieren" und "Artikel suchen nach Suchbegriffen" (diese Bestellhilfefunktionen sollen erst später implementiert werden).

Den Abschluß der Bestellabwicklung bildet die Bestellfolgeverarbeitung, in der mit der Bestellung zusammenhängende Fragen wie Hauslieferung, Bezahlung der Rechnung usw. behandelt werden.

E.IV.2.2.2.1 Eröffnungsdialog

Nach dem Absenden der Gatewayseite wird durch die Btx-Systemtechnik die Verbindung zum Externen Rechner aufgebaut. Nach Herstellung der Verbindung liest der Externe Rechner aus der Gatewayseite 9345671213a die vom Dialogpartner eingegebene Kundennummer aus. Sie enthält in einem weiteren Dialogfeld als Systemvariable die Teilnehmernummer des Dialogpartners. Damit soll im Externen Rechner eine weitere Zugangskontrolle ermöglicht werden.

Die Bestellberechtigungsprüfung hat die Aufgabe, die Berechtigung zum Arbeiten mit dem Rechner der Freiwilligen Kette zu überprüfen und gegebenenfalls herzustellen. Dazu wird die Kundennummer ausgewertet und auf Plausibilität überprüft. Die Kennnummer 99999999 führt zum Programmteil "Vergabe Kundennummer", wo mittels einer Abfrage zur Zuteilung einer Kundennummer auf Seite 93456712132a die Daten des Kunden zur Zuteilung einer Bestellberechtigung abgefragt werden.

Eine spezielle Kennummer der Einzelhändler führt zu den Anwendungsprogrammen innerhalb der GBG (mit Hilfe einer Prüfziffer wird die Plausibilität der Kundennummer abgeprüft, um willkürliche und fehlerhafte Eingaben zu erkennen). Mit der Kundennummer erfolgt dann ein Zugriff auf die Kundendatei, aus der die Anschrift und die Btx-Teilnehmernummer ausgelesen und mit den Daten der ausgelesenen Systemfelder verglichen werden. Damit soll eine weitere Sicherung gegen unberechtigten Zugang zum Externen Rechner geschaffen werden. Für Kunden, die von anderen Teilnehmereinrichtungen aus die Verbindung aufbauen, sowie zur Erkennung von reinen Übertragungsfeldern wird vor den Abbruch der Verbindung eine Sicherheitsabfrage 93456712133a geschaltet. Die Plausibilitätsprüfungen stellt den Nachweis der Teilnehmeridentifizierung dar, an den sich nun eine Bonitätsprüfung anschließt. Bei negativem Prüfungsergebnis wird die Rechnerverbund-Abschiedsseite 93456712139a ausgegeben und die Verbindung vom Externen Rechner beendet.

Die Bonitätsprüfung geschieht dadurch, daß der Rechner unter Verwendung der Kundennummer auf die Kundendatei zugreift und die Zahlungsrückstände und das eingeräumte Kreditlimit des Kunden ausliest. Sind die offenen Rechnungen geringer als das Limit, wird die Bestellauswahl freigegeben, ansonsten erhält der Kunde unter Verwendung der offenstehenden Beträge eine Negativmitteilung unter Verwendung der Kundenmitteilungsmaske 93456712138a.

E.IV.2.2.2.2 Bestellauswahl

Die Bestellauswahlseite 93456712131a weist den Kunden auf die verschiedenen Möglichkeiten der Bestellabwicklung hin und bietet ihm neben der direkten Wahl die Vorschaltung von Benutzerinformationen (Help-Seiten) an.

Im Rahmen der Bestellabwicklung werden den Kunden drei Wahlmöglichkeiten angeboten und zwar:

1.	Direkt bestellen mit Artikelnummer,
2.	Blättern und markieren im Angebot,
3.	Artikel suchen nach Suchbegriffen.

Der Vorgang "Direkt bestellen mit Artikelnummer" stellt den eigentlichen Bestellweg dar, weil ein bestellter Artikel nur anhand einer Kennnummer eindeutig identifizierbar ist. Deshalb muß es das Ziel sein, dem Kunden möglichst gute Vorinformationen über das Angebot der Freiwilligen Kette zukommen zu lassen, aus denen auch die Artikelnummer der häufiger über Btx bestellten Artikel zu entnehmen sind (Prospekte, Katalog usw.). Dies trägt insbesondere zur Vermeidung unnötiger Rückfragen und weiterer Suchvorgänge bei, die als Dialog zwischen Externem Rechner und Btx-Teilnehmer einen nicht unerheblichen Kostenfaktor darstellen.

Der direkte Bestellweg ist so konzipiert, daß Btx-erfahrene Kunden in aller Kürze ihre Bestellung absenden können. Gleichzeitig ist aber durch entsprechende Plausibilitätsprüfungen sichergestellt, daß Fehler sofort erkannt und im Dialog mit dem Kunden geklärt werden.

Der direkte Bestellweg wird durch zwei weitere Vorgänge unterstützt, die als Bestellhilfen für die Fälle eingesetzt werden können, in denen der Kunde sich unschlüssig über die genauere Artikelauswahl ist oder er die Zuordnung der Artikelnummer zu seinem Kaufwunsch erst herstellen muß.

Der Vorgang "Blättern und markieren im Angebot" soll dem Kunden eine einfache Bestellhilfe anbieten. Dazu soll eine größere Anzahl Artikel (Aktionsangebote, gängiges Btx-Sortiment oder andere Auswahl) auf Dialogseiten abgelegt und dem Kunden auf Anforderung angezeigt werden. Der Kunde kann dann die von ihm ge-

wünschten Artikel auf der Seite markieren. Die abgesandte Dialogseite wird vom Externen Rechner ausgewertet, und die markierten Artikel werden direkt auf eine Bestellseite übertragen, in die der Kunde zum Abschluß des Bestellvorgangs nur noch die Bestellmengen einzutragen hat.

"Artikel suchen nach Suchbegriffen" soll dem Kunden ermöglichen, anhand bestimmter Oberbegriffe wie z.B.
"Milch" oder "Nudeln" die angebotenen Artikelausprägungen (Dosenmilch 125 ml von einem bestimmten Hersteller, Frischmilch mit 1,5 oder 3,5 % Fettgehalt usw.) zu suchen, zu finden und nach automatischer Übertragung auf seine Bestellseite bestellen zu können. Diese Bestellhilfe soll außerdem bei nicht plausiblen Eintragungen auf Bestellseiten zur eindeutigen Artikelidentifizierung eingesetzt werden können.

Den Bestellhilfevorgängen ist gemeinsam, daß sie sehr dialogintensiv sind und damit sowohl den Rechner belasten als auch kostenverursachend wirken, da die Übertragung jeder Dialogseite zu einem Externen Rechner
mit einer eigenen Gebühr von 0,01 DM/Seite abgerechnet wird. Trotzdem erscheint diese Konzeption sinnvoll,
da sie zur Erhöhung der Akzeptanz des Systems beiträgt. Für die Realisierung sind die Seitennummern
934567121315 und 934567121317 reserviert.

E.IV.2.2.2.3 Bestelldialog

Der direkte Bestellweg setzt die eindeutige Zuordnung der Artikelnummer zum Kaufwunsch des Kunden voraus. Mittels Artikelnummer (ARTNR), Bestellmenge (MENGE) und übereinstimmender Mengeneinheit
(ME) ist eine Bestellposition eindeutig identifiziert und nachvollziehbar.

Erläuterungen zu "Direkt bestellen":
Die Informationsseiten Erläuterungen zu "Direkt bestellen" 934567121311a - c sollen dem unerfahrenen Kunden in kurzer aber eindeutiger Form Hinweise zum Umgang mit dem Bestellsystem des Externen Rechners
geben. Wahlmöglichkeiten bestehen zu den restlichen Erläuterungsseiten und zur 1. Bestellseite.

Die 1. Bestellseite und ihre Verarbeitung:
Mit der Wahl "1" von der Bestellauswahl aus oder über die Erläuterungsseiten wird die Ausgabe der 1. Bestell-
seite 934567121312a vorbereitet. Dazu trägt der Rechner in den Seitenkopf der 1. Bestellseite eine laufende
Nummerierung, die vorab- und zwischengespeicherten Kundennummer des Dialogpartners, den zugehörigen
Namen und das aktuelle Datum ein. Damit läßt sich eine Bestellseite unter Bezugnahme auf einen festgelegten
Zeitraum (z.B. 1 Tag) eindeutig identifizieren. Die ersten Zeilen der Bestellseite sind mit den jeweils gültigen
Sonderangeboten vorbelegt. Der Kunde braucht zum Bestellen nur noch eine Mengenangabe in das entspre-
chende Datenfeld einzutragen. Unterbleibt diese Eintragung, wird die Zeile bei der späteren Verarbeitung
ignoriert. Die weiteren freien Zeilen kann der Kunde nach eigenem Wunsch ausfüllen. Dabei reicht es aus, die
Artikelnummer (ARTNR), die gewünschte Menge (MENGE) und die zugrundeliegende Mengeneinheit (ME)

eindeutig einzutragen. Artikelbezeichnung und Gesamtpreis der Bestellposition werden bei der Verarbeitung der Seite vom Rechner ergänzt bzw. überschrieben. Die ausgefüllte Bestellseite wird vom Kunden mit "19" an den Externen Rechner abgesandt. Das Nichtabsenden der Seite mit "2" führt zur Anzeige der Bestellauswahl.

Die Verarbeitung der 1. Bestellseite geht von nachstehenden Prämissen aus:

1. Ein Artikel wird durch seine ARTNR eindeutig gekennzeichnet.

2. Die Plausibilitätsprüfung durch den Rechner beschränkt sich auf die Überprüfung der Zusammenhänge zwischen Bestellmenge und Mengeneinheit.

3. Alle anderen Plausibilitätskontrollen erfolgen durch den Kunden selbst, indem die Eintragungen der Bestellseite in anderer Schriftfarbe (rot) ergänzt oder überschrieben und die vom Rechner geänderte Bestellseite dem Kunden zur Bestätigung oder zu weiteren Änderungen angezeigt wird. Die Bestätigung einer Bestellseite ohne Eintragung von Änderungen durch den Kunden wird als dessen endgültige Bestellung anerkannt.

4. Alle Kundenbestellungen eines Kalendertages werden in einer temporären Bestelldatei angelegt und durch die Schlüsselattribute Kundennummer (KUNR), DATUM, Bestellnummer (BSNR) und ARTNR eindeutig identifziert.

Der Verarbeitungsvorgang beginnt mit dem Auslesen der Seitenkopfdaten BSNR, KUNR (Name) und DATUM. Mit KUNR und DATUM kann die Tagesbestelldatei abgefragt werden, ob der Kunde an diesem Tag schon einmal eine Btx-Bestellung abgegeben hat. Ist dies der Fall, so wird die laufende Nummer der Bestellseite aktualisiert und BSNR mit dem neuen Wert überschrieben.

Vorhandene Artikelnummer und positive Mengenangabe weisen eine zu bearbeitende Bestellposition aus. Dazu erfolgt mittels der ARTNR ein Zugriff auf die Artikeldatei, aus der die zugehörige Mengeneinheit (ME*), die Artikelbezeichnung (ARTBEZ) und der Einzelpreis (EPREIS) abgefragt werden. Die Artikelbezeichnung wird in markanter Schriftfarbe in die zugehörige Bestellseite eingetragen.

Nun wird überprüft, ob die vom Kunden eingetragene Mengeneinheit (ME) mit der artikelzugehörigen Mengeneinheit (ME*) übereinstimmt. Ist dies nicht der Fall, wird überprüft, ob eine Umrechnung (z.B. Pfund in Kilogramm) möglich ist oder mit der neuen Mengeneinheit eine erneute Bestellmengenangabe durch den Kunden erforderlich ist. Dazu würde dann die neue ME in der Zeile eingetragen und die Mengenangabe gelöscht. Bei erfolgter Umrechnung werden die geänderten Werte in markanter Farbe eingetragen und später vom Kunden entweder bestätigt oder geändert.

Danach wird der Gesamtpreis der Bestellposition durch Multiplikation von MENGE x EPREIS errechnet und auf der Bestellseite eingetragen. Mit der Speicherung der Bestellzeile ist deren Verarbeitung vorerst abgeschlossen, und es beginnt die Bearbeitung noch folgender Zeilen. Sind alle Bestellpositionen abgearbeitet, so kann die korrigierte Bestellseite dem Kunden angezeigt werden. Dieser muß nun überprüfen, ob die Bestellung seinem Kaufwunsch entspricht, und die Seite ohne oder mit Änderungen abschicken.

Nach Eingang der Antwortseite liest der Externe Rechner die Dialogfelder aus und vergleicht die Eintragungen mit den gespeicherten Positionen der temporären Bestelldatei. Dadurch kann festgestellt werden, ob der Kunde Änderungen vorgenommen hat. Geänderte Bestellpositionen (Zeilen) werden markiert.

Durch Abfrage der Markierungen ist feststellbar, ob der Kunde die Bestellseite bestätigt hat. Dann erfolgt eine Abfrage über den weiteren Dialogablauf. Werden jedoch markierte Zeilen gefunden, so werden diese selektiert und der vorab beschriebenen Verarbeitung zugeführt. Damit kann dieser Programmteil erst beendet werden, wenn der Kunde die Bestellseite ohne Änderungen bestätigt, sie also voll und ganz seinen Wünschen entspricht.

Bestellfolgeauswahl:
Die Bestellfolgeauswahlseite 934567121314a fragt die Dialogpartner nach Abschluß der Verarbeitung der jeweils vorangegangenen Bestellseite nach ihren weiteren Dialogwünschen. Dabei besteht folgende Auswahlmöglichkeit:

1	-	Weitere Bestellungen (weitere Bestellseite 934567121312a),
3	-	Blättern und markieren,
4	-	Desgleichen mit Erläuterungen,
5	-	Artikel suchen nach Suchbegriffen,
6	-	Artikel suchen mit Erläuterungen,
9	-	Bestellabschluß.

Die Wahlmöglichkeiten 3, 4, 5 und 6 verzweigen zu den Bestellhilfen, die bei der Bestellauswahl bereits erläutert wurden. Mit 9 wird der Bestellabschluß eingeleitet, der im Abschnitt "Der Bestellabschlußdialog" beschrieben ist. Möchte der Kunde zu den bereits bearbeiteten Bestellungen weitere Artikel in Auftrag geben, so ruft er mit "1" eine weitere Bestellseite ab, deren Aufbau und Verarbeitung nachfolgend beschrieben ist.

Weitere Bestellseiten und deren Verarbeitung:
Die "weitere Bestellseite 934567121312a" wird vom Externen Rechner nach Wahl der "1" von der Bestellfolgeauswahl aus ausgegeben. Seitenaufbau und Rechnerverarbeitung weichen nur in Details von denen der 1. Bestellseite ab. Im Seitenkopf wird das Dialogfeld ohne Angabe der laufenden Bestellseitennummer (BSNR) vorbelegt. Ebenso entfällt eine Vorbelegung der Bestellzeilen mit Sonderangeboten.

Der Verarbeitungsvorgang beginnt mit dem Auslesen der Seitenkopfdaten KUNR (evtl. Namen) und DA-TUM. Damit wird die Tagesbestelldatei abgefragt, die laufende Bestellseitennummer (BSNR) aktualisiert und im Seitenkopf eingetragen.

Anschließend erfolgt die Verarbeitung der vom Kunden vorgenommenen Einträge in den einzelnen Zeilen der Bestellseite. Dieser Verarbeitungsvorgang ist identisch mit der Verarbeitung der 1. Bestellseite.

Nach Abschluß der Verarbeitung wird die Bestellfolgeauswahlseite ausgegeben.

Bestellabschlußdialog:
Gibt der Kunde die Wahl 9 bei der Bestellfolgeauswahl ein, so muß zum Abschluß des gesamten Bestell-dialoges die Frage der Hauslieferung oder Abholung der bestellten Waren geklärt werden. Dazu gibt der Externe Rechner die Bestellabschlußseite 934567121316a aus, die abfragt, ob die bestellten Waren durch den Einzelhändler angeliefert oder vom Kunden selbst abgeholt werden. Auf der Dialogseite macht der Externe Rechner Angaben zum Liefer- bzw. Abholtermin, benennt den Einzelhändler, der die Bestellung ausführt und gibt für den Fall der Hauslieferung die Anschrift des Kunden als Lieferadresse vor. Diese Angaben soll der Kunde überprüfen und gegebenenfalls abändern. Das Absenden der Seite erfolgt für den Kunden ohne Wahlmöglichkeit.

Die Verarbeitung beginnt mit dem Auslesen der Dialogfelder. Danach wird überprüft, ob der Kunde eindeutig gekennzeichnet hat, ob Anlieferung oder Abholung der Ware gewünscht ist. Kann eine eindeutige Aussage nicht festgestellt werden, gibt der Rechner die Dialogseite erneut aus. Ansonsten sind nur noch die Inhalte der restlichen Dialogfelder der Seite in Zusammenhang mit der Bestellung des Kunden abzuspeichern.

Mit dem Abschluß der Verarbeitung der Dialogseite ist der Bestelldialog beendet. Der Rechner veranlaßt da-nach die Ausgabe der Abschiedsseite Rechnerverbund 934567139a und beendet den Dialog.

E.IV.2.3 Das Warenwirtschaftssystem

E.IV.2.3.1 Allgemeines zum Programmaufbau

Der Aufbau des WWS ist durch die Struktur der Btx-Seiten des Btx-Programms und die Aufgaben des Ge-samtprogramms vorgegeben (vgl. Abschnitt E.IV.2.2).

Die aktuellen Daten, die das WWS von den Kunden bzw. den Einzelhändlern benötigt, werden über Btx erfaßt. Im Externen Rechner werden die Daten aus den Dialogfeldern der entsprechenden Btx-Seiten ausgelesen und an das WWS zur Verarbeitung weitergeleitet.

Die Datenübergabe übernimmt das Anwendungssteuerungsprogramm, das "C"-Programm. Die Struktur der Datenübergabedatei wird im folgenden Abschnitt beschrieben.

Der Aufruf der einzelnen dBase-Programme erfolgt mit Hilfe eines Parameters (Beispiel: Btx1, Btx 2 etc.). Um die compilierte Version von Btx.PRG (Hauptprogramm) und Btxproz.PRG (Prozedurprogramme) mit einem Parameter aufrufen zu können, wurde folgende Konzeption, die in Abbildung E.IV.2.3.1.01 dargestellt ist, gewählt:

Hauptprogramme	Prozedurprogramm
Btx.PRG	Btxproz.PRG
Parameters p	Procedure A1
p = "A" + p	Procedure A2
Set procedure to btxproz	.
Do & p	.
	.
Set procedure to	Procedure An

Abb. E.IV.2.3.1.01: Zusammenhang zwischen dBase III-Programmen und der Clipper-Compiler-Version

Beispiel für Btx 1:   Parameter p im Hauptprogramm nimmt den Wert 1 an;
                        durch Do & p wird Procedure A1 aufgerufen.

Die gleiche Vorgehensweise wird für den Aufruf der Programme in der GBG GBG.EXE gewählt. Dort heißt das Hauptprogramm GBG.PRG, das Prozedurprogramm GBGPROZ.PRG. Der Aufruf des Programms erfolgt genau wie in Btx.EXE wie beispielsweise GBG 1, GBG 2 etc.

E.IV.2.3.2 Datenaustausch zwischen den dBase III-Programmen und der Btx-Software

Der Datenaustausch zwischen den Programmen des WWS und der Btx-Externen Rechner-Software erfolgt mit Hilfe eines "C"-Programms (vgl. Anwendungssteuerung in Abschnitt E.IV.2.4). Zur Übertragung der Daten von "C" zu den dBase III-Programmen wird die Datei dbein.aed verwendet; die Übertragung von Daten aus dBase nach "C" erfolgt mit der Hilfsdatei dbaus.aed. Bei der Übertragung müssen aus programmtechnischen Gründen die zu übertragenden Programmfelder in Hochkommata (Delimited) eingeschlossen werden und durch Kommata voneinander getrennt sein.

Beispiel: Sollten über "C" nach dBase die Datenfelder, Name, Vorname, Straße übertragen werden, so muß in dBase eine Datei geöffnet werden, die diese Struktur aufweist. Mit "Append From dbein.aed Delimited" werden die Datenfelder in die dBase-Datei übernommen und können dort weiterverarbeitet werden.

"Name", "Vorname", "Straße"   dbein.aed

use adresse   dbase

Append from dbein.aed Delimited.

Sollen Daten von dBase nach "C" übertragen werden, wird die Datei dbase.aed verwendet.

Beispiel: Use adresse

Copy fields Name, Vorname, Straße to dbaus.aed;

Delimited

"Name", "Vorname", "Straße"   dbaus.aed.

Mit Hilfe der beiden Dateien dbaus.aed und dbein.aed wird der gesamte Datenaustausch bzw. Dialog zwischen der Btx-Software und dem WWS realisiert. Nach erfolgtem Datenaustausch werden die beiden Dateien jedesmal von dem "C"-Programm geleert, damit sie für die nächsten Dialoge verwendet werden können.

E.IV.2.3.3 Pflichtenheft für das Programm Btx.EXE

Mit Hilfe von Btx.EXE sollen alle Informationsströme bzw. Dialoge zwischen den Btx-Kunden und ihren Einzelhändlern dargestellt werden. Folgende warenwirtschaftliche Anwendungen für den Btx-Dialog sollen realisiert werden:

-     Vergabe neue Kundennummer und Kundenneuaufnahme,
-     Plausibilitätskontrolle, Bonitätsprüfung und Bestellberechtigungsprüfung,
-     Auftragsprüfung,

-   Vergabe Auftragsnummer; Verbuchung der Bestellungen in Auftragspufferdateien/Kundenauftragsdatei.

Im folgenden werden die Bausteine näher erläutert:

Vergabe neue Kundennummer und Kundenneuaufnahme:

Die folgende Abbildung E.IV.2.3.3.01 enthält den Programmablaufplan, in dem die Programmschritte formal beschrieben sind.

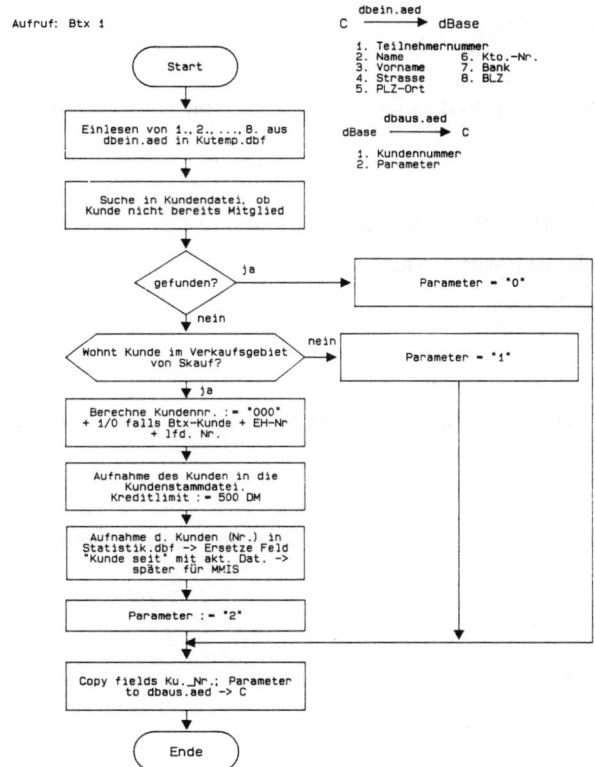

Abb. E.IV.2.3.3.01: Vergabe neuer Kundennummer/Kundenneuaufnahme

Identifiziert sich ein Kunde durch Eingabe von "99999999" als neuer Kunde, wird er vom System aufgefordert, folgende Angaben zu seiner Person zu machen:

1.   Teilnehmernummer,

2.   Name,

3.   Vorname,

4.   Straße,

5.   Ort,

6.   Kontonummer,

7.   Bank,

8.   Bankleitzahl.

Vor Aufnahme des neuen Kunden in die Kundenstammdatei wird geprüft, ob der Kunde nicht bereits Mitglied unter einer anderen Kundennummer ist.

Die neunstellige Kundennummer ist folgendermaßen aufgebaut und wird durch Auswertung der Kundendaten wie folgt ermittelt:

Stelle 1 - 3:   immer "000", frei für eventuelle nachträgliche Kodierungen,

Stelle 4:   0 bzw. 1, je nachdem, ob normaler Ladenkunde oder Btx-Kunde,

Stelle 5:   Nummer des zugeordneten Einzelhändlers,

Stelle 6 - 8:   laufende Nummerierung.

Durch Auswertung der Postleitzahl der Kundenanschrift wird eine Zuteilung des Kunden zu einem Einzelhändler vorgenommen (räumliche Aufteilung des Verkaufsgebietes).

Dieser Programmteil wird durch Btx 1 aufgerufen. Als Übergabeparameter für dbein.aed werden benötigt:

1.   Teilnehmernummer,

2.   Name,

3.   Vorname,

4.   Straße,

5.   PLZ-Ort,

6.   Kontonummer,

7.   Bank,

8.   Bankleitzahl.

Nach Auswertung dieser Daten durch das Datenbanksystem werden nach "C" über dbaus.aed folgende Daten übertragen:

1.   neue Kundennummer,
2.   Parameter.

Dieser Parameter kann folgende Zustände annehmen:

"0"   Kunde ist bereits in Kundenstammdatei vorhanden,

"1"   Kunde wohnt außerhalb des Verkaufsgebietes (ist beschränkt auf PLZ von 6600 bis 6699),

"2"   Kunde wurde erfolgreich als neuer Kunde in die Kundenstammdatei aufgenommen.

Von Btx 1 verwendete Datenbanken:

Ku-temp.dbf: Hilfsdatei,

Kunde.dbf: Kundenstammdatei.

Plausibilitätskontrolle, Bonitätsprüfung und Bestellberechtigungsprüfung:

Abbildung E.IV.2.3.3.02 enthält den Programmablaufplan zur Bestellberechtigungsprüfung. Durch Überprüfung der Kundennummer, der Teilnehmernummer und der Höhe der Außenstände (Kreditlimit) wird dem Kunden bei positivem Ergebnis eine Bestellberechtigung erteilt. Wird eine nicht vorhandene Kunden-nummer eingegeben, so wird der Kunde vom System abgewiesen. Bei korrekter Kundennummer, aber dem System nicht bekannter Teilnehmernummer (z.B. hat sich ein Kunde von einem fremden Btx-Anschluß in das System eingeloggt), wird aus Sicherheitsgründen die (eigene) Teilnehmernummer des Kunden abgefragt. Ist die Höhe der Außenstände eines Kunden höher als ein vom Einzelhändler fixiertes Kreditlimit, wird die Be-stellberechtigung im Rahmen der Bonitätsprüfung ebenfalls verweigert. Der Aufruf dieses Programmbausteins erfolgt durch Btx 2.

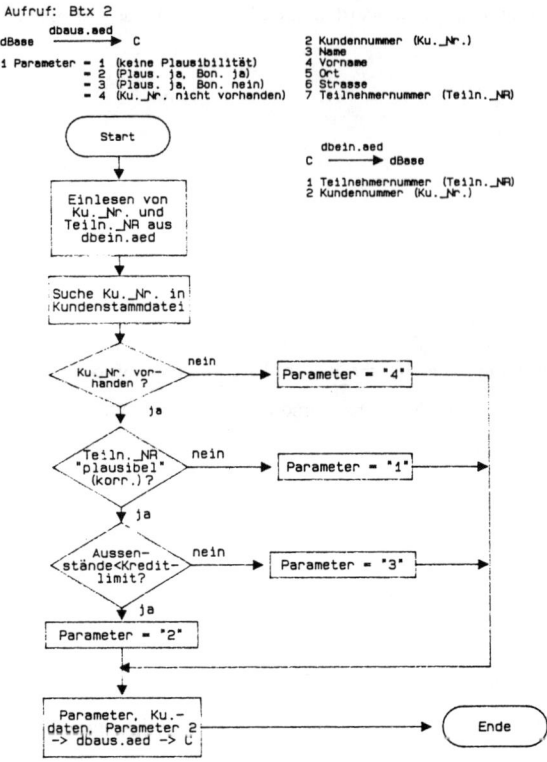

Abb. E.IV.2.3.3.02: Bestellberechtigungsprüfung   - > Plausibilitätsprüfung

- > Bonitätsprüfung

Über dbein.aed werden von "C" nach dBase III übermittelt:

1.   Teilnehmernummer,

2.   Kundennummer.

Nach Auswertung dieser Daten durch das Datenbanksystem werden von dBase III über dbaus.aed folgende Informationen zurückübermittelt:

1. Parameter,
2. Kundennummer,
3. Name,
4. Vorname,
5. Ort,
6. Straße,
7. Teilnehmernummer.

Dabei kann der übermittelte Parameter folgende Zustände annehmen:

"1" keine Plausibilität,

"2" Plausibilität ja, Bonität ja,

"3" Plausibilität ja, Bonität nein,

"4" Kundennummer nicht vorhanden.

Von Btx 2 verwendete Datenbanken:

Ku-temp2.dbf	Hilfsdatei,
Ku-temp.dbf	Hilfsdatei,
Kunde.dbf	Kundenstammdatei,
Kuauftr.dbf	Kundenauftragsdatei (Außenstände).

Auftragsprüfung/Bestelldialog:

Nach erfolgreicher Bestellberechtigungsprüfung/Plausibilitätsprüfung/Bonitätsprüfung kann der Kunde im Btx-Dialog die Seite "direkt bestellen" aufrufen und dort eine Bestellung durchführen. Durch Auswertung der Kundennummer (Stichwort: Aufteilung des Verkaufsgebietes) ist dem System bekannt, welchem Einzelhändler die Bestellung zuzuordnen ist.

Durch Eingabe von Artikelnummer, Verpackungseinheit und Anzahl in dafür vorgesehene Bestellseiten kann der Kunde eine Bestellung aufgeben. Eingaben von nicht vorhandenen Artikelnummern werden vom System ignoriert, d.h., auf einer nach Abschluß der Bestellung erscheinenden korrigierten Bestellseite nicht aufgeführt. Bei Eingabe von dem System unbekannten Verpackungseinheiten wird in der korrigierten Bestellseite die dem jeweiligen Artikel zugeordnete "richtige" Verpackungseinheit eingetragen; aus Sicherheitsgründen wird die bestellte Anzahl aber gleich Null gesetzt und der Kunde darauf hingewiesen, eine Korrektur vorzunehmen. Die Abbildung E.IV.2.3.3.03 zeigt den dazugehörigen PAP.

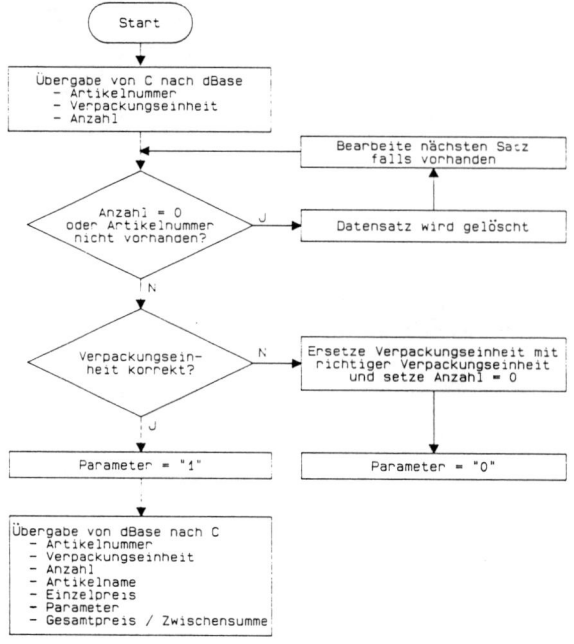

Abb. E.IV.2.3.3.03: Auftragsprüfung/Bestelldialog

Sind alle Eintragungen in den Bestellseiten plausibel/korrekt und hat der Kunde die Bestellungen bestätigt, so werden sie in einer temporären Datei abgespeichert. Bei diesem Programmbaustein werden mehrere Hilfsprogramme benötigt. Diese sind:

-        Btx B (zur Initialisierung von Dateien),
-        Btx A (zur Initialisierung von Dateien),
-        Btx 3 (das eigentliche Programm zur Bestellverarbeitung).

Der Aufruf der Programme aus "C" erfolgt nach folgendem Ablaufschema, das in Abbildung E.IV.2.3.3.04 dargestellt ist.

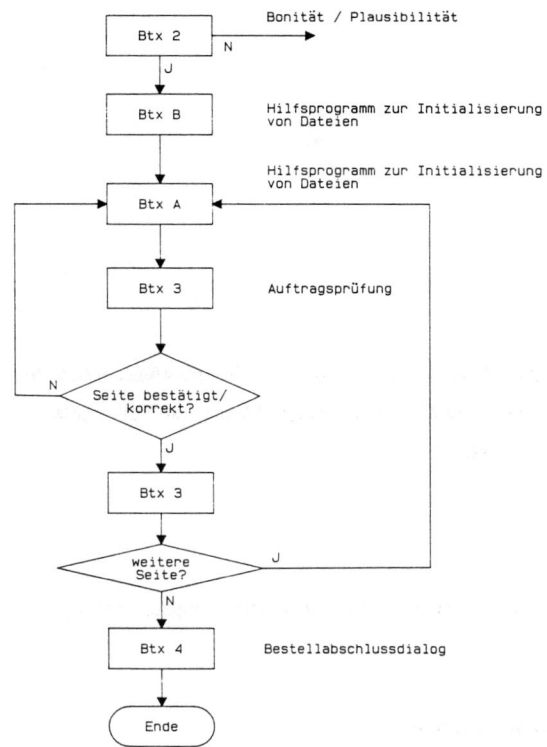

Abb. E.IV.2.3.3.04: Ablaufschema der Programmaufrufe

Übergabeparameter für dbein.aed sind:

1.   Artikelnummer,

2.   Verpackungseinheit,

3.   Anzahl.

Übergabeparameter für dbaus.aed sind:

1.   Artikelnummer,

2.   Verpackungseinheit,

3.   Anzahl,

4.   Einzelpreis,

5.   Parameter,

6.   Zwischensumme/Endsumme.

Dieser Parameter kann zwei Zustände annehmen:

"v"   -   Es wurde eine falsche Verpackungseinheit eingegeben, d.h. die Verpackungseinheit wurde korrigiert bzw. die Seite wurde korrigiert und die entsprechende Menge auf Null gesetzt.

"1"   -   Der Eintrag in die Bestellseite war korrekt.

Von Btx 3 verwendete Dateien:

sammel.dbf   -   Bestellungen über mehrere Btx-Seiten werden zu einer Bestellung zusammengefaßt,

artikel.dbf   -   Artikelstammdatei,

besttemp.dbf   -   Hilfsdatei,

bestell.dbf   -   Zwischenspeichern der gesamten Bestellung.

Vergabe Auftragsnummer (Verbuchung der Bestellungen in Auftragspufferdatei bzw. Kundenauftragsdatei):
Dieser Programmbaustein wird unmittelbar nach erfolgter Auftragsprüfung/Bestellverarbeitung aufgerufen. Hat der Kunde nach erfolgtem Bestelldialog die Bestellung bestätigt und war die Bestellung plausibel/korrekt, so wird vom System die Bestellabschlußdialogseite übermittelt, in der der Kunde zu folgenden Mitteilungen aufgefordert wird:

1.   Lieferservice   L = Lieferservice

                                  A = Kunde ist Selbstabholer,

2.   Lieferung   Datum,

3.   Uhrzeit von   gewünschte Lieferzeit,

4.   Uhrzeit bis,

5.   Lieferort   Adresse,

6.   Lieferstraße.

Nach Absenden der Bestellabschlußdialogseite wird die Bestellung endgültig in der Auftragspufferdatei des Einzelhändlers und in der Kundenauftragsdatei verbucht.

Der Aufruf des Programms erfolgt durch Btx 4. Der PAP in Abbildung E.IV.2.3.3.05 verdeutlicht die Ausführungen.

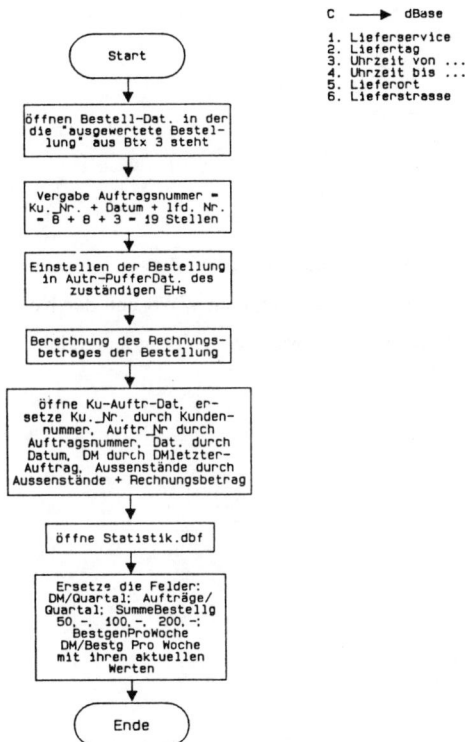

Abb. E.IV.2.3.3.05:   Vergabe Auftragsnummer/Verbuchung der Bestellungen in Auftragspufferdatei bzw. Kundenauftragsdatei

Von Btx 4 verwendete Dateien:

sammel.dbf	-	hier steht die Bestellung aus Btx 3,
serv_tp.dbf	-	Hilfsdatei,
aufpuff"n".dbf	-	Auftragspufferdatei von Einzelhändler-Nr. "n",
knauftr.dbf	-	Kundenauftragsdatei,
statistik.dbf	-	statistische Auswertung der Bestellungen.

Übergabeparameter für dbein.aed sind:

1.	Lieferservice	(L/A)	dbein.aed - dbase,
2.	Datum	(Liefertermin),	
3.	von Uhr	(Lieferzeit),	
4.	bis Uhr,		
5.	Ort	(Adresse),	
6.	Straße.		

E.IV.2.4 Anwendungssteuerungsprogramm

Die Btx-Kommunikationssoftware BTGATE erfordert eine bestimmte logische Struktur zur Anwendungssteuerung. Die Anwendungssteuerung ist die Schnittstelle zwischen dem Btx-Programm, dem WWS und der Kommunikationssoftware. Abbildung E.IV.2.4.01 verdeutlicht den Zusammenhang zwischen den Programmmoduln.

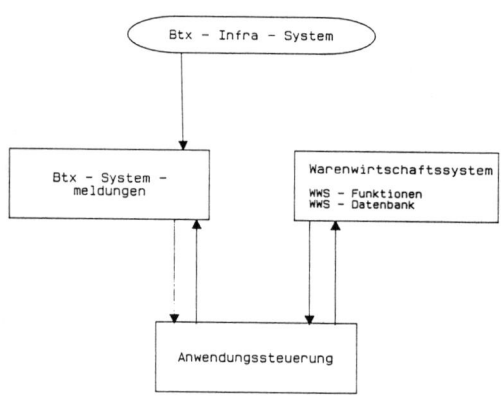

Abb. E.IV.2.4.01: Die Beziehungen zwischen den Programmmoduln

Die Programmierung der Anwendungssteuerung orientiert sich formal an den Vorgaben, die durch die Vorschriften des Handbuchs für den Btx-Rechnerverbund (vgl. Fernmeldetechnisches Zentralamt 1988) festgelegt
sind. Inhaltlich sind die Programmstrukturen der Anwendungssteuerung durch die in diesem Kapitel be-

schriebenen Pflichtenhefte für das Btx-Programm (logischer Ablauf der Anwendungssteuerung) und das Pflichtenheft für das WWS, in dem die Struktur der Übergabedateien (Schnittstellenrealisierung zwischen "C" und dBase III, Version des Clipper-Compilers) festgelegt sind.

Programmiersprache ist die Sprache "C". Die Btx-Kommunikationssoftware liegt als "C"-Bibliothek vor und kann zusammen mit der Anwendungssteuerung gelinkt werden. Die Anwendungssteuerung selbst soll später auch als Bibliothek zusammengefaßt werden.

Abbildung E.IV.2.4.02 zeigt die Struktur des Hauptprogramms.

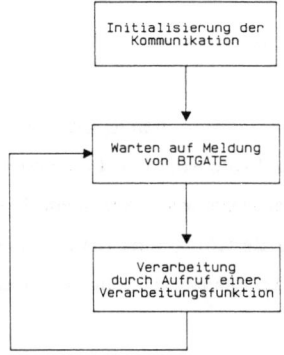

Abb. E.IV.2.4.02: Programmbeschreibung des Hauptprogramms

Die Anwendungssteuerung muß folgende Meldungen, die BTGATE vom Verbundrechner erhält, und wiederum nach der entsprechenden Bearbeitung weitergibt, abfangen und bearbeiten:

	Rückmeldung von BTGATE	aufgerufene Funktion	Programmfile
	conrq	GCONRQ	btgproz1
	update	GUPDATE	btgproz4
	disrq	GDISRQ	btgproz1
	eos	GEOS	btgproz1
case	frqd	GFRQD	btgproz1
(Hauptpro-	frqc	GFRQC	btgproz1
gramm)	frqp	GFRQP	btgproz1
	frqn	GFRQN	btgproz1
	error	GERROR	btgproz3

Die Meldungen von BTGATE haben folgende Bedeutung:

conrq:	Start einer Session,
update:	Antworten aus einer Dialogseite,
disrq:	Abbruch einer Session von "außen",
eos:	Bitte um Abschiedsseite,
frqd:	Keine direkte Ausgabe der angeforderten *n# Seite (*),
frqc:	Keine direkte Ausgabe der angewählten (Zielseite) (*),
frqp:	Keine direkte Ausgabe der vorgehenden Seite (*),
frqn:	Dialogdaten nicht abgeschickt,
error:	Fehlermeldung,
pac:	Preis der Seite akzeptiert.

(*) Um wildes Herumblättern in den Seiten des Systems zu vermeiden, werden alle Seiten gegen direkte Ausgabe geschützt. Dadurch behält die Anwendungssteuerung immer die totale Kontrolle des Dialogs. Der Benutzer kann nur den vom Systemersteller erlaubten Pfaden folgen. Dies wurde vor allem deshalb so vorgesehen, damit in sich geschlossene Vorgänge wie z.B. eine Bestellung oder die Eingabe von Personendaten und deren Verarbeitung nicht "wild" verlassen werden können, d.h. ohne daß das System dies bemerkt.

Aus den Meldungen ergeben sich folgende Funktionen in der Anwendungssteuerung:

1.	gcconrq:	Senden der Begrüßungsseite und Abfragen der Kundennummer,
2.	update:	Von welcher Seite kommen die Daten?
		Aufbereiten der Daten des WWS,
		Aufruf einer WWS-Funktion,
		Verarbeiten der Antwortdaten des WWS,
		Senden einer Seite, die mit Hilfe der WWS-Daten zusammengebaut wurde,
3.	gdisrq:	Teillöschung der bisher gesammelten Daten (noch nicht implementiert),
		Vorbereiten des Systems für neuen Dialog,
4.	geos:	Senden der Abschiedsseite,
		Warten auf neues conrq,
5.	gfrqd:	Senden einer L-24-Meldung,
6.	gfrqc:	Prüfen der Berechtigung,
		Senden der Seite,

7.	gfrqn:	Senden einer L-24-Meldung,
8.	gerror:	Ausgabe der Fehlermeldung auf dem Bildschirm,
		Teillöschung der bisher gesammelten Daten,
		Vorbereiten des Systems für neuen Dialog,
9.	pac:	keine gebührenpflichtigen Seiten vorhanden.

Es werden folgende Unterfunktionen benutzt:

schreibe:	Schreiben der von Btx ausgelesenen Daten für WWS,
	Parameter kontrol: mit oder ohne Abgleich mit backup datei,
	felder: Anzahl der Felder pro Datensatz,
	- liest Daten von Btx,
	- fügt fehlende Daten ein,
	- bereitet Daten für das WWS vor,
	- schreibt Daten in eine Übergabedatei,
lese:	Liest vom WWS kommende Daten in Variablen des "C"-Programms,
	Parameter laenge: Dialogfeldnummer des abgelegten Datums,
	text: Defaultinhalt des Dialogfeldes,
	- schreibt explizit Defaultdaten in eine Backupdatei,
	- wird benötigt, damit vom Benutzer nicht geänderte (DCT-) Daten zum WWS zurückübermittelt werden können.
zuweis:	Hilfsfunktion zum Besetzen von BTGOUT (0..13),
lzuweis:	Hilfsfunktion zum Senden einer L-24-Meldung,
gzero:	Versetzt System in Wartezustand,
del1:	Löschen der Aufbaufelder im Postrechner,
del2:	Löschen der Dialogfelder im Postrechner,
srecht:	Übergabe des Schreibrechts an den Teilnehmer,
skopf:	Überstellen des Seitenkopfes einer Btx-Seite von der Seitendatenbank in den Ausgabepuffer,
prout-prin:	Hilfsfunktion zur Ausgabe der Pufferinhalte von BTGOUT und BTGIN.

Hauptanforderungen an die Anwendungssteuerung bestehen im Zusammenbauen von Dialogseiten, die mit Daten aus dem WWS besetzt werden und an die Btx-Teilnehmer zurückgesandt werden.

Die Strategie zum Zusammenbau einer Btx-Seite mit Daten aus dem WWS und der Seitendatenbank wird in allen Funktionen, deren Aufgabe es ist, Seiten zusammenzubauen, benutzt. Zweck ist die Informationsübertragung zum Btx-Kunden.

Die folgende Abbildung E.IV.2.4.03 verdeutlicht die Arbeitsschritte zum Zusammenbau einer Btx-Seite.

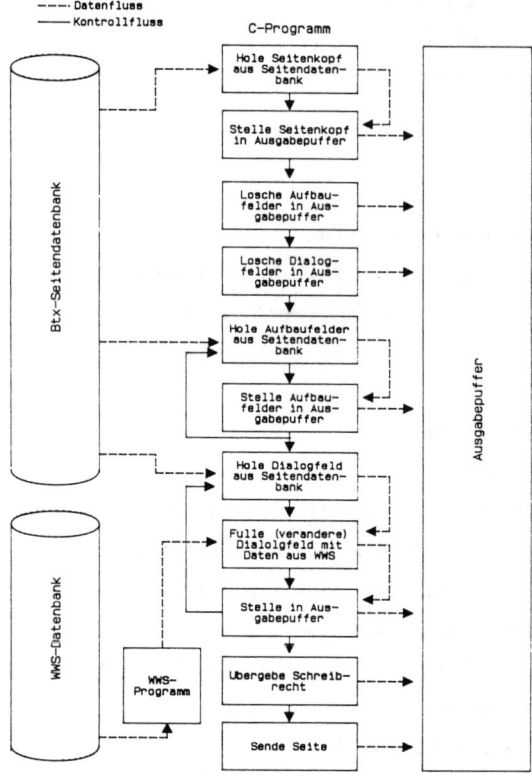

Abb. E.IV.2.4.03: Arbeitsschritte zum Zusammenbau einer Btx-Seite

Im folgenden werden die Hauptverarbeitungsfunktionen festgelegt:

Kundendialog:

auslesenkn: Auslesen Kundennummer und Weiterverarbeitung,

sende 12134:   Zusammenbau der Seite 12134 zur Übermittlung der Kundennummer bei Kunden-
                           neuaufnahme,

sicherpr: Sicherheitsüberprüfung (Kundennummer und Anschlußnummer passen nicht zusam-
                           men),

kundendat:	Auslesen der Kundendaten und der Übermittlung zum WWS bei der Kundenneuaufnahme,
bestell:	Auslesen der Bestelldaten und deren Übermittlung zum WWS,
	Lesen der Antwort und Zusammenbau der (korrigierten) Bestellseite,
bestend:	Auslesen der Daten des Bestellabschlußdialogs und deren Übermittlung zum WWS.

GBG:

hnummer:	Überprüfen der Händlerzugangsberechtigung,
friwadi:	Lesen der Daten zur Frischwarendisposition,
	Zusammenbau der Seite 1219112,
	Übermitteln zum Einzelhändler,
	Rückübermitteln der Antwortdaten zum WWS,
hartwadi:	Lesen der Daten zur Hartwarendisposition,
	Zusammenbau der Seite 1219111,
	Übermitteln zum Einzelhändler,
	Rückübermitteln der Antwortdaten zum WWS,
zeige_w_eing:	Lesen der Wareneingangsdaten,
	Zusammenbau der Seite 12191141,
	Übermitteln zum Einzelhändler.

Nach diesem Entwurf ist die gesamte Anwendungssteuerung zu programmieren.

E.IV.3 Pflichtenheft für die Anwendungen in der GBG

E.IV.3.1 Das Btx-Programm für die GBG

E.IV.3.1.1 Struktur des GBG-Programms

Der folgende Programmstrukturplan in Abbildung E.IV.3.1.1.01 enthält den logischen Aufbau des GBG-Programms. Ferner gelten die unter Abschnitt E.IV.2.1 ff. dargestellten Prämissen für den Aufbau eines Btx-Programms.

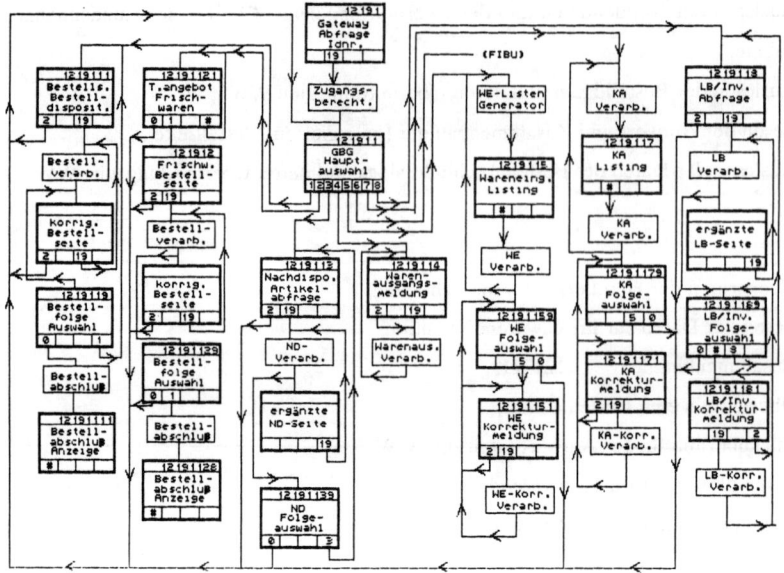

Abb. E.IV.3.1.1.01: Das Btx-Programm für die GBG

E.IV.3.1.2 Zugang zur GBG

Der Zugang zur GBG führt über die Leitseite und die nachfolgende Auswahlseite des öffentlichen Programms zur GBG-Vorauswahlseite 9345671219a. Diese Seite ist über die GBG-Liste zugangsgeschützt, so daß hiermit gleichzeitig eine erste Zugangsberechtigungsprüfung erfolgt. Die Zugangsseite ist als Auswahlseite angelegt, die folgende Wahlmöglichkeiten anbietet:

1   -   Rechnerzugang für GBG-Teilnehmer,

2   -   Allgemeine GBG-Informationen ...,

3   -   Allgemeine GBG-Informationen.

Die GBG-Gatewayseite 93456712191a ist als Dialogseite angelegt, in die der Einzelhändler seine IDNR (EH-Kennung) einträgt und mit "19" absendet. Als Zusatzinformationen werden der Name des Bearbeiters und die Teilnehmerkennung der Btx-Teilnehmerstation abgefragt. Mit dem auf der Gatewayseite abgelegten Referenzsatz wird die Verbindung zum Externen Rechner aufgebaut und die Seite einschließlich der vom Btx-System hinzugefügten Identifikationsdaten des Dialogpartners übertragen.

Die Zugangsberechtigungsprüfung liest IDNR und Anschlußkennung aus und prüft damit die Berechtigung des Anrufers zum Benutzen der GBG ein zweites Mal ab (2. Zugangssicherung). Der Programmablauf ist im wesentlichen identisch mit der Bestellberechtigungsprüfung im Kundenbestelldialog.

Nach der Bestellberechtigungsprüfung wird die GBG-Hauptauswahl 934567121911a freigegeben, mit der das gesamte warenwirtschaftliche Leistungsangeobt der Kooperationszentrale für die angeschlossenen Einzelhänder angeboten wird.

Es stehen folgende Funktionen zur Verfügung:

1	-	Bestelldisposition,
2	-	Frischwarendisposition,
3	-	Nachdisposition,
4	-	Warenausgangsmeldungen,
5	-	Wareneingangskorrektur,
6	-	Finanzbuchführung für Einzelhändler,
7	-	Kundenauftragsabwicklung,
8	-	Lagerbestandsabfragen und Inventurabwicklung,
9	-	Marketing-Managementinformationen für Einzelhändler,
0	-	Programmende.

E.IV.3.1.3 Warenwirtschaftliche Anwendungen

E.IV.3.1.3.1 Bestelldisposition

Die Bestelldisposition (BDISP) bietet dem Einzelhändler die Möglichkeit, einmalige Bestellungen ohne Veränderung der automatischen Nachliefermenge und Bestellungen für solche Artikel des Gesamtangebots zu tätigen, die der Einzelhändler nicht in seinem Stammsortiment führt. Die Frischwaren sind von der Bestelldisposition ausgenommen.

Nach Aufruf der Bestelldisposition wird die BDISP-Bestellseite 9345671219111a ausgegeben, die im Seitenkopf Name und Anschrift des Einzelhändlers sowie eine laufende Bestellseitennummer enthält. Für die Bestellangaben ARTNR und MENGE sind insgesamt 48 Dialogfelder angelegt, die der Besteller ausfüllen kann. Danach wird die Bestellseite mit "19" an den Rechner abgesandt.

Die Bestellverarbeitung erfolgt analog zur Bestellverarbeitung im Kundenbestellprogramm. Der Rechner liest die Dialogfelder aus, prüft die Eintragungen auf Plausibilität (auch Warengruppe bei Frischwaren) und korrigiert oder markiert gegebenenfalls unrichtige Eintragungen in anderer Schriftfarbe. Danach wird die korrigierte Bestellseite erneut angezeigt und vom Besteller nochmals geändert oder ungeändert bestätigt. Bestätigte Bestellungen werden zwischengespeichert und die BDISP-Bestellfolgeauswahlseite 93456712191119a ausgegeben.

Die Wahlmöglichkeiten dieser und aller weiteren Folgeauswahlseiten sind wie folgt angelegt:

#	-	Weitere Bearbeitungen im gleichen Modul (hier BDISP),
2	-	Frischwarendisposition,
3	-	Nachdisposition,
4	-	Warenausgangsmeldungen,
5	-	Wareneingang abrufen/melden,
6	-	Finanzbuchführung für Einzelhändler,
7	-	Abruf von Kundenaufträgen,
8	-	Lagerbestandsabfrage/Inventurabwicklung,
9	-	Marketing-Managementinformationen für Einzelhändler,
0	-	Ende der Bestelldisposition.

In diesem Fall entsprechen die Verzweigungen 2 bis 9 und 0 denen der Hauptauswahlseite. Nur die Wahl "weitere Bestelldisposition" und "Ende der Bestelldisposition" beziehen sich auf weitere Verarbeitungsschritte innerhalb dieses Moduls.

E.IV.3.1.3.2 Frischwarendisposition

Die tägliche Bestellung der Frischwaren, insbesondere Obst und Gemüse, können die Einzelhändler aufgrund vorgegebener Informationen über Tagespreise und Sonderangebote treffen. Dazu wird im Programmteil Frischwarendisposition (FDISP) eine Folge von Informationsseiten, Tagesangebot, Frischwaren 93456712191121a - 12191127a angeboten, auf denen das zur Disposition stehende Angebot mit entsprechenden Tagespreisen enthalten ist.

Die gewünschte Frischwarenbestellung überträgt der Einzelhändler auf die Frischwarenbestellseite 9345671219112a, die entsprechende Dialogfelder für Artikelnummer (ARTNR), Mengeneinheit (ME) und Bestellmenge (MENGE) enthält. Nach dem Absenden der Dialogseite an den Rechner liest dieser die Dialogfelder aus und nimmt im Rahmen des Programmschrittes Frischwarenbestellverarbeitung, der sich vom grundsätzlichen Ablauf der Verarbeitung von den bisher beschriebenen Bestellverarbeitungen nicht unterscheidet, die Zwischenspeicherung, die Plausibilitätsprüfungen und Ausgabe der korrigierten Bestellseite vor.

Nach vollständiger Bearbeitung einer Bestellseite erfolgt auch hier die Ausgabe der Bestellfolgeauswahlseite Frischwaren 93456712191129a, die von der Anlage der Wahlmöglichkeiten mit der Bestellfolgeauswahl der Bestelldisposition identisch ist.

E.IV.3.1.3.3 Nachdisposition

Mit der Nachdispositon (ND) wird den Einzelhändlern die Möglichkeit gegeben, die von der Zentrale festgelegten Dispositionsmengen zu korrigieren.

Zur Nachdispositionsseite 9345671219113 gelangt man über die Wahl "3" von der GBG-Hauptauswahl. Hier kann der Einzelhändler für bestimmte Artikel (Artikelnummer (ARTNR)), eine Nachdispositionsmenge

(NDMENGE) angeben. Nach dem Absenden der Antwortseite liest der Externe Rechner die Dialogfelder aus und ergänzt die restlichen Artikelangaben (Gebindegröße (GEB), Mengeneinheit (ME), Kurzbezeichnung (KURZBEZ), Lieferrhythmus (LRY) und bisherige Dispositionsmenge (DMENGE)) unter Zugriff auf die Artikeldatei.

Danach wird die ergänzte und/oder geänderte Seite erneut angezeigt. Nun kann der Einzelhändler unter Verwendung der zusätzlichen Angaben seine Entscheidung überprüfen und gegebenenfalls Eintragungen ändern, was nach dem Absenden zu einem erneuten Durchlauf der ND-Verarbeitung führt. Erhält der Rechner die Seite ungeändert zurück, so wird dieses als Bestätigung gewertet und die neue NDMENGE in die aktuelle Verarbeitung aufgenommen.

Nach Abschluß eines Verarbeitungsvorgangs wird die ND-Folgeauswahlseite 93456712191139a ausgegeben, mit deren Wahlmöglichkeiten der Benutzer über den weiteren Dialogablauf entscheiden muß.

E.IV.3.1.3.4 Warenausgangsmeldung

Die Daten des Warenausgangs (WA) werden beim Einzelhändler in einem intelligenten Kassensystem gesammelt. Nach Geschäftsschluß werden die Daten zur Aufbereitung für die Btx-Übertragung in den PC eingegeben.

Der Übertragungszeitpunkt kann vom Einzelhändler softwaregesteuert beliebig gewählt werden. Dazu wird vom PC eine Anwahlprozedur aufgerufen, die eine Datensammelseite im Externen Rechner anwählt. Daraufhin gibt der Rechner die Warenausgangsmeldung 9345671219114a aus, die als interaktive Antwortseite ein seitenfüllendes Dialogfeld zur Aufnahme der Warenausgangsdaten enthält. Dieses Dialogfeld wird vom PC des Einzelhändlers mit den Daten gefüllt und die Seite an den Externen Rechner abgesandt, der die Daten nach dem Auslesen speichert und weiterverarbeitet (WA-Verarbeitung). Dieses Vorgang kann beliebig oft wiederholt werden, bis die gesamte WA-Datei übertragen ist.

E.IV.3.1.3.5 Wareneingangskorrektur

Die Rückmeldung von Differenzen zwischen Lieferankündigung und tatsächlicher Anlieferung erfolgt mittels einer Wareneingang (WE)-Korrekturseite 93456712191151a, die von der WE-Folgeauswahl aus oder direkt durch die Direktwahl der Seitennummer aufgerufen werden kann. Mit dieser Antwortseite kann der

Einzelhändler unter Angabe von Artikelnummer (ARTNR), angekündigter Soll-Liefermenge (SOLL-ME) und tatsächlicher Liefermenge (IST-ME) sowie erläuternden Angaben wie z.B. Bruch oder Verderb, Differenzen direkt an den Externen Rechner der Zentrale melden. Die abgesandte Seite wird vom Rechner ausgelesen und die Daten durch das Modul WE-Korrekturverarbeitung in die aktuellen Dateien eingestellt.

E.IV.3.1.3.6 Finanzbuchführung der Einzelhändler

Die Gestaltung des Verarbeitungsteiles Finanzbuchführung für Einzelhändler wird gemäß Projektplanung erst nach Abschluß der direkten warenwirtschaftlichen Verarbeitungen realisiert.

E.IV.3.1.3.7 Kundenauftragsabwicklung

Die von den S-KAUF-Btx-Kunden über Btx eingegangenen Bestellungen, im folgenden als Kundenaufträge (KA) bezeichnet, werden von einem Programmteil KA-Verarbeitung gesammelt, nach Einzelhändlern sortiert und formatgerecht zur Übertragung mittels Btx-Seiten gespeichert.

Ruft nun ein Einzelhändler durch Wahl der Ziffer 7 die Kundenauftragsabwicklung auf, so wird eine Seitenmaske KA-Listung 9345671219117a mit den Auftragsdaten gefüllt. Die Seite enthält neben dem Namen und der Anschrift des Kunden die Bestelldaten mit Artikelnummer, Kurzbezeichnung und Bestellmenge sowie Zusatzangaben über Liefer- oder Abholservice, Terminvereinbarung usw. Bei größeren Bestellungen werden nach Eingabe der Rückmeldung "#" Folgeseiten mit Auftragsdaten übermittelt. Sind alle Kundenaufträge übermittelt, so ruft die KA-Verarbeitung die KA-Folgeauswahlseite 93456712191179a auf, die analog zu allen anderen Folgeseiten angelegt ist.

Sind zu Kundenaufträgen Korrekturen an die Zentrale zurückzumelden, um die Lagerbestandsführung und die Finanzbuchführung der Einzelhändler zu korrigieren, so geschieht dies mit der KA-Korrekturseite 93456712191171a. Die KA-Korrekturverarbeitung führt die ausgelesenen Daten der entsprechenden Verarbeitung zu.

E.IV.3.1.3.8 Lagerbestandsabfrage und Inventur

Zur Durchführung einer Lagerbestandsabfrage für bestimmte Artikel ruft der Einzelhändler die LB/INV-Abfrageseite 9345671219118a auf. Hierauf kann er unter Angabe der Artikelnummer (ARTNR) die gewünschten

Bestandsdaten anfordern, die der Rechner im Verarbeitungsmodul LB-Verarbeitung aus der Lagerbestands-
datei abgefragt und in die Felder Sollbestand (SOLL-ME), Umschlagskennzahl (UMKZ), letzter Liefertermin
(LLTER) und Lieferrhythmus (LRY), einträgt. Ein weiteres Feld mit der Bezeichnung (IST) wird mit dem jeweiligen Sollbestand vorbelegt und kann für online-Korrekturmeldungen abgeändert werden.

E.IV.3.2 Das Warenwirtschaftssystem

E.IV.3.2.1 Pflichtenheft für das Programm GBG.EXE

Hinweis: Aus programmtechnischen Gründen sollen inhaltlich zu GBG.EXE gehörende Programmteile
teilweise unter Btx.EXE realisiert werden.

Mit Hilfe von GBG.EXE sollen alle Informationsströme zwischen den Händlern und der Kooperationszentrale
realisiert werden. Im einzelnen sind dies:

- Zugangsberechtigungsprüfung zur GBG,
- Hartwarendisposition und Nachdisposition,
- Frischwarendisposition,
- Warenausgang,
- Wareneingang,
- Wareneingang abrufen,
- Wareneingang nachträglich ändern,
- Kundenauftragsabwicklung,
- Änderungsmeldung der Einzelhändler nach erfolgter Lieferung,
- Übermittlung der Bestellungen via Btx an die Einzelhändler,
- Lagerbestandsführung,
- Lagerbestandsabfrage,
- Inventur.

Zugangsberechtigungsprüfung zur GBG:
Bevor der Einzelhändler auf die Programmteile der GBG zugreifen kann, wird im Rahmen einer Zugangsberechtigungsprüfung überprüft, ob der Einzelhändler eine Zugangsberechtigung zur GBG hat. Abbildung
E.IV.3.2.1.01 zeigt den PAP für die Zugangsberechtigungsprüfung in der GBG. Dazu wird die Einzelhändlernummer abgefragt und vom System gleichzeitig die Teilnehmernummer festgestellt. Liegt eine Berechtigung
vor, so gelangt der Einzelhändler zur Seite GBG-Hauptauswahl, wo er zwischen acht warenwirtschaftlichen
Anwendungen eine Auswahl treffen kann.

Der Aufruf des Programms erfolgt über GBG 1. Als Übergabeparameter von "C" nach dBase benötigt dbein.aed die Einzelhändlernummer und die Teilnehmernummer des Einzelhändlers. Die Übergabe an dbaus.aed erfolgt ebenfalls über einen Parameter.

Dieser Parameter kann 3 Werte annehmen:

"2":   Zugangsberechtigung liegt vor,

"1":   richtige Einzelhändlernummer; falsche Teilnehmernummer,

"0":   es liegt keine Berechtigung vor.

Folgende Dateien werden vom GBG 1 verwendet:

eh_temp.dbf   (Hilfsdatei),

ehaendle.dbf   (Einzelhändlerstammdatei).

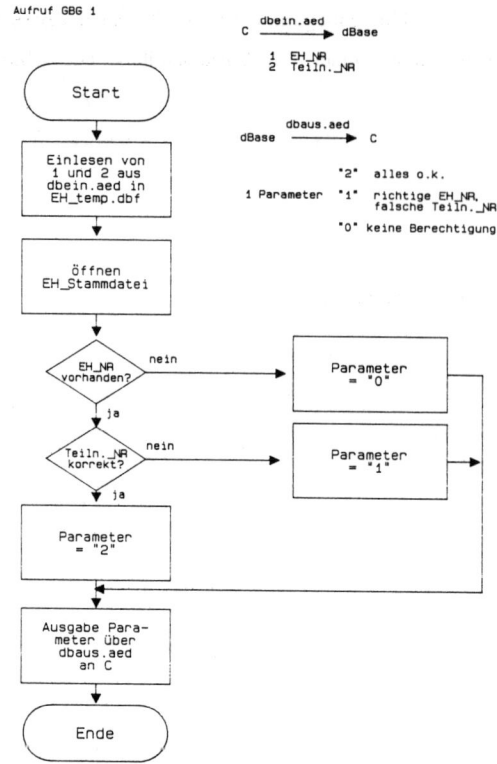

Abb. E.IV.3.2.1.01: Zugangsberechtigung in der GBG

Hartwarendisposition und Nachdisposition:

Mit Hilfe der hier verwendeten Programmblöcke GBG 2, GBG 3 und GBG E werden die automatischen Nachliefermengen für die einzelnen Einzelhändler berechnet. Abbildung E.IV.3.2.1.02 zeigt den PAP für die Hartwarendisposition und die Nachdisposition. Da vorgesehen ist, daß die Einzelhändler jeweils montags, mittwochs und freitags vor Geschäftsbeginn beliefert werden, erfolgt die Disposition der Hartwaren für je 2 Tage. Zur Bedarfsvorhersage werden dabei Durchschnittswerte aus der Vergangenheit herangezogen, die jedoch unterschiedlich stark gewichtet werden. So wird beispielsweise bei der Berechnung der Nachliefermengen für das "verkaufsstarke" Wochenende ein stärkerer Gewichtungsfaktor herangezogen als für die relativ "schwachen" Verkaufstage zu Wochenbeginn.

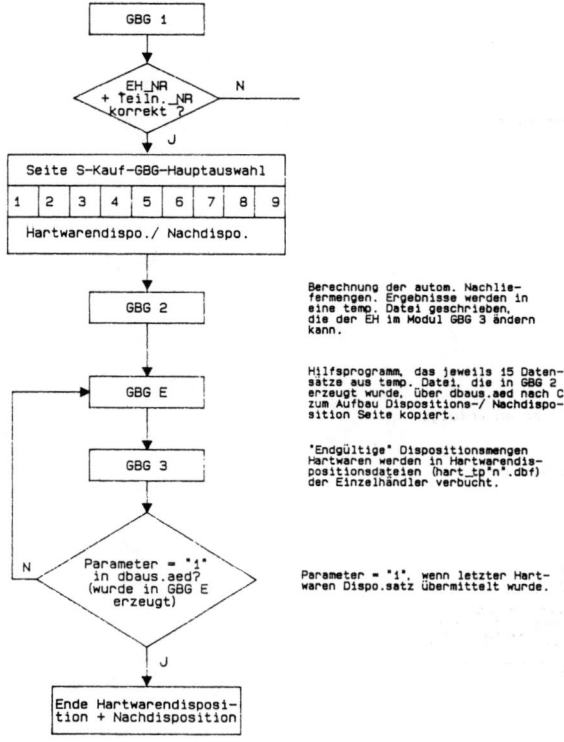

Abb. E.IV.3.2.1.02: Hartwarendisposition und Nachdisposition

Mit Hilfe von GBG 2 werden die automatischen Nachliefermengen berechnet und in einer temporären Datei abgespeichert. Abbildung E.IV.3.2.1.03 zeigt den PAP für GBG 2.

Ergebnisse werden in eine temp-Datei eingestellt, die der EH
im Modul "Bestelldisposition Hartwaren" nachträglich ändern kann.

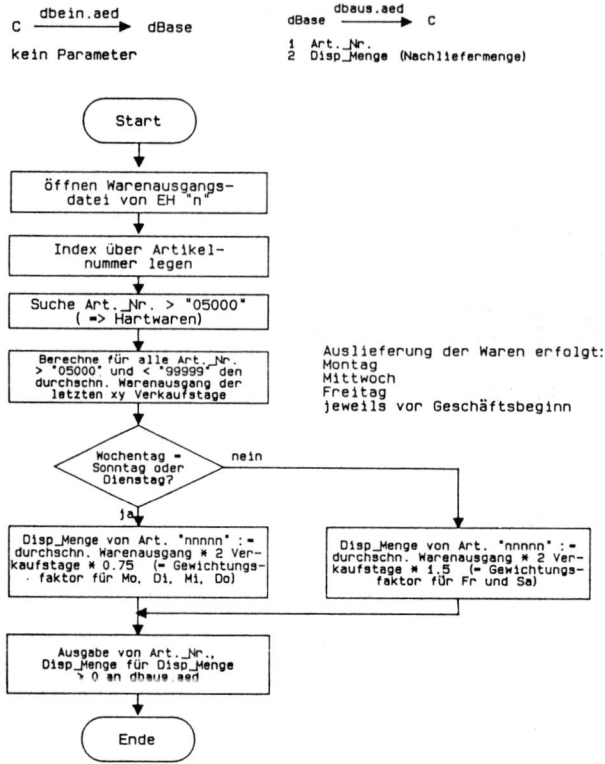

Abb. E.IV.3.2.1.03: Berechnung der automatischen Nachliefermengen (Hartwaren)

Übergabeparameter für dbein.aed: keiner.

Übergabeparameter für dbaus.aed: keiner.

Von GBG 2 verwendete Dateien:

wa_aus"n".dbf	-	Warenausgangsdatei von Einzelhändler "n",
hart_tp"n".dbf	-	temporäre Datei, in der die (automatischen) Nachliefermengen für Einzelhändler "n" stehen,
hart_tp.dbf	-	Hilfsdatei,
artikel.dbf	-	Artikelstammdatei,
help.dbf	-	Hilfsdatei, wird zur Datenübertragung nach "C" benötigt.

Mit Hilfe des Programmbausteins GBG E werden jeweils 15 Datensätze nach C kopiert (über dbaus.aed). Quelldatei ist dabei help.dbf.

Übergabeparameter für dbein.aed: keiner.

Übergabeparameter für dbaus.aed:

-      Artikelnummer,
-      Dispositionsmenge,
-      Parameter.

Dabei kann der Parameter folgende Zustände annehmen:

"0"   -   es folgen noch Datensätze,
"1"   -   letzter Datensatz wurde übertragen.

Vor GBG E verwendete Datei: help.dbf.

Nach dem Aufbau der Btx-Seite "Hartwarendisposition" hat der Einzelhändler die Möglichkeit, die automatischen Nachliefermengen zu ändern. Dies wurde über den Programmbaustein GBG 3 realisiert. Dieses Modul greift auf die hart_tp"n"-Dateien der Einzelhändler zu, so daß die automatischen Nachliefermengen geändert und Sonderbestellungen durchgeführt werden können.

Übergabeparameter für dbein.aed:

-      Artikelnummer,
-      Dispositionsmenge.

Übergabeparameter für dbaus.aed: keiner

Von GBG 3 verwendete Dateien:

hart_tp.dbf   -   Hilfsdatei, die Daten aus dbein.aed aufnimmt,
hart_tp"n".dbf   -   Hartwarendispositionsdatei von Einzelhändler "n".

Frischwarendisposition

Abbildung E.IV.3.2.1.04 zeigt den PAP für die Frischwarendisposition. Mit Hilfe der hier verwendeten Programmblöcke GBG 8, GBG 9 und GBG A wird die Frischwarendisposition für die einzelnen Händler durchgeführt. Da Frischwaren täglich vor Geschäftsbeginn geliefert werden, muß die Frischwarendisposition von den Einzelhändlern auch täglich durchgeführt werden. Da der Frischwarenverbrauch starken Schwankungen unterliegt, werden sie nicht automatisch disponiert, sondern "manuell" vom jeweiligen Einzelhändler.

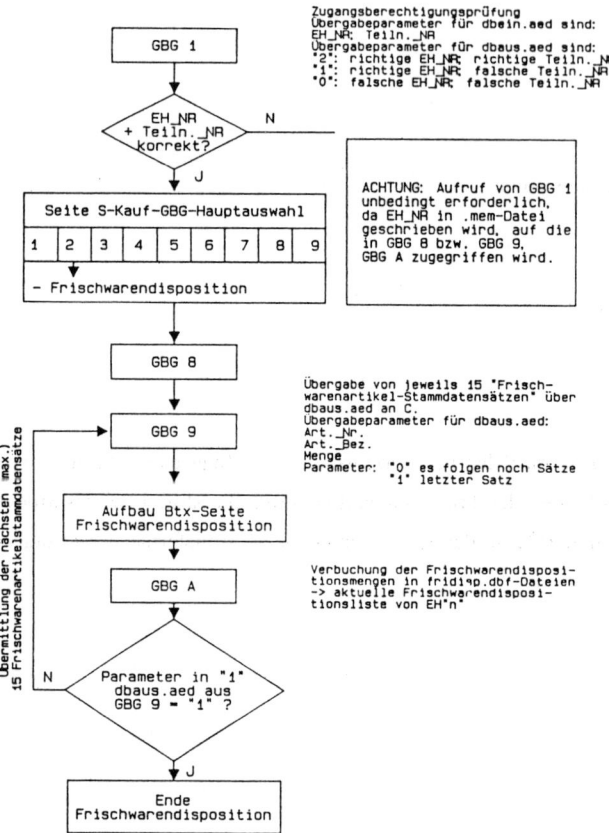

Abb. E.IV.3.2.1.04: Frischwarendisposition

Mit Hilfe von GBG 8 wird eine Datei erzeugt, die zum Aufbau der Btx-Seiten für die Frischwarendisposition benötigt wird. Mit Hilfe von GBG 9 werden jeweils 15 Datensätze über dbaus.aed nach "C" zum Aufbau der Frischwarendispositionsseite übermittelt, die folgendes Aussehen hat:

Art_NR	Art_bez	Menge
5	20	5
01001	.	.
.	.	.
.	.	.
.	.	.
04003		

Frischwaren tragen die Artikelknummer von 01001 bis 04003. Mit Hilfe von GBG A werden schließlich die Frischwarendispositionsmengen in den Frischwarendispositionsdateien der Einzelhändler verbucht (fridis"n".dbf).

Von GBG 8 verwendete Dateien:

fridis."n".dbf	-	Frischwarendispositionsdatei,
fridis.dbf	-	Hilfsdatei,
frisch.dbf	-	Hilfsdatei,
artikel.dbf	-	Artikelstammdatei.

Von GBG 9 verwendete Dateien:

frisch.dbf   -   dient zum Kopieren der Datensätze nach "C".

Von GBG A verwendete Dateien:

fridis"n".dbf   -   Frischwarendispositionsdatei.

Übergabeparameter für dbein.aded bzw. dbaus.aed:

GBG 8:   dbein.aed: keine,
           dbaus.aed: keine.

GBG 9:   dbein.aed: keine,

                   dbaus.aed:

- Artikelnummer,
- Artikelname,
- Menge,
- Parameter.

Dabei kann der Parameter zwei Zustände annehmen:

"0"   -   es folgen noch Datensätze,

"1"   -   letzter Datensatz wurde übertragen.

GBG A: dbein.aed:

- Artikelnummer,
- Dispositionsmenge,

                   dbaus.aed: keine.

Warenausgangsmeldungen:

In Abbildung E.IV.3.2.1.05 ist der PAP für die Warenausgangsmeldungen abgebildet. Jeweils täglich nach Geschäftsschluß werden vom Einzelhändler über Btx die aktuellen Warenausgangsmeldungen verbucht. Betroffen sind folgende Programmbausteine:

- GBG 5,
- GBG F,
- GBG H und
- GBG I.

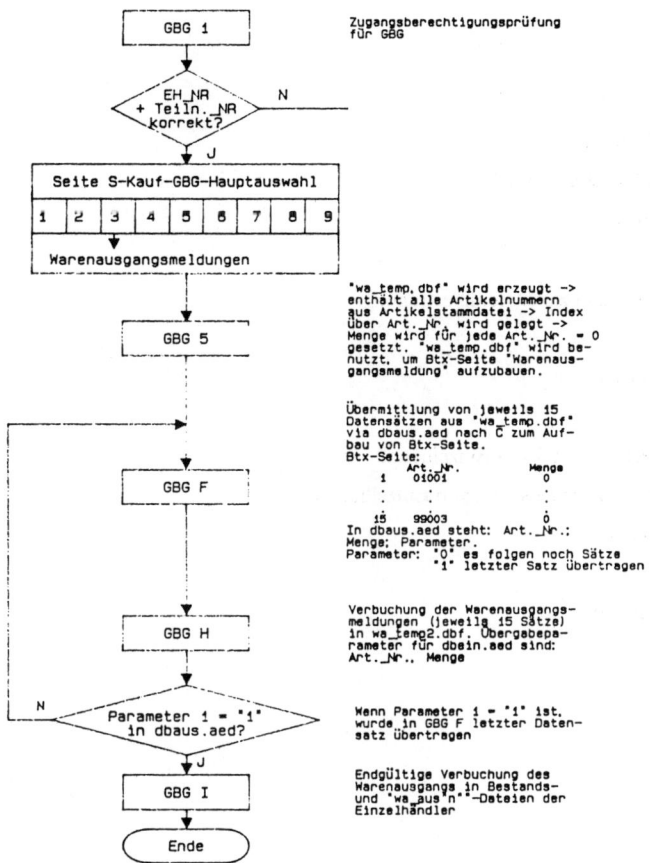

Abb. E.IV.3.2.1.05: Warenausgangsmeldungen

Mit Hilfe von GBG 5 wird eine temporäre Datei (wa_temp.dbf) erzeugt. Diese Datei enthält alle Artikelnummern aus der Artikelstammdatei. Es wird ein Index über die Artikelnummer gelegt und die Menge für jede Artikelnummer gleich Null gesetzt. Diese temporäre Datei wird benutzt, um später die Btx-Seite "Warenausgangsmeldungen" aufzubauen.

Mit Hilfe von GBG F werden jeweils 15 Datensätze aus der "wa_temp.dbf"-Datei via dbaus.aed nach "C" zum Aufbau der Btx-Seite übertragen.

Mit Hilfe von GBG H werden die Warenausgangsmeldungen (jeweils 15 Datensätze werden über dbein.aed übertragen) in einer temporären Datei (wa_temp2.dbf) verbucht.

Mit Hilfe von GBG I werden die Warenausgangsmeldungen endgültig in den Bestands- und Warenausgangsdateien der Einzelhändler verbucht.

Verwendete Dateien:

GBG 5:   wa_temp2.dbf   -   Hilfsdatei,

             wa_temp.dbf   -   Hilfsdatei,

             artikel.dbf   -   Artikelstammdatei,

             nach_c.dbf.   -   Hilfsdatei.

GBG F: nach_c.dbf   -   Hilfsdatei zur Datenübertragung.

GBG H: wa_temp2.dbf   -   Hilfsdatei.

GBG I: bestand"n".dbf -   Bestandsdatei von Einzelhändler "n",

             wa_aus"n".dbf   -   Warenausgangsdatei von Einzelhändler "n",

             wa_temp2.dbf   -   Hilfsdatei.

Übergabeparameter für dbein.aed bzw. dbaus.aed:

GBG 5:   dbein.aed: keine,

             dbaus.aed: keine.

GBG F: dbein.aed: keine,

             dbaus.aed:

             -       string 40,

             -       Länge,

             -       Parameter.

GBG H: dbein.aed:

             -       Artikelnummer,

             -       Menge,

             dbaus.aed: keine.

GBG I: dbein.aed: keine,

             dbaus.aed: keine.

Wareneingang abrufen:

Abbildung E.IV.3.2.1.06 zeigt den PAP für den Programmteil "Wareneingang abrufen". Mit Hilfe der hier verwendeten Programmblöcke GBG 4 und GBG F werden alle aktuellen Frischwaren- und Hartwarendisposi-
tionsmengen zu einer Datei zusammengefaßt, so daß der Einzelhändler jeder Zeit einen Überblick über seine
aktuelle Orderliste bei der Zentrale hat. Diese Datei bildet somit auch die Grundlage für die Ausliefermengen
durch die Kooperationszentrale an den Einzelhändler.

Dabei werden Hartwaren montags, mittwochs und freitags geliefert, Frischwaren täglich.

Die eigentliche Verbuchung des Wareneingangs in die Bestandsdatei der Einzelhändler erfolgt nach Auslieferung der Waren auf der Kooperationsseite.

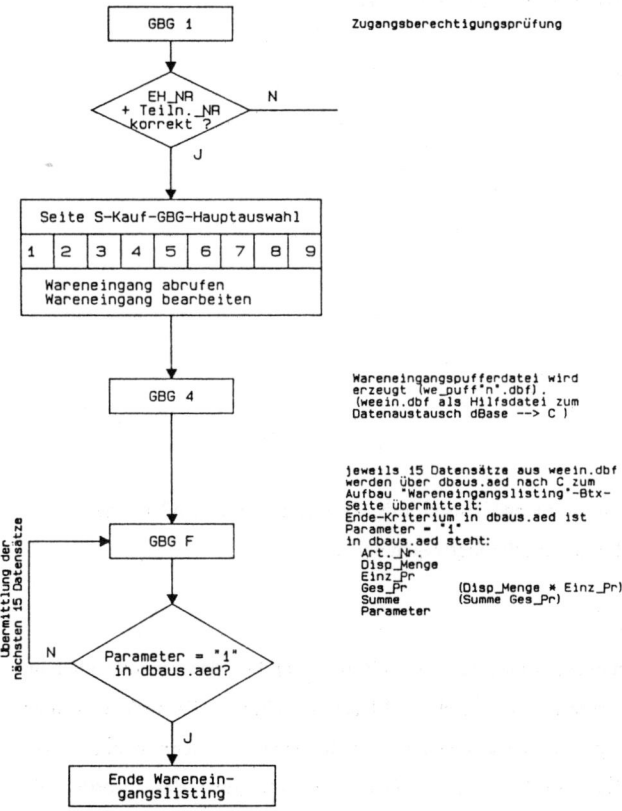

Abb. E.IV.3.2.1.06: Wareneingang abrufen

Verwendete Dateien:

GBG 4:   nach_c.dbf   -   Hilfsdatei zur Datenübertragung,

fridis"n".dbf -   Frischwarendispositionsdatei von Einzelhändler "n",

hart_tp"n".dbf -   Hartwarendispositionsdatei von Einzelhändler "n",

weein.dbf   -   Hilfsdatei,

artikel.dbf   -   Artikelstammdatei,

we_puff"n".dbf -   Wareneingangspufferdatei.

GBG 5:   nach_d.dbf   -   Hilfsdatei zur Datenübertragung.

Übergabeparameter für dbein.aed bzw. dbaus.aed:

GBG 4:   dbein.aed: keine,

dbaus.aed: keine.

GBG F: dbein.aed: keine,

dbaus.aed:

-     string 40,

-     Länge,

-     Parameter.

string 40 enthält: Artikelnummer, Dispositionsmenge, Einzelpreis, Zwischensumme, Endsumme.

Parameter: "0" bzw. "1", wenn letzter Datensatz übertragen wurde.

Wareneingang nachträglich ändern/bearbeiten:

Abbildung E.IV.3.2.1.07 zeigt den PAP "Wareneingang nachträglich ändern". Nachdem der Einzelhändler im Modul "Wareneingang abrufen" seine aktuelle Orderliste für Frisch- und Hartwaren bei der Zentrale abgerufen hat, hat er mit diesem Modul die Möglichkeit, die aktuellen Werte seinen Bedürfnissen entsprechend zu ändern. Betroffen sind die Programmblöcke GBG J, GBG K und GBG L. Mit Hilfe von GBG J werden die berechneten Wareneingangsmengen aus den we_puff"n".dbf-Dateien in einer Hilfsdatei abgespeichert, so daß dort Änderungen vorgenommen werden können. Mit Hilfe von GBG K werden jeweils 15 aktuelle Order-Datensätze über dbaus.aed nach "C" zum Aufbau der Btx-Seite übertragen. GBG L liest die Änderungen über dbein.aed in die we_puff"n".dbf-Datei ein und speichert die vorgenommenen Änderungen dort ab.

309

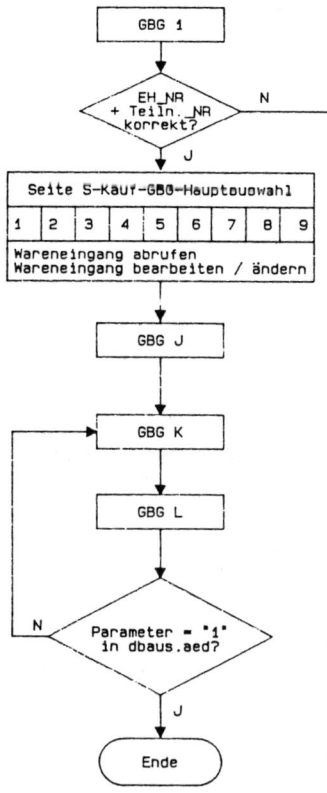

Abb. E.IV.3.2.1.07: Wareneingang nachträglich ändern

Verwendete Dateien:

GBG J: we_puff"n".dbf -   Wareneingangspufferdatei von Einzelhändler "n",
            we_ein.dbf   -   Hilfsdatei.

GBG K: nach_c.dbf   -   Hilfsdatei zur Datenübertragung.

GBG L: we_puff"n".dbf -   Wareneingangspufferdatei von Einzelhändler "n",
            we_puff.dbf   -   Hilfsdatei.

Übergabeparameter für dbein.aed bzw. dbaus.aed:

GBG J: dbein.aed: keine,

              dbaus.aed: keine.

GBG K: dbein.aed: keine,

              dbaus.aed:

              -        string 40,

              -        Länge,

              -        Parameter.

string 40 enthält: Artikelnummer, Dispositionsmenge, Einzelpreis, Zwischensumme, Endsumme.

Parameter: "1", wenn letzter Datensatz übertragen wurde.

GBG L: dbein.aed:

              -        Artikelnummer,

              -        Menge,

              dbaus.aed: keine.

Kundenauftragsabwicklung:

-        **Änderungsmeldung der Einzelhändler nach erfolgter Lieferung an Btx-Kunde:**

        Abbildung E.IV.3.2.1.08 zeigt den PAP zur o.g. Änderungsmeldung. Mit diesem Programmbaustein
        hat der Einzelhändler die Möglichkeit, die durch Fehllieferungen an seine Kunden notwendigen
        Korrekturen vorzunehmen. Entsprechende Korrekturen werden dadurch in der Auftragspufferdatei
        des Einzelhändlers und der Kundenauftragsdatei durchgeführt. Betroffen ist der Programmbaustein
        Btx 5.

311

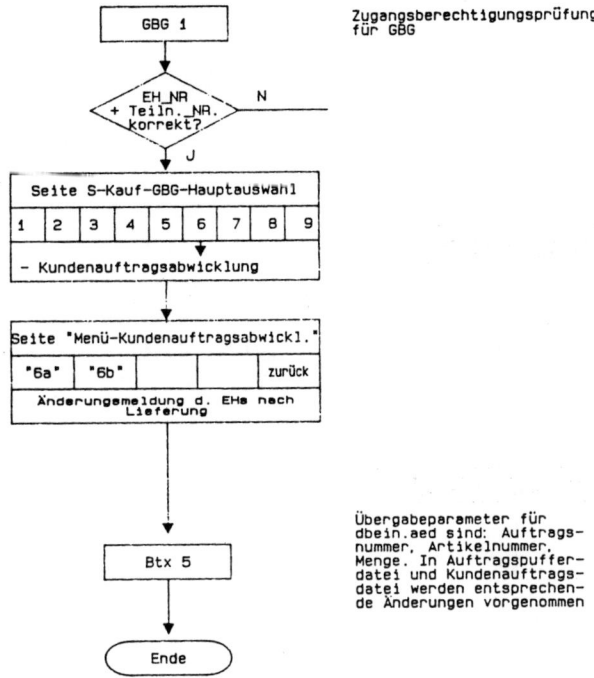

Abb. E.IV.3.2.1.08: Änderungsmeldung der Einzelhändler nach erfolgter Lieferung an Btx-Kunde

Die folgende Abbildung E.IV.3.2.1.09 enthält den PAP für den Programmbaustein Btx 5.

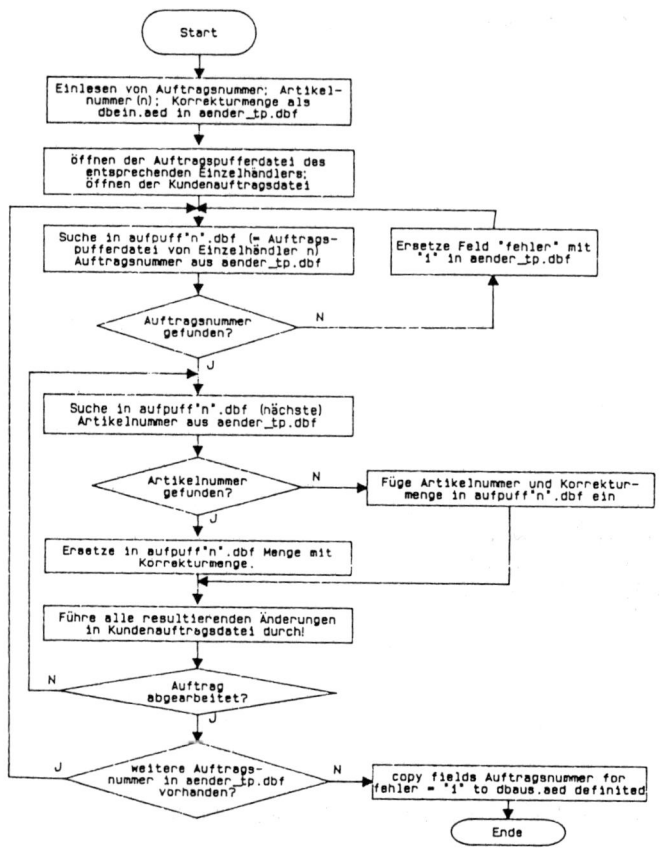

Abb. E.IV.3.2.1.09: PAP zu Btx 5

Verwendete Dateien:

aender.zp.dbf	-	Hilfsdatei,
aufpuff"n".dbf	-	Auftragspufferdatei von Einzelhändler "n",
kuauftr.dbf	-	Kundenauftragsdatei.

313

Übergabeparameter für dbein.aed bzw. dbaus.aed:

dbei.aed:

- Auftragsnummer,

- Artikelnummer,

- Menge,

dbaus.aed: keine.

- **Übermittlung der Bestellungen via Btx an Einzelhändler:**

Mit Hilfe der hier verwendeten Programmoduln Btx 6 und Btx 8 hat der Einzelhändler jederzeit die Möglichkeit, alle bei ihm über Btx getätigten Bestellmengen abzurufen. Die Abbildungen E.IV.3.2.1.10 und E.IV.3.2.1.11 zeigen die zugehörigen PAP für Btx 6 und Btx 8. Abbildung E.IV.3.2.1.12 zeigt den PAP für den Programmteil "Übermittlung der Bestellungen via Btx an die Einzelhändler".

Btx 6 erzeugt eine Datei, in der alle noch nicht erledigten
Bestellungen von Einzelhändler "n" stehen.

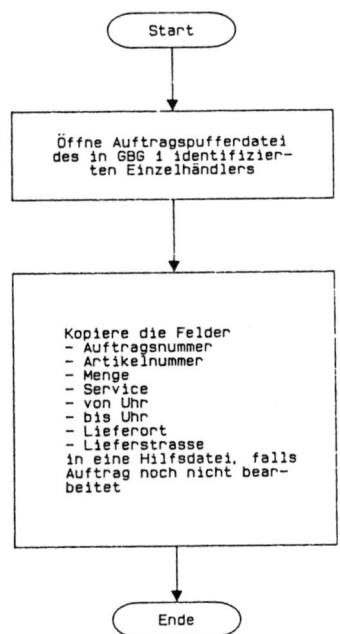

Abb. E.IV.3.2.1.10: PAP zu Btx 6

-> Übermittlung von jeweils
15 Datensätzen zum Aufbau
"Bestellübermittlungsseite"

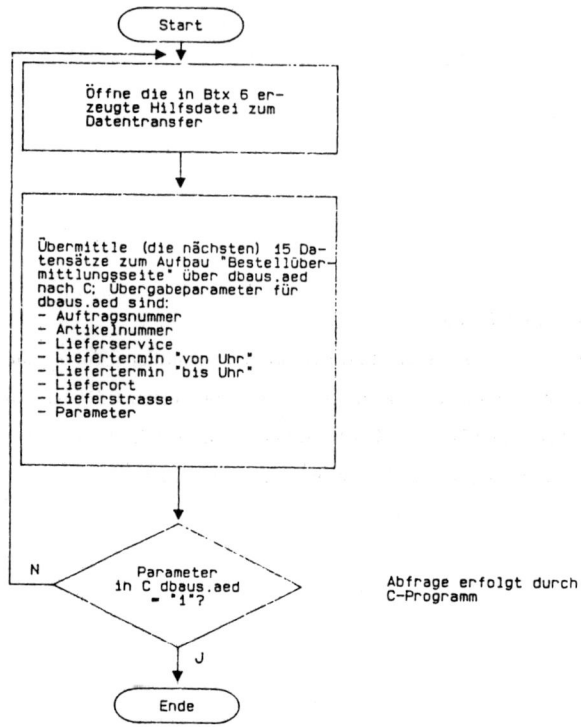

Abfrage erfolgt durch
C-Programm

Abb. E.IV.3.2.1.11: PAP zu Btx 8

315

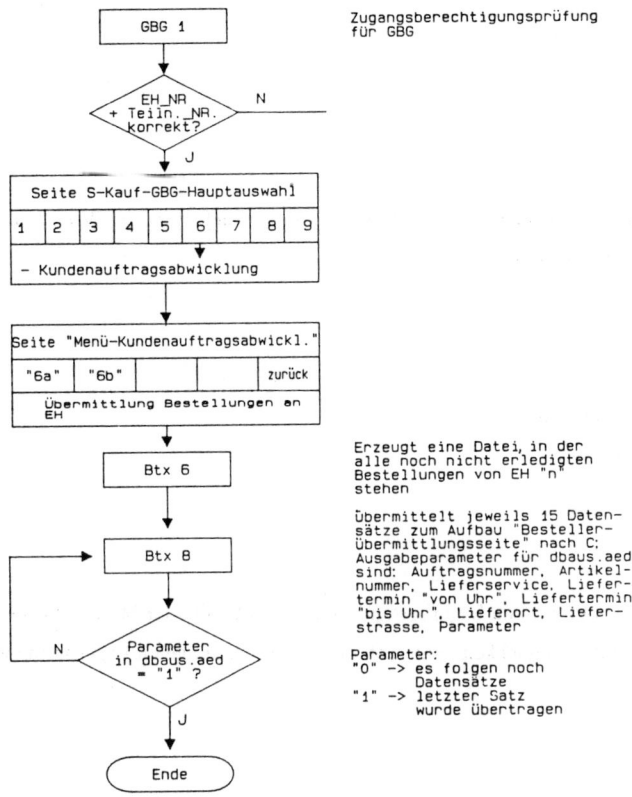

Abb. E.IV.3.2.1.12: Übermittlung der Bestellungen via Btx an Einzelhändler

Verwendete Dateien:

Btx 6:
aufpuff"n".dbf   -   Auftragspufferdatei von Einzelhändler "n",

send.dbf   -   Hilfsdatei,

nach_c.dbf   -   Hilfsdatei zur Datenübertragung.

Btx 8:
nach_c.dbf   -   Hilfsdatei zur Datenübertragung.

Übergabeparameter für dbein.aed bzw. dbaus.aed:

Btx 6:
dbein.aed: keine,

dbaus.aed: keine.

Btx 8:   dbein.aed: keine,

                    dbaus.aed:

                    -       string 40,

                    -       Parameter.

string 40 enthält: Auftragsnummer, Kundenname, Lieferort, Lieferstraße, Lieferservice, "Von Uhr", "Bis Uhr", Artikelummer, Menge.

Der Parameter kann 2 Werte annehmen:

"0"   -   es werden noch Datensätze übertragen,

"1"   -   letzter Datensatz wurde übertragen.

Lagerbestandsabfrage:

Abbildung E.IV.3.2.1.13 zeigt den PAP für das Programm Lagerbestandsabfrage. Mit Hilfe der Moduln GBG 6 und GBG 8 hat der Einzelhändler jeder Zeit die Möglichkeit, eine Abfrage über seine aktuellen Lagerbestände zu tätigen.

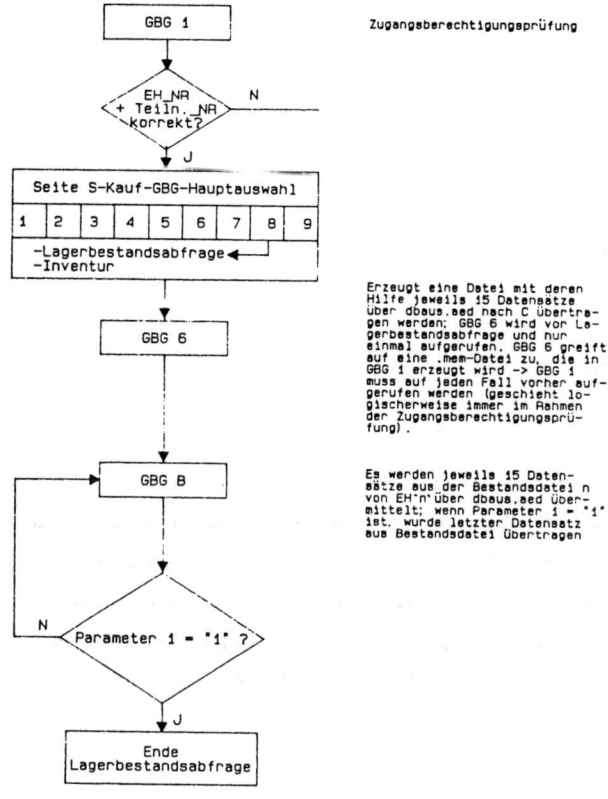

Abb. E.IV.3.2.1.13: Lagerbestandsabfrage

Verwendete Dateien:

| GBG 6: | bestand"n".dbf | - | Bestandsdatei von Einzelhändler "n", |
| | bestlist.dbf | - | Hilfsdatei. |

| GBG 8: | bestlist.dbf | - | Hilfsdatei. |

Übergabeparameter für dbein.aed bzw. dbaus.aed:

| GBG 6: | dbein.aed: | keine, |
| | dbaus.aed: | keine. |

GBG 8:   dbein.aed: keine,

               dbaus.aed:

-      Artikelnummer,

-      Menge,

-      Parameter.

Dabei kann der Parameter folgende Werte annehmen:

"0"   -   es werden noch Sätze übertragen,

"1"   -   letzter Datensatz wurde übertragen.

Inventur:

Abbildung E.IV.3.2.1.14 zeigt den PAP zum Programmodul "Inventur". Mit Hilfe der Programmoduln GBG 6, GBG C, GBG B und GBG D hat der Einzelhändler die Möglichkeit, zu beliebigen Zeitpunkten eine Inventur durchzuführen, d.h. seine in der Bestandsdatei abgespeicherten Werte den aktuellen Beständen anzupassen. GBG 6 erzeugt eine Hilfsdatei zur Übertragung von jeweils 15 Datensätzen über dbaus.aed nach "C" (vgl. Abschnitt "Lagerbestandsführung"). Danach wird eine Btx-Seite aufgebaut, in der die abgespeicherten Bestandsmengen aus der Bestandsdatei angezeigt werden, die der Einzelhändler dann mit den aktuellen Werten abgleichen kann.

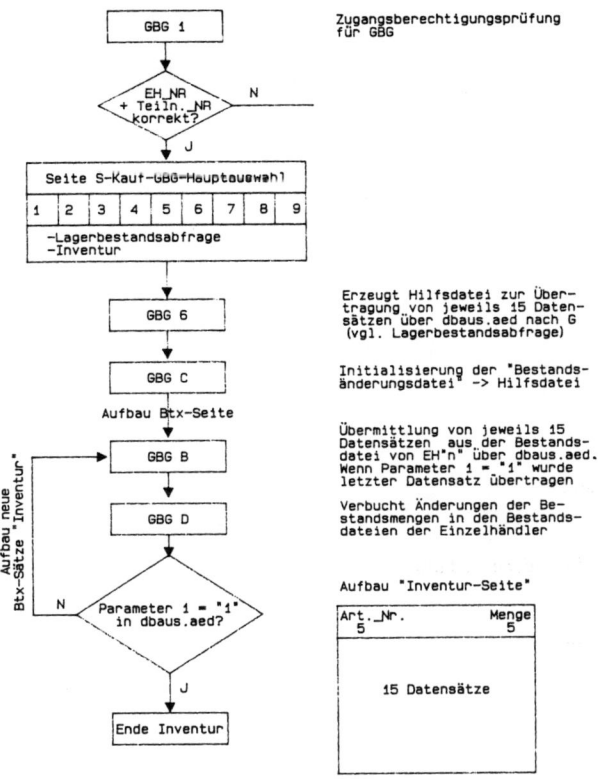

Abb. E.IV.3.2.1.14: Inventur

GBG C initialisiert die Bestandsänderungsdatei, die als Hilfsdatei für den Bestandsabgleich benötigt wird.

Mit GBG B werden jeweils 15 Datensätze zur Übermittlung der abgespeicherten Bestandsmengen nach "C" über dbaus.aed übertragen.

GBG D schließlich verbucht die geänderten Bestandsmengen mit den Bestandsdateien der Einzelhändler.

Verwendete Dateien:

GBG 6: bestand"n".dbf - Bestandsdatei von Einzelhändler "n",

        bestlist.dbf - Hilfsdatei.

GBG C: bestand.dbf - Bestandsänderungsdatei.

Aufbau	"Inventur-Seite"
Art.-Nr.	Menge
5	5
.	
.	
.	
15 Sätze	
.	
.	
.	

GBG B: bestlist.dbf   -   Hilfsdatei.

GBG D: bestand.dbf   -   Bestandsqänderungsdatei.

Übergangsparameter für dbein.aed bzw. dbaus.aed:

GBG 6:   dbein.aed: keine,
              dbaus.aed: keine.

GBG C: dbein.aed: keine,
              dbaus.aed: keine.

GBG B: dbein.aed: keine,
              dbaus.aed:

-     Artikelnummer,
-     Menge,
-     Parameter.

GBG D: dbein.aed:

-     Artikelnummer,
-     Menge,

              dbaus.aed: keine.

E.IV.3.3 Anwendungssteuerungsprogramm für die GBG

Ebenso wie in Abschnitt E.IV.2.4 dieses Kapitels wird die Anwendungssteuerung neben den formalen Anforderungen der Btx-Protokolle durch die Pflichtenhefte der Btx-Anwendungen und der warenwirtschaftlichen Anwendungen bestimmt. Die formale Programmierung folgt der im öffentlichen System. Daher soll auf eine weitere Beschreibung des Entwurfs der Anwendungssteuerung verzichtet werden.

E.IV.4 Implementierungsstrategie für den Softwareprototypen

E.IV.4.1 Hard- und Softwarekomponenten

Bei der Implementierung des Softwareprototypen wurden die warenwirtschaftlichen Funktionen sowie die Warenwirtschaftsdatenbank und die Btx-Programme zunächst als eigenständige Teilmoduln programmiert und in einem weiteren Arbeitsschritt unter Berücksichtigung des Externen Rechner-Einsatzes miteinander verbunden.

Zur Abbildung der Funktionen der Kooperationszentrale wird ein Externer Rechner online am Btx-System der Deutschen Bundespost betrieben. Dazu steht ein IBM PC AT 02 zur Verfügung, der mit folgenden Komponenten ausgerüstet ist:

1. der PCOM-Karte:

    Sie besteht aus einer Einsteckkarte mit einem 80186-Prozessor, der über 256 KB Hauptspeicher verfügt.

    Aufgabe der PCOM-Karte ist die softwaremäßige Bearbeitung der Einheitlichen Höheren Kommunikationsprotokolle der Schichten 4 - 7 (EHKP 4 - 7) im Sinne des ISO/OSI-Referenzmodells. Eine weitere Aufgabe besteht darin, die X.25-Schnittstelle für den Datex-P-Anschluß des Externen Rechners zur Verfügung zu stellen.

2. dem Software-Paket BTGATE:

    Es stellt eine intelligente I/O-Routine, die mit Hilfe einer Schnittstelle zur höheren Programmiersprache C angeboten wird, zur Verfügung. Das eigentliche Anwendungssteuerungsprogramm, welches den Datenaustausch aus Btx-Seiten und einem Anwendungsprogramm oder einer Datenbank wahrnimmt, ist frei in "Lattice-C" programmierbar. Ein lauffähiges Programm besteht aus den zusammengebundenen Anwendungsprogrammen, dem BTGATE-Modul, dem Anwendungssteuerungsprogramm und einer Btx-Seitendatenbank des Externen Rechners.

    Zu BTGATE gehört das Unterprogramm BTCOPY, welches die Eingabe und Verwaltung bereits vollständig editierter Btx-Seiten in eine Btx-Seitendatenbank zur Aufgabe hat.

Analog zu den Vorschriften der Deutschen Bundespost im Btx-online-Betrieb werden die jeweiligen Seiten in drei Bestandteilen abgespeichert:
- Seitenkopfparameter,
- Aufbaufelder,
- Dialogfelder.

Zum Verbindungsaufbau mit dem Datex-P-Netz verfügt das Institut für Wirtschaftsinformatik (IWi) über einen Datex-P-10-Hauptanschluß mit dem entsprechenden Modem für eine Datenübertragungsrate von 2400 bit/s.

Als externer Editor, der zur Einrichtung und Aktualisierung der Seitendatenbank des Externen Rechners dient, wird die Btx-Standardsoftware EDITEL-A des Herstellers Cap Gemini eingesetzt.

Das Softwareprodukt dient dazu, die Btx-Seiten offline zu erstellen und offline zu verwalten. Nach der Erstellung können die Seiten in das Programm BTCOPY unverändert übernommen werden.

Zur Nachbildung des WWS auf dem IBM PC AT wird das Datenbanksystem dBase III eingesetzt. Das Standardsoftwarepaket mit eigener Sprache erlaubt die Implementierung der WWS-Datenbank sowie die Implementierung der warenwirtschaftlichen Funktionen.

Unter Einsatz o.g. Standardkomponenten wird der Softwareprototyp für den Externen Rechner programmiert.

Zur Abbildung der Vorgänge auf Einzelhändlerebene wird eine Loewe-Editierstation BBT 1214 in Verbindung mit einem IBM PC XT verwendet. Zum Verbindungsaufbau wird das Automatikmodem DBT 03 eingesetzt. Zur Unterstützung der Btx-Teilnehmer-Funktionen ist auf dem PC XT das Btx-Standardsoftwarepaket Zeibit implementiert. Es erlaubt die weitgehende Automatisierung von Routinevorgängen, wie beispielsweise automatische Log-on-Prozeduren, Verwaltung der Mailbox oder Auslesen von Inhalten der Btx-Seiten, und erleichtert somit das Handling des Btx-Systems für den Teilnehmer.

Um das Konzept des DDP auf Einzelhändlerebene zu verfolgen müssen für dessen Anwendungen geeignete Standardsoftwareprogramme auf dem PC gehalten werden; ein Beispiel sind Textverarbeitungsprogramme oder Tabellenkalkulationsprogramme.

Zur Realisierung der Großhändlerebene wird auf die o.g. Konfigurationen zurückgegriffen. Der Dialog zwischen Btx-Kunden der Einzelhändler und der Kooperationszentrale wird ebenfalls mit denselben simuliert.

Als Btx-Monitor mit integriertem Dekoder wird dabei die Loewe-Station BBT 1214 eingesetzt.

E.IV.4.2 Implementierung der Übergabeprogramme (C-Anwendungsschnittstelle)

Abbildung E.IV.4.2.01 zeigt die Ausgangssituation.

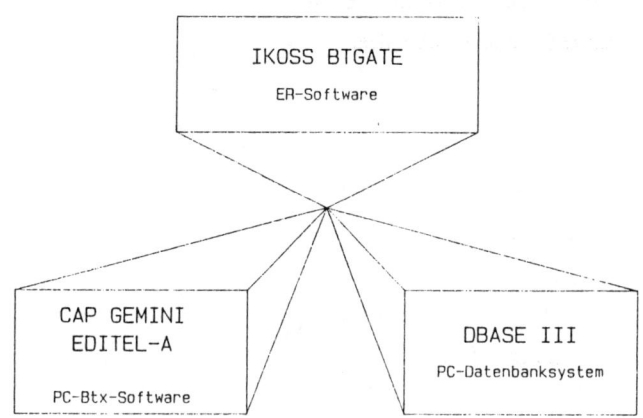

Abb. E.IV.4.2.01: Ausgangssituation mit den eingesetzten Standardsoftwarekomponenten

Grundlage der Realisierung sind folgende Standardsoftwarekomponenten:

1.   die PCOM-Karte mit einem eigenen Prozessor 80186 zur Realisierung eines offenen Kommunikations-
        netzes im Sinne des ISO/OSI-Referenzmodells,

2.   das Modul BTGATE als Steuermodul mit Taskmonitor und als Programm zur Fehlerbehandlung der
        Meldungen aus oder an das Btx-System,

3.   das Softwarepaket EDITEL-A zum Editieren und Verwalten von Btx-Seiten,

4.   das Unterstützungsprogramm BTCOPY zur Eingabe der Btx-Seiten in eine Btx-Seitendatenbank auf
        dem Externen Rechner und zu deren Verwaltung,

5.   das komfortable Datenbanksystem dBase III zur Realisierung der warenwirtschaftlichen Funktionen
        sowie einer Warenwirtschaftsdatenbank.

Die Schnittstellen zwischen diesen zunächst getrennt erstellten Anwendungsprogrammen werden über in der Programmiersprache "C" geschriebene Programmteile realisiert. Die Programmfunktionen Steuerung und Automatisierung der I/O-Routinen und die Bereitstellung der Daten aus den Programmen werden durch den **Softwarehandler** übernommen.

Abbildung E.IV.4.2.02 zeigt die Komponenten des Softwarehandlers sowie das Ineinandergreifen der Teilmoduln.

Besondere Vorteile der implementierten Versionen sind:

- der geringe Hauptspeicherplatzbedarf von BTGATE (50 K),
- die Anpassung von BTGATE an eine neue Version des Lattice "C"-Compilers,
- die Kompatibilität von BTCOPY mit dem Btx-Seiteneditor EDITEL-A,
- die Möglichkeit von BTGATE, 20 parallele Sessions zu behandeln.

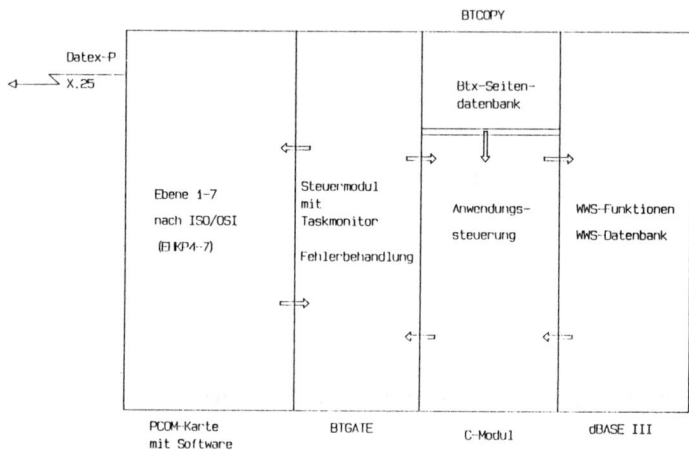

Abb. E.IV.4.2.02: Die Komponenten des Softwarehandlers

Der Btx-Softwarehandler, der die verschiedenen Programmteile integriert, ist als Instrument zu verstehen, welches den logischen und physischen Ablauf der Aufrufe und des Datenaustauschs für die einzelnen Unterprogramme steuert.

Voraussetzung hierfür sind einheitliche Datenstrukturen in allen Unterprogrammen sowie eine Kompatibilität der Softwarepakete untereinander.

Abbildungsverzeichnis

Literaturverzeichnis

Albensöder 1987

Albensöder, A., Telekommunikation - Netze und Dienste der Deutschen Bundespost, Heidelberg 1987

AEG AG o.J.

AEG AG (Hrsg.), Datenvermittlungstechnik, o.O. u. o.J.

Antz 1987

Antz, H., Logistik für Spediteure, in: Btx Praxis, 5/1987, S. 15 - 18

Ausschuß für Begriffsdefinitionen aus der Handels- und Absatzwirtschaft 1982

Katalog E - Begriffsdefinitionen aus der Handels- und Absatzwirtschaft, 3. Ausgabe, Köln 1982

Arnold 1981

Arnold, F., Endeinrichtungen der öffentlichen Fernmeldenetze, in: Kohl, W., Arnold, F. (Hrsg.), Schriften für Wissenschaft und Praxis, Heidelberg-Hamburg 1981

Balzert 1982

Balzert, H., Die Entwicklung von Software Systemen, Mannheim-Wien-Zürich 1982

Balzert 1983

Balzert, H., Informatik 1, 2. Aufl., München 1983

Barth 1988

Barth, K., Betriebswirtschaftslehre des Handels, Wiesbaden 1988

Bauernfeind 1982

Bauernfeind, U., Berührungspunkte in der Belegorganisation: Mikrofilm und COM, in: Office Management, 30. Jg., 1982, Nr. 3, S. 317

Bekinghausen 1988

Bekinghausen, P., Ohne Prüfung kein Anspruch auf Zulassung - Neue Chancen für die Wirtschaft, in: Rheinischer Merkur extra, 8. April 1988, S. 33

Bersoff, Henderson, Siegel 1980

Bersoff, E., Henderson, V., Siegel, S., Software Configuration Management, Englewood Cliffs 1980

Bessai 1986

Bessai, B., Auswirkungen der verteilten/dezentralisierten Datenverarbeitung auf die Wirtschaftlichkeit des EDV-Einsatzes, in: Handbuch der Modernen Datenverarbeitung (HMD), 23 Jg. (1986), Heft 131, S. 16 - 29

Bidlingmayer 1973

Bidlingmayer, J. J., Marketing 1, Reinbeck 1973

Bierther 1983

Bierther, M., Schritte zu Datenkassen, Scanning und Warenwirtschaftssystemen, in: Dynamik im Handel, 27. Jg., 1983, Heft 4, S. 12 - 16

Bitz 1983

Bitz, M., Entscheidungstheorie, München 1983

Blaesner 1985

Blaesner, W., Bus macht serielle Datenfernübertragung schnell, sicher und kostengünstig, in: net, 39 (1985) Heft 6/7, S. 253 - 254

Boehm 1973

Boehm, B. W., Software and its impact: A quantitive assessment, in: Datamation, 1973, Nr. 5, S. 48 - 59

Boehm 1981

Boehm, B. W., Software Engineering Economics, Englewood Cliffs 1981

Bohm 1987

Bohm, J., Datendienste im ISDN, in: telemac GmbH & Co. KG (Hrsg.), ISDN Congress Report 87, Starnberg 1987, S. 67 - 75

Bottler u.a. 1972

Bottler, J., u.a., Methode der Wirtschaftlichkeitsberechnung für die Datenverarbeitung, München 1972

Breinlinger, Gusbeth 1988

Breinlinger, Gusbeth, Bildschirmtext und seine Anwendung, Loseblattsammlung, 9. Ergänzungslieferung, Percha-Kempfenhausen 1988

Brepohl 1983

Brepohl, K., Elektronik revolutioniert das Informations- und Kommunikationswesen - Ein Zwischenbericht, in: Markenartikel, 45. Jg., 1983, Nr. 9, S. 424 - 432

Bundesministerium für das Post- und Fernmeldewesen 1983

Bundesministerium für das Post- und Fernmeldewesen (Hrsg.), Ein neues Medium kommt, Bonn 1983

Bundespostministerium 1988a

Bundespostministerium (Hrsg.), Ein Unternehmen organisiert seine Zukunft: Die Post macht sich fit für morgen, in: Post Kontakt, April 1988, S. 10

Bundespostministerium 1988b

Bundespostministerium (Hrsg.), Argumentationskatalog zu Fragen im Zusammenhang mit der geplanten Neustrukturierung des Post- und Fernmeldewesens und der Deutschen Bundespost, Bonn 1988

Bundespostministerium 1988c

Bundespostministerium (Hrsg.), Rede vom Minister am 08.07.1988 im Plenum des Bundesrates zur Postreform, in: BPM-Rundlauf/2627-2285991, Bonn 1988

Cho 1980

Cho, C.-K., An introduction for software quality control, New York-Chichester-Brisbane-Toronto 1980

Claassen u.a. 1986

Claassen, W., u.a., Fachwissen Datenbanken. Die Information als Produktionsfaktor, Essen 1986

Computer-Gesellschaft Konstanz mbH o.J.

Computer-Gesellschaft Konstanz (Hrsg.), Kleines "Lexikon" der Datenerfassung, Konstanz o.J.

Dallmer, Thedens 1981

Dallmer, H., Thedens, R., Handbuch des Direktmarketing, 5. Aufl., Wiesbaden 1981

Daniels 1984

Daniels, H.-J., Die Bedeutung des Pflichtenheftes, in: Angewandte Informatik, 1984, Nr. 3, S. 87

Danke 1983

Danke, E., CEPT - Leistungsumfang für Bildschirmtext, Vortrag anläßlich des IBM Btx-Kongreß' 83 in Berlin vom 29. - 30.11.1983

De Marco 1982

De Marco, T., Controlling Software Projects, New York 1982

Der Bundesminister für das Post- und Fernmeldewesen 1984a

Der Bundesminister für das Post- und Fernmeldewesen (Hrsg.), ISDN - die Antwort der Deutschen Bundespost auf die Anforderungen der Telekommunikation von Morgen, Bonn 1984

Der Bundesminister für das Post- und Fernmeldewesen 1984b

Der Bundesminister für das Post- und Fernmeldewesen (Hrsg.), Konzept der Deutschen Bundespost zur Weiterentwicklung der Fernmeldeinfrastruktur, Bonn 1984

Der Bundesminister für das Post- und Fernmeldewesen 1986a

Der Bundesminister für das Post- und Fernmeldewesen (Hrsg.), Mittelfristiges Programm für den Ausbau der technischen Kommunikationssysteme, Bonn 1986

Der Bundesminister für das Post- und Fernmeldewesen 1986b

Der Bundesminister für das Post- und Fernmeldewesen (Hrsg.), Weltweite Verbindungen: Die Deutsche Bundespost - Ihr Partner für Datenübertragung, Bonn 1986

Deutsche Bundespost 1981

Deutsche Bundespost (Hrsg.), Datenübertragung über Fernmeldewege der Deutschen Bundespost, Stand: Oktober 1981

Deutsche Bundespost 1983a

Deutsche Bundespost (Hrsg.), Daten preiswert übertragen, Stand: Januar 1983

Deutsche Bundespost 1983b

Deutsche Bundespost (Hrsg.), Informationen und Gebühren zum Thema Kabelanschluß, Stand: 1. Juli 1983

Deutsche Bundespost 1983c

Deutsche Bundespost (Hrsg.), Datex-P - Die Deutsche Bundespost informiert, o.O. 1983

Deutsche Bundespost 1983d

Deutsche Bundespost (Hrsg.), Datenübertragung im Telefonnetz, o.O. 1983

Deutsche Bundespost 1986

Deutsche Bundespost (Hrsg.), Datexdienst und Paketvermittlung. Datex-P, o.O. 1986

Deutsche Bundespost 1987

Deutsche Bundespost (Hrsg.), Gebührenordnungen der Deutschen Bundespost, Stand: 01.07.1987

Deutschmann 1982

Deutschmann, J., Management und neue Telekommunikationsformen, Inaugural-Dissertation, München 1982

Dichtl 1986

Dichtl, E., Die Bedeutung des Bildschirmtextes für die Wirtschaft, in: Hermanns, A. (Hrsg.), Neue Kommunikationstechniken. Grundlagen und betriebswirtschaftliche Perspektiven, München 1986, S. 33 - 39

Diemer 1985

Diemer, W. R., Lokale Netzwerke kurz und bündig, Würzburg 1985

Dijkstra 1972

Dijkstra, E. W., Notes on structured programming, in: Structured programming, ACP, 1972, S. 6

Döring 1983

Döring, J., Konzepte des Rechnerverbunds und ihre Realisierung, Diebold Bildschirmtext Kongreß, Proceedings, Frankfurt a. M. 1983, S. 91 - 114

Domdey 1983

Domdey, S., Durchbruch ist geschafft, in: Verlagsgruppe Deutscher Fachverlag, Marketing-Service-Abteilung (Hrsg.), Dokumentation: Scanner-Kassen-Anwendung, Nutzen, Perspektiven, Frankfurt 1983, S. 4 - 8

Dubke 1983

Dubke, H.-P., Bildschirmtext - Möglichkeiten der On-Line-Marktforschung, in: Forschungsgruppe Konsum und Verhalten (Hrsg.), Innovative Marktforschung, Wien 1983

Dumitriu 1985

Dumitriu, P., ABC der neuen Medien, Heidelberg 1985

Dworatschek 1986

Dworatschek, S., Grundlagen der Datenverarbeitung, Berlin-New York 1986

Dworatschek, Donike 1972

Dworatschek, S., Donike, H., Wirtschaftlichkeitsanalyse von Informationssystemen, Berlin-New York 1972

Eder 1983

Eder, T., Bildschirmtext als betriebliches Informations- und Kommunikationssystem, Heidelberg 1983

Eder 1986

Eder, T., Leuchtendes Beispiel, in: Btx Praxis, 3/1986, S. 14 - 17

Eisenbeis 1982

Eisenbeis, M., Die gestalterischen Möglichkeiten bei der Btx-Nutzung, in: ZV + ZV, (1982) H. 20, S. 689 - 690

Eisenbeis u.a. 1985

Eisenbeis, M., u.a., Programm Mosaik 2, Handbuch für die Gestaltung von Bildschirmtext, Nürnberg 1985

Ellenrieder 1985

Ellenrieder, J., Btx im Preisvergleich, in: Btx Praxis, 3/1985, S. 10

End 1985

End, W., Softwareentwicklung: Leitfaden für Planung, Realisierung und Einführung von DV-Verfahren, 5. Aufl., Berlin-München 1985

Endres 1983

Endres, A., Transaktion, in: Schneider, H.-J. (Hrsg.), Lexikon der Informatik und Datenverarbeitung, München-Wien 1983, S. 552 - 553

Englert 1977

Englert, G., Marketing von Standard-Anwendungssoftware, Dissertation, Mannheim 1977

Esprester 1974

Esprester, A. C., Datenbank und Methodenbank, Teil 2, in: data report, 4 (1974), S. 27 - 29

Feenstra 1987

Feenstra, T., Die Arbeit der X/OPEN und ihre Ziele, in: Computer Magazin, 10/87, S. 59 - 60

Fellbaum, Hartlep 1983

Fellbaum, K., Hartlep, R., Lexikon der Telekommunikation, Berlin-Offenbach 1983

Fernmeldetechnisches Zentralamt 1988

Fernmeldetechnisches Zentralamt (Hrsg.), DATEX-P - Handbuch, Darmstadt 1988

335

Fleischmann 1987

Fleischmann, A., ISO-Referenzmodell, in: Mertens, P. (Hrsg.), Lexikon der Wirtschaftsinformatik, Berlin-Heidelberg-New York-London-Paris-Tokyo 1987, S. 192 - 194

Franck 1986

Franck, R., Rechnernetze und Datenkommunikation, Berlin-Heidelberg-New York-Tokyo 1986

Frank 1980

Frank, J., Standard-Software, Köln-Braunsfeld 1980

Frensch 1988

Frensch, K.-J., Digitalisierung bringt technische und wirtschaftliche Vorteile, in: VDI-Nachrichten, Nr. 45, 11. November 1988, S. 4

Gablers Wirtschaftslexikon 1984a

Gablers Wirtschaftslexikon, Band 3, 3. Aufl., Wiesbaden 1984

Gablers Wirtschaftslexikon 1984b

Gablers Wirtschaftslexikon, Band 5, 3. Aufl., Wiesbaden 1984

Gartner u.a. 1985

Gartner, H., u.a., Im Preisvergleich liegt Btx vorn, in: Btx Praxis, 9/1985, S. 6 - 8

Gergely 1983

Gergely, S., Mikroelektronik, Computer, Roboter erobern die Welt, München 1983

Gerhard 1983

Gerhard, W., Realisierung von Btx über das Datex-P-Netz der Deutschen Bundespost, Vortrag anläßlich des IBM Btx-Kongreß' 83 in Berlin vom 29. - 30.11.1983

Gewald, Haake, Pfadler 1985

Gewald, K., Haake, K., Pfadler, W., Software-Engineering, 4. Aufl., München-Wien 1985

Giehl, Ophoven 1982

Giehl, W., Ophoven, O., Mobile Terminals im Verkauf: Daten auf Trab, in: Absatzwirtschaft, 24. Jg., 1982, Nr. 2, S. 72 - 76

Giese u.a. 1985

Giese, E., u.a., Dienste und Protokolle in Kommunikationssystemen - Die Dienst- und Protokollschritte der ISO-Architektur, Berlin-Heidelberg-New York-Tokyo 1985

Glaser 1975

Glaser, J., Informationssysteme als Kontroll- und Steuerungsinstrument, in: Dynamik im Handel, 19. Jg., 1975, Heft 7, S. 19 - 22

Görgen u.a. 1984

Görgen, K., u.a., Grundlagen der Kommunikationstechnologie - ISO-Architektur offener Kommunikationssysteme, Berlin-Heidelberg-New York 1984

Gottlob, Strecker 1984

Gottlob, M.-P., Strecker, G., Die Btx-Fibel: das neue Kommunikationssystem für jedermann - Aufbau, Funktionsweise, Bedienung, Anwendungsbeispiele, Haar 1984

Groß 1985

Groß, J., Entwicklung des strategischen Informations-Managements in der Praxis, in: Strunz, H. (Hrsg.), Planung in der Datenverarbeitung, Berlin-Heidelberg-New York-Tokyo 1985, S. 38 - 66

Groß-Blotekamp 1980

Groß-Blotekamp, D., Aufbau eines Informationssystems im Einzelhandel, in: Zeitschrift Organisation (ZO), Heft 7, 49. Jg., 1980, S. 230 - 234

Gruber 1987

Gruber, W., Btx im Rechnerverbund, in: online, 3/87, S. 92 - 95

Grunert 1984

Grunert, K., Verbraucherinformationen in Bildschirmtext, Gröbenzell 1984

Grundig AG 1986

Grundig AG (Hrsg.), Benutzerhandbuch für Ersatzteile-Bestellung im Rechnerverbund. Informationssysteme und Automation - ISA, Fürth/Bayern 1986

Günther 1985

Günther, J., Bildschirmtext, in: Marketing Journal, 18 (1985), Heft 1, S. 76

Hagen 1987

Hagen, K., Vertriebserfolg - Ein Controlling Thema, in: Scheer, A.-W. (Hrsg.), Rechnungswesen und EDV, 8. Saarbrücker Arbeitstagung, Würzburg-Wien 1987, S. 261 - 278

Hansen 1981

Hansen, H. R., Wirtschaftsinformatik I, Stuttgart-New York 1981

Hansen 1983

Hansen, H. R., Wirtschaftsinformatik I, 4. Auflage, Stuttgart 1983

Harper 1961

Harper, M., Jr., A New Profession to Aid Management, in: Journal of Marketing, Vol. 25, Nr. 3 (1961), S. 1 ff.

Hartmann 1987

Hartmann, U., Electronic Mail, in: Computer Magazin, 10/87, S. 56 - 57

Heilmann o.J.

Heilmann, H., Projektmanagement, Vorlesung an der Berufsakademie für Datenverarbeitung Böblingen, o.O. u. o.J.

Heinzelbecker 1974

Heinzelbecker, K., Problembereiche, Komponenten und Entwicklungsstand computergestützter Marketing-Informationssysteme, in: Marktforscher, Heft 2, 1974, S. 36 - 43

Heinzelbecker 1985

Heinzelbecker, K., Marketinginformationssysteme, in: Köhler, R., Meffert, H. (Hrsg.), Marketinginformationssysteme, Stuttgart-Berlin-Köln-Mainz 1985

Hermann 1983

Hermann, O., Kalkulation von Softwareentwicklungen, München-Wien 1983

Hillebrand 1981

Hillebrand, F., Datex. Infrastruktur der Daten- und Textkommunikation, in: Kohl, W., Arnold, F. (Hrsg.), Schriften für Wissenschaft und Praxis, Band 1, Heidelberg-Hamburg 1981

Hölsken 1983

Hölsken, H., Datenorganisation und Speicherhierarchie im neuen Btx-System, Vortrag anläßlich des IBM Btx-Kongreß' 83 in Berlin vom 29. - 30.11.1983

Höring u.a. 1985

Höring, K., u.a., Interne Netzwerke für die Bürokommunikation, 2. Aufl., Heidelberg 1985

Hörmann 1987

Hörmann, N., Kraftakt DDP, in: CW extra, 1. Mai 1987, S. 42 - 45

Hofer 1973

Hofer, H., Datenfernverarbeitung, Berlin-Heidelberg-New York 1973

Hoff 1985

Hoff, H., Personal-Computer für Kleinbetriebe, Köln 1985

Horvath 1986

Horvath, P., Controlling, 2. Aufl., München 1986

Hübner 1984

Hübner, H., Informationsmanagement, Strategie, Gestaltung, Instrumente, Wien-München 1984

IBM Corporation 1985

IBM Corporation (Hrsg.), Systems Network Architecture - Technical Overview, 2nd Edition, o.O. 1985

Irmer o.J.

Irmer, T., ISDN - das künftige Universalnetz aus internationaler Sicht, in: Ericsson Information Systems (Hrsg.), ISDN-Symposien, o.O. u. o.J.

ISO 1979

ISO (Hrsg.), Open Systems Interconnection - Reference Model of open Systems Interconnection (Version 4), o.O. 1979, zitiert nach: Schmitz, Hasenkamp 1981

Kahl 1987

Kahl, H. W., 50000 Ersatzteile in direktem Zugriff zum Ortstarif, in: net-special, März 1987, S. 36 - 38

Karl, Messing 1984

Karl., A., Messing, R., Tele-Selling: Akzeptanzprobleme für den Verbraucher? Vor- und Nachteile der neuen Telekommunikationstechniken (insbesondere Bildschirmtext) für private Haushalte, in: Theuer, G., Schiebel, W. (Hrsg.), Tele-Selling, Marketing über Bildschirmtext, Landsberg 1984

Katzsch 1986

Katzsch, R. M., Kosten-Nutzen-Aspekte von Bildschirmtext, in: Handbuch der Modernen Datenverarbeitung (HMD), 23 Jg. (1986), Heft 131, S. 30 - 43

Kauffels 1984a

Kauffels, F. J., Lokale Netze. Systeme für den Hochleistungstransfer, Köln-Braunsfeld 1984

Kauffels 1984b

Kauffels, F. J., Topologien: Jedem die Seine, in: PC-Magazin, Nr. 43, 1984, S. 41

Kauffels 1987

Kauffels, F. J., Alternativen der PC-Mainframe Kopplung, Bonn 1987

Keider 1979

Keider, S. P., Why projects fail, in: Reifer, D. J. (Hrsg.), Tutorial: Software management, Long-Beach 1979

Keysselitz 1981

Keysselitz, B., Die Informationslogistik, in: Tietz, B. (Hrsg.), Die Werbung der Unternehmung, Landsberg am Lech 1981, S. 407 - 422

Kieser, Kubicek 1983

Kieser, A., Kubicek, H., Organisation, 2. Aufl., Berlin-New York 1983

Kilger 1973

Kilger, W., Optimale Produktions- und Absatzplanung, Opladen 1973

King 1983

King, W. R., Information as a Strategic Resource, in: MIS Quarterly, September 1983, S. II - IV

Kirchner, Zentes 1984

Kirchner, J. D., Zentes, J., Führen mit Warenwirtschaftssystemen, Düsseldorf-Frankfurt 1984

Klein o.J.

Klein, S., Vorgehen bei der Auswahl und Implementierung von Standardanwendungssoftware, Seminararbeit im Seminar für Wirtschaftsinformatik an der Universität des Saarlandes, Sommersemester 1985, o.O. u. o.J.

Kmunche 1988

Kmunche, W., Umgang mit externen Datenbanken, München 1988

Kommission zur Förderung der handels- und absatzwirtschaftlichen Forschung 1975

Kommission zur Förderung der handels- und absatzwirtschaftlichen Forschung, Katalog E. Begriffsdefinitionen aus der Handels- und Absatzwirtschaft, 2. Ausgabe, Oktober 1975, S. 16 - 24

Koreimann 1973

Koreimann, D., Architektur und Planung betrieblicher Informationssysteme, in: Hansen, H. R., Wahl, P. (Hrsg.), Probleme beim Aufbau betrieblicher Informationssysteme, München 1973, S. 49 - 82

Kragler 1982

Kragler, P., Bildschirmtext Handbuch, Loseblattsammlung, Stand: 1988, Landsberg am Lech 1982

Kramp 1981

Kramp, E., Bildschirmcomputer, in: Rationeller Handel, 3/1981, S. 25

Kroeber-Riel 1984

Kroeber-Riel, W., Konsumentenverhalten, 3. Aufl., München 1984

Kroeber-Riel 1987a

Kroeber-Riel, W., Editorial, in: Marketing (ZFP), 9. Jg., Heft 3/1987, S. 155

Kroeber-Riel 1987b

Kroeber-Riel, W., Informationsüberlastung durch Massenmedien und Werbung in Deutschland. Messung-Interpretation-Folgen, in: DBW, 47 (1987), 3. Heft, S. 257 - 264

Kroeber-Riel 1988

Kroeber-Riel, W., Werbung in den 90er Jahren - Anpassung der Werbung an die zukünftigen Kommunikationsbedingungen, Manuskript, Saarbrücken 1988

Kroeber-Riel 1989

Kroeber-Riel, W., Werbung 2000. Zukünftige Strategien der Werbung, Manuskript, Saarbrücken 1989

Kroeber-Riel, Neibecker 1981

Kroeber-Riel, W., Neibecker, B., Die computercontrollierte Datenerhebung - eine japanische Herausforderung der Marktforschung? in: Interview und Analyse, 8 (1981), Nr. 3, S. 99

Kroeber-Riel, Neibecker 1983

Kroeber-Riel, W., Neibecker, B., Elektronische Datenerhebung: Computergestützte Interviewsysteme, in: Forschungsgruppe Konsum und Verhalten (Hrsg.), Innovative Marktforschung, Wien 1983

Kruschel 1987

Kruschel, D., Electronic Mail, in: Computer Magazin, 10/87, S. 56 - 57

Kruschel 1988

Kruschel, D., Neue Dimension für die menschliche Kreativität, in: net 42 (1988), Heft 1/2, S. 37 - 40

Kühn 1984

Kühn, P., Netze für den innerbetrieblichen Nachrichten- und Datenverkehr, in: Kaiser, W. (Hrsg.), tele-
matica'84, Kongreßband Teil 3, München 1984

Langen u.a. 1985

Langen, B., u.a., Systemtechnische Realisierung und erste Anwendungserfahrung, Teil II, in: net-special, April
1985, S. 64 - 70

Langen, Gartner, Rüschenbaum 1986

Langen, B., Gartner, H. A., Rüschenbaum, F., Datenübertragungskosten in Wählnetzen der Deutschen Bundespost, Heidelberg 1986

Lazak 1984a

Lazak, D., Btx-Nutzen planen, in: data report, 19 (1984), Heft 6, S. 32 - 36

Lazak 1984b

Lazak, D., Bildschirmtext, München 1984

Leismann 1986

Leismann, U., Warenwirtschaft, in: Informatik Spektrum, 9 (1986) 4, S. 185 - 186

Leismann, Sick 1986

Leismann, U., Sick, E., Konzeption eines Btx-gestützten Warenwirtschaftssystems zur Kommunikation in verzweigten Handelsunternehmungen, in: Scheer, A.-W. (Hrsg.), Veröffentlichungen des Instituts für Wirtschaftsinformatik, Heft 54, Saarbrücken 1986

Loewenheim 1983

Loewenheim, A., Ordnung auf dem Schreibtisch und in der Ablage, in: Absatzwirtschaft, 25. Jg., 1983, Nr. 10,
S. 74 ff.

Lucas 1981

Lucas, H. C., Jr., Information Systems, New York-Hamburg 1981

Lutz 1977

Lutz, T., Datenbanken, Stuttgart 1977

Maciejewski, Bergmann, Litke 1983

Maciejewski, P., Bergmann, M., Litke, D., Planungssystematik macht Btx-Investitionen überschaubarer, in: Bildschirmtext Aktuell, 4. Jg., 1983, Nr. 85, S. I - IV

Maciejewski, Bergmann, Litke 1985

Maciejewski, P., Bergmann, M., Litke, D., Bildschirmtext-Inhouse-Systeme, Augsburg 1985

Mahnke 1986

Mahnke, H., Software-Engineering kurz und bündig, Würzburg 1986

Martin 1981

Martin, J., Application Development without Programmers, o.O. 1981

Martin 1987

Martin, H.-M., Die technische Entwicklung zum ISDN, in: Telematik Magazin, Nr. 1/1987, S. 30 - 34

Meffert 1975

Meffert, H., Informationssysteme - Grundbegriffe der EDV und Systemanalyse, Tübingen-Düsseldorf 1975

Meffert 1983

Meffert, H., Bildschirmtext als Kommunikationsinstrument. Einsatzmöglichkeiten im Marketing, Stuttgart-Berlin-Mainz 1983

Meffert 1984

Meffert, H., Unternehmensführung und neue Informationstechnologien, in: DBW, 44 (1984), Heft 3, S. 461

Meijer 1987

Meijer, A., Systems Network Architecture: A Tutorial, London 1987

Meißner 1985

Meißner, K., Arbeitsplatzrechner im Verbund, München-Wien 1985

Mertens 1985

Mertens, P., Aufbauorganisation und Datenverarbeitung, Zentralisierung und Dezentralisierung, Informationszentren, Wiesbaden 1985

Mertens 1988

Mertens, P., Industrielle Datenverarbeitung, 7. Aufl., Wiesbaden 1988

Mertens, Griese 1982

Mertens, P., Griese, J., Industrielle Datenverarbeitung, Band 2: Informations- und Planungssysteme, 3. Aufl., Wiesbaden 1982

Metzger 1981

Metzger, P. W., Managing a Programming Project, Englewood Cliffs 1981

Meuser 1985a

Meuser, R., Erkennbare Strategien durch den Einsatz von Personalcomputern im Einzelhandel, in: Dynamik im Handel, 29. Jg., 1985, Heft 5, S. 14 - 21

Meuser 1985b

Meuser, R., Warenwirtschaftssysteme - Schlagwort oder betriebliche Notwendigkeit, in: Dynamik im Handel, 29. Jg., 1985, Heft 9, S. 23 - 27

Meuser 1985c

Meuser, R., ANUGA-Bericht II, in: Dynamik im Handel, 29. Jg., 1985, Heft 12, S. 24

Meyer, Breinlinger, Gusbeth 1986

Meyer, Breinlinger, Gusbeth, Bildschirmtext und seine Anwendung, Loseblattsammlung, 7. Ergänzungslieferung, Percha-Kempfenhausen 1986

Middelhoff 1987

Middelhoff, T., Integrierte Planung von Kommunikationssystemen, dargestellt an der Einführung von Btx in einzelhandelsorientierte Filialsysteme und Verbundgruppen, Frankfurt a. M., Bern, New York, Paris 1987

Mohn 1973

Mohn, K., Konzeption und Planung eines Wertpapierinformationssystems, Inaugural-Dissertation, Köln 1973

Moos, Steinbuch 1984

Moos, A., Steinbuch, P. A., Mikrocomputer erfolgreich einsetzen, Ludwigshafen 1984

Munter 1983

Munter, H., Automatische Registriersysteme und die integrierte Bürokommunikation, in: Office Management, 31. Jg., 1983, Nr. 2, S. 80 - 82

Müller u.a. 1983

Müller, P., u.a. (Hrsg.), EDV-Lexikon, Landsberg am Lech 1983

Naisbitt 1984

Naisbitt, A., Megatrends. 10 Perspektiven, die unser Leben verändern werden, 2. Aufl., Bayreuth 1984

Northern Telecom o.J.a

Northern Telecom (Hrsg.), Datenpaket-Vermittlung-Einführung, o.O. u. o.J.

Northern Telecom o.J.b

Northern Telecom (Hrsg.), Digital Packet Networks, o.O. u. o.J

Northern Telecom o.J.c

Northern Telecom (Hrsg.), Grundlagen der Paketvermittlung, o.O. u. o.J.

Northern Telecom o.J.d

Northern Telecom (Hrsg.), ISDN o.O. u. o.J

Nottebohm 1987

Nottebohm, H., OSITOP, in: Computer Magazin, 10/87, S. 58 - 59

Oehlerking 1988

Oehlerking, F., Erlkönige am Start, in: Btx Praxis, 7/1988, S. 19

o.V. 1981

o.V., Nestlé Forum - Erster Erfahrungsbericht aus den Bildschirmtext-Feldversuchen, in: Markenartikel, 43 (1981) H. 8, S. 480

o.V. 1983

o.V., Eine Premiere bei Karstadt, in: Verlagsgruppe Deutscher Fachverlag, Marketing-Service-Abteilung (Hrsg.), Dokumentation: Scanner-Kassen-Anwendung, Nutzen, Perspektiven, Frankfurt 1983, S. 76 ff.

o.V. 1984

o.V., Früchte elektronisch sortiert, in: Frankfurter Allgemeine Zeitung, Nr. 228, 12.10.1984, S. 33

o.V. 1985a

o.V., BMW-Händler fahren ab auf Btx, in: Btx Praxis, 2/1985, S. 13 - 15

o.V. 1985b

o.V., Besserer Service für den Bürger, in: Btx Praxis, 7/8/1985, S. 13 - 15

o.V. 1986a

o.V., "Low cost" - der PC macht's möglich, in: Btx Praxis, 3/1986, S. 26 - 27

o.V. 1986b

o.V., Chance für den Mittelstand, in: Btx Praxis, 4/1986, S. 5 - 6

o.V. 1986c

o.V., Iduna macht Tempo, in: Btx Praxis, 5/1986, S. 11 - 13

o.V. 1986d

o.V., Wann ist Btx kostengünstig, in: Btx Praxis, 6/1986, S. 56 - 58

o.V. 1986e

o.V., Helfer für den Außendienst, in: Btx Praxis, 7/1986, S. 15 - 17

o.V. 1986f

o.V., Reserve der Hostwriter, in: Btx Praxis, 8/1986, S. 32 - 33

o.V. 1986g

o.V., Billiger geht's nicht, in: Btx Praxis, 10/1986, S. 32 - 34

o.V. 1986h

o.V., EDITEL/A, Stand: 03.02.1986

o.V. 1987a

o.V., o.T., in: Bildschirmtext Aktuell, 8. Jg., 1987, Nr. 32, S. 2

o.V. 1987b

o.V., o.T., in: Bildschirmtext Aktuell, 8. Jg., 1987, Nr. 32, S. 6

o.V. 1987c

o.V., Gut bestellt, in: Bildschirmtext Magazin, (1987) Nr. 7 - 8, S. 8 - 11

o.V. 1987d

o.V., Adapter-Karten: Full house für PCs, in: Btx Praxis, 3/1987, S. 29 - 31

o.V. 1987e

o.V., "Info-Magier" für Banken. Btx: Zauberhafter Service, in: Btx Praxis, 4/1987, S. 11 - 13

o.V. 1987f

o.V., Erfahrungen: Journalistische Maßstäbe, in: Btx Praxis, 4/1987, S. 27 - 28

o.V. 1987g

o.V., "Nummer eins in der Anwendung", in: Btx Praxis, 5/1987, S. 14

o.V. 1987h

o.V., Duales System, in: Btx Praxis, 7/1987, S. 26 - 27

o.V. 1987i

o.V., Übertragungswege im Preisvergleich, in: Btx Praxis, 7/1987, S. 29 - 31

o.V. 1987j

o.V., Telex per Btx, in: Btx Praxis, 10/1987, S. 25 - 27

o.V. 1987k

o.V., Bis zu 85 Prozent Gebühren sparen, in: Btx Praxis, 10/1987, S. 35 - 38

o.V. 1987l

o.V., Vorteile im Wettbewerb, in: Btx Praxis, 12/1987, S. 34 - 35

1988a

o.V., Statistik, in: Bildschirmtext Aktuell, 9 Jg., 1988, Nr. 52, S. 22

o.V. 1988b

o.V., Recherche im Detail, in: Btx Praxis, 1/1988, S. 18 - 20 o.V. 1988c

o.V., Btx-Draht zur Telebox, in: Btx Praxis, 2/1988, S. 14 - 15

o.V. 1988d

o.V., Systeme am Markt, in: Btx Praxis, 3/1988, S. 27 - 29

o.V. 1988e

o.V., Glückliche Verbindung, in: Btx Praxis, 6/1988, S. 20 - 22

o.V. 1988f

o.V., Wer nutzt? Wem nutzt's?, in: Btx Praxis, 7/1988, S. 29 - 32

o.V. 1988g

o.V., So nutzen die "Gewerblichen"?, in: Btx Praxis, 8/1988, S. 7 - 10

o.V. 1988h

o.V., "Profis im Profil", Teil 1, in: Btx Praxis, 9/1988, S. 7 - 10

o.V. 1988i

o.V., Daten jeder Art, in: Btx Praxis, 9/1988, S. 21

o.V. 1988j

o.V., "Profis im Profil", Teil 2, in: Btx Praxis, 10/1988, S. 7 - 10

o.V. 1988k

o.V., Das ISO/OSI-Referenzmodell, in: Der Netzwerker, (1988) Nr. 4 , S. 44 - 47

o.V. 1988l

o.V., Tante Emma geht in Bayern am besten, in: Frankfurter Allgemeine Zeitung, 10.12.199, Nr. 288, S. 14

o.V. 1988m

o.V., Ladensterben hält unvermindert an, in: Saarbrücker Zeitung, 01.09.1988, Nr. 203, S. 1

o.V. 1988n

o.V., ISDN: Steckdose für viele Dienste, in: VDI-Nachrichten, Nr. 45, 11. November 1988, S. 4

o.V. o.J.a

o.V., System- und Leistungsbeschreibung. Grandmaster Software auf Personal-Computer NCR PC 4i für Kassenverbundsystem NCR 2126, o.O. u. o.J.

o.V. o.J.b

o.V., Produktbeschreibung. Die elegante Datenkasse System 46 zur unternehmensgerechten Umsatzsteuerung, o.O. u. o.J.

Panyr 1987

Panyr, J., Information-Retrieval-Systeme. State of the Art, in: Handbuch der Modernen Datenverarbeitung (HMD), 24 Jg. (1987), Heft 133, S. 15 - 36

Pest 1982/83

Pest, W., Hardware - Auswahl leicht gemacht, 2. Ausgabe, München 1982/83

Pfaffenberger 1987

Pfaffenberger, U., Ökonomie bei Otto, in: Btx Praxis, 5/1987, S. 11 - 13

Pfaffenberger 1988a

Pfaffenberger, U., Für'n Appel und 'n Ei, in: Btx Praxis, 10/1988, S. 11 - 13

Pfaffenberger 1988b

Pfaffenberger, U., Auf die Schnelle, in: Btx Praxis, 10/1988, S. 22 - 24

Pflüger 1983

Pflüger, B., Neue Systeme für Bildschirmtext, in: Diebold Bildschirmtext Kongreß, Proceedings, Frankfurt a. M. 1983, S. 153 - 164

Picot 1984

Picot, A., Leitsätze für Anwender, München 1984

Picot, Anders 1983

Picot, A., Anders, W., Telekommunikationsnetze als Infrastruktur neuerer Entwicklungen der geschäftlichen Kommunikation, in: Wirtschaftswissenschaftliches Studium, Nr. 4/1983, S. 183 - 189

349

Picot, Anders 1986

Picot, A., Anders, W., Telekommunikationsnetze als Infrastruktur neuerer Entwicklungen der geschäftlichen Kommunikation, in: Hermanns, A. (Hrsg.), Neue Kommunikationstechniken. Grundlagen und betriebswirtschaftliche Perspektiven, München 1986, S. 6 - 15

Poppe 1983

Poppe, R., Zukünftige Informationswege der Vereinigten Wirtschaftsdienste (VWD) durch Einsatz von Btx im IBM Rechenzentrum, Vortrag anläßlich des IBM Btx-Kongreß' 83 vom 29. - 30.11.1983

Püttmann 1986

Püttmann, M., Langfristige Auswirkungen von Bildschirmtext, Kabel- und Satellitenfernsehen auf den Lebensmittelhandel - Ergebnisse einer Delphi-Prognose, in: Hermanns, A. (Hrsg.), Neue Kommunikationstechniken. Grundlagen und betriebswirtschaftliche Perspektiven, München 1986

Racke 1987

Racke, W. F., Netzarchitekturen, in: Mertens, P. (Hrsg.), Lexikon der Wirtschaftsinformatik, Berlin-Heidelberg-New York-London-Paris-Tokyo 1987, S. 232 - 234

Ratzke 1982

Ratzke, D., Handbuch der Neuen Medien, Stuttgart 1982

Reichwald 1988

Reichwald, R., Einsatz moderner Informations- und Kommunikationstechnik, in: CIM Management, 3/88, S. 6 - 11

Renner 1985

Renner, G., Mikrocomputer und dezentrale Datenverarbeitung, in: Handbuch der Modernen Datenverarbeitung (HMD), 22 Jg. (1985), Heft 121, S. 65 - 71

Rietschel 1988

Rietschel, M., Den langen Weg abkürzen, in: net, 42 (1988) H. 1 - 2, S. 34 - 36

Rohrer 1987

Rohrer, W., Warum Btx-Rechnerverbund?, in: net, 41 (1987), Heft 5, S. 188 - 192

Ross 1977

Ross, D. T., Structured analysis (SA): A language for communicating ideas, in: IEEE Transactions on software engineering, Vol. SE-3, 1977, S. 16 - 54

Ross, Shoman 1977

Ross, D. T., Shoman, K. E., Jr., Structured analysis for requirement definitions, in: IEEE Transactions on software engineering, Vol. SE-3, 1977, S. 6 - 15

Roth 1988

Roth, C.-D., Anforderungen an Dokumentationen von Software-Produkten im Rahmen des Software-Engineeringprozesses, unveröffentlichte Diplomarbeit am Lehrstuhl für Betriebswirtschaftslehre, insbesondere Wirtschaftsinformatik, der Universität des Saarlandes, Saarbrücken 1988

Rüschenbaum 1986

Rüschenbaum, F., Organisatorische Implementierung von bildschirmtextgestützten Informationssystemen - dargestellt am Beispiel eines Pilotprojektes in einer Versicherungsunternehmung, Dissertation, Essen 1986

Schäuble, Goercken, Thode 1982

Schäuble, J., Goercken, H., Thode, H., Die neuen Medien als Werbeträger - Herausforderung und Chancen, Bad Wörishofen 1982

Scheer 1978

Scheer, A.-W., Wirtschafts- und Betriebsinformatik, München 1978

Scheer 1982a

Scheer, A.-W., Disposition und Bestellwesen als Baustein zu integrierten Warenwirtschaftssystemen, in: Scheer, A.-W. (Hrsg.), Veröffentlichungen des Instituts für Wirtschaftsinformatik, Heft 33, Saarbrücken 1982

Scheer 1982b

Scheer, A.-W., Standard-Anwendungs-Software, in: data report, 17 (1982), Heft 2, S. 9 - 13

Scheer 1983

Scheer, A.-W., Absatzprognosen, Berlin-Heidelberg-New York-Tokyo 1983

Scheer 1984

Scheer, A.-W., EDV-orientierte Betriebswirtschaftslehre, Berlin-Heidelberg-New York-Tokyo 1984

Scheer 1985

Scheer, A.-W., Wirtschaftlichkeitsfaktoren EDV-orientierter betriebswirtschaftlicher Problemlösungen, in: Ballmeier, W., Berger, K.-H. (Hrsg.), Information und Wirtschaftlichkeit, Wiesbaden 1985, S. 89 - 116

Scheer 1987

Scheer, A.-W., EDV-orientierte Betriebswirtschaftslehre, 3. Aufl., Berlin-Heidelberg-New York-Tokyo 1987

Scheer 1988a

Scheer, A.-W., Wirtschaftsinformatik - Informationssysteme im Industriebetrieb, 2. Aufl., Berlin-Heidelberg-New York-London-Paris-Tokyo 1988

Scheer 1988b

Scheer, A.-W., CIM (Computer Integrated Manufacturing) - Der computergesteuerte Industriebetrieb, 3. Aufl., Berlin-Heidelberg-New York-London-Paris-Tokyo 1988

Scheer 1988c

Scheer, A.-W., Das Rechnungswesen in den Integrationstrends der Datenverarbeitung, in: Scheer, A.-W. (Hrsg.), Rechnungswesen und EDV, 9. Saarbrücker Arbeitungstagung, Würzburg-Wien 1988, S. 3 - 22

Scheer u.a. 1984

Scheer, A.-W., u.a., Personal Computing - EDV-Einsatz in Fachabteilungen, München 1984

Scheer, Leismann, Sick 1987

Scheer, A.-W., Leismann, U., Sick, E., Zwischenbericht zum DFG-Forschungsprojekt "Konzeption eines Btx-gestützten Warenwirtschaftssystems zur Kommunikation in verzweigten Handelsunternehmungen", Saarbrücken 1987

Scheibl 1985

Scheibl, H.-J., Wie dokumentiere ich ein DV-Projekt, Wien 1985

Scherff 1986

Scherff, J., Ermittlung der Wirtschaftlichkeit moderner Informations- und Kommunikationssysteme, in: Handbuch der Modernen Datenverarbeitung (HMD), 23. Jg. (1986), Heft 131, S. 3 - 15

Scherff 1988

Scherff, J., Information Retrieval mit Online-Datenbanken, in: Handbuch der Modernen Datenverarbeitung (HMD), 25. Jg. (1988), Heft 141, S. 3 - 19

Schiffel 1984

Schiffel, J., Warenwirtschaftssysteme im Einzelhandel. Möglichkeiten und Grenzen, Augsburg 1984

Schindler 1985

Schindler, S., Die Invasion der PC's, in: Btx Praxis, 6/1985, S. 28 - 32

Schinnerl 1986

Schinnerl, R., EDV-gestützte Steuerung des Warenflusses in Handelsbetrieben. Die Integrationsfunktion von Warenwirtschaftssystemen, in: ZfO, Jg. 55, Nr. 2 (1986), S. 124 - 129

Schmidt-Prestin 1986

Schmidt-Prestin, B., Bildschirmtext in Unternehmen, Bergisch Gladbach-Köln 1986

Schminke 1981

Schminke, L., Die Informationspolitik von Handelsbetrieben, Dissertation, Göttingen 1981

Schmitz, Hasenkamp 1981

Schmitz, P., Hasenkamp, U., Rechnerverbundsysteme: offene Kommunikationssysteme auf der Basis des ISO-Referenzmodelles, München-Wien 1981

Schnedlitz 1986

Schnedlitz, P., Aktuelle Trends in der internationalen Marktforschung, in: Marktforschung, 30 (1986), Heft 2, S. 52 - 53

Schneider 1986

Schneider, H.-J. (Hrsg.), Lexikon der Informatik und Datenverarbeitung, München 1986

Schott 1983

Schott, F., Der Mikrofilm: Ein modernes Kommunikationsmittel, in: DSWR, 12. Jg., 1983, Nr. 1 - 2, S. 21 - 30

Schulte 1981

Schulte, K., Systeme der Warenwirtschaft im Handel, Köln 1981

Schulte 1984

Schulte, K., Ein Blick hinter die Kulissen, in: Coorganisation - Internationale Fachzeitschrift für kooperative Logistik und Kommunikation, Nr. 3, 1984

Schulte, Steckenborn, Blasberg 1981

Schulte, K., Steckenborn, I., Blasberg, L., Systeme der Warenwirtschaft im Handel. Eine Einführung für Mittelbetriebe, in: Rationalisierungsgemeinschaft des Handels (Hrsg.), Köln 1981

Schultze 1987

Schultze, H., Der Arzt am Medienweg, in: Btx Praxis, 4/1987, S. 25 - 26

Schulze 1983

Schulze, U., Verteilt, vermittelt, verkabelt, in: FAZ, 10.11.1983, Nr. 262, S. 11

Schwarz-Schilling 1988

Schwarz-Schilling, C., Bundeskabinett beschließt Postreform, in: Bundespostministerium (Hrsg.), Pressemit-teilung, 11.05.1988, S. 3

Seetzen 1983

Seetzen, J., Wissenschaftliche Begleituntersuchung zur Bildschirmtexterprobung in Berlin, in: Hubmann, H. (Hrsg.), Schriften zum gewerblichen Rechtsschutz, Urheber- und Medienrecht (SGRUM), Band 6, München 1983

Seibt 1986

Seibt, D., Btx-Anwendungsschwerpunkte im geschäftlichen Bereich, Vortrag gehalten im Rahmen des Fachseminars: "Gestaltung von Btx-Rechnerverbundanwendungen" am 20./21. November 1986 in Köln

Seibt 1987

Seibt, D., Betriebswirtschaftliche Rationalisierungseffekte rechnerverbundgestützter Btx-Informationssysteme, in: net-special, März 1987, S. 2 - 6

Seibt, Langen 1985

Seibt, D., Langen, B., Nutzenpotentiale und Grundtypen von Btx-gestützten betrieblichen Informations-systemen (BTXIS), in: net-special, April 1985, S. 4 - 10

Senn 1984

Senn, J., Werbung der neuen Medien, Tettnang 1984

Shannon, Weaver 1962

Shannon, C. E., Weaver, W., Mathematical Theory of Communication, Urbana 1962

Siemens AG o.J.

Siemens AG (Hrsg.), ISDN - und was Sie davon haben, München o.J.

Sneed 1986

Sneed, H., Software-Entwicklungsmethodik, 5. Aufl., Köln 1986

354

Sova, Piper 1985

Sova, O., Piper, J., Computergestützte Warenwirtschaft im Handel, Köln 1985

Späth 1985

Späth, L., Die Wende in die Zukunft, Hamburg 1985

Spaniol 1982

Spaniol, O., Lokale Netze: Architektur, Standards, Internetting, in: Hansen, H. R. (Hrsg.), Büroinformations- und Kommunikationssysteme, Berlin-Heidelberg-New York 1982, S. 1 - 17

Splettstößer 1977

Splettstößer, D., Grobprojektierung von Informationssystemen, in: Heinrich, L., Baugut, G. (Hrsg.), Methoden der Planung und Lenkung von Informationssystemen, Band 3, Würzburg-Wien 1977

Stadtherr 1987

Stadtherr, K. O., Telekommunikationsnetze im Verbund, in: net, 41 (1987), S. 180 - 183

Stadtherr 1988

Stadtherr, K. O., Count down für das ISDN, in: Btx Praxis, 1/1988, S. 28 - 30

Stahlknecht 1982

Stahlknecht, P., Einführung in die Wirtschaftsinformatik, Berlin-Heidelberg 1982

Stahlknecht 1985

Stahlknecht, P., Einführung in die Wirtschaftsinformatik, 2. Aufl., Berlin-Heidelberg 1985

Stahlknecht 1987

Stahlknecht, P., Einführung in die Wirtschaftsinformatik, 3. Aufl., Berlin-Heidelberg 1987

Steinbach 1987

Steinbach, W., Auch Profis schätzen einheitliche Oberfläche, in: Computerwoche, Nr. 18, 01.05.1987, S. 28

Steinbrink 1976

Steinbrink, K., Information und Entscheidung im Bankbetrieb, Inaugural-Dissertation, Frankfurt 1976

Steinbuch 1981

Steinbuch, P. A., Softwareorganisation, Bad Homburg 1981

Stetter 1984

Stetter, F., Softwaretechnologie - Eine Einführung, 3. Aufl., Mannheim-Wien-Zürich 1984

Straub 1980

Straub, M., Bildschirmtext: Anwendungsfeld Verbraucherinformation, in: Strauch, D., Vowe, G. (Hrsg.), Bildschirmtext: Facetten eines neuen Mediums, München 1980

Szyperski 1970

Szyperski, N., Abgrenzung und Verknüpfung operationaler, dispositionaler und strategischer Wirtschaftlichkeitsstufen, in: Grochla, E. (Hrsg.), Die Wirtschaftlichkeit automatisierter Datenverarbeitungssysteme, Wiesbaden 1970, S. 49 - 61

Szyperski 1980

Szyperski, N., Strategisches Informationsmanagement im technologischen Wandel, in: Angewandte Informatik, 1980, S. 141 - 148

Szyperski 1985

Szyperski, N., Gesamtbetriebliche Perspektiven des Informationsmanagements, in: Strunz, H. (Hrsg.), Planung in der Datenverarbeitung, Berlin-Heidelberg-New York-Tokyo 1985, S. 6 - 20

Szyperski, Nathusius 1975

Szyperski, N., Nathusius, K., Information und Wirtschaft, Der informationstechnische Einfluß auf die Entwicklung unterschiedlicher Wirtschaftssysteme, Frankfurt-New York 1975

Tessar 1982

Tessar, H., Chancen und Risiken beim Einsatz neuer Kommunikationstechniken im Handel, Frankfurt 1982

Thomas 1987

Thomas, K., Der Weg zur offenen Kommunikation, in: net-special, Oktober 1987, S. 10 - 19

Tietz 1975a

Tietz, B., Die Grundlagen des Marketing, Band I, Die Marketing-Methoden, München 1975

Tietz 1975b

Tietz, B., Die Grundlagen des Marketing, Band II, Die Marketing-Politik I, München 1975

Tietz 1976

Tietz, B., Die Grundlagen des Marketing, Band III, Das Marketing-Management, München 1976

Tietz 1978

Tietz, B., Marketing, 2. Aufl., Tübingen-Düsseldorf 1978

Tietz 1979a

Tietz, B., Kooperation. Aktivstrategie im Marketing, in: Marketing (ZFP), 1. Jg., Heft 1/1979, S. 59 - 63

Tietz 1979b

Tietz, B., Risiken und Chancen der neuen Informations- und Kommunikationsmöglichkeiten, Teil II, in: Marketing (ZFP), 1. Jg., Heft 3/1979, S. 187 - 193

Tietz 1980

Tietz, B., Strategien zur Unternehmensprofilierung, in: Marketing (ZFP), 2. Jg., Heft 4/1980, S. 251 - 259

Tietz 1981

Tietz, B., Die interne Kommunikation in Kooperationssystemen, in: Tietz, B. (Hrsg.), Die Werbung der Unternehmung, Landsberg am Lech 1981, S. 375 - 406

Tietz 1982

Tietz, B., Die neuen Medien und ihre Konsequenzen auf die Brauwirtschaft, Vortrag anläßlich des Delegiertentages des Deutschen Brauerbundes e.V. am 14. Juni 1982 in Saarbrücken

Tietz 1983

Tietz, B., Konsument und Einzelhandel. Strukturwandlungen in der Bundesrepublik Deutschland von 1970 bis 1995, 3. Aufl., Frankfurt 1983

Tietz 1985

Tietz, B., Der Handelsbetrieb, München 1985

Tietz 1986a

Tietz, B., Der Wandel im Einzelhandel, in: Dynamik im Handel, 30. Jg., 1986, Heft 6, S. 56 - 57

Tietz 1986b

Tietz, W., Telebox-Dienst: "Elektronische Postfächer" für Mitteilungen, in: Jahrbuch für Bürokommunikation, Baden Baden 1986, S. 143 - 145

Tietz 1987a

Tietz, B., Wege in die Informationsgesellschaft. Szenarien und Optionen für Wirtschaft und Gesellschaft, Stuttgart 1987

Tietz 1987b

Tietz, S., Entwicklung eines Btx-gestützten Informations- und Kommunikationssystems dargestellt am Beispiel von Agenturen im Versandhandel, Unveröffentlichte Diplomarbeit am Lehrstuhl für Betriebswirtschaftslehre, insbesondere Wirtschaftsinformatik, der Universität des Saarlandes, Saarbrücken 1987

Tietz 1988a

Tietz, B., Marktbearbeitung morgen. Neue Konzepte und ihre Durchsetzung, Landsberg am Lech 1988

Tietz 1988b

Tietz, B., Zukunftsforschung, in: Marketing (ZFP), 10. Jg., Heft 3/1988, S. 221 - 229

Treusch 1988

Treusch, K.-J., Digitalisierung bringt technische und wirtschaftliche Vorteile, in: VDI-Nachrichten, Nr. 45, 11. November 1988, S. 4

Tonn 1983

Tonn, M., Erfolgreiche Scanner-Installationen: Scanning mit zwei Testinstallationen in der REWE-Handelsgruppe, in: Dynamik im Handel, 27 Jg., 1983, Heft 2, S. 18 - 24

Utpadel 1983

Utpadel, H., Technik und Funktionsweise von Bildschirmtext, in: Diebold Bildschirmtext Kongreß, Proceedings, Frankfurt a. M. 1983, S. 165 - 174

Verbraucherbank 1985

Verbraucherbank (Hrsg.), Verbraucherbank: Ihre Bank zuhause - Bildschirmtext (Broschüre), Hamburg 1985

Verlagsgruppe Deutscher Fachverlag 1983

Verlagsgruppe Deutscher Fachverlag, Marketing-Service-Abteilung (Hrsg.), Dokumentation: Scanner-Kassen-Anwendung, Nutzen, Perspektiven, Frankfurt 1983

Vikas 1985

Vikas, K., Controlling im Handels- und Dienstleistungsbereich, in: Kilger, W., Scheer, A.-W. (Hrsg.), Rechnungswesen und EDV, 6. Saarbrücker Arbeitstagung, Würzburg-Wien 1985, S. 477 - 495

Voß 1984

Voß, H., Nutzungsmöglichkeiten von Bildschirmtext an wissenschaftlichen Hochschulen - dargestellt am Beispiel der Universität Köln, Bergisch Gladbach 1984

Waldbach 1985

Waldbach, P., Bildschirmtext im Einzelhandel. Chancen, Risiken und künftige Handlungsspielräume für das Marketing, in: v. Bornsteadt, F. (Hrsg.), Schriftenreihe der Studiengruppe Bildschirmtext e.V., Band 6, München 1985

Waldleitner 1986

Waldleitner, P., Wie geschaffen für Panasonic, in: Btx Praxis, 6/1986, S. 16 - 18

Warnecke 1983

Warnecke, C., Bildschirmtext und dessen Einsatz bei Kreditinstituten, München 1983

Welzel 1986

Welzel, P., Datenfernübertragung - Einführende Grundlagen zur Kommunikation offener Systeme, in: Schumny, H. (Hrsg.), Reihe Informationstechnik, Padernborn 1986

Wertmann 1982

Wertmann, H., Sachstand der Festlegung einheitlicher höherer Kommunikationsprotokolle (EHKP), in: Hansen, H. R. (Hrsg.), Büroinformations- und Kommunikationssysteme, Berlin-Heidelberg-New York 1982, S. 78 - 88

Wiemann 1986

Wiemann, P., Anforderungen an das Management im Umfeld der Informations- und Kommunikationstechniken, in: Hermanns, A. (Hrsg.), Neue Kommunikationstechniken. Grundlagen und betriebswirtschaftliche Perspektiven, München 1986, S. 104 - 123

Wilitzki 1982

Wilitzki, B., Möglichkeiten, Chancen und Grenzen für das Konsumgütermarketing durch das Neue Medium Bildschirmtext, Inaugural-Dissertation, Berlin-Offenbach 1982

Witte 1983

Witte, L., Protokollentwicklungspfade durch den Gebühren-Dschungel, in: Computer Woche, 20.05.1983, S. 32 ff.

Wittmann 1959

Wittmann, W., Unternehmung und unvollkommene Information, Köln-Opladen 1959

Wöhe 1984

Wöhe, G., Einführung in die allgemeine Betriebswirtschaftslehre, 15. Aufl., München 1984

Wöhe 1986

Wöhe, G., Einführung in die allgemeine Betriebswirtschaftslehre, 16. Aufl., München 1986

Wurr 1987

Wurr, P. R., Bildschirmtext: falsche Zielgruppe - wichtiges Medium, in: Computer Magazin, 9/87, S. 42 - 46

Yourdon 1975

Yourdon, E., Techniques of programm structure and design, Englewood Cliffs 1975

Zentes 1983

Zentes, J., Warenwirtschaftssysteme und Datenflut: Von der Information zur Aktion, in: Sammelband der Referate des gdi-Seminars über Integrierte Warenwirtschaftssysteme, Rüschlikon/Zürich 1983, S. 1 - 17

Zentes 1984a

Zentes, J., Technische, organisatorische und personelle Voraussetzungen der Einführung von WWS, in: Kirchner, J. D, Zentes, J. (Hrsg.), Führen mit Warenwirtschaftssystemen, Düsseldorf-Frankfurt 1984

Zentes 1984b

Zentes, J., Technologiedynamik und Marktforschung, in: Zentes, J. (Hrsg.), Neue Informations- und Kommunikationstechnologien in der Marktforschung, Berlin-Heidelberg-New York-Tokyo 1984

Zentes 1985a

Zentes, J., Tendenzen der Entwicklung von Warenwirtschaftssystemen, in: Zentes, J. (Hrsg.), Moderne Warenwirtschaftssysteme im Handel, Berlin-Heidelberg 1985

Zentes 1985b

Zentes, J., Tendenzen in der Entwicklung von Warenwirtschaftssystemen, in: Marketing (ZFP), 7. Jg., Heft 2/1985, S. 91 - 98

Zentes 1988a

Zentes, J., Nutzeffekte von Warenwirtschaftssystemen im Handel, in: Information Management, 3. Jg, 4/88, S. 58 - 67

Zentes 1988b

Zentes, J., Warenwirtschaftssystem - Auf dem Weg zum Scientific Management im Handel, in: Marketing (ZFP), 10. Jg., Heft 3/1988, S. 177 - 181

Zimmermann 1981

Zimmermann, H., The ISO Reference Model for Open Systems Interconnection, in: Schindler, S., Schröder, J. C. W. (Hrsg.), Kommunikation in verteilten Systemen, Band 40, Berlin 1981, S. 39 - 57

Zimmermann 1986

Zimmermann, R., Bestseller für Besteller, in: Btx Praxis, 12/1986, S. 13 - 15

Zimmermann 1988

Zimmermann, G., Der elektronische Briefträger arbeitet weltweit, in: VDI-Nachrichten, Nr. 41, 14. Oktober 1988, S. 34

Zurhorst 1986

Zurhorst, B., Der Medienbericht der Bundesregierung und die Kommunikationspolitik der Deutschen Bundespost, Bonn 1986

Betriebs- und Wirtschaftsinformatik

Herausgeber: **H. R. Hansen, H. Krallmann,
P. Mertens, A.-W. Scheer, D. Seibt, P. Stahlknecht,
H. Strunz, R. Thome**

Band 3: **H. Krallmann** (Hrsg.)
Unternehmensplanung und -steuerung in den 80er Jahren
Eine Herausforderung an die Informatik
1982. DM 82,-. ISBN 3-540-11600-1

Band 4: **R. Thome** (Hrsg.)
Datenverarbeitung im KFZ-Service und -Vertrieb
1983. DM 59,-. ISBN 3-540-12005-X

Band 5: **H. R. Hansen, W. L. Amsüss, N. S. Frömmer**
Standardsoftware
Beschaffungspolitik, organisatorische Einsatzbedingungen und Marketing
1983. DM 54,-. ISBN 3-540-12332-6

Band 8: **T. Noth, M. Kretzschmar**
Aufwandschätzung von DV-Projekten
Darstellung und Praxisvergleich der wichtigsten Verfahren
2. Auflage. 1985. DM 42,-. ISBN 3-540-16069-8

Band 9: **J. Zentes** (Hrsg.)
Neue Informations- und Kommunikationstechnologien in der Marktforschung
1984. DM 40,-. ISBN 3-540-12906-5

Band 10: **H. Krallmann** (Hrsg.)
Lokale und öffentliche Netze
Interdependenzen, Erfahrungsberichte, Wirtschaftlichkeit und Entwicklungstendenzen
1984. DM 39,-. ISBN 3-540-13357-7

Band 11: **W. Mülder**
Organisatorische Implementierung von computergestützten Personalinformationssystemen
Einführungsprobleme und Lösungsansätze
1984. DM 60,-. ISBN 3-540-13360-7

Band 14: **N. Wittemann**
Produktionsplanung mit verdichteten Daten
1985. DM 64,-. ISBN 3-540-15665-8

Band 15: **G. Diruf** (Hrsg.)
Logistische Informatik für Güterverkehrsbetriebe und Verlader
1985. DM 48,-. ISBN 3-540-15692-5

Band 17: **A. Schulz** (Hrsg.)
Die Zukunft der Informationssysteme Lehren der 80er Jahre
Dritte gemeinsame Fachtagung der Österreichischen Gesellschaft für Informatik (ÖGI) und der Gesellschaft für Informatik (GI). Johannes Kepler Universität Linz, 16.–18. September 1986
1986. DM 106,-. ISBN 3-540-16802-8

Band 18: **H. R. Göpfrich**
Bildschirmtext in der Ausbildung
Dargestellt am Beispiel der Wirtschaftsuniversität Wien
1987. DM 74,-. ISBN 3-540-17175-4

Band 19: **M. Schumann**
Eingangspostbearbeitung in Bürokommunikationssystemen
Expertensystemansatz und Standardisierung
1987. DM 54,-. ISBN 3-540-17369-2

Band 20: **T. Noth**
Unterstützung des Managements von Software-Projekten durch eine Erfahrungsdatenbank
1987. DM 69,-. ISBN 3-540-17842-2

Band 21: **H. Demmer**
Datentransportkostenoptimale Gestaltung von Rechnernetzen
1987. DM 69,-. ISBN 3-540-17919-4

Band 22: **J. Becker**
Architektur eines EDV-Systems zur Materialflußsteuerung
1987. DM 65,-. ISBN 3-540-18349-3

Springer-Verlag
Berlin Heidelberg New York
London Paris Tokyo Hong Kong